普通高等教育"十三五"规划教材

工程水文学 与水利计算

赵文举　樊新建　范严伟　编

中国水利水电出版社
www.waterpub.com.cn

内 容 提 要

本书论述了工程水文及水利计算的基本原理和方法,内容包括:绪论、水文循环及流域径流形成过程、水文信息观测及资料处理、水文统计基本知识、设计年径流的分析计算、由流量资料推求设计洪水、流域产汇流计算、由暴雨资料推求设计洪水、水文预报、水库兴利调节及计算、水库防洪计算与调度、水能计算等。

本书体系新颖,概念清晰,内容精练,重点突出,层次分明,为普通高等院校水文水资源、水利水电工程、农业水利工程等专业的教学用书,也可供水土保持、市政工程、环境工程、交通工程等专业的师生阅读,并可供相关专业的工程技术人员与管理人员参考。

图书在版编目(CIP)数据

工程水文学与水利计算 / 赵文举,樊新建,范严伟编. — 北京 : 中国水利水电出版社,2016.4(2018.10重印)
普通高等教育"十三五"规划教材
ISBN 978-7-5170-4230-3

Ⅰ. ①工… Ⅱ. ①赵… ②樊… ③范… Ⅲ. ①工程水文学-高等学校-教材②水利计算-高等学校-教材 Ⅳ. ①TV12②TV214

中国版本图书馆CIP数据核字(2016)第077958号

书 名	普通高等教育"十三五"规划教材 **工程水文学与水利计算**
作 者	赵文举 樊新建 范严伟 编
出版发行	中国水利水电出版社 (北京市海淀区玉渊潭南路1号D座 100038) 网址:www.waterpub.com.cn E-mail:sales@waterpub.com.cn 电话:(010)68367658(营销中心)
经 售	北京科水图书销售中心(零售) 电话:(010)88383994、63202643、68545874 全国各地新华书店和相关出版物销售网点
排 版	中国水利水电出版社微机排版中心
印 刷	北京瑞斯通印务发展有限公司
规 格	184mm×260mm 16开本 19.5印张 463千字
版 次	2016年4月第1版 2018年10月第2次印刷
印 数	2001—4500 册
定 价	**48.00元**

前　言

　　本书从满足水利水电工程专业及非水文类涉水工程专业对"工程水文学与水利计算"课程的教学要求出发，按新形势下的教学、生产的要求结合水文学新进展撰写而成。书中内容以学生能力培养为主线，体现出实用性、实践性、创新性的教材特色，具有鲜明的时代特点，是一套理论联系实际、教学面向生产的精品规划教材。

　　本书较为全面地介绍了水文科学的基础知识，阐明了水文现象的物理过程和统计规律，深入剖析了当前采用的计算方法，力求做到理论叙述深入浅出、概念清晰、通俗易懂，充分培养学生技能、提高学生从业综合素养和能力，并通过大量的例题将书中的理论加以应用来解决实际当中遇到的问题，在加深对理论知识的理解和记忆的同时锻炼了学生的实际操作能力，做到理论与实际相结合。

　　本书在内容安排上突出实用性，每章的开头指出了学习目标及要点，每章结束基本都配有复习思考题，以提高学生解决实际问题的能力，加深对每章知识点的理解与运用。全书整体框架采用由水文现象逐步深入到分析计算的阐述方式，即：水文循环及流域径流形成过程→水文信息观测及资料处理→水文统计基本知识→设计年径流的分析计算→流量资料推求设计洪水→流域产汇流计算→由暴雨资料推求设计洪水→水文预报；水库兴利调节及计算→水库防洪计算与调度→水能计算。

　　本书紧密结合我国水文实际，适量吸收了国内外水文学研究新成果，加强了对水文新理念、新技术、新方法的阐述。在增加新内容的同时结合大部分高校水利水电工程专业及非涉水工程专业的课程安排及学分调整，适当缩减了部分内容，比如第4章水文统计基本知识中，本书删减了概率、频率、随机变量等数学统计的基本知识，着重介绍了在水文学上的统计计算方法等。

　　本书由多年从事"工程水文学与水利计算"课程教学工作的老师承担编写任务，依据近年来各校教学实践调整了部分内容，使之特色更加明显，更适合水利水电工程专业"工程水文学与水利计算"的教学要求。本书第 1 章、第 2 章、第 3 章、第 4 章第 1 节、第 5 章、第 11 章由樊新建编写；第 4 章第 2 节、第 6 章、第 7 章、第 8 章、第 9 章由赵文举编写；第 4 章第 3 节、第 4 节和第 10 章、第 12 章由范严伟编写。全书由赵文举统稿，樊新建和范严伟校核完成。

本书在编写过程中，得到了兰州理工大学、中国水利水电出版社的关心和支持，他们对本书提出了很多宝贵的意见，在编写过程中还参阅了有关教材和专著，在此编者谨向他们表示最诚挚的感谢。

由于编者水平有限，不足之处恳请广大读者批评指正。

编 者

2015 年 12 月

目 录

第1章 绪 论

学习目标和要点：本章主要介绍水文现象和水文学，要求掌握水文现象的特点及本课程的学习方法，了解水文学的分类、发展及研究方法。

1.1 水文现象与水文学

1.1.1 水文现象

水是一切生命赖以存在的基础，也是人类生活和社会经济生产活动不可缺少、不可替代的重要资源。为了开发利用这一重要资源，也为了减少水所带来的灾害，人们不得不从各个方面对水进行系统观测、实验、分析和归纳总结，逐步形成了水文科学。一般而言，水文学是研究地球与水的科学。在对水的认识不断深化的过程中，水文科学也在不断发展。

地球上水的总量大体不变，以气态、液态或固态形式存在于地球的表面、地球的土壤岩层以及地球的大气层中。以一定方式存在于某一环境中，具有一定特征和变化规律的水，称为水体。例如江河、湖泊、沼泽、海洋，以及大气中的水汽和地下水等。人们所经历和熟悉的自然现象，不少与水的三态变化和水流运动有关，例如降水、蒸发、径流以及河流的结冰封冻等，称为水文现象。

从宇宙空间看地球是蓝色的，因为3/4的地球表面都被水所覆盖，应该说地球上的水不少。在太阳辐射和地球引力作用下，水通过蒸发、降水、径流等水文现象，在大气圈、岩石圈、水圈和生物圈所构成的地球系统中周而复始地循环运动着，维持了地球上多种多样的生命形态。从这个意义上说，水循环的功能类似于人体内的血液循环。然而，水的这种循环运动是不均匀且不稳定的，不同时刻不同地区水的状态与量值不同。有时，某一地方水多，于是江河横溢，洪水泛滥；另一地方水少，又引起水荒以致旱灾。由于这种不均匀，有的地方湿润，有的地区干旱，有的地方极其干旱以致难以维持生命的存在（例如新疆塔克拉玛干沙漠腹地）。正是水循环不均匀所导致的水分布时空差异，造就了地球上千姿百态的自然景观和丰富多彩的生态系统。虽然从平均意义上讲，地球上的水足够每个人使用，但水分布的不均匀使世界上仍有很多地区缺水，人们由于各种原因不得不居住在那里与干旱抗争。

水又是一种很好的载体和溶剂，许多物质都可被水流所携带或溶解在水中，随着水流而运动。例如，土壤的侵蚀与搬运，河流中泥沙的输移，肥料以及污染物的溶解和迁移都是在水流作用下进行的。由于泥沙的淤积，形成了肥沃富庶的黄淮海平原，就是水和泥沙为人们提供的良田；而黄河的泛滥改道也是中华民族的心腹之患。随着人类社会经济的发展，某些工业废弃物被水流所携带而扩散，引起了环境的污染，其中重金属污染甚至危及人类健康；氮、磷等农业肥料也会因施用方法不当而随水流流失，造成水体的富营养化，引起另一类环境问题。

水在流动过程中具有能量，洪水因流量及流速大，具有巨大动能，一方面会冲毁桥梁、堤坝，给人类带来难以估计的损害；另一方面人类可以利用水流动能驱动水力机械，或者把水的势能集中起来发电。

1.1.2　水文学

水文学研究各种水体的存在、运动、循环和分布，水体的物理化学性质，以及水体与环境的相互作用和影响，包括与生物特别是人类的相互作用和影响。水文学原理作为水文学科的基础课程，主要阐明各种水文现象、水文过程形成的原因和机理，为今后定量研究水文过程奠定基础。

水文学是地球科学的一个分支，既具有理论科学的特征，也具有应用学科性质。与其他学科一样，需要在不断解决新问题的过程中，拓展研究范畴，增强科学基础，以便更好地为人类经济社会的发展服务。

1.1.3　水文现象的特点及本课程的学习方法

作为地球物理学的一部分，水文现象受到地球自转及公转的影响，在时间上既具有一定的周期性，也具有某种随机性，例如：河流水量一般具有以年为周期的丰枯变化，我国大多数河流夏秋为汛期，冬春为枯季；气温受太阳辐射影响，具有以年为周期的季节变化以及以日为周期的昼夜变化；冰川补给的河流受气温影响，有较明显的日变化周期；潮汐现象受月球运行影响而呈日周期变化，这些都属于周期性。但影响水文现象的因素很多，各因素自身也在变化，因而水文现象在时间上和数量上的变化过程存在着不重复的随机特点，例如，任一河流的流量过程不会完全重复，汛期出现的迟早、流量的大小都不相同，则属于随机性。水文现象受到地理位置的制约，在空间上既具有相似性，也不排除具有某种特殊性。与海洋距离相近及气候相似条件下，同一区域的流域，其水文现象在一定程度上也相似。例如，我国东部沿海湿润区的河流均水量丰沛，年内变化相对不大；西部干旱区的河流都水量不足，季节变化更为显著；这些现象均可称为地区相似性。但即使在同一地区，由于地形、植被、土壤等下垫面条件的差异，水文规律也不尽相同。例如，同一个地区，山区与平原河流的洪水情势不同，岩溶区与非岩溶区的地下水赋存状态不同，都属于特殊性。

鉴于水文现象是大家都见过的自然现象，比较容易了解，但这些现象形成的原因与机理需要用本专业的科学术语来阐述和分析。因而，本课程的学习应注意以下几点。

1. 理解水文现象的机理

水文学原理阐述的是水文现象的成因与机理。学习本课程，就不应满足于对水文现象的一般性了解，而应在物理学、自然地理学、水力学等课程知识的基础上，理解水文现象的成因和机理，并能用水文专业术语加以阐述和分析。应当注意，水文现象是一种复杂的自然过程，影响因素众多，切忌简单化。水文学与其他学科存在着交叉与联系，不能仅仅就水文而研究水文，要吸取其他学科的新成果、新方法，以促进对复杂自然现象的认识和理解。特别应注意，水文现象具有很大的随机性，并非求偏微分方程的解析解，水文不能以理想化的初始及边界条件去求唯一解，必须注意综合性，力求全面理解水文自然过程，尽量避免水文学原理的课程学习中"一听就懂，一放就忘，一做就错"的现象发生。

2. 观察水文现象

实验是深入了解理论的必要途径，在某种意义上可以说，实验是科学技术进步的阶梯，对于发展中的水文科学也不例外。例如，目前仍广泛使用的 Horton 下渗公式，先是通过大量试验数据的分析归纳总结出来的经验公式，而后又从数学上推导出它是描述土壤中垂向水分运动微分方程在特定条件下的简化形式。然而，由于水文实验难度较大，特别是关键的控制性实验往往难以进行，不仅实验的初始及边界条件难以确定，而且不同尺度实验结果的转换关系也尚未解决，因此人们不仅要悉心观察实验中的水文现象，更要悉心观察自然界中发生的水文现象，以求真正理解各种复杂因素相互作用下所形成的水文现象的成因机理。通过观察，才能发现模拟或预测水文现象所用的数学方法在何处存在何种不合理之处或不足之处，深入分析思考其原因何在，即通过观察发现问题，经分析研究找出模拟、计算方法不足的原因并加以改进，从而推动水文科学不断前进。

3. 掌握描述水文现象的数学方法

数学是人类认识、描述、预测和调控自然现象的重要工具，任何科学的发展都离不开数学，水文学也不例外。水文学的发展历程中，从简单经验公式到概念性模型，再到今天的分布式流域水文模型，无不需要数学方法。如水文学中著名的瞬时单位线，就应用了单位脉冲函数、拉普拉斯变换等数学概念和方法。但应当注意，数学只是一种工具，只有在正确认识水文现象的基础上，数学描述才有可能是正确的。当前，主要任务是为进一步研究水文问题奠定基础，包括数学基础。这就要求掌握高等数学、线性代数、概率论与数理统计等基础数学课程。同时，还应当认识到，数学也在不断进步，应用这一工具的能力就需要不断提高。现代水文学的发展，除去需要常用的微积分、统计分析、线性规划、动态规划之外，还需要进一步熟悉模糊数学、灰色系统、层次分析、网络分析、系统动力学、分形分维、小波分析、人工神经网络等方法，并且需要熟悉相应的数学应用软件，如 Matlab、Mathmatical 等的使用技巧，以满足描述复杂水文现象的需要，也便于在工作中节省时间和精力。

4. 了解相关学科的进展以扩大知识面

严格地讲，水文学属于地球科学的一个分支。因而水文学与地学中的地理学、地质学、土壤学、气象学、气候学、环境学、生态学等，以及若干涉及人类活动的学科如农学、林学、水利工程、土木工程、城市规划、土地管理等都有着密切联系。弄清这些学科领域的基本概念和知识，了解其基本规律，对于认识和理解水文现象的机理将有很大帮助。现代科学技术发展迅速，如遥感遥测技术、雷达测雨技术、地理信息系统、决策支持系统等已逐步发展完善并走向实用，掌握这些科学原理和技术方法，不仅有助于加深对水文现象、水文过程的认识和理解，而且有助于解决经济社会发展条件下水文科学面临的新问题。

1.2 水 文 学 的 分 类

按照基础理论与应用分类，水文学可分为水文学原理和应用水文学。前者研究水文循环、水流运动及与之相关的溶质输移转化机理，阐述水在大气、岩石和生物圈中的作用，特别是与人类活动相互影响的机理及效应；后者侧重于水文学原理在各项经济建设中的应用，内容涉及水文计算、水文预测预报和水利计算等。

按照研究方法分类，水文学可分为系统水文学、动力水文学、确定性水文学、随机水文学、水文测验学、数值水文学、同位素水文学、实验水文学等。其中，由 V. T. Chow（周文德）依据系统科学的原理创建的系统水文学近年来得到广泛应用，值得重视。由 Eagleson 提出的动力水文学，则揭示了蒸发、输移等水文过程的动力机制，为大尺度水文模拟奠定了基础。同位素水文学则通过分析水中的 H^1、H^3、O^{18} 等稳定同位素来研究径流的来源与构成，为人们借助现代技术深入了解水文过程的机理提供了先进手段，未来它将发挥更为重要的作用。

按照研究对象分类，水文学则有河流水文学、湖泊水文学、河口水文学、海洋水文学、地下水水文学、冰川水文学、湿地水文学、环境水文学、生态水文学等。我国以前对河流水文研究较多；随着生态和环境保护日益受到广泛重视，人们需要对环境水文学、生态水文学给予更多的关注，以便使人类经济和社会的发展与地球环境和生态更加和谐，进而有效保护人类生存的共同家园——地球。湖泊、河口、海洋、地下水、冰川、湿地各有不同特点，但都是地球的组成部分，也需要人们在开发利用的同时加以保护。

按照服务范畴分类，水文学又有工程水文学、农业水文学、森林水文学、城市水文学等。我国以往对工程建设和施工中的水文问题研究及其解决措施较多，当前则需要转入研究工程运营管理中的水文问题。目前，我国城市化进程正在加速，城市发展带来的城市中心区温度增高，随之而来的是暴雨频繁、洪峰出现时间提前、水污染加剧等水文现象。城市水文学就是针对城市发展带来的这些水文问题，研究并提出相应对策，以保障城市经济社会的平稳发展。农业水文学在我国的重点将是在全球气候变暖条件下，研究水文过程的变化趋势和相应的农业节水措施，高效利用有限的水资源以保障粮食安全，促进经济社会发展。

1.3 水文学的发展

为了生活的需要，人类很早以前就开始了雨量、河流水位与流速的观测，并不断试图给水文现象以科学解释。例如，公元前 3500—前 3000 年古埃及人即开始观测尼罗河的水位；中华民族的祖先为了防御黄河洪水，从公元前 2000 多年起就开始观察水位涨落与天气状况。公元前 1200 年的安阳甲骨文记载了水文循环的朦胧概念；公元前 450—前 350 年希腊哲学家 Plato 和 Aristotle 也提出了水文循环的猜想；1452—1519 年意大利科学家 Da Vinci 进一步完善了水文循环的概念，并发明了浮标测定流量的方法。这些早期的水文现象观测和研究为水文科学的形成奠定了基础。

1674 年法国科学家 Perrault 在巴黎出版了《喷泉的起源》一书，阐述了他在塞纳河进行的 3 年雨量观测，分析计算出塞纳河伯格底以上流域的年径流量为年降水量的 1/6。鉴于这本专著将人们对水文循环的认识从定性描述提升到定量计算的水平，联合国教科文组织（UNESCO）和世界气象组织（WMO）认定 1674 年为现代水文科学的开端，并于

1974 年在巴黎举行了纪念水文科学 300 周年活动。1674 年后，涌现了一批水文测验仪器，如翻斗式雨量计和流速仪。基于水力学 Bernouli 定理和 Chezy 水流阻力公式，水文领域也提出了若干基础理论和公式，例如，1802 年 Dalton 的蒸发原理，1850 年 Mulvaney 的估算洪峰推理公式，1856 年 Darcy 的多孔介质流定律，1891 年 Manning 的明渠流公式等，标志着水文研究逐步加快了前进步伐。

进入 20 世纪，随着社会生产力的提高，各国经济迅速发展，而洪水、干旱等造成的经济损失也与日俱增。为了减小洪旱灾害的经济损失，全球掀起了水利工程建设的高潮。适应这一形势的需要，1911 年 Green 和 Ampt 建立了具有物理基础的入渗方程，1914 年 Hazen 将频率分析用于洪峰流量及其所需滞蓄水量的估算，1931 年 Richard 推导出土壤非饱和流基本方程，1932 年 Sherman 提出将净雨换算为地表径流的单位线，1933 年 Horton 建立入渗理论，1945 年 Gumbel 提出水文极值定律等，水文领域的这些研究成果为水利工程建设顺利实施提供了理论基础与技术支撑。

20 世纪中期，随着工业经济的发展，世界人口快速增长，致使若干国家和地区先后发生资源、环境问题，特别是水资源短缺和环境污染引起的危机。同时，电子计算机的发明和应用带来现代科学技术的飞速发展，也为水文分析创造了有利条件。由于社会经济的需求和技术条件的成熟，先后提出大尺度水文模拟的基本概念，研制出基于遥感（RS）、数字流域、地理信息系统（GIS）的分布式流域水文模型，实时洪水预报与调度系统，防洪会商决策支持系统等，以满足社会经济发展中所遇到的生态环境保护，水资源评价等大尺度模拟以及水资源配置与管理等的实际需要。

21 世纪，我国进入发展的黄金时期，经济社会对水文学科提出了更进一步的要求，解决这些问题既是挑战，也是机遇。首先，从全球范围看气候变暖更为明显，这使得水循环变化加剧。这与长期以来世界人口增加，工农业发展所引起的二氧化碳等"温室气体"排放量剧增有关。后果之一是某些地区降水量与径流量减少，如 20 世纪 90 年代我国黄河上中游、汉江等流域 10 年平均降水量减少 5%～10%，黄河花园口天然径流量初步估计偏少约 20%，海滦河及淮河的年径流量也明显偏少，从而导致区域性缺水，制约了相应地区的经济发展，并使其环境和生态状况恶化。后果之二是海平面上升，我国沿海海平面多年来呈波动上升趋势，2003 年黄海海平面比常年高 73mm，东海和南海次之，分别为 66mm 和 61mm。在这种条件下，水资源短缺与洪水灾害同时存在并影响了经济社会的发展。据中国工程院统计，1997 年我国人均水资源量为 2220m³，属于用水紧张国家。如何依据实际情况，有效预防洪旱灾害，合理配置有限的水资源，缓解水污染状况，即减轻乃至彻底解决"水多、水少、水脏"的问题，是我国水文水资源工作者面临的艰巨任务。同时，人们也必须在基础理论方面探索人类活动影响下的水文变化，寻找出一条推动人类活动逐步走向有序化的道路，从而使我国这样一个人口众多，人类活动影响极其显著的国家，在实现可持续发展的同时，得以维持一个良好的生态环境。

1.4 工程水文学的研究方法

由于水文现象具备确定性规律、地理分布规律和统计规律，研究方法相应地分为成因分析法、地理综合法和数理统计法。

成因分析法根据水文过程形成的机理，定量分析水文现象与其影响因素之间的成因关系，并建立相应的数学物理方程。例如，根据实测降雨、蒸发、河道流量资料，建立降雨量和径流量之间的定量关系；在水文资料整编中，建立的水位-流量关系；在河流洪水短期预报中，根据降雨过程预报某一地点河流断面出现的洪水过程等。应该说明的是，由于水文现象的复杂性，成因分析法需要在对天然的水文过程进行概化的基础上，建立概念性或经验性的水文分析方法和计算模式，与实际结果相比，计算成果是存在一定误差的，只要误差在允许范围内，计算成果就是合理和可行的。

地理综合法依据水文现象所具有的地区性和地带性分布特征，综合气候、地质、地貌、土壤、植被等自然地理要素，分析水文要素的地理分布规律，利用已有的水文资料建立地区性经验公式，绘制水文特征等值线图。地理综合法应用较为简易，主要用于无资料中小流域的水文特征值的分析计算。地理综合法具有明显的经验性，计算误差相对较大，对成果的可靠性和合理性需作更深入分析。

数理统计法以概率论和统计学为基础，通过分析大量历史资料，揭示水文现象的统计规律，从概率的角度定量预估设计地点未来可能的水文情势。例如，运用频率分析方法，求得水文要素的概率分布，从而得出工程规划设计所需要的水文设计值；针对两个或多个变量之间的统计关系，采用相关分析途径，建立设计变量与参证变量之间的相关关系，以插补展延水文系列。数理统计法得出的结果总是存在抽样误差的，其大小主要取决于所采用水文系列样本的长度。然而，大部分地区人类进行水文观测的时间很短，造成水文统计结果抽样误差相对较大，对规划设计的涉水工程安全性构成影响。因此，工程水文学很重视各种降低水文统计参数抽样误差的研究，并对工程安全影响进行分析和补偿。

在工程水文学中，由于影响水文过程的因素是非常复杂的，成因分析法和数理统计法往往不能截然分开，需结合使用才能较好地描述水文过程，有效地减少计算成果的误差。在实际情况下，即使是认识到水文现象的成因规律，往往也是定性的认识，不能从确定性途径建立相应的数学物理方程，需要根据实测资料，借助于统计学途径建立相关关系。同样，要采用数理统计法建立设计变量与参证变量之间的相关关系，必须采用成因分析方法选择合适的参证变量，才能使得建立的相关关系具备可靠性和有效性。因此，认真地学习、了解和掌握水文过程的成因规律、地理分布规律和统计规律，掌握工程水文学的研究方法的特性，才能较好地解决工程实际问题。

第2章 水文循环及流域径流形成过程

学习目标和要点：本章简要介绍地球上各种水体的数量与分布、水资源、全球水文循环及水量平衡等问题，重点内容为径流形成及影响径流形成的主要因素，如流域、河系、降水、蒸发和下渗等。学习时应着重掌握地面、地下径流形成的过程，点雨量的表示方法和流域平均雨量的计算。对径流的单位换算，即径流可用各种不同的单位表示，应该熟练掌握，以便在不同情况下能进行水文分析计算。

2.1 自 然 界 的 水

2.1.1 地球上各种水体的数量与分布

地球表面、岩石圈内、大气层中和生物体内储藏着各种形态（气态、液态和固态）的水体，包括海洋水、地表水（含冰川和冰盖、湖泊水、沼泽水、河流水）、地下水（含重力水、地下冰）、土壤水、大气水和生物水等。地球全部水体的总储量约为 1385984.6 万亿 m^3，其中海洋储存 1338000 万亿 m^3，约占全球水体总储量的 96.54%，陆地储存 47984.6 万亿 m^3，约占全球水体总储量的 3.5%，地表水和地下水各占 1/2 左右。地球上各种水体的储量见表 2.1。

表 2.1 地球上各种水体的储量

水体种类		水量		咸水		淡水	
		储量/万亿 m^3	占比/%	储量/万亿 m^3	占比/%	储量/万亿 m^3	占比/%
海洋水		1338000	96.54	1338000	99.04	0	0
地表水	合计	24253.79	1.75	85.4	0.006	24168.39	69
	冰川与冰盖	24064.1	1.736	0	0	24064.1	68.7
	湖泊水	176.1	0.013	85.4	0.006	90.7	0.26
	沼泽水	11.47	0.0008	0	0	11.47	0.033
	河流水	2.12	0.0002	0	0	2.12	0.006
地下水	合计	23730.81	1.71	12870	0.953	10860.81	31.013
	重力水	23400	1.688	12870	0.953	10530	30.06
	地下冰	300	0.022	0	0	300	0.86
	土壤水	16.79	0.001	0	0	16.79	0.05
	大气水	12.9	0.0009	0	0	12.9	0.04
	生物水	1.12	0.0001	0	0	1.12	0.003
全球总储量		1385984.6	100	1350955.4	100	35029.2	100

由表 2.1 可见，在地球水体的总储量中，含盐量不超过 1g/L 的淡水仅占地球水体总储量的 2.5%，其余 97.5% 为咸水。在总量为 35029.2 万亿 m³ 淡水中，有 68.7% 被固定在两级冰盖和高山冰川中，有 30.92% 蓄存在地下含水层和永久冻土层中，亦即绝大部分淡水是人类不易开采的；而湖泊、河流、土壤中所容纳的淡水只占 0.316%，因此，可供人类利用的淡水量是十分有限的。

2.1.2　水资源

地球表层可供人类利用的水称为水资源。水资源具备多种功能，如饮用、灌溉、养殖、航运、发电、生态、景观等。

淡水资源与人们的关系最为密切，但全球淡水储量中绝大部分为冰川、永久雪盖、内陆湖沼和历史年代储存的深层地下水等水体，它们的更新速率很慢，一旦被大量利用，很难恢复。陆地上大气降水、河流、土壤水、浅层地下水等水体的循环交替周期短，易于恢复，是人类可用的主要淡水资源。因此，在一般情况下，水资源是指陆地上每年能够得到恢复和补充并可供人类利用的淡水，是陆地上由大气降水补给的各种地表和地下淡水水体的动态水。

全球多年平均年降水量为 800mm，产生的河川径流量 $46.8 \times 10^{12} \mathrm{m}^3$。与之相比，我国多年平均降水量 648mm，产生的河川径流量 $2.8 \times 10^{12} \mathrm{m}^3$。与世界其他国家相比，我国水资源总量仅次于巴西、俄罗斯、加拿大、美国和印度尼西亚，居世界第六位，但由于人口众多，人均水资源占有量约为 2200m³，仅为世界人均占有量的 1/4，排在世界第 109 位。我国水资源分布的趋势是由东南向西北递减，空间分布悬殊十分大。长江流域及其以南地区国土面积占全国的 36.5%，水资源量却占全国的 81%，人均水资源量约为全国平均值的 1.6 倍，平均每公顷耕地的水资源占有量为全国平均值的 2.2 倍。淮河流域及其以北地区的国土面积占全国的 63.5%，其水资源量仅占全国水资源量的 19%，人均水资源量约为全国平均值的 19%，平均每公顷耕地的水资源占有量则为全国平均值的 15%。我国水资源在年内年际分配也存在分配不均匀的状况，大部分地区年内连续 4 个月降水量占全年的 70% 以上，连续丰水或枯水年也较为常见。

水能资源是重要的能源资源，据不完全统计，2015 年全世界水电装机容量已超 10 亿 kW。我国的水能资源蕴藏量为世界第一位，理论蕴藏量 6.76 亿 kW，技术可开发容量 4.93 亿 kW，约占世界总量的 1/6。中国水能资源的特点是西多东少，大部分集中于西部和中部。在全国可能开发水能资源中，东部的华东、东北、华北共占仅 6.8%，中南五地区占 15.5%，西北地区占 9.9%，西南地区占 67.8%，其中，除西藏外，四川、云南、贵州三省水能资源占全国的 50.7%。

2014 年，全国水电装机容量突破 3 亿 kW，占全球总装机容量的 27% 左右，居世界第一。目前，世界上水电总装机容量超过 1000 万 kW 的有 16 个国家，水电装机容量排在前 5 位的国家分别是中国、美国、加拿大、巴西和俄罗斯。

2.1.3　水灾害

由于天然来水时空分布不均，不能满足人们日常生活和发展的要求，会造成一些地区的洪水、干旱等自然灾害。同时，人类社会发展对水资源的过度开发和利用，尤其是人类某些活动对水生态环境的不利影响，会进一步加剧水灾害的程度，甚至造成新的灾害。

洪水是由于暴雨、融雪、风暴潮、水库溃坝引起江河流量迅速增加、水位急剧上涨的现象。洪水会淹没堤岸滩涂，甚至漫堤泛滥成灾，造成人员伤亡和重大经济损失，洪水灾害历来是我国最严重的自然灾害之一。

干旱是指水分的支大于收或供与求不平衡形成的水分短缺的现象，干旱引起水资源短缺会造成工农业减产，影响人们正常生活。我国是一个水资源严重不足的国家，水资源时空分布不均造成干旱灾害的频发，它是对我国工农业生产影响最严重的气象灾害。

水环境恶化是人类社会对水资源的过度开发利用、缺乏有效保护造成的后果。随着工业化程度的提高、城市化进程的加快和人口的不断增长，人类产生的大量废水排入河流、湖泊和海洋，造成水体的污染，使得水资源的质量不能满足人类生活和生产的要求，影响了水体为人类服务的各种功能。我国水土流失也很严重，全国水土流失面积达 367 万 km^2，每年流失的泥沙约 50 亿 t。黄河中上游的黄土高原区 60 万 km^2 面积中，严重水土流失面积达 70% 以上，水土年流失量 $3700t/km^2$，每年从黄土高原输入黄河干流的泥沙 16 亿 t，其中 4 亿 t 淤积在下游，导致黄河河床每年以 10cm 的速度抬高。水环境污染加剧了我国水资源短缺的矛盾，对我国正在实施的可持续发展战略带来严重的负面影响。

由于受人类生活和生产活动的影响，世界各地江河径流和浅层径流和浅层地下淡水的水质已受到不同程度的污染。

与煤、石油等矿产资源不同，水资源数量具有可更新补充的特点。然而，随着城市工业和农业的迅速发展，人口和用水量的急剧增长，人类对水资源的需求量日益增长，而可利用的水资源是有限的，导致不少国家不少地区出现了水资源不足的局面。人类逐渐认识到，可更新补充的水资源并非取之不尽，用之不竭的，必须十分重视，珍惜利用。为了使有限的水资源得以持续利用，世界各国都很重视水资源的调查、评价和合理开发利用与保护工作。

2.2 水 文 循 环

2.2.1 水循环的概念

地球水圈中各种水体在太阳的辐射下不断蒸发变为水汽进入高空，并随气流的运动输送到各地，在一定条件下凝结形成降水。降落的雨水，一部分被植物截留并蒸发，一部分形成地面径流沿江河回归大海，一部分渗入地下。渗入地下的水，有的被土壤或植物根系吸收，最后经蒸发和植物散发返回大气。有的渗入更深的土层形成地下水，以泉水或地下水的形式注入河流回归大海。水圈中各种水体通过蒸发、水气输送、凝结、降水、下渗、地面和地下径流的往复循环过程，称为水循环。

2.2.2 水循环的分类

按水文循环的规模和过程，水循环可分为大循环和小循环。从海洋蒸发的水汽，被气流输送到大陆形成降水，其中一部分以地面和地下径流的形式从河流回归大海；另一部分从新蒸发返回大气。这种海陆间的水分交换过程，称为大循环或外循环。在大循环运动中，水一方面在地面和上空通过降水和蒸发进行纵向交换，另一方面通过河流在海洋和陆地之间进行横向交换。海洋从空中向大陆输送水汽，陆地则通过河流把水送到海洋。陆地也向海洋输送水汽，但与海洋向陆地输送的水汽相比，其量很少，约占海洋蒸发量的8％，所以，海洋是陆地降水的主要水汽来源。海洋上蒸发的水汽在海洋上空凝结后，以降水的形式回到海洋，或陆地上的水经蒸发凝结又降落到陆地上，这种局部的水文循环称为小循环或内循环。前者为海洋小循环，后者为内陆小循环。内陆小循环对内陆地区降水有着重要作用。因为内陆地区距离海洋较远，从海洋直接输送到内陆的水汽不多，通过内陆局部地区的水文循环，使水汽逐渐向内陆输送，这是内陆地区主要的水汽来源。由于水汽在向内陆输送过程中，沿途会逐渐损耗，故内陆距海洋越远，输送的水汽越少，降水量越少。水文循环如图 2.1 所示。

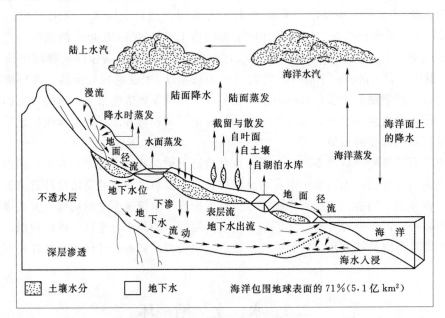

图 2.1　水文循环示意图

水循环的成因包括内因和外因两个方面。内因是水的物理三态（固态、液态、气态）在一定条件下的相互转化。外因是太阳辐射和地心引力。太阳辐射为水分蒸发提供热量，促使液态、固态的水变为水汽，并引起空气流动。地心引力使空中的水汽以降水形式回到地面，并且促使地表水、地下水汇归入海。另外，陆地的地形、地质、土壤、植被等对水文循环也有一定的影响。

2.2.3　水循环的意义

水循环是自然界最重要、最活跃的物质循环之一，使得人类的生产和生活不可或缺的水资源具有再生性。在水循环中，大气中的水分仅占全球总水量的 0.001％，约为12.9km³，但平均每年进出大气的总水量高达 600 万 km³，并以雨、雪、雹、露等形式进入地球表面，为地球上的各类水体，尤其是陆地水体提供了宝贵的淡水资源。正是由于水文循环，才使得人类生产和生活中不可缺少的水资源具有可再生性和时空分布不均匀性，提供了江河湖泊等地表水资源和地下水资源，同时也造成了旱涝灾害，给水资源的开发利用增加了难度。

水在自然界中的循环运动对人类生产和生活活动有着重大影响。研究水文循环的目的在于认识它的基本规律，揭示其内在联系，这对合理开发和利用水资源、抗御洪旱灾害、认识和利用自然都有十分重要的意义。

2.3 水 量 平 衡

2.3.1 地球上的水量平衡

根据物质不灭定律可知，在水循环过程中，对于任一区域，在任一时段内，进入的水量和输出的水量之差额必等于其蓄水量的变量，这就是水量平衡原理。根据水量平衡原理，可以列出水量平衡方程。水循环过程中水量平衡方程的基本因素为降水量和蒸发量。地表和地下径流量以及地表地下蓄水量的变量，也是水量平衡方程中经常要考虑的因素。

对某一区域，其水量平衡方程式为

$$I-O=\Delta S \tag{2.1}$$

式中：I、O 为给定时段内输入、输出该区域的总水量，mm；ΔS 为时段内区域蓄水量的变量，可正可负，mm。

式（2.1）为水量平衡方程的通用式，对不同的研究对象需具体分析其输入、输出量的组成，写出相应的水量平衡方程式。

若以地球的整个大陆作为研究范围，则水量平衡方程式为

$$P_C-R-E_C=\Delta S_C \tag{2.2}$$

若以海洋为研究对象，则水量平衡方程式为

$$P_0+R-E_0=\Delta S_0 \tag{2.3}$$

式中：P_C、P_0 为大陆、海洋上的降水量，mm；E_C、E_0 为大陆、海洋上的蒸发量，mm；R 为流入海洋的径流量（包括地表和地下径流量），mm；ΔS_C、ΔS_0 为大陆、海洋上研究时段内蓄水量的变量，mm。

对于长期平均情况而言，蓄水量的变量趋于零，可不考虑。对于大陆多年平均情况，其水量平衡方程可改写为

$$\overline{P_C}-\overline{R}=\overline{E_C} \tag{2.4}$$

对于海洋多年平均情况，其水量平衡方程可改写为

$$\overline{P_0}+\overline{R}=\overline{E_0} \tag{2.5}$$

式中：$\overline{R}$ 为从大陆流入海洋的多年平均年径流量，mm；$\overline{P_C}$ 为大陆多年平均降水量，mm；$\overline{E_C}$ 为大陆多年平均蒸发量，mm；$\overline{E_0}$ 为海洋多年平均蒸发量，mm；$\overline{P_0}$ 为海洋多年平均降水量，mm。

将以上两式合并，即得多年平均全球水量平衡方程为

$$\overline{P_C} + \overline{P_0} = \overline{E_C} + \overline{E_0} \qquad (2.6)$$

$$\overline{P} = \overline{E} \qquad (2.7)$$

式（2.7）表明，全球多年平均降水量 $\overline{P}$ 和多年平均蒸发量 $\overline{E}$ 相等。

2.3.2　区域水量平衡

水资源的分析计算是针对某特定区域而言，需要研究区域内降水、蒸发、地表水、地下水之间的转化关系。

对某时段（年、月），区域的水量平衡方程如下：

$$P = R + E + U_g \pm \Delta V \qquad (2.8)$$

式中：P 为降水量，mm；R 为河川径流量，mm；E 为蒸散发总量，mm；U_g 为地下潜流量，mm；ΔV 为区域内调蓄量总和，mm。

对于多年平均情况，由于 $\overline{\Delta V} = \dfrac{1}{n} \sum\limits_{i=1}^{n} \Delta V \to 0$，则有：

$$\overline{P} = \overline{R} + \overline{E} + \overline{U_g} \qquad (2.9)$$

区域水资源量为

$$\overline{W} = \overline{P} - \overline{E} = \overline{R} + \overline{U_g} \qquad (2.10)$$

区域内由于地表水与地下水补给有重复现象，估算水资源量时，对地表水和地下水既要分项计算，又要计算重复水量，所以，区域水资源量计算式一般形式为

$$\overline{W} = \overline{R} + \overline{U_g} + \overline{D} \qquad (2.11)$$

式中：$\overline{W}$ 为区域多年平均年水资源量，mm；$\overline{R}$ 为区域多年平均年河川径流量，mm；$\overline{U}$ 为区域多年平均年地下水总补给量，mm；$\overline{D}$ 为重复水量，mm。

2.4　河流与流域

研究水文现象，一般都以河流为对象，以流域为区域范围。因此，有必要了解河流与流域的某些基本特征。接纳地面径流和地下径流的天然泄水通道称为河流。供给河流的地面和地下径流集水区称为流域，它由汇集地面径流的地面集水区和汇集地下径流的地下集水区所组成。流域里大大小小的水流，构成脉络相同的系统称为河系（河网），又称水系。流域和河系是河川径流的补给源地和输送路径，它们的特征都将直接、间接地影响径流的形成和变化。

2.4.1　河流特征

1. 河流长度与分段

自河源沿主河道至河口的长度称为河流长度，简称河长，用 L 表示，以 km 计。一条河流沿水流方向，自上而下可分为河源、上游、中游、下游、河口 5 段。

河源是河流的发源地，可以是泉水、溪涧、沼泽、冰川等。上游直接连接河源，这一段的特点是河谷窄、坡度大、水流急、下切侵蚀为主，河流中常有瀑布、急滩。中游河段

坡度渐缓，下切力减弱，旁蚀力加强，急流、瀑布消失，河槽变宽，两岸有滩地，河床较稳定。下游河槽宽、坡度缓、流速小、淤积为主，浅滩沙洲多，河曲发育。河口是河流的终点，即河流注入海洋或内陆湖泊的地区，这一段因流速骤减，泥沙大量淤积，往往形成三角洲。

2. 河谷与河槽

可以排泄河川径流的连续凹地称为河谷。由于地质构造不同河谷的横断面形状有很大差异，一般可分为峡谷、宽广河谷和台地河谷。谷底过水部分称河槽，河槽的横断面称过水断面。根据横断面形状的不同，又可分为单式断面和复式断面，如图 2.2 所示。复式断面由枯水河槽和浅滩组成，洪水时滩地将被淹没。

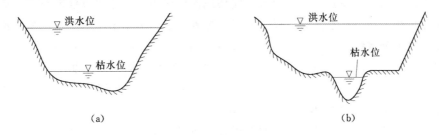

图 2.2 河槽断面图
(a) 单式断面；(b) 复式断面

3. 河道纵比降

河段两端的高程差称为落差。单位河长的落差称为河道纵比降，简称比降。当河段纵断面的河底近于直线时，该河段的落差除以河段长，便得平均纵比降。当河段纵断面的河底呈折线时，如图 2.3 所示，则通过下游断面的河底处向上游作一斜线，使之以下的面积与原河底线以下的面积相等，此斜线的坡度即为河道平均纵比降 J，计算公式为

$$J = \frac{(Z_0 + Z_1)L_1 + (Z_1 + Z_2)L_2 + \cdots + (Z_{n-1} + Z_n)L_n - 2Z_0 L}{L^2} \tag{2.12}$$

式中：Z_0，Z_1，$\cdots$，Z_n 为自下游至上游沿程各转折点的高程，m；L_1，L_2，$\cdots$，L_n 为自下游向上游相邻两转折点间的距离，m；L 为河道全长，m。

4. 水系的几何形态

水系中长度最长或水量最大的河流称作为干流，直接汇入干流的为一级支流，汇入一级支流的为二级支流，其余类推。根据干支流分布情况，河系可分为 4 种类型：①扇状河系，河系如扇骨状分布；②羽状河系，干流沿途接纳很多支流，其排列如同羽毛状；③平行河系，几条支流平行排列，在靠近河口处才很快汇合；④混合型河系，较大的河流多数都包括上述②、③形式的混合排列型。

5. 河网密度

一个流域中，所有河道的总长度与该流域总面积之比，称河网密度，即 $D = \sum L_i / F$，1/km。

6. 河流弯曲系数

河流弯曲系数 φ 指的是河流实际长度 L 与河流两端的直线距离 l 的比值，即 $\varphi = L/l$。

2.4.2　流域特征

1. 分水线和流域

（1）分水线。如图 2.4 所示，地形向两侧倾斜，使雨水分别汇入两条不同的河流中去，这一地形上的脊线起着分水的作用，称为分水线或分水岭。分水线是相邻两流域的分界线，例如降在秦岭以南的雨水流入长江，而秦岭以北的雨水则流入黄河，所以秦岭是长江与黄河的分水岭。流域的分水线是流域周界，也是分水岭的延长线。流域的地面分水线是地面集水区的周界，通常是经过出水断面环绕流域四周的山脊线可根据地形图勾绘。流域的地下分水线是地下集水区的周界，但很难准确确定。由于水文地质条件和地貌特征影响，地面、地下分水线可能不一致，如图 2.4 所示 A、B 两河地面分水线即中间的山脊线，但地下不透水层向 A 河倾斜，其地下分水线在地面分水线的右边，两者在垂直方向不重合。在地面、地下分水线之间的面积上，降雨产生的地面径流注入 B 河产生的地下径流则注入 A 河，从而造成地面、地下集水区不一致。除此之外，如果 A、B 之间没有不透水的地下分水线，枯季时，A 河的水还会渗向 B 河，使之地下分水线发生变动。

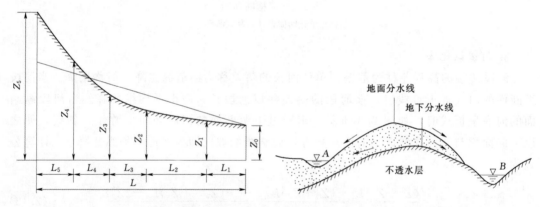

图 2.3　河道平均纵比降计算示意图　　　图 2.4　地面分水线和地下分水线示意图

（2）流域。流域是指汇集地面、地下径流的区域，相对河流某一个断面就有一个相应的流域。例如，图 2.4 中 B 断面控制的流域是 B 以下的地面、地下集水区，它们产生的径流将由 B 断面流出。A 断面控制的流域则是 A 以上的集水区域，但由于它下切深度浅，其上产生的径流将有小部分从下面的透水层排出，而没有完全通过 A 断面。

当流域的地面、地下分水线重合，河流下切比较深，流域上降水产生的地面、地下径流能够全部经过该流域出口断面流出者称为闭合流域。一般的大中流域，地面、地下分水线不重合造成地面、地下集水区的差异相对全流域较小，且出口断面下切较深，常常被看做是闭合流域。与闭合流域相反，因地面、地下分水线不一致，或者因河道下切较浅，出口断面流出的径流并不正好是流域地面集水区上降水产生的径流时，称这种流域为非闭合流域。小流域，或岩溶地区的流域，常常是非闭合流域，水文计算时要格外注意，应通过地质、水文地质、枯水、泉水调查和水平衡分析等，判定由于流域不闭合可能造成的影响。

2. 流域的几何特征

流域的几何特征常用流域面积、流域长度、流域形状系数等描述。

（1）流域面积。流域面积是指流域地面集水区的水平投影面积，以 F 表示，以 km^2 计。

（2）流域长度和平均宽度。流域长度就是流域的轴长，以 km 计。以流域出口为中心作很多同心圆，由每个同心圆与流域两边分水线的交点作割线，各割线中点的连线长度即为流域长度 L。流域面积 F 与流域长度 L 的比值为流域的平均宽度 B，即 $B=F/L$，km。

（3）流域形状系数。流域平均宽度 B 与流域长度 L 之比为流域形状系数 K，即

$$K=B/L=F/L^2 \tag{2.13}$$

扇形流域 K 较大，容易形成洪峰比较高的洪水；狭长流域 K 较小，洪水不易集中。它在一定程度上反映了流域形状对汇流的影响。

2.5 降水、下渗和蒸散发

2.5.1 概述

水循环是自然界最重要、最活跃的物质循环之一，正是由于水文循环，才使得人类生产和生活中不可缺少的水资源具有可再生性和时空分布不均匀性，提供了江河湖泊等地表水资源和地下水资源，水文循环的内陆小循环对内陆地区的降水有着重要的作用，因此全球水文循环的研究中陆面过程的研究显得尤为重要。陆面过程主要以径流为主，径流过程是地球上水文循环中最为重要的一环。降水、下渗、蒸发是地球上水文循环中最活跃的因子，也是径流形成的主要影响因素，因此本节主要先介绍降水、下渗、蒸发的基本概念，在下一节具体阐述径流的基本概念及其形成过程和表示方法。

2.5.2 降水

1. 降水及其特征

降水是指液态或固态水汽凝结物从云中降落到地面的现象，如雨、雪、霰、雹、露、霜等，其中以雨、雪为主。降水是水文循环中最活跃的因子。我国大部分地区一年内降水以雨水为主，雪仅占少部分，所以这里降水主要指降雨。

降水特征常用降水量、降水历时、降水强度、降水面积及暴雨中心等来表示。降水量是指一定时段内降落在某一点或者某一面积上的总水量，用水层深度表示，以 mm 计。一场降水的降水量是指该次降水全过程的总降水量。日降水量是指 24h 内的总降水量。降水量一般分为 7 级，见表 2.2。

表 2.2　　　　　　　　　　　　　　　降 水 量 等 级 表

24h 雨量/mm	<0.1	0.1～10	10～25	25～50	50～100	100～200	>200
等级	微雨	小雨	中雨	大雨	暴雨	大暴雨	特大暴雨

凡日降水量达到和超过 50mm 的降水称为暴雨。暴雨又分为暴雨、大暴雨和特大暴

雨 3 个等级。降水持续的时间称为降水历时，以 min、h 或 d 计。单位时间的降水量称为降水强度，以 mm/min 或 mm/h 计。降水笼罩的平面面积称为降水面积，以 km² 计。暴雨集中的较小的局部地区，称为暴雨中心。

2. 降水的成因与类型

降水的形成主要是由于地面暖湿气团在各种因素的影响下升入高空，在上升过程中产生动力冷却使温度下降，当温度达到露点（即空气水汽达到饱和时的温度）以下时，气团中的水汽便凝结成水滴或冰晶，这就形成了云；云中的水滴或冰晶由于水汽继续凝结及相互碰撞合并，凝聚不断增大，当其重量超过上升气流顶托力时，在重力作用下就形成了降水。由此可知，气流上升产生动力冷却是形成降水的主要条件，而气流中的水汽含量及冷却程度则决定着降水强度和降水量的大小。

降水有各种形式，如雨、雪、雹、霰等。对我国多数河流而言，降雨对水文现象的影响最大，故以下重点讨论降雨。

按照气流上升的原因，常把降雨分为以下四种类型：

（1）对流雨。对流雨是因地表局部受热，气温向上递减率过大，大气稳定性降低，因而产生垂直上升运动，形成动力冷却而降雨。因对流上升速度较快，形成的云多为垂直发展的积状云，降雨强度大，但面积不广，历时也较短。

（2）地形雨。地形雨是气流因所经地面的地形升高而被抬升，由于动力冷却而成云致雨。地形雨的降雨特性因空气本身的温湿特性、运动速度及地形特点而异，差别较大。

（3）锋面雨。在一个较大地区范围的空气柱内，各水平高度上具有较均匀的温湿特性，当受到气压场作用而向共同方向移动时，这部分空气就称为气团。两个温湿不同的气团相遇时，在其接触处由于性质不同而来不及混合，温度、湿度和气压场形成一个不连续面，称为锋面。所谓不连续面实际上是一个过渡带，有时又称为锋区。锋面与地面的交线称为锋线。习惯上把锋面和锋线统称为锋。锋的长度从数百公里到数千公里不等；锋面伸展高度，低的离地 1～2km，高的可达 10km 以上。锋面是向冷气团一侧倾斜的，暖气团在运动中将沿锋面抬升，只要暖空气中有足够的水汽，就能成云致雨。

锋面随冷暖气团的移动而移动。当冷气团向暖气团方向移动并占据原属暖气团的地区时，这种锋称为冷锋；当暖气团向冷气团方向移动并占据原属冷气团的地区时，这种锋称为暖锋；若冷、暖气团势均力敌，在某一地区摆动或停滞，这种锋称为准静止锋；若冷锋追上暖锋，或两条冷锋相遇，暖空气被抬离地面，则称为锢囚锋。

一般来说，冷锋雨强度大，历时较短，雨区范围较小；暖锋雨强度大，历时较长，范围也较大；准静止锋将产生长历时，强度较大的降雨。

（4）气旋雨。当一个地区气压低于四周气压时，四周气流就要像该处汇集，由于地球转动力的影响，北半球辐合气流是沿逆时针方向流入的。气流汇入后再转向高层，上升气流中的水汽因动力冷却凝结成云，条件具备时即产生降雨。这种大气的涡旋称为气旋，对于高空中的涡旋则称为涡。

气旋的产生、发展与锋区的位置以及高空中的低压系统活动情况有关。高空的涡旋在我国是以形成地区命名的，如西北涡、华北涡、西南涡等。西南涡对我国降雨情况影响较大，它是在西南特殊的地形影响下形成的。西南涡在源地时就可以产生阴雨天气，如东移发展，则雨区扩大，雨量也增大，夏秋季节在我国中部常引起暴雨。

低纬度海洋上形成的气旋称为热带气旋。我国气象部门根据气旋地面中心附近风速的大小将其分为 3 类：热带低压的最大风速为 10.8～17.1m/s；台风的最大风速为 17.2～32.6m/s；强台风的最大风速大于 32.6m/s。台风由于气流抬升剧烈，水汽供应充分，常发展为浓厚的云区，降水多为阵性暴雨，强度很大，分布不均。

3. 降雨观测

观测降雨量的标准仪器有人工观测的雨量器（图 2.5）和自记雨量计（图 2.6）2 种。

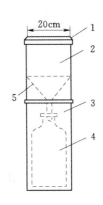

图 2.5　雨量器构造示意图
1—器口；2—承雨器；
3—雨量筒；4—储
水瓶；5—漏斗

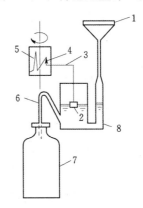

图 2.6　立式自记雨量计
构造示意图
1—承雨器；2—浮子；3—连杆；
4—自记笔；5—自记钟；6—虹
吸管；7—储水瓶；8—浮子室

雨量器是一个口径 20cm 的柱形金属桶，承雨后用特制的量杯测定降雨量。降雨量一般采用定时观测，通常在每天的 8 时与 20 时各观测一次（两段制）。雨季增加观测次数，如四段制、八段制等。观测时用空的储水瓶将雨量筒中的储水瓶换出，在室内用特制的量杯量出降雨量。降雪时将雨量筒的漏斗和储水瓶取出，仅留外筒，作为承雪器具。观测时，将带盖的外筒带到装置雨量筒的地点调换外筒，并将筒盖在已用过的外筒上，再取回室内，加温融化后计算降水深度。

自记雨量计可以测定降雨过程。雨水从承雨器进入浮子室，浮子即随水面上升推动连杆，使自记笔在有记录的自记钟上向上移动把雨量记录下来。当浮子室充满雨水时（自记笔达到记录纸上沿），雨水自动经虹吸管泄入储水瓶（自记笔迅速降落到记录纸下沿），然后浮子室继续充水，自记笔又重新升高，这样往复循环，降雨过程便在记录纸上绘出。

自记雨量计不能直接用来测量降雪过程。

4. 降雨的特性及降雨资料的图示法

降雨的特性包括降雨量、降雨历时、降雨强度、降雨面积及降雨中心等。降雨量为一定时段内降落在某一点或某一面积上的总雨量，常用深度表示，以 mm 计；降雨历时是指一次降雨所经历的时间，以 min 或 h 计；降雨强度为单位时间内的降雨量，以 mm/min 或 mm/h 计；降雨面积是指降雨笼罩的水平面积；降雨中心是指降雨量最大的局部地区。

17

降雨量在时间上的变化过程及空间上的分布情况常用下列图形表示。

（1）降雨量过程线。常用的降雨量过程线是以时段降雨量为纵坐标，时段次序为横坐标绘制的。它显示降雨量随时间的变化特征，常以直方图或曲线表示（图 2.7）。降雨过程又可用累积降雨量曲线表示，此曲线横坐标为时间，纵坐标为降雨开始到各时刻的累积降雨量（图 2.7）。根据它的平均坡度可求得各时段内的平均降雨强度。

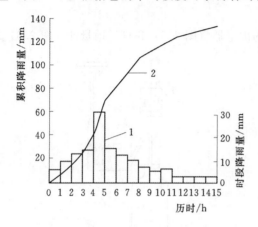

图 2.7　某站一次降雨量过程线及累积
降雨量曲线图
1—降雨过程直方图；2—累积降雨量曲线

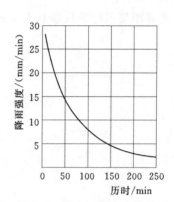

图 2.8　最大平均降雨强度-
历时曲线图

（2）降雨量等值线图。降雨量等值线图与等高线地形图相似，是根据各雨量站的降雨量和参照地形的情况分析绘制的（图 2.11）。

（3）降雨特性综合曲线。

1）强度-历时曲线。把一场降雨的过程记录下来，对应某指定的历时，变动起讫时间求得相应该历时的最大平均降雨强度，并点绘成曲线（图 2.8）。它可以反映该场降雨的核心部分的雨强变化特性。

2）平均雨深-面积曲线。对一场或一定历时的降雨，从降雨量等值线图的中心开始，分别量取不同的等雨量线所包围的面积及该面积内的平均雨深，点绘成曲线（图 2.9）。此曲线表示不同面积上的最大平均雨深。一般为指数型衰减曲线，面积愈大，平均雨深愈小。

3）平均雨深-面积-历时曲线。如将一场暴雨的不同历时，如 12h、24h、48h 等的等雨量线图作出相应的平均雨深-面积曲线，并综合绘于同一张图上（图 2.9），即得到平均雨深-面积-历时曲线，简称时、面、深曲线。其规律为：当历时一定时，面积愈大，平均雨深愈小；当面积一定时，历时愈长，平均雨深愈大。

5. 流域平均降雨量的计算

由雨量站观测到的降雨量，只代表该站所在处或附近较小范围的降雨情况，称为点雨量。在实际工作中往往需要全流域平均雨量值（称为面雨量）。因此，经常要由各站点降雨量推求流域平均降雨量。

计算流域平均雨量（面雨量）常用的方法有以下 3 种：

（1）算术平均法。当流域内雨量站分布较均匀，地形起伏变化不大时，可取流域内各站雨量的算术平均值作为流域平均雨量。计算公式如下：

$$\overline{x} = \frac{x_1 + x_2 + \cdots + x_n}{n} = \frac{1}{n}\sum_{i=1}^{n}x_i \quad (2.14)$$

式中：$\overline{x}$ 为流域平均雨量，mm；x_1，x_2，$\cdots$，x_n 为各雨量站同时段内的降雨量，mm；n 为雨量站数。

（2）泰森多边形法。当流域内雨量站分布不太均匀时，用泰森多边形法求流域平均雨量。该法假定流域各点的降雨量由与其距离最近的雨量站代表。这样，先确定出各雨量站所代表的面积

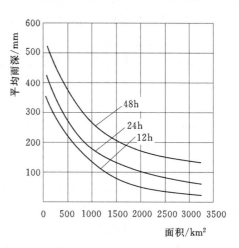

图 2.9　平均降雨深度-面积-历时曲线图

f_i，可采用如下作法：用直线连接相邻的雨量站，组成若干个三角形，一般就称为泰森多边形（图 2.10）。每一多边形正好对应一个雨量站。若 x_1，x_2，$\cdots$，x_n 为各雨量站雨量，f_1，f_2，$\cdots$，f_n 为各站对应的多边形面积，F 为全流域面积，流域平均降雨量 $\overline{x}$ 用下列公式计算：

$$\overline{x} = \frac{x_1 f_1 + x_2 f_2 + \cdots + x_n f_n}{n} = \sum_{i=1}^{n}x_i \frac{f_i}{F} \quad (2.15)$$

（3）等雨量线图法。当流域内雨量站分布较密时，也可作出等雨量图，通过面积加权来计算流域平均雨量（图 2.11）。计算公式为

$$\overline{x} = \frac{1}{F}\sum_{i=1}^{n}x_i f_i \quad (2.16)$$

式中：f_i 为两条相邻等雨线之间的流域面积；x_i 为 f_i 面积上的平均雨深；其他符号意义同前。

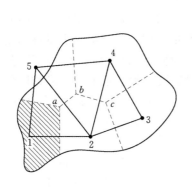

图 2.10　泰森多边形图

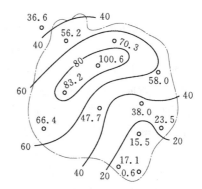

图 2.11　降雨量等值线图

2.5.3　下渗

下渗是指降落到地面的雨水从地表渗入土壤中的运动过程。下渗不仅直接决定了地面径流的大小，同时也影响土壤水分的增长，以及表层径流和地下径流的形成。因此，分析

下渗的物理过程和规律，对认识径流形成的物理机制有重要意义。

1. 下渗的物理过程

当雨水持续不断地落在干燥的土层表面时，雨水将从包气带上界不断地渗入土壤中。渗入土中的水分，在分子力、毛管力和重力的作用下产生运动。按水分所受的力和运动特征，下渗可分为渗润、渗漏、渗透 3 个阶段。

渗润阶段：下渗的水分主要受分子力的作用，被土壤颗粒吸收而成薄膜水。若土壤十分干燥，这一阶段十分明显。当土壤含水量达到最大分子持水量，分子力不再起作用，这一阶段结束。

渗漏阶段：下渗水分主要在毛管力和重力的作用下，沿土壤孔隙向下作不稳定流动，并逐步充填土壤孔隙直至饱和，此时毛管力消失。

渗透阶段：当土壤孔隙充满水达到饱和时，水分在重力作用下呈稳定流动。

一般可将渗润和渗漏两个阶段合并统称渗漏阶段。渗漏阶段属于非饱和水流运动，而渗透阶段则属于饱和水流的稳定运动。在实际下渗过程中，各阶段并无明显的分界，它们是相互交错进行的。

2. 下渗率和下渗能力

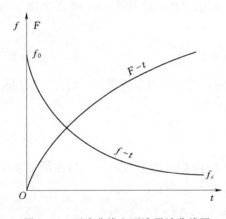

图 2.12 下渗曲线和下渗累计曲线图

下渗量的大小可用下渗率或下渗量来表示。单位时间内渗入单位面积土壤中的水量称为下渗率或下渗强度，记为 f，以 mm/min 或 mm/h 计。在充分供水条件下的下渗率称为下渗能力。通常用下渗率或下渗能力随时间的变化过程来定量描述土壤的下渗规律。实验表明，干燥土壤在充分供水条件下，下渗率随时间呈递减变化，称为下渗能力曲线，简称下渗曲线，以 $f(t)-t$ 表示，如图 2.12 所示。图中 f_0 为起始下渗率，下渗的最初阶段，下渗的水分被土壤颗粒所吸收、充填土壤孔隙，起始下渗率很大。随时间的增长和下渗水量的增加，土壤含水量逐渐增大，下渗率随之逐渐递减。当土壤孔隙都充满水，下渗趋于稳定，此时的下渗率称为稳定下渗率。记为 f_c。这样，下渗曲线分为不稳定下渗（渗漏阶段）和稳定下渗（渗透阶段）两个阶段，这种变化规律和下渗的物理机制是一致的。下渗的水量用累计下渗量表示，记为 F，以 mm 计。累计下渗量随时间的变化过程，用 $F(t)-t$ 表示。累计曲线上任一点处切线的斜率即为该时刻的下渗率。

上述下渗率的变化规律，可用数学模式来表示，如霍顿（Horton）公式。霍顿根据均质土柱的下渗实验资料，认为当降水持续进行时，下渗率逐渐减小，下渗过程是一个消退的过程，消退的速率与剩余量成正比，下渗率最终趋于稳定下渗率 f_c。设 t 时刻的下渗率为 $f(t)$，该时刻的剩余量为 $f(t)-f_c$，消退速率为 $\dfrac{\mathrm{d}f(t)}{\mathrm{d}t}$。由于在下渗过程中，$f(t)$ 随时间减小，所以 $\dfrac{\mathrm{d}f(t)}{\mathrm{d}t}$ 为负值。根据霍顿的假设，有

$$\frac{\mathrm{d}f(t)}{\mathrm{d}t} = -\beta[f(t) - f_c]$$
$$f(0) = f_0 \tag{2.17}$$

式中：β 为与土壤物理性质有关的系数，$\beta > 0$。

解上述微分方程，得

$$f(t) = f_c + (f_0 - f_c)\mathrm{e}^{-\beta t} \tag{2.18}$$

式中：f_0、f_c 和 β 与土壤性质有关，需根据实测资料或实验资料分析确定。

3. 自然条件下的下渗

（1）下渗与降雨强度的关系。在天然情况下，满足土壤下渗能力的必要条件是任一时刻的降雨强度 i 大于或等于该时刻的下渗能力 f，即 $i \geqslant f$。因此，对某时刻，若降雨强度 $i \geqslant f$，此时相当于充分供水条件，该时刻的下渗率为下渗能力 f；而当 $i < f$ 时，降雨全部渗入土壤中，即该时刻的下渗率为 i。天然状态下的降雨过程复杂且多变，雨强时大时小，而下渗能力也随土壤含水量的增加而减小，所以实际下渗过程十分复杂。

（2）下渗的空间分布。对一个流域而言，其下渗过程要比单点复杂得多。①流域中土壤的性质在空间上分布不均匀，沿垂向分布也常呈现非均匀结构，即使同类土壤，其地表坡度、植被、土地开发利用程度也有差异；②降雨开始时流域内土壤含水量空间分布也不同，即起始下渗率分布也不同；③一场降雨在时间和空间上分布不均匀；④流域内各处地下水位高低不一。上述这些因素，导致了流域的下渗在空间上分布是不均匀的。因此，一个流域的实际下渗过程是十分复杂的，在实际工作中多采用概化的方法来描述下渗的空间分布。

2.5.4 蒸散发

1. 概述

蒸散发是水循环及水量平衡的基本要素之一。水由液态或固态转化为气态的过程称为蒸发；被植物根系吸收的水分，经由植物的茎叶散逸到大气中的过程称为散发或蒸腾。具有水分子的表明称为蒸发面。蒸发面为水面称为水面蒸发；蒸发面为土壤表面称为土壤蒸发；蒸发面为植物茎叶则称为植物散发。土壤蒸发和植物散发合称为陆面蒸发。流域的表面一般包括水面、土壤和植物覆盖等，当把流域作为一个整体，则发生在这一蒸发面上的蒸发，称为流域总蒸发，或流域蒸散发，它是流域内各类蒸发的总和。

单位时间内的蒸发量称为蒸发率。在充分供水条件下，某一蒸发面的蒸发率，称为可能最大蒸发率或蒸发能力，记为 EM。一般情况下，蒸发面上的蒸发率只能小于或等于蒸发能力。

2. 水面蒸发

（1）水面蒸发的物理过程。水面蒸发是水由液态转化为气态逸出水面的过程，是水分子运动的结果。水体中的水分子总是在不断地运动着，当水面一些水分子克服分子间的吸引力时，就能脱离水面变成水汽，进入空气中。也有部分空气中的水分子在运动过程中返回水面。从水面跃出的水分子量与返回水面的水分子量的差值，就是实际的蒸发量。

影响水面蒸发过程的主要因素有水温、空气饱和差、风速等，它们分别影响水分子的运动速度以及逸入空气中后水分子向外扩散的速度。

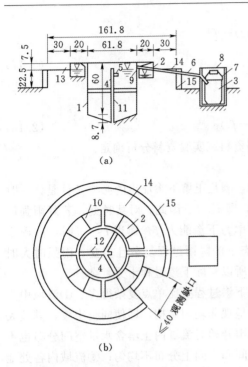

图 2.13　E_601 型蒸发器示意图（单位：cm）

(a) 剖面图；(b) 平面图

1—蒸发圈；2—水圈；3—溢流桶；4—测针桩；
5—器内水面指示针；6—溢流用胶管；7—
放溢流桶的箱；8—箱盖；9—溢流嘴；
10—水圈外缘的撑挡；11—直管；
12—直管支撑；13—排水孔；
14—土圈；15—土圈外围
的防塌设施

（2）水面蒸发观测。水面蒸发是在充分供水条件下的蒸发。确定水面蒸发量的大小通常用量测法。

量测法是应用蒸发器或蒸发池直接观测水面蒸发量我国水文和气象部门采用的水面蒸发器有：Φ-20 型、Φ-80 套盆式、E_{601} 型蒸发器，以及水面面积为 $20m^2$ 和 $100m^2$ 的大型蒸发池。其中，E_{601} 型蒸发器是埋在地面下带套盆的蒸发器，其内盆面积 $300cm^2$，如图 2.13 所示。

由于蒸发器的蒸发面积远较天然水体小，观测的数值不能直接作为像水库这样的大水体的水面蒸发值。据研究，当蒸发池的直径大于 3.5m 时，其蒸发量与天然水体较为接近，因此可用 $20m^2$ 和 $100m^2$ 的大型蒸发池的蒸发量 $E_池$ 与蒸发器的蒸发量 $E_器$ 之比 K 作为折算系数，即

$$K = E_池 / E_器 \qquad (2.19)$$

折算系数 K 随蒸发器直径而变，也与蒸发器类型、自然环境、季节变化等因素有关。在实际工作中应根据当地实测资料分析。天然水体的蒸发量为

$$E = KE_器 \qquad (2.20)$$

3. 土壤蒸发

土壤蒸发是土壤中所含水分以水汽的形式逸入大气的现象，土壤蒸发过程是土壤失去水分或干化的过程。

湿润的土壤的蒸发过程一般可分为 3 个阶段，如图 2.14 所示。第 I 阶段，土壤十分湿润，土壤中存在自由重力水，并且土层中毛细管也上下沟通，水分从表面蒸发后，能得到下层的充分供应。这一阶段，土壤蒸发主要发生在表层，蒸发速度稳定，蒸发量 E 等于或接近相同气象条件下的蒸发能力 EM，此时气象条件是影响蒸发的主要原因。由于蒸发耗水，当土壤含水量降到田间持水量 $W_田$ 以下时，土壤中毛细管的连续状态将被破坏，毛细管水不能上升到地表水，这时进入第 II 阶段。在第 II 阶段，

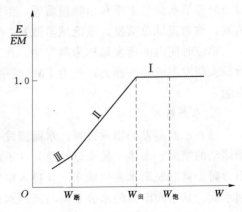

图 2.14　土壤蒸发过程示意图

随土壤含水量的减少，供水条件越来越差，土壤蒸发率也就越来越小。此时，土壤蒸发主要取决于土壤含水量，而气象因素退居次要地位。土壤蒸发率与土壤含水量 W 大体成正比，即 $E = \dfrac{W}{W_{田}} EM$，当土壤含水量减至毛细管断裂含水量 $W_{断}$ 时，进入第Ⅲ阶段。在第Ⅲ阶段，水分只能以薄膜水或气态水的形式向地表移动，运动十分缓慢，蒸发率微小，在这种情况下，不论是气象因素还是土壤含水量蒸发均不起明显作用。

因土壤蒸发观测比较困难，而且精确度较低，一般测站均不进行蒸发观测。

4. 植物散发

植物散发指在植物生长期，水分从叶面和枝干蒸发进入大气的过程，又称蒸腾。植物散发比水面蒸发及土壤蒸发更为复杂，它与土壤环境、植物的生理结构以及大气状况有密切关系。目前，我国植物散发的观测资料很少，散发量难以估计。

5. 流域总蒸发

流域总蒸发包括水面蒸发、土壤蒸发、植物截留蒸发和植物散发。由于流域的下垫面情况极其复杂，流域内各点处的气候、土壤、地质、植被种类和河湖等不尽相同，所以流域总蒸发量通常综合估计，常用的方法有水量平衡法或建立流域蒸散发模型进行估算。例如，利用水量平衡原理建立的流域多年平均水量平衡方程为

$$\overline{E} = \overline{P} - \overline{R} \tag{2.21}$$

式中：$\overline{P}$ 为流域多年平均年降水量，mm；$\overline{R}$ 为流域多年平均年径流量，mm；$\overline{E}$ 为流域多年平均年蒸发量，mm。

2.6 径流形成过程

2.6.1 概述

径流是指降水形成的沿着流域地面和地下向河川、湖泊、水库、洼地等处流动的水流。其中，沿着地面流动的水流称为地面径流，或称地表径流；沿着土壤、岩石孔隙流动的水流称为地下径流。水流汇集到河流后，在重力作用下沿着河道流动的水流称为河川径流。河川径流的来源是大气降水，降水分为降雨和降雪两种主要形式，所以河川径流分为降雨径流和融雪径流。我国大部分河流为降雨径流，冰雪融水径流只在局部地区的河流或河流的局部河段发生，所以本节主要讨论降雨径流。

径流过程是地球上水文循环中最为重要的一环。在水文循环过程中，陆地上 34% 的降水转化为地面径流和地下径流汇入海洋。径流过程又是一个复杂多变的过程，它与人类同水旱灾害的斗争、水资源的开发利用、水环境保护等生产生活活动密切相关。因此，研究和揭示径流的变化规律，分析它与其他水文要素以及各影响因素之间的相互关系，掌握径流形成的基本理论和分析计算方法是十分重要的。

2.6.2 径流形成过程

流域内自降雨开始到水流汇集到流域出口断面整个物理过程称为径流的形成过程。径流的出现是一个相当复杂的过程，为了便于分析，一般把它概括为产流过程和汇流过程两

个阶段，如图 2.15 所示。

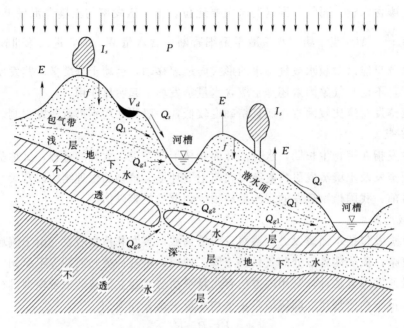

图 2.15　径流形成过程示意图

1. 产流过程

降落到流域内的雨水，除了少量直接降落到河面上成为径流外，一部分雨水会滞留在植物的枝叶上，称为植物截留，植物截留的雨量最终消耗于蒸发。落到地面的雨水，首先向土中下渗。当降雨强度小于下渗强度时，雨水全部渗入土中；当降雨强度大于下渗强度时，雨水按下渗能力下渗，超出下渗能力的雨水称为超渗雨。超渗雨会形成地面积水，积蓄于地面上大大小小的坑洼，称为填洼。填洼的雨水最终消耗于下渗和蒸发。随着降雨的继续，满足填洼的地方开始产生地面径流。下渗到土中的雨水，首先被土壤颗粒吸收，成为包气带土壤水，并使土壤含水量不断增加，当土壤含水量达到田间持水量后，下渗趋于稳定，继续下渗的雨水，将沿着土壤的孔隙流动，一部分会从坡侧土壤孔隙渗出，注入河槽，这部分水流称为表层流或壤中流；另一部分雨水会继续向深处下渗，补给地下水，使地下水面升高，并沿水利坡度方向补给河流，或以泉水漏出地表，形成地下径流。

流域产流过程实际上是降雨扣除损失的过程，降雨量扣除损失后的雨量就是净雨量。显然，净雨和它形成的径流的数量上是相等的，即净雨量等于径流量，但两者的过程却完全不同，净雨是径流的来源，而径流则是净雨汇流的结果；净雨在锋雨结束时就停止了，而径流却要延续很长时间。相应地，把形成地面径流的那部分净雨称为地面净雨，形成表层径流的称为表层流净雨，形成地下径流的称为地下净雨。

2. 汇流过程

净雨沿坡面从地面和地下汇入河网，然后再沿河网汇集到流域出口断面。这一过程称为流域的汇流过程，前者称为坡地汇流，后者称为河网汇流。

（1）坡地汇流过程。坡地汇流分为三种情况。①超渗雨满足填洼后产生的地面净雨沿坡面流到附近河网的过程，称为坡面漫流。坡面漫流是由无数股彼此时分时合的细小水流组成，通常没有明显的固定沟槽，雨强很大时可形成片流。坡面漫流的流程比较短，一般不超过数百米，历时亦短。地面净雨经坡面漫流注入河网，形成地面径流，大雨时地面径流是河流水量的主要来源。②表层流净雨沿着坡面表层流动时，从侧向土壤孔隙流出，注入河网，形成表层流径流。表层流径流流动比地面径流慢，到达河槽也比较迟，但对历时较长的暴雨过程，数量可能很大，是河流水量的主要组成部分。表层流和地面径流在流动过程中会相互转化，例如，在坡顶土壤中流动的表层流，可能在坡脚流出，然后以地面径流的形式流入河槽；地面径流在坡面漫流过程中，也可能有一部分会渗入土壤中流动变成表层流。③地下净雨向下渗透到地下潜水面，然后沿水力坡度最大方向流入河网形成浅层地下径流；部分地下净雨补给承压水，然后从岩石裂隙等处渗出流入河流，成为深层地下径流。这一过程称为坡地地下汇流。深层地下径流流动很慢，所以降雨结束后，地下水流可以持续很长时间，较大的河流可以终年不断，这是河川的基本流量，水文学中称为基流。

在径流形成过程中，坡地汇流过程对净雨在时程上进行第一次再分配，降雨结束后，坡地汇流仍持续一段时间。

（2）河网汇流过程。各种成分的径流经坡地汇流注入河网，从支流到干流，从上游到下游，最后流出流域出口断面，这个过程称为河网汇流过程或河槽集流过程。坡地水流进入河网，会使河槽水量增加，若流入河槽的水量大于流出的水量，部分水量暂时储蓄在河槽中，使水位上升，这就是河流洪水的涨水过程。随着降雨的结束和坡地漫流量的逐渐减少直至完全停止，进入河槽的水量也随之减少，若流入的水量小于流出的水量，则水位下降，这就是退水阶段。这种现象称为河槽的调蓄作用，河网汇流过程中河槽的这种调蓄作用是对净雨在时程上进行的第二次再分配。

一次降雨过程，经植物截留、下渗、填洼、蒸发等损失后，流入河网的水量一定比降雨量少，且经过坡地汇流和河网汇流，使出口断面的径流过程远比降雨过程缓慢，历时也长，时间滞后，图2.16清楚地显示了这种关系。

必须指出，降雨、产流和汇流，是从降雨开始到水流流出流域出口断面经历的全部过程，它们在时间上没有截然分解，而是同时交错进行的。

2.6.3 径流的表示方法

河川径流一年内和多年期间的变化特性，称为径流情势，前者称为径流的年内变化或年内分配，后者称为年际变化。河川径流情势，常用流量、径流量、径流深、流量模数和径流系数来表示。

1. 流量

单位时间内通过河流某一断面的水量称为流量，记为 Q，以 m^3/s 计。流量随时间的变化过程，用流量过程线表示，记为 $Q-t$，如图2.16所示，图中流量为瞬时数值。流量过程线上升部分为涨水段，下降部分为退水段，最高点的流量值称为洪峰流量，简称洪峰，记为 Q_m。

工程水文中常用的流量有：年最大洪峰流量、日平均流量、旬平均流量、月平均流

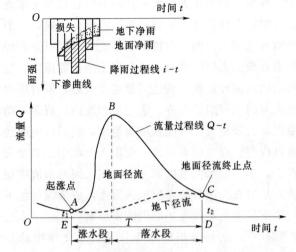

图 2.16　流域降水-净雨-径流关系示意图

量、季平均流量、年平均流量、多年平均流量和指定时段的平均流量等。

2. 径流量

时段 T 内通过河流某一断面的总水量称为径流量，记为 W，以 m^3、万 m^3 或亿 m^3 计。

图 2.16 中 T 时段内的径流量为 $ABCDE$ 包围的面积，即

$$W = \int_{t_1}^{t_2} Q(t) \mathrm{d}t \qquad (2.22)$$

式中：$Q(t)$ 为 t 时刻的流量，m^3/s；t_1、t_2 为时段始、末时刻。

实际工作中，常将流量过程线划分为 n 个计算时段，如图 2.17 所示，当 $Q_0 = Q_n$ 时，按式（2.23）计算：

$$W = 3600 \sum_{t=1}^{n} Q_t \Delta t \qquad (2.23)$$

式中：Δt 为计算时段，h。

由此可求出时段 T 内的平均流量：

$$\overline{Q} = \frac{W}{t_2 - t_1} = \frac{W}{T} \qquad (2.24)$$

若已知时段平均流量，则径流量又可用平均流量计算：

$$W = \overline{Q}T \qquad (2.25)$$

式中：T 为径流历时，$T = t_2 - t_1$，s；$\overline{Q}$ 为时段 T 内平均流量，m^3/s。

3. 径流深

将径流量 W 平铺在整个流域面积上所得的水层深度称为径流深，记为 R，以 mm 计，即

$$R = \frac{W}{1000F} = \frac{\overline{Q}T}{1000F} \qquad (2.26)$$

式中：W 为时段 T 内径流量，m^3；F 为流域面积，km^2。

4. 流量模数

流域出口断面流量 Q 与流域面积 F 的比值称为流量模数，记为 M，以 $L/(s \cdot km^2)$ 计，即

$$M = \frac{1000Q}{F} \qquad (2.27)$$

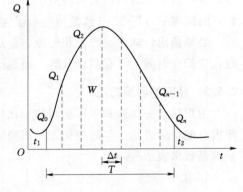

图 2.17　径流量计算示意图

5. 径流系数

某时段径流深 R 与形成该径流深相应的流域平均降水量 P 的比值称为径流系数，记为 α。

$$\alpha = \frac{R}{P} \tag{2.28}$$

因为 $R < P$，所以 $\alpha < 1$。

【例 2.1】 某站控制流域面积 $F = 121000\text{km}^2$，多年平均降水量 $\overline{P} = 767\text{mm}$，多年平均流量 $\overline{Q} = 822\text{m}^3/\text{s}$，试计算该流域多年平均径流量、多年平均径流深、多年平均流量模数和多年平均径流系数。

解：（1）年平均径流量：

$$\overline{W} = \overline{Q}T = 822 \times 365 \times 86400 = 259(\text{亿 m}^3)$$

（2）多年平均径流深：

$$\overline{R} = \frac{\overline{W}}{1000F} = \frac{259 \times 10^8}{1000 \times 121000} = 214(\text{mm})$$

（3）多年平均流量模数：

$$\overline{M} = \frac{1000\overline{Q}}{F} = \frac{1000 \times 822}{121000} = 6.8[\text{L}/(\text{s} \cdot \text{km}^2)]$$

（4）多年平均径流系数：

$$\bar{\alpha} = \frac{\overline{R}}{\overline{P}} = \frac{214}{767} = 0.28$$

2.6.4 我国河川年径流分布和变化概况

我国年径流具有较明显的地区性分布规律，总的趋势由南向北和从东向西递减；新疆、甘肃交界以西，则由西向东递减。同时，由于我国地势复杂，不同地区下垫面条件差异较大，使用某些地区年径流分布呈现非地域性变化的特点。年径流不仅地区上变化明显，年内各月、年际之间也有明显的不同。

1. 年径流的地理分布

我国多年平均年径流总量 27115 亿 m^3，平均年径流深 284mm，即年降水总量的 43.8% 转化为河川径流。年径流地理分布总的趋势由东南向西北递减。100mm 年径流深等值大致与 400mm 年降水量等值线相当，走向基本一致，等值线以东为半湿润区和湿润区，等值线以西为半干旱区和干旱区。按径流深的大小，可分为丰水带、多水带、过渡带、少水带、干涸带等 5 个径流带。

（1）丰水带。年径流深大于 800mm，包括华东和华南沿海地区、台湾、海南、云南西南部及藏东南地区。年径流深最大值在台湾中央山地和西藏东南雅鲁藏布江下游靠近中印边界一带，达 2000～4000mm，东南沿海主要山地也是高值区，在 1600～2000mm。年径流系数一般在 0.5 以上，部分山地超过 0.8。

（2）多水带。年径流深在 200～800mm，包括长江流域大部、淮河流域南部、西江上游、云南大部，以及黄河中上游一小部分地区，部分山地年径流深可达 1000～2000mm。年径流系数一般为 0.4～0.6。

（3）过渡带。年径流深在 50～200mm，包括大兴安岭、松嫩平原一部分、三江平原、辽河下游平原、华北平原大部、燕山和太行山、青藏高原中部、祁连山山区，以及新疆西部山区。这一带内平原地区年径流深大部分为 50～100mm，年径流系数 0.1 左右，山区年径流深 100～200mm，年径流系数 0.2～0.4。

（4）少水带。年径流深在 10～50mm，包括松辽平原中部、辽河上游地区、内蒙古高原南部、黄土高原大部、青藏高原北部及西部部分丘陵低山区。本带内平原地区年径流深一般为 10～25mm，黄土高原 10～50mm，部分山区可达 50mm 以上。年径流系数一般为 0.1 左右，个别地区小于 0.05。

（5）干涸带。年径流深小于 10mm，包括内蒙古高原、河西走廊、柴达木盆地、准噶尔盆地、塔里木盆地、吐鲁番盆地。该带内不少地区基本不产流，年径流系数仅 0.01～0.03。

2. 年径流的年内变化

年径流的年内变化主要取决于河流的补给条件。我国大部分河流靠雨水补给，只有新疆、青海等地的部分河流靠冰川或融雪补给。华北、西北及东北的河流虽然也受冰雪融水补给，但仍以降雨补给为主，可称为混合补给。但不论哪种补给，径流情势都具有以年为循环的周期性规律，季节性变化剧烈，一年内有明显的汛期，冬季、春季为枯水期，北方河流冬季、春季有封冻期。汛期河水暴涨，易造成洪水泛滥；枯水期水量很小，水源不足。一般汛期连续最大 4 个月径流量占全年径流总量的 60％ 以上，其中长江以南、云贵高原以东和西南大部分地区为 60％～70％，松辽平原、华北平原、淮河流域大部分地区为 70％～80％，广大西部地区为 60％ 左右。以冰雪融水补给的河流，由于流域内热量的变化比较小，所以年内分配比较均匀。地下水补给比例大的河流，其年内变化也比较小。大江大河因接纳不同地区河流的汇入和地下径流的补给，径流年内分配也比较均匀。

3. 年径流的年际变化

年径流的年际变化较降水更为剧烈，北方大于南方，水量越贫乏的地区，丰枯年间的水量相差越大。若以历年实测最大和最小年径流量的比值为指标，长江以南各河一般小于 3 倍；淮河、海滦河各支流可达 10～20 倍，部分平原河流甚至更大。也就是年径流具有不重复的特点，即同一个流域，各年的径流情势不可能完全相同，有的年份汛期、枯期出现早一些；有的则迟一些。有的年份汛期、枯期水量大一些，有的年份则小一些，各年径流情势的变化不论是时间上还是数量上不会完全重复出现。除此之外，年径流的年际变化还存在连续枯水和连续丰水的现象。如黄河在近 60 年中曾出现过 1922—1932 年共 11 年的少水期，该期间内年径流的平均值比正常年份偏少 24％；也曾出现过 1943—1951 年连续 9 年的丰水期，该段时间内年径流的平均值比正常年份偏多 19％。

复 习 思 考 题

2.1　何谓自然界的水循环？产生水循环的原因是什么？

2.2　何谓水量平衡原理？水量平衡方程中经常考虑的因素有哪些？

2.3　下渗过程分为哪几个阶段？影响下渗的因素有哪些？

2.4　水面蒸发的蒸发器折算系数 K 值与哪些因素有关？

2.5　简述河川径流的形成过程。常用什么方法表示径流？径流常用什么单位度量？

2.6　某水文站控制流域面积 $F=8200\text{km}^2$，测得多年平均流量 $\overline{Q}=140\text{m}^3/\text{s}$，多年平均降水量 $\overline{P}=1050\text{mm}$，试计算该流域多年平均径流量、多年平均径流深、多年平均流量模数和多年平均径流系数各为多少？

2.7 某流域面积 $F = 600 \text{km}^2$，7 月 10 日发生一场暴雨洪水，实测的流域面平均雨量 $P_1 = 190 \text{mm}$，相应的径流深 $R_1 = 126 \text{mm}$，该次降雨前较长时间没有降雨；7 月 14 日又有一场暴雨过程，流域面平均降雨量 $P_2 = 160 \text{mm}$，径流深 $R_2 = 135 \text{mm}$。试计算这两场暴雨洪水的径流系数，并分析两者不同的主要原因。

2.8 某流域集水面积 1000km^2，多年平均降水量 1400mm，多年平均流量 $20 \text{m}^3/\text{s}$。问该流域多年平均陆面蒸发量是多少？若在流域出口断面修建一座水库，水库平均水面面积 100km^2，当地蒸发器实测多年平均年水面蒸发量 2000mm，蒸发器折算系数 0.8。问建库后该流域多年平均径流量有何变化，变化量多少？

第3章 水文信息观测及资料处理

学习目标和要点：水文资料是水文分析计算的基本依据。因此，进行水文分析计算时，应掌握水文信息的采集和资料整理。学习本章应掌握水位、流量、降水等水文要素的测验的基本方法，日平均水位的计算、流量计算是本章的重点，同时对水位流量曲线要有一定的了解。学习本章时，应结合水文实习进行。实习内容包括水位、流量的观测与计算，参观水文站，观看与水文测验有关的录像，以及查看水文年鉴。

3.1 水 文 站 及 站 网

3.1.1 测站与站网

水文测站是进行水文观测的基层单位，也是收集水文资料的基本场所。水文站在地区上的分布网称水文站网。

按测站的性质，水文站可分为3类：基本站、专用站和实验站。基本站是综合国民经济各方面的需要，由国家统一规划而建立的。要求以最经济的测站数目，达到内插任何地点水文特征值的目的。专用站是为某种专门目的或某向特定工程的需要由各部门自行设立的。实验站是为了对某种水文现象的变化过程和某些水体做深入研究，由有关科研单位设立的。

水文观测的项目很多，如水位、流量、泥沙、降水、蒸发、冰凌、水质等。测站的具体工作内容，应根据设站目的和任务确定。根据测验项目的不同，水文测站又可分为水位站、流量站、雨量站、蒸发、水质监测站等。一般把以测定流量为主要任务的站称为水文站。

3.1.2 水文站的设立

1. 选择测验河段

设立水文站，应先选择好测验河段。测验河段是野外进行各种水文测验的场所，它的选择必须符合以下原则：①应能满足测站的目的和要求；②便于施测和保证测验成果符合精度要求，有利于简化测验和资料整编工作。即所选测验河段，其水位流量关系能经常保持比较稳定的关系，便于以后由水位推求流量。例如，选择河道顺直，河床稳定，不生长水草，水流集中，便于布设测验设施的河段。

2. 布设测验断面

测验河段要求布设必要的测验断面，如图3.1所示。按照不同的用途，测验断面可分为基本水尺断面、流速仪测流断面、浮标测流断面和比降断面。基本水尺断面一般位于测验河段的中部，其上设立基本水尺，用来进行经常性的水位观测。流速仪测流断面应设置在测流条件良好的断面上，断面方向应垂直于该断面平均流向，并尽可能与基本水尺断面重合，以便简化测验与整编工作。浮标测流断面分上、中、下三个断面，中间断面一般与流速仪测流断面重合。上、下断面之间的距离不应太短，主要考虑计时测量的精度和浮标测得速度的代表性。比降断面是比降水尺所在的断面，分为上比降断面和下比降断面，用来观测河流的水面比降和分析河道的糙率。

3. 布设基站

在测验河段上进行断面测量和水文测验时，用经纬仪、六分仪等以测角交会法推求测验垂线在断面上距基点的距离（称起点距），因此需要在岸上布设基线，如图 3.1 所示。基线宜垂直于测流断面，起点应在测流横断面线上。基线的长度不应小于河宽的 0.6 倍。此外，建站工作还应包括设置水准点，修建水位和流量的测验设备及各种测量标志。

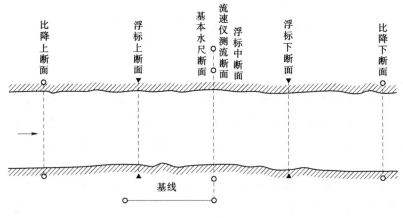

图 3.1　水文测站布设示意图

3.2　水　文　测　验

3.2.1　概述

水文资料是水文分析计算的基本依据。因此，进行水文分析计算时，应掌握水文资料的测验和资料收集方法，以便正确使用各种水文资料。

水文测验是收集和整理水文资料的各种技术工作的总称。狭义的水文测验指水文要素的观测。基本的测验项目有水位、流量、泥沙、降水、冰情、蒸发、水温、水质、土壤含水量、地下水等。如对某水体的测验有其他特殊要求可另行增设测验项目。

应用水文测验取得各种水文要素的数据，通过分析、计算、综合后为水资源的评价和合理开发利用，为工程建设的规划、设计、施工、管理运行及防汛、抗旱提供依据。如桥涵的高程和规模、河道的航运、城市的给水和排水工程等都以水位、流量、泥沙等水文资料作为设计的基本依据。

水文测验包括：

（1）为了获得水文要素各类资料，建立和调整水文站网。

（2）为了准确、及时、完整、经济地观测水文要素和整理水文资料并使得到的各项资料能在同一基础上进行比较和分析，研究水文测验的方法，制定出统一的技术标准。

（3）为了更全面、更精确地观测各水文要素的变化规律，研制水文测验的各种测验仪器、设备。

（4）按统一的技术标准在各类测站上进行水位观测，流量测验，泥沙测验和水质、水温、冰情、降水量、蒸发量、土壤含水量、地下水位等观测，以获得实测资料。

（5）对一些没有必要作驻站测验的断面或地点，进行定期巡回测验，如枯水期和冰冻期的流量测验、汛期跟踪洪水测验、定期水质取样测定等。

（6）水文调查，包括测站附近河段和以上流域内的蓄水量、引入引出水量、滞洪、分洪、决口和人类其他活动影响水情情况的调查。也包括洪水、枯水和暴雨调查。水文测验得到的水文资料，按照统一的方法和格式，加以审核整理，成为系统的成果，刊印成水文年鉴，供用户使用。

本节主要介绍水文要素流量的测验，掌握其基本方法和计算。

3.2.2　流量测验与计算

1. 概述

流量是指单位时间内流过河流某一断面的水量，以 m^3/s 计。测量流量的方法有很多，常用的方法有流速面积法，它包括流速仪测流法、浮标测流法、比降面积法、航空测流法等。流速仪测流法和浮标测流法是通过测量流速和断面来推求流量，目前在我国使用广泛。此外，还有水力学法、化学法和物理法等。

下面着重介绍流速面积法中的流速仪法。这类方法的基本原理是流量等于过水断面面积 A 与断面平均流速 V 的乘积，即

$$Q = AV \tag{3.1}$$

2. 流速仪测流法及流量计算

河道断面各点的流速是变化的，它与断面形状、水深大小、河道弯曲、河床糙率、风力风向、冰冻等情况有关，一般的规律是：

1）水面流速在岸边较小，朝着最大水深方向增加。

2）流速从水底向水面增加。

3）垂线上最大流速常在水面以下约 0.2 倍的水深处。

目前尚无很好的方法直接测出断面平均流速。用流速仪测量实际上是将过水断面划分为若干部分，并计算出各部分面积，然后用流速仪近似的测算出各部分面积上的平均流速，两者的乘积为通过部分面积的流量，累计部分面积上的流量而得全断面流量。因此用流速仪测流的主要工作，一是断面测量，二是流速测量。

（1）断面测量。断面测量包括水道断面测量和大断面测量两种。水道断面是指某水位下的过水断面，与测流同时进行施测。大断面是指历年最高水位以上 0.5~1.0m 所包含的河道及岸边地形。

1）水道断面测量。水道断面的测量方法是：在断面上布置若干条测深垂线，施测各垂线的水深及各垂线与岸上某一固定点（测量断面用的起点桩）的水平距离（称为起点距），并同时观测水位，水位高程减去各测深垂线的水深，得各测深垂线的河底高程。有

了测深垂线的河底高程和起点距，就可绘出断面图，如图 3.2 所示。

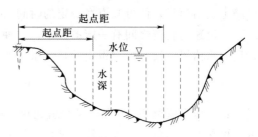

图 3.2 断面测量起点距示意图

测深垂线的分布以能准确测定断面为原则，垂线的数目与河床宽度有关，《水文测验（试行）规范》中有所规定。

a. 起点距的测定。在中等以下的河道，常用断面索的方法测定起点距，其特点是在测流断面架设一条过河缆索，在缆索上标定事先测定好的起点距，然后利用渡河设备在各起点距处进行断面和流速测量。渡河设备一般有船只测流设备、岸上测流设备等。在施工截流河段，因水势湍急、水流紊乱，同时还受截流抛石等因素的影响，为了保证水文观测者的安全，一般采用此法。黄河三门峡工程施工截留时，就是采用流速仪过河的断面索法。

在中等以上河道常用交会法（又称测角法）测定起点距。具体方法参见有关书籍。

b. 水深测量。测量水深一般用测探杆、测深锤或测深铅鱼。当水深、流速较小时，尽量用测探杆；当水深、流速较大时，可用测深锤、测深铅鱼。铅鱼重量视流速大小而定。施工截流时，由于断面不断减小，流速增大，所用铅鱼的重量往往很大。如三峡工程截流时，最重的铅鱼达 450kg，最小的也有 100kg。

当水深超过 10m 时一般用回声测深仪测量水深。它是利用超声波振荡器发射超声波至河底，再从河底反射到水面的收声振荡器，由声波在水中所经历的时间及传播速度来计算水深。

2）大断面测量。大断面测量是单独进行的，一般在汛前、汛后或在较大洪水后加测。它包括水上及水下两部分，水下部分与上述水道断面的施测方法相同，水上部分一般采用水准测量方法进行。

（2）流速仪测速。测定流速的方法有多种，下面介绍常用的流速仪法。

1）流速仪。流速仪是一种专门用来测定水流速度的仪器，目前我国采用最多的是重庆水文仪器厂生产的 LS68 型旋杯式流速仪和 LS25-1 型旋桨式流速仪，如图 3.3 所示。

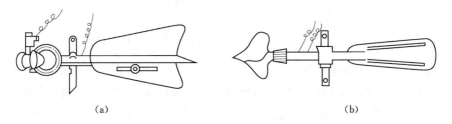

（a）　　　　　　　　　　　　　　　　（b）

图 3.3 流速仪示意图
（a）旋杯式流速仪；（b）旋桨式流速仪

流速仪主要构件可分为两部分：旋转器（旋杯、旋桨）和计数器。

流速仪测速原理是利用水流冲动流速仪的旋转器，同时带动转轴转动，在装有信号的电路上发出信号，便可知道在一定的时间内的旋转次数。流速越大，旋转越快，说明转速越大。流速与转速之间有一定的关系，这种关系是由厂家在仪器出厂前，将流速仪安放在特定的水槽里，通过检定得出的，关系式如下：

$$V = K \frac{N}{T} + C \tag{3.2}$$

式中：V 为水流速度，m/s；N 为流速仪在测速历时 T 内的转数（转），一般是根据信号数，再乘上每一信号代表的转数求得；T 为测速历时，s，为了消除水流脉动影响，测速历时一般应不少于 100s；K、C 为常数，是将检定时采用的各种 V 值以及与其一一对应的 $\frac{N}{T}$ 值点绘在方格纸上，点群接近一条直线，该直线的斜率为 K，直线在纵轴上的截距为 C。

每架仪器都附有检定公式，仪器使用一段时间后，应送去再行检定。

2）流速测量。流速仪只能测得某点的流速。为了求得断面平均流速，现多采用积点法，即在断面上沿水面宽布置一些测速垂线（一般在测深垂线中选择若干根同时兼做测速垂线），以控制流速在水面宽上的变化。又在每一根测速垂线上布置一定数目的测速点，以控制流速在水深上的变化。最后根据测点流速的平均值求得测速平均流速 V_{mj}，再由测线平均流速求得部分面积上的平均流速 V_j，进而推的断面流量。

测速垂线的数目与水面宽度有关，测速垂线上的测点数目与垂线处的水深、流速仪的悬吊方式和测验精度要求有关。

当测速垂线的水深为 h，测速点的位置从水面算起，一点法为 $0.6h$ 处；二点法为 $0.2h$ 及 $0.8h$ 处；三点法为 $0.2h$、$0.6h$ 及 $0.8h$；五点法为 $0.0h$、$0.2h$、$0.6h$、$0.8h$ 及 $1.0h$。

（3）流量计算。

1）垂线平均流速计算。

一点法 $$V_m = V_{0.6} \tag{3.3}$$

二点法 $$V_m = \frac{1}{2}(V_{0.2} + V_{0.8}) \tag{3.4}$$

三点法 $$V_m = \frac{1}{3}(V_{0.2} + V_{0.6} + V_{0.8}) \tag{3.5}$$

五点法 $$V_m = \frac{1}{10}(V_{0.0} + 3V_{0.2} + 3V_{0.6} + 2V_{0.8} + V_{1.0}) \tag{3.6}$$

上述公式前 3 个为算术平均，最后 1 个通过与求日平均水位相似的面积包围法求得。

2）部分面积上平均流速的计算。部分面积上的平均流速是指两测速垂线间部分面积的平均流速，以及紧靠岸边或死水边部分的平均流速，如图 3.4 所示。图的下半部表示断面图，上半部实线箭头表示垂线平均流速，虚线箭头表示部分面积的平均流速。

紧靠岸边部分的平均流速由距岸边最近的垂线流速乘以系数而得，如

$$V_1 = \alpha V_{m1}, V_4 = \alpha V_{m3}$$

式中：α 为岸边流速系数，可根据试验资料确定，对斜坡岸边一般采用 0.7，陡坡岸边一般采用 0.8，岸壁光滑可用 0.9，死水边可用 0.6。

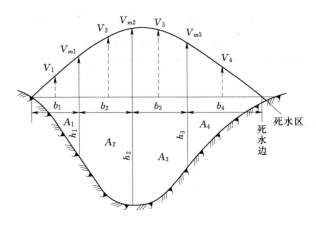

图 3.4 部分面积平均流速计算示意图

中间部分的平均流速为相邻两垂线平均流速的算术平均，如：

$$V_2 = \frac{1}{2}(V_{m1} + V_{m2})$$

3）部分面积计算。部分面积是以测速垂线为分界。若岸边有死水，则部分面积只能计算到死水边，如图 3.4 中的 b_4。

岸边部分按三角形计算，中间部分按梯形计算，如：

$$A_1 = \frac{1}{2}(h_1 b_1)$$

$$A_2 = \frac{1}{2}(h_1 + h_2)b_2$$

4）断面流速计算。

$$Q = \sum_{i=1}^{n} A_i V_i = \sum_{i=1}^{n} q_i \tag{3.7}$$

5）断面平均流速计算。

$$V = \frac{Q}{A} \tag{3.8}$$

式中：Q 为全断面流量，$\mathrm{m^3/s}$；A 为全断面面积，$\mathrm{m^2}$；V 为全断面平均流速，$\mathrm{m/s}$；A_i 为部分面积，$\mathrm{m^2}$；V_i 为部分面积上的平均流速，$\mathrm{m/s}$；q_i 为部分面积上的流量（称部分流量），$\mathrm{m^3/s}$。

【例 3.1】 某站施测记录见表 3.1 中左侧数据，岸边系数 α 取 0.7，按上述方法计算的结果见表中右侧。

3. 浮标测流法

浮标测流法是一种简便有效的测流方法。在洪水较大或水面漂浮物多，特别是在没有流速仪或流速仪无法施测的情况下，是一种切实可行的方法。浮标测流的主要工作是观测浮标漂移的速度，测量水道横断面，与水道断面面积来推估断面流量。

凡能漂浮在水面上的物体都可能制成浮标。用水面浮标法测流时，测的是浮标在水面的漂移速度，这种流速称浮标虚流速，它不能代表断面平均流速。将它与过水断面相配

合，计算出断面虚流量，然后乘上浮标系数 K' 才能得到断面实流量，即

表 3.1　　　　　　　　　　　　　某站测深测速记载及流量计算表

施测时间：2000 年 5 月 10 日 8 时 00 分至 8 时 30 分　　　　测速仪牌号及公式：LS251 型 $v＝0.2557N/T＋0.0068$

垂线号数		起点距/m	水深/m	仪器位置		测速记录		流速/(m/s)			测深垂线间		断面面积/m²		部分流量/(m³/s)
测深	测速			相对水深/m	测点深/m	总历时 T/s	总转数 N	测点	垂线平均	部分平均	平均水深/m	间距/m	测深垂线间	部分	
左水边		10.0	0.00												
1	1	25.0	1.00	0.6	0.60	125	480	0.99	0.99	0.69	0.50	15	7.50	7.50	5.18
2	2	45.0	1.80	0.2	0.36	116	560	1.24	1.10	1.04	1.40	20	28.00	28.00	29.12
				0.8	1.44	128	480	0.97							
										1.17	2.00	20	40.00	40.00	46.80
3	3	65.0	2.21	0.2	0.44	104	560	1.38	1.24						
				0.6	1.33	118	570	1.24		1.14	1.90	15	28.50	35.25	40.18
				0.8	1.77	111	480	1.11							
4		80.0	1.60							1.35		5	6.75		
5	4	85.0	1.10	0.6	0.66	110	440	1.03	1.03	0.72	0.55	18	9.90	9.90	7.13
右水边		103.0	0.00												
断面流量 128m³/s			断面面积 120.7m²			平均流速 1.06m/s			水面宽 93.0m			平均水深 1.30m			

$$Q_实＝K'Q_虚$$

K' 与浮标类型、风力风向等因素有关，在测站上应进行浮标系数的比测。

3.3　水　文　观　测　及　计　算

3.3.1　概述

水文观测是采集水体有关数据的一项工作，它是以江、河、湖、海的各种水文要素为主进行的观测。江河湖泊水文要素有水深、水位、流向、流速、流量、水温、冰情、比重、含沙量、降水量、蒸发量、水色、透明度、水的化学组成等；海洋水文要素有潮汐、潮流、波浪、海流、海水温度、盐度、海上气温、气压、风向、风速、浮游生物等。通常以一定条件在江河湖海的一定地点或断面上布设水文观测站，进行长期不间断的水文观

测，各种水文观测资料经整理分析后，不仅是各种水文预报的依据，而且也是研究海床、河床、河岸变迁、海流、径流规律和进行各种水利工程、海岸工程设计计算以及编写航路指南等的重要资料。

水文观测的项目很多，如水位、流量、泥沙、降水、蒸发、冰情、水质等，对某种测站，只观测其中一项或几项，本节主要介绍水位观测和降水观测两项。

3.3.2 水位观测

水位是指江河、湖海、水库等自由水体的表面离开某一基准面的距离，单位为 m，常计至小数点后两位。通常是以河流入海处接近海面平均高度的某一固定点作为起点，称为绝对基面。目前全国统一规定用青岛黄海基面作为计算标准（简称黄海基面），但由于历史的原因，还有的采用其他基面，如大沽基面、吴淞基面等，也有的采用假定基面或测站基面。因此，使用时应注意查明，并找出它们间的换算关系。

1. 水位观测设备

常用的水位观测设备有水尺和自计水位计两种。使用最广的为直立式水尺，直立式水尺是将水尺板钉在木桩（或绑在混凝土柱）上而成。当河岸平坦或水位变化较大时，用 1 根水尺往往不能观测到水位的全部变化，此时可设 1 组水尺进行观测，如图 3.5 所示。最高和最低水尺要能满足最高水位和最低水位的观测。施工截流时水浪很大，为了准确观测水位，需采用防浪设备，常用 1 个白铁制的多孔圆筒罩在水尺上，使筒内形成静水面以便观读。

水位观测的时间和次数，要根据水情变化来确定。当水情变化不大时，可采两次定时观测（每日 8 时及 20 时，俗称两段制）；洪水时期水位变化较大，应增加观测次数，以能观测到洪峰水位和完整的水位变化过程，施工截流时水位变化急剧，甚至每 15min 观测 1 次。

水尺是用人工来观测的，目前很多水文站都设有自计水位计，自动将水位变化的全过程记录下来。但即使是使用自记水位计，也应设水尺来比照。

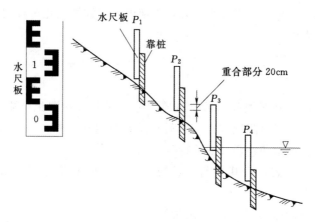

图 3.5 直立式水尺设立示意图

2. 水位资料的整理

（1）水位的计算。

$$水位＝水尺零点高程＋水尺读数$$

式中，水尺零点高程是指水尺板上刻度起点的高程，可以事先测量出来。

（2）日平均水位的计算。由于观测水位是某一瞬时的水位，要研究水位的长期变化过程必须计算日平均水位。当 1 日内水位变化缓慢时，或水位变化虽大，但观测或从自记水位资料上摘录的时间间隔大体相等，可采用算术平均法计算，即由 1 日观测的各次水位相加，除以观测次数。若 1 日内水情变化较大，且观测的时间间隔又不相等，可采用面积包围法（又称梯形面积法）计算。如图 3.6 所示，将本日 0～24 时的水位过程线所包围的面积，除以 24h 即得本日平均水位。其计算公式为：

$$Z_日=\frac{1}{24}\left[\frac{a(Z_0+Z_1)}{2}+\frac{b(Z_1+Z_2)}{2}+\cdots+\frac{n(Z_{n-1}+Z_n)}{2}\right] \tag{3.9}$$

式中：$Z_日$ 为日平均水位，m；Z_0、Z_1、$\cdots$、Z_n 为各时刻所观测的水位值，m；a、b、$\cdots$、n 为两次观测的时距，h。

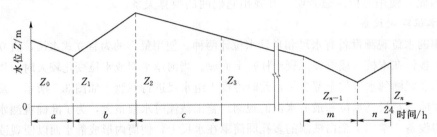

图 3.6　面积包围法推求日平均水位示意图

（3）年、月平均水位的计算。

$$月平均水位=\frac{全月各日平均水位之和}{月总日数}$$

$$年平均水位=\frac{全年各日平均水位之和}{年总日数}$$

水文年鉴中载有各站逐日平均水位表，汛期内水位详细变化过程则载于水文年鉴中的汛期水文要素摘录表内。

3.3.3　降水观测

1. 概述

降水量观测是水文要素观测的重要组成部分，一般包括测记降雨、降雪、降雹的水量。单纯的雾、露、霜可不测记（有水面蒸发任务的测站除外）。必要时，部分站还应测记雪深、冰雹直径、初霜和终霜日期等特殊观测项目。

降水量单位以 mm 表示，其观测记载的最小量（以下简称记录精度），应符合下列规定：

1）需要控制雨日地区分布变化的雨量站必须记至 0.1mm。

2）当有蒸发站记录时，降雨的记录精度必须与蒸发观测的记录精度相匹配。

降水量的观测时间是以北京时间为准。记起止时间者，观测时间记至分；不记起止时间者，记至小时。每日降水以北京时间 8 时为日分界，即从本日 8 时至次日 8 时的降水为本日降水量。观测员观测所用的钟表或手机的走时误差每 24h 不应超过 2min，并应每日与北京时间对时校正。

2. 仪器及观测

（1）仪器组成、分类及适用范围。降水量观测仪器由传感、测量控制、显示与记录、数据传输和数据处理等部分组成。各种类型的降水量观测仪器，可根据需要，选取上述组成单元，组成具备一定功能的降水量观测仪器，如图3.7所示。降水量观测仪器按传感原理分类，常用的可分为直接计量（雨量器）、液柱测量（主要为虹吸式，少数是浮子式）、翻斗测量（单翻斗与多翻斗）等传统仪器，还有采用新技术的光学雨量计和雷达雨量计等。按记录周期分类，可分为日记和长期自记。

常用降水量观测仪器及适用范围见表3.2。

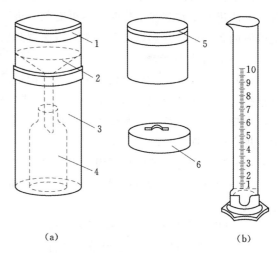

(a) (b)

图 3.7　雨量器及量雨杯

（a）雨量器；（b）量雨杯

1—承雨器；2—漏斗；3—储水筒；4—储水器；

5—承雪器；6—器盖

表 3.2　　　　　　　　　　常用降水量观测仪器及适用范围

名称		适 应 范 围
雨量器		适用于驻守观测的雨量站
虹吸式自记雨量器		适用于驻守观测液态降水量
翻斗式自记雨量器	日记型	适用于驻守观测液态降水量
	长期自记型	用于驻守或无人驻守的雨量站观测液态降水量，特别适用于边远偏僻地区无人驻守的雨量站观测液态降水量

（2）雨量器观测降水量。

1）观测时段。用雨量器观测降水量，可采用定时分段观测，段次和相应时间见表3.3。

表 3.3　　　　　　　　　　降水量分段次观测时间

段　次	观测时间
1 段	8 时
2 段	20 时、8 时
4 段	14 时、20 时、2 时、8 时
8 段	11 时、14 时、17 时、20 时、23 时、2 时、5 时、8 时
12 段	10 时、12 时、14 时、16 时、18 时、20 时、22 时、24 时、2 时、4 时、6 时、8 时
24 段	从本日 9 时至次日 8 时，每小时观测 1 次

2）观测注意事项。每日观测时，注意检查雨量器是否受碰撞变形，检查漏斗有无裂

纹，储水筒是否漏水。暴雨时，采取加测的方法防止降水溢出储水器。如遇特大暴雨灾害，无法进行正常观测工作时应尽可能及时进行暴雨调查，调查估算值应记入降水量观测记载簿的备注栏，并加以文字说明。每次观测后，储水筒和量雨杯内不可有积水。

3. 降水量数据处理

(1) 一般规定。审核原始记录，在自记记录的时间误差和降水量误差超过规定时，分别进行时间订正和降水量订正，有故障时进行故障期内的降水量处理。统计日、月降水量，在规定期内，按月编制降水量摘录表。用自记记录整理者，在自记记录线上统计和注记按规定摘录期间的时段降水量。

指导站应按月或长期自记周期进行合理性检查，检查内容如下：

1) 对照检查区域内各雨量站日、月、年降水量、暴雨期的时段降水量以及不正常的记录线。

2) 同时有蒸发观测的站应与蒸发量进行对照检查。

3) 同时用雨量器和自记雨量计进行对比观测的雨量站，相互校对检查。

按月装订人工观测记载簿和日记型记录纸，降水稀少季节，也可数月合并装订。长期记录纸，按每一自记周期逐日折叠，用厚纸板夹夹住，时段始末之日分别贴在厚纸板夹上。指导站负责编写降水量数据整理说明。

兼用地面雨量器（计）观测的降雨量数据，应同时进行处理。资料整理必须坚持随测、随算、随整理、随分析，以便及时发现观测中的差错和不合理记录，及时进行处理、改正，并备注说明。对逐日测记仪器的记录资料，于每日 8 时观测后，随即进行昨日 8 时至今日 8 时的资料整理，月初完成上月的资料整理。对长期自记雨量计或累计雨量器的观测记录，在每次观测更换记录纸或固态存储器后，随即进行资料整理，或将固态存储器的数据进行存盘处理。

各项整理计算分析工作，必须坚持一算两校，即委托雨量站完成原始记录资料的校正，故障处理和说明，统计日、月降水量，并于每月上旬将降水量观测记载簿或记录纸复印或抄录备份，以免丢失，同时将原件用挂号信邮寄至指导站，由指导站进行一校、二校及合理性检查。独立完成资料整理有困难的委托雨量站，由指导站协助进行。降水量观测记载簿、记录纸及整理成果表中的各项目应填写齐全，不得遗漏，不做记载的项目，一般任其空白。资料如有缺测、插补、可疑、改正、不全或合并时，应加注统一规定的整编符号。各项资料必须保持表面整洁、字迹工整清晰、数据正确，如有影响降水量数据精度或其他特殊情况，应在备注栏说明。

(2) 雨量器观测记载资料的整理。有降水之日于 8 时观测完毕后，立即检查观测记载是否正确、齐全。如检查发现问题，应加注统一规定的整编符号。

计算日降水量，当某日内任一时段观测的降水量注有降水物或降水整编符号时，则该日降水量也注相同符号。每月初统计填制上月观测记载表的月统计栏各项目。

3.4　水　文　调　查

绝大多数水文测站都是 1949 年后设立的，多数河流定位观测所搜集的水文资料系列较短。因此，水文资料的积累，无论在资料的系列上或是测站的地区分布上，都还不能满足工程建设的需要。所以，必须通过水文调查来补充定位观测的不足，使水文资料更加系统、完整，更好地满足国民经济建设的需要。

水文调查的内容可分为：流域调查、水文专门调查、水文定位观测的补充调查及其他调查，本节主要介绍洪水、暴雨及枯水等水文要素的调查。

3.4.1 洪水调查

对历史洪水应有计划地组织进行；当年特大洪水，也应及时组织调查；对造成河道决口、水库溃坝等的灾害性洪水，力争在情况发生时或情况发生后较短时间内进行有关调查。

洪水调查工作中，应调查洪水痕迹、洪水发生的时间，测量洪水的痕迹高程等；了解调查河段的河槽情况；了解流域自然地理情况；测量调查河段的纵、横断面；必要时应在调查河段进行简易的地形测量；最后对调查成果进行分析，推算洪水总量、洪峰流量、洪水过程及重现期，写出调查报告。

调查历史洪水的方法有文献考证和实地调查。文献记载多属描述性质，大多难以定量，但可以了解到在文献考证期内大洪水发生的年份、次数、量级及大小顺位，以便合理确定历史洪水的重现期。通过实地调查洪水痕迹，可以取得调查期内若干次历史大洪水的定量资料。

如调查的洪痕靠近某水文站，可先求水文站基本水尺断面处的洪水位高程，通过延长该站的水位流量关系曲线，推求洪峰流量。在调查河段无水文站的情况下，洪峰流量的估算可采用以下方法。

1. 比降法

（1）匀直河段洪峰流量计算：

$$Q = \frac{AR^{2/3}S^{1/2}}{n} = KS^{1/2} \quad \left(K = \frac{AR^{2/3}}{n}\right) \tag{3.10}$$

式中：Q 为洪峰流量，m^3/s；A 为河段平均过水断面，m^2；R 为河段平均水力半径，m；S 为水面比降，‰；n 为糙率。

（2）非匀直河段洪峰流量计算：

$$Q = KS_e^{1/2} \tag{3.11}$$

其中

$$S_e = \frac{h_f}{L} = \frac{h + \left(\dfrac{\overline{V}_{\text{上}}^2 - \overline{V}_{\text{下}}^2}{2g}\right)}{L} \tag{3.12}$$

式中：S_e 为能面比降；h_f 为两断面间的摩阻损失；h 为上、下两断面的水面落差，m；$\overline{V}_{\text{上}}$、$\overline{V}_{\text{下}}$ 分别为上、下两断面的平均流速，m/s；L 为两断面间距，m；g 为重力加速度，m/s^2。

（3）若考虑扩散及弯曲损失时洪峰流量推算：

$$Q = K \sqrt{\frac{h + (1 + \alpha)\left(\dfrac{\overline{V}_{\text{上}}^2 - \overline{V}_{\text{下}}^2}{2g}\right)}{L}} \tag{3.13}$$

式中：α 为扩散、弯道损失系数，一般取 0.5；其余符号意义同前。

糙率 n 值的确定可根据实测成果绘制的水位糙率曲线备查，或查糙率表，或参考附近水文站的糙率资料。对复式断面，可分别计算主槽和滩地流量再相加。

　　2. 用水面曲线推算洪峰流量

当所调查的河段较长且洪痕较少、各河段河底坡降及断面变化、洪水水面比较曲折时，不宜采用比降法计算，可用水面曲线法推求洪峰流量，方法如下。

假定一个流量 Q，由所估定的各段河道糙率 n，自下游已知的洪水水面点起，向上游逐段推算水面线，然后检查该水面与各洪痕的符合程度。如大部分符合，表明所假定流量正确；否则，重新假设 Q 值，再推算水面线直至与大部分洪痕符合为止。

3.4.2　暴雨调查

在暴雨形成洪水的地区，洪水的大小与暴雨密切相关，暴雨调查资料对洪水调查成果起旁证作用。洪水过程线的绘制、洪水的地区组成，也需要组合上面暴雨资料进行分析。

暴雨调查的主要内容有：暴雨成因、暴雨量、暴雨起始时间、暴雨变化过程及前期雨量情况、暴雨走向及当时主要风力风向变化等。

对于远期的历史暴雨，时隔已久，难以调查到确切的数量，只能作定性分析。对于近期的历史暴雨，一般通过群众对当时雨势的回忆或与近期发生的某次大暴雨对比，得出定性概念；也可通过群众对当时地面坑塘积水、露天水缸或其他器皿承接雨水的程度，分析估算降雨量，并对一些雨量记录进行复核，对降雨的时、空分布作出估算。对于现代暴雨的调查，有时是为了了解暴雨地区分布情况，调查的条件较为有利，对雨量、雨势、降雨过程可以了解的更具体，还可参考附近雨量站记录，综合分析后估算出降雨量及其过程。

3.4.3　枯水调查

枯水调查主要为了掌握江河最低水量的历史变化规律，避免在进行水文分析计算时因实测年限过短而对水文现象认识不足，造成损失。

历史枯水的调查工作必须在水位极枯或较枯的时候才能进行，不像洪水调查那样，随时都可以进行，但其方法与洪水调查方法基本相似，一般比历史洪水更为困难。河流沿岸的古代遗址、古代墓葬、古代建筑物、记载水情的碑刻题记等考古实物以及文献资料，都是进行历史水文调查的重要资料。如在四川涪陵长江江心岩石上，发现唐代刻的石鱼图案，并有历代刻记的江水枯落年份最低水位与石鱼距离的记载，经过测量整理，得到 1200 年间长江枯水系列的宝贵资料。但通常情况，历史枯水调查都难以找出枯水痕迹，一般可根据当地较大旱灾的旱情、无雨天数、河水是否干枯断流、水深情况等来分析当时最枯流量、最低水位及发生时间。对当年枯水调查，可以结合抗旱灌溉用水调查进行。当河道断流时，应调查开始时间和延续天数；有流时，可用简易测流法，估测最小流量。

3.4.4　水文遥感

水文遥感是遥感技术在水文学研究中的应用。在空中或远处利用传感器收集水体和周围环境的电磁波辐射，经过加工处理，使这种信息成为可识别的数据或影像，通过分析，显示水体分布，反映水文现象的时空变化。

近 20 多年来，遥感技术在水文水资源领域得到广泛应用并已成为收集水文信息的一种重要手段，尤其在水资源水文调查的应用，更为显著。概括起来，主要有以下几方面：

（1）洪涝灾害的监测。利用卫星影像绘制出洪水淹没范围，定其发展趋势，及时为抗洪救灾措施提供决策依据。

（2）改善水文预报。利用卫星云图可以监测流域上空暴雨云系的移动和发展，根据云图上云雨数量和特征可以提前估算河流洪水；把雷达测雨装置和水文预报系统连接起来，可以缩短水文预报作业时间，增长有效预见期；利用卫星对积雪深度和雪线位置变化情况的探测，可以作出春汛和融雪径流的中期预报。

（3）水资源调查。在多光谱卫星影像上，河流、湖泊和沼泽的分布、大小及形态显示清晰。利用不同时期的卫星照片，还可以查明地表水体变化情况。另外还可分析饱和土壤面积、含水层分布以估算地下水储量。

（4）利用卫星数据收集系统，传递地面水文观测资料和估算无资料地区的径流。通过卫星数据收集系统把地面自动遥测站收集的水文气象资料传递到水文机构的数据处理中心，从而大大加快水文情报的传递。在无资料地区，建立描述雨洪径流的数学模型参数和遥感测得的流域自然地理特征参数之间的关系，则可对无资料地区的径流做出估计。

3.5　水 文 信 息 处 理

各种水文测站测得的原始信息，都要按科学的方法和统一的格式整理、分析、统计、提炼成为系统、完整、有一定精度的水文信息资料，供水文水资源计算、科学研究和有关国民经济部门应用。这个水文信息的加工、处理过程，称为水文信息处理（资料整编）。

水文站每次施测的水文资料，只能代表当时的情况，这些零星的、片断的甚至有时是错误的资料，不能直接提供给有关部门使用。这些水文资料必须进行审查和分析计算，并按统一的格式进行整理为有足够精度的、系统的、连续的流量资料，供有关部门使用。

本节主要介绍流量资料的信息处理，简要介绍泥沙信息处理。

3.5.1　水位流量关系曲线的绘制

根据实测流量成果点绘水位-流量关系（Z-Q），可以发现水位与流量之间存在稳定与不稳定两种关系。

1. 稳定的水位流量关系曲线

稳定的水位流量关系是指在一定条件下水位和流量之间呈单值函数关系，即一个水位对应一个流量，它们之间呈现单一关系。在实际工作中，常以水位为纵坐标，流量为横坐标建立坐标系，将实测资料点绘在普通方格纸上，若点据密集分布成一带状，75%以上的中高水流速仪测流点据与平均关系线的偏离不超过±5%，75%的低水点或浮标测流点据偏离不超过±8%（流量很小时可适当放宽），且关系点没有明显的系统偏离，这时即可通过点群中心定一条单一线。点图时在同一张图纸上依次点绘水位-流量、水位-面积、水位-流速关系曲线，并用同一水位下的面积与流速的乘积，校核水位-流量关系曲线中的流量，使误差控制在±（2%～3%）。以上3条曲线比例尺的选择应尽量使它们与横轴的夹角分别近似为45°、60°、60°，且互不相交（图3.8）。

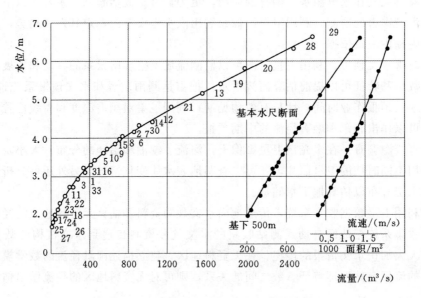

图 3.8　某站某年水位-流量关系曲线图

2. 不稳定的水位流量关系曲线

所谓不稳定的水位流量关系，是指同一水位情况下，断面通过的流量不是定值，点绘出来的水位流量关系不是单一的曲线。

根据水力学中的曼宁公式，天然河道的流量可用下式表示：

$$Q=\frac{1}{n}FR^{2/3}I^{1/2} \tag{3.14}$$

式中：Q 为流量，m^3/s；F 为过水断面面积，m^2；R 为水力半径，m；n 为糙率；I 为水面比降。

从上式可知，影响流量的因素很多，即使在同一水位时，只要其中某因素发生变化，流量就会发生变化。一般来说，$Z-Q$ 关系之所以不稳定，最主要的是受冲淤、变动回水、洪水涨落的影响，如图 3.9～图 3.11 所示。

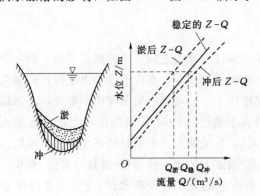

图 3.9　受冲淤影响时的水位-流量关系

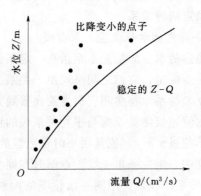

图 3.10　受变动回水影响时的水位-
流量关系曲线图

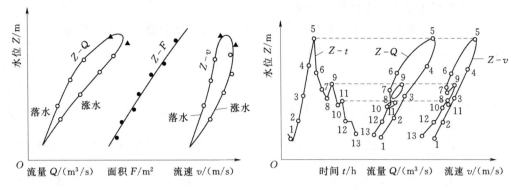

图 3.11 受洪水涨落影响时的水位流量关系　　　图 3.12 连时序法水位流量关系曲线图

3. 不稳定的水位流量关系曲线的处理方法

不稳定的水位流量关系曲线的处理方法很多，也比较灵活。这里介绍一种适用性较广的连时序法。此法是按实测流量时间的顺序连接 $Z\text{-}Q$ 曲线，连线时应参照水位过程的起伏变动情况和水位面积曲线的变动情况，如图 3.12 所示。图中点旁注明的是测次号数，如 4 表示第 4 次测流。使用时按水位发生的时间在 $Z\text{-}Q$ 曲线的相应位置查读流量。

3.5.2　水位流量关系曲线的延长

水位流量关系是根据实测的水位和流量资料建立的，但是在水位特高时，施测流量往往有困难，因此缺乏高水时的实测流量资料；最枯流量也可能由于某种原因缺测。在这种情况下，需将水位流量关系曲线作高、低水部分的外延，才能推得完整的流量过程。

1. 根据水位面积、水位流速关系延长

河床稳定的测站，水位面积、水位流速关系点据常较密集，曲线趋势较为明显，此时可根据这两条曲线来延长水位流量关系曲线。首先根据大断面资料，绘出需要延长的高水部分的水位面积曲线，然后按水位流速曲线上端的趋势外延，最后根据延长部分的各级水位的面积与相应的流速乘积来延长水位流量关系曲线，如图 3.13 中的虚线部分。

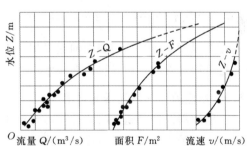

图 3.13　用水位面积、流速法延长 $Z\text{-}Q$ 关系曲线图

2. 用曼宁公式延长

此法是利用曼宁公式 $v=\dfrac{1}{n}R^{2/3}I^{1/2}$ 计算出需要延长部分的断面平均流速 $v(\text{m/s})$ 的值，计算时常用断面平均水深 $\overline{h}$ 代替水力半径 R。由于大断面资料已知，因此关键在于确定高水时的河床糙率 n 和水面比降 I。

在有比降观测资料的测站，可根据流量、比降以及断面资料，分析各测次的糙率值，点绘水位糙率关系曲线，并顺势延长，以此确定高水位时的河床糙率。再利用高水位时的实测比降 I，以及由大断面资料算得的平均水深 $\overline{H}$、断面面积 F，计算高水位时的流速、流量，这样便可延长水位流量关系曲线。

对于未进行比降观测，也没有糙率资料的测站，可将曼宁公式改为下列形式：

$$\frac{1}{n}I^{1/2}=\frac{v}{R^{2/3}}\approx\frac{v}{H^{2/3}} \qquad (3.15)$$

根据实测流量资料，可计算出每次测流时的 $\frac{v}{H^{2/3}}$ 值，也就得出各次测流时的 $\frac{1}{n}I^{1/2}$ 值，故可点绘出 $Z-\frac{1}{n}I^{1/2}$ 关系曲线。当测站河段顺直、断面均匀、坡度平缓时，高水部分若糙率增大，则比降 I 亦应作相应增加，$\frac{1}{n}I^{1/2}$ 近似于常数。此时 $Z-\frac{1}{n}I^{1/2}$ 关系曲线的高水部分可沿平行纵轴的趋势外延。根据断面测量的资料，可得高水时的 $F\overline{H}^{2/3}$。于同水位时相应的 $\frac{1}{n}I^{1/2}$ 相乘，就可得出相应的流量，从而使 $Z-Q$ 线得到延长，如图 3.14 所示。

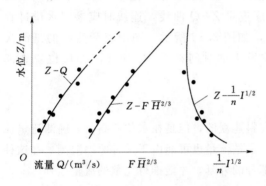

图 3.14　用曼宁公式延长 $Z-Q$ 关系曲线图

3. 水位流量关系曲线的低水延长方法

低水延长常采用断流水位法。所谓断流水位（Z_0）是指流量为零时的水位，一般情况下断流水位的水深为零，当河流中有死水存在时，断流水位的水深显然不等于零。如能求得断流水位，则以坐标（0，Z_0）为控制点，将水位流量关系曲线向下延长。

此法的关键在于如何确定断流水位。最好的方法是根据测站纵横断面确定。如测站下游有浅滩或石梁，则以其高程作为断流水位；如果测站下游很长距离内河底平坦，则取基本水尺断面河底最低点高程作断流水位；有时也可通过查勘、调查得出断流水位。

3.5.3　水位流量关系曲线的移用

工程规划设计及施工时，往往需要河流某些断面处的水位流量关系曲线，而这些断面不会恰巧就是水文站，通常没有实测资料，这时就需要设法将邻近水文站的水位流量关系移用到设计断面。

当设计断面与水文站距离不远，河段内无大的入流和出流，这时可在设计断面设立临时水尺，与水文站同时观测水位。由于中、低水时河流中的流量在短距离内沿程变化不大，故认为各断面同一时刻的水位对应的流量相同，于是可根据与设计断面同时观测的水文站水位，在水文站的水位流量关系曲线上查得流量，将此流量与设计断面所观测的水位点绘曲线，即可得出设计断面中，低水的水位流量关系曲线。至于高水部分的水位流量关系，则可用前面介绍的延长方法进行延长。

如果设计断面与水文站之间有水流流入或流出，就不能用上述转移水位流量关系的办法来推求设计断面的水位流量关系了，这时主要是靠水力学方法来计算设计断面的水位流量关系，如对稳定流，可先将设计断面到水文站之间的河段分成若干河段，分段时应尽可能使各段具有一致的平均底坡和粗糙度，过水断面的形状大小无急剧变化，且同一段内流量基本保持不变；其次假定设计断面的流量，根据支流流入或流出情况确定每个流段的流量；最后利用明渠稳定非均匀流方程，由水文站断面的水位开始，逐段试算求解水位值，这样便可得到设计站的水位流量关系。对非稳定流，则可通过解圣维南方程组求水位流量关系。

3.5.4　流量资料整编

按照上述方法定出水位流量关系曲线后，就可将水位资料转换为我们所需要的流量资料，并进行各种统计整理工作。

1. 日平均流量的推求

当一日内流量变化平稳时，可用日平均水位从水位流量关系曲线上查得日平均流量。当一日内流量变化较大时，可由瞬时水位在水位流量关系曲线上查得瞬时流量，再用瞬时流量按算术平均法或面积包围法求得日平均流速，进而可求得逐月平均流量及全年平均流量。

2. 洪水水文要素摘录表

在进行洪水分析时，仅有上述流量资料是不够的，还应了解全年各次主要洪水的流量过程，常以表格形式给出，如水文年鉴中的洪水水文要素摘录表。

3.5.5　悬移质泥沙信息处理

在整编悬移质输沙率资料时，应对实测资料进行分析。通常是着重进行单断沙关系的分析。经过分析，如果查明突出点的原因属于测验或计算方面的错误，可以适当改正和酌情处理。

有了单断沙关系曲线，便可根据经常观测的单沙成果计算出逐日断面平均含沙量，再与相应的平均流量相乘，即得各日的平均输沙率。这种算法比较简单，当一日内流量变化不大时是完全可以的。如在洪水时期，一日内流量、含沙量的变化都较大时，应先由各测次的单沙推出断沙，乘以相应的断面流量，得出各次的断面输沙率。根据日内输沙率过程求得日输沙总量，再除以一日的秒数，即可得日平均输沙率。

将全年逐日平均输沙率之和除以全年的天数，即得年平均输沙率。

3.5.6　水文资料收集

收集水文资料是水文分析计算的基本工作之一。水文资料的来源有水文年鉴、水文手册、水文图集和各种水文调查资料等。

各次水文要素观测后必须进行整理、统计、刊布，才能供各部门使用，这就是资料整编。国家布设的水文站网的观测记录，经过整编后，由主管单位逐年刊布成册称《水文年鉴》。水文年鉴按全国统一规定，分水系、流域、干支流及上下游刊印。经过 1964 年调整后，全国共分 10 卷 75 册，如长江流域属第六卷，分 20 册。20 世纪 90 年代随着计算机在水文资料整编、存储和水文数据库的快速发展，水文年鉴曾停刊，拟用建成的水文数据库为社会提供服务，暂时取代了水文年鉴。2001 年后，为了满足不同使用单位的需要，水文年鉴重新刊印。

1.《水文年鉴》

《水文年鉴》刊印的主要内容如下：

（1）说明资料。水位、水文、地下水测站一览表；降水量、蒸发量测站一览表；水位、水文、地下水测站分布图；降水量、蒸发量测站分布图；年降水量等值线图；各站月年水位统计表；各站月年平均流量对照表；各站月年平均输沙率对照表；各站洪水流量统计表；各站枯水流量统计表。

（2）正文。

1）考证资料：说明表及位置图。

2）水位资料：逐日平均水位表；逐日潮水位表；潮水位月年统计表。

3）流量资料：实测流量成果表；实测大断面成果表；堰闸流量率定成果表；逐日平均流量表；洪水水文要素摘录表；堰闸洪水水文要素摘录表；水库水文要素摘录表。

4）输沙率资料：实测悬移质输沙率成果表；逐日平均输沙率表；逐日平均含沙量表。

5）泥沙颗粒级配资料：实测悬移质颗粒级配成果表；实测悬移质单样颗粒级配表；月年平均悬移质颗粒级配表。

6）水温冰凌资料：水温月年统计表；冰厚及冰情要素摘录表。

7）水化学资料：水化学分析成果表。

8）地下水资料：地下水位表。

9）降水量资料：逐日降水量表；降水量摘录表；各时段最大降水量表（一）；各时段最大降水量表（二）。

10）蒸发量资料：逐日水面蒸发量表。

11）水文调查资料：水利工程年调节用水量调查汇总表。

12）潮水位资料：逐日潮水位表；潮水位月年统计表。

需用近期尚未刊布的水文资料，可向有关省（自治区、直辖市）的水文总站或有关流域机构收集。

2.水文手册和水文图集

中小型水库的建设起点，一般是没有水文站的。为了适应中小型工程发展的需要，各省（自治区、直辖市）都编制了各地区的水文手册或水文图集，它们是应用现有的水文分析方法，总和本地区各水文站的水文资料，以简明的图、表和公式形式，提供全省（自治区、直辖市）各地点的降水、蒸发、径流量、洪水等水文要素的设计数据。

复 习 思 考 题

3.1　什么是水位？观测水位有何意义？全国水位统一采用的基面是什么？

3.2　流速仪测量流速的原理是什么？

3.3　流量测验的原理和方法步骤是什么？

3.4　《水文年鉴》和《水文手册》有什么不同，其内容是什么？

3.5　某水文站实测流量成果见表 3.4。试绘制水位-流量、水位-面积、水位-流速关系曲线，并延长水位-流量关系曲线，求水位为 330.6m 时的流量。

表 3.4   **某水文站实测流量成果**

基本水尺水位 /m	流量 /(m³/s)	断面面积 /m²	平均流速 /(m/s)	基本水尺水位 /m	流量 /(m³/s)	断面面积 /m²	平均流速 /(m/s)
322.09	51.5	53.7	0.96	326.48	1090	459	2.37
322.36	80	62.9	1.27	327.70	1510	591	2.56
323.37	238	143	1.66	325.23	681	328	2.08
322.69	114	90	1.27	325.98	892	417	2.14
324.07	397	224	1.77	330.60		910	
328.35	1820	674	2.70				

第4章 水文统计基本知识

学习目标和要点：水文统计是概率论与数理统计应用于工程水文中的一门重要学科。本章的任务在于了解水文统计的基本原理和计算方法。通过学习，要求正确理解频率和概率的基本概念和定理；随机变量及其概率分布、统计参数及其相互联系；经验频率曲线、理论频率曲线的概念及无偏估值公式的运用；熟练掌握皮尔逊Ⅲ型分布及其参数估计，频率计算（适线法）和相关分析（简相关）的方法。了解相关及相关分析的注意事项。

学习时要注意在理解概念的基础上掌握分析计算的方法，避免某些公式的数学推导。

4.1 水文统计参数的基本概念

水文现象是一种自然现象，它具有必然性的一面，也具有偶然性的一面。

必然现象是指事物在发展、变化中必然会出现的现象。例如，流域上的降水或融雪必然沿着流域的不同路径，流入河流、湖泊或海洋，形成径流。这是一种必然的结果。

偶然现象是指事物在发展、变化中可能出现也可能不出现的现象。如上所述，降水必然形成径流，但是，河流上任一断面的流量每年每月都不相同，属于偶然现象，或称随机现象。统计学的任务就是要从偶然现象中揭露事物的规律。这种规律需要从大量的随机现象中统计出来，称为统计规律。

数学中研究随机现象统计规律的学科称为概率论，而由随机现象的一部分试验资料去研究总体现象的数字特征和规律的学科称为数理统计学。概率论与数理统计学是密切相连的，数理统计学必须以概率论为基础，概率论往往把由数理统计所揭露的事实提高到理论认识。

水文统计的任务就是研究和分析水文随机现象的统计变化特性，并以此为基础对水文现象未来可能的长期变化做出在概率意义下的定量预估，以满足工程规划、设计、施工以及运营期间的需要。

4.1.1 随机变量

随机试验的结果可以是一个数量，也有些虽然不是数量，但可以用数量来表示。这样的量随着试验的重复可以取得不同的数值，而且带有随机性，我们称这样的变量为随机变量。简言之，随机变量是在随机试验中测量到的数量。水文现象中的随机变量一般是指某种水文特征值，如某水文站的年径流、洪峰流量等。

4.1.2 随机变量的统计参数

从统计数学的观点来看，随机变量的概率分布曲线或分布函数较完整地描述了随机现象，然而在许多实际问题中，随机变量的分布函数不易确定，或有时不一定都需要用完整的形式来说明随机变量，而只要知道个别代表性的数值，能说明随机变量的主要特征就够了。例如，某地的年降水量是一个随机变量，各年的降水量不同，具有一定的概率分布曲线，若要了解该地年降水量的概括情况，就可以用多年平均年降水量这个数量指标来反映。这种能说明随机变量的统计规律的某些数字特征，称为随机变量的统计参数。

水文现象的统计参数反映其基本的统计规律，能概括水文现象的基本特性和分布特点，也是频率曲线估计的基础。

统计参数有总体统计参数与样本统计参数之分。所谓总体是某随机变量所有取值的全体。样本则是从总体中任意抽取的一个部分，样本中所包括的项数则称为样本容量。水文现象的总体通常是无限的，它是指自古、迄今以至未来长远岁月所有的水文系列。显然，水文随机变量的总体是不知道的，只能靠有限的样本观测资料去估计总体的统计参数或总体的分布规律。也就是说，由样本统计参数来估计总体统计参数。水文计算中常用的样本统计参数如下。

1. 均值

设某水文变量的观测系列（样本）为 x_1，x_2，$\cdots$，x_n，则其均值：

$$\overline{x} = \frac{x_1 + x_2 + \cdots + x_n}{n} = \frac{1}{n}\sum_{i=1}^{n} x_i \tag{4.1}$$

均值表示系列的平均情况，可以说明这一系列总水平的高低。例如，甲河多年平均流量 $\overline{Q}_{甲} = 2460 \mathrm{m^3/s}$，乙河多年平均流量 $\overline{Q}_{乙} = 20.1 \mathrm{m^3/s}$，说明甲河的水资源比乙河丰富。均值不但是频率曲线方程中的一个重要参数，而且是水文现象的一个重要特征值。

式 (4.1) 两边同除以 $\overline{x}$，则得

$$\frac{1}{n}\sum_{i=1}^{n} \frac{x_i}{\overline{x}} = 1$$

式中：$\frac{x_i}{\overline{x}}$ 为模比参数，常用 K_i 表示。

由此可得

$$\overline{K} = \frac{K_1 + K_2 + \cdots + K_n}{n} = \frac{1}{n}\sum_{i=1}^{n} K_i = 1 \tag{4.2}$$

式 (4.2) 说明，当我们把变量 X 的系列用其相对值即用模比系数 K 的系列表示时，则其均值等于1，这是水文统计中的一个重要特征。

2. 均方差

从以上分析可知，均值能反映系列中各变量的平均情况，但不能反映系列中各变量值集中或离散的程度。例如，有两个系列：

第一系列 49，50，51；

第二系列 1，50，99。

这两个系列的均值相同，都等于50，但其离散程度很不相同。

研究离散程度是以均值为中心来考查的。因此，离散特征参数可用相对于分布中心的离差来计算。设以平均数 $\overline{x}$ 代表分布中心，随机变量与分布中心的离差为 $x_i - \overline{x}$，因为随机变量的取值有些是大于 x 的，有些是小于 x 的，故离差有正有负，其平均值为零。为了使离差的正值和负值不致相互抵消，一般取 $(x - \overline{x})^2$ 的平均值的开方作为离散程度的

计量标准，并称为均方差，也称标准差，即

$$\sigma = \sqrt{\frac{\sum\limits_{i=1}^{n}(x_i-\overline{x})^2}{n}} \tag{4.3}$$

均方差取正号，它的单位与 x 相同。不难看出，如果各变量取值 x_i 距离 $\overline{x}$ 较远，则 σ 大，即此变量分布较分散，如果 x_i 离 $\overline{x}$ 较近，则 σ 小，变量分布比较集中。

按式（4.3）计算出上述两个系列的均方差为：$\sigma_1=0.82$，$\sigma_2=40.0$ 显然，第一系列的离散程度小，第二系列的离散程度大。

3. 变差系数

均方差虽然能说明系列的离散程度，但对均值不相同的两个系列，用均方差来比较其离散程度就不合适了。例如，有两个系列：

第一系列：5，10，15，$\overline{x}=10$；

第二系列：995，1000，1005，$\overline{x}=1000$。

按式（4.3）计算它们的均方差 σ 都等于 4.08，说明这两系列的绝对离散程度是相同的，但因其均值一个是 10，另一个是 1000，它们对均值的相对离散程度就很不相同了。可以看出，第一系列中的最大值和最小值与均值之差都是 5，这相当于均值的 5/10=1/2；而在第二系列中，最大值和最小值与均值之差虽然也都是 5，但只相当于均值的 5/1000＝1/200，在近似计算中，这种差距甚至可以忽略不计。

为了克服以均方差衡量系列离散程度的这种缺点，数理统计中用均方差与均值之比作为衡量系列相对离差程度的一个参数，称为变差系数（C_v），又称离差系数或离势系数。变差系数为一无因次的数，用小数表示，其计算式为

$$C_v = \frac{\sigma}{\overline{x}} = \sqrt{\frac{\sum\limits_{i=1}^{n}(K_i-1)^2}{n}} \tag{4.4}$$

从式（4.4）可以看出，变差系数 C_v 可以理解为变量 X 换算成模比系数 K 以后的均方差。

在上述两系列中，第一系列的 $C_v=\dfrac{4.08}{10}=0.408$，第二系列的 $C_v=\dfrac{4.08}{1000}=0.00408$，这就说明第一系列的变化程度远比第二系列为大。

对水文现象来说，C_v 的大小反映了河川径流在多年中的变化情况。例如，由于南方降水量比北方降水量充沛，丰水年和枯水年的年径流量变化相对较小，所以南方河流的 C_v 比北方河流一般要小。同理，大流域年径流的 C_v 比小流域年径流的 C_v 小。

4. 偏态系数

变差系数只能反映系列的离散程度，它不能反映系列在均值两边的对称程度。在水文统计中，主要采用偏态系数 C_s 作为衡量系列不对称（偏态）程度的参数，其计算式为

$$C_s = \frac{\dfrac{\sum\limits_{i=1}^{n}(x_i-\overline{x})^3}{n}}{\sigma^3} = \frac{\sum\limits_{i=1}^{n}(x_i-\overline{x})^3}{n\sigma^3} \tag{4.5}$$

式（4.5）右边分子、分母同除以（$\bar{x}^3$），得

$$C_s = \frac{\sum\limits_{i=1}^{n}(K_i - 1)^3}{nC_v^3} \tag{4.6}$$

偏态系数也为一无因次数，当系列对于 $\bar{x}$ 对称时，$C_s = 0$，此时随机变量大于均值与小于均值的出现机会相等．亦即均值所对应的频率为 50%。当系列对 $\bar{x}$ 不对称时，$C_s \neq 0$，其中，若正离差的立方占优势时，$C_s > 0$，称为正偏；若负离差的立方占优势时，$C_s < 0$。称为负偏。正偏情况下，随机变量大于均值比小于均值出现的机会小，亦即均值所对应的频率小于 50%，负偏情况下则刚好相反。

例如，有一个系列：300，200，185，165，150，其均值 $\bar{x} = 200$，均方差 $\sigma = 52.8$，按式（4.6）计算得 $C_s = 1.59 > 0$，属正偏情况。从该系列可以看出，大于均值的只有 1 项，小于均值的则有 3 项，但 C_s 却大于 0，这是因为大于均值的项数虽少，其值却比均值大得多，离差的三次方就更大；而小于均值的各项离差的绝对值都比较小，三次方所起的作用不大。

有关上述概念从总体分布的密度曲线来看会更加清楚。如图 4.1 所示，曲线下的面积以均值 $\bar{x}$ 为界，$C_s = 0$，左边等于右边；$C_s > 0$，左边大于右边；$C_s < 0$，左边则小于右边。

5. 矩

矩在力学中广泛地用来描述质量的分布（静力矩、惯性矩），而在统计学中常用矩来描述随机变量的分布特征。以上所述参数，有些可以用矩来表示。矩可分为原点矩和中心矩两种。

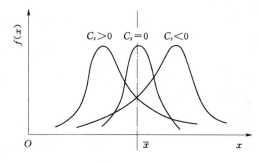

图 4.1　C_s 对密度曲线的影响

（1）原点矩。随机变量 X 对原点离差的 r 次幂的数学期望 $E(X^r)$，称为随机变量 X 的 r 阶原点矩，以符号 m_r 表示，即

$$m_r = E(X^r) \quad (r = 0, 1, 2, \cdots, n)$$

对离散型随机变量，r 阶原点矩为

$$m_r = E(X^r) = \sum_{i=1}^{n} x_i^r P_i \tag{4.7}$$

对连续型随机变量，r 阶原点矩为

$$m_r = E(X^r) = \int_{-\infty}^{\infty} x^r f(x)\,\mathrm{d}x \tag{4.8}$$

当 $r = 0$ 时，$m_0 = E(X^0) = \sum\limits_{i=1}^{n} P_i = 1$，即零阶原点矩就是随机变量所有可能取值的概率之和，其值等于 1。

当 $r = 1$ 时，$m_1 = E(X^1)$，即一阶原点矩就是数学期望，也就是算术平均数。

（2）中心矩。随机变量 x 对分布中心 $E(X)$ 离差的 r 次幂的数学期望 $E\{[X - E(X)]^r\}$，称为 X 的 r 阶中心矩，以符号 μ_r 表示，即

$$\mu_r = E\{[X-E(X)]^r\}$$

对离散型随机变量，r 阶中心矩为

$$\mu_r = E\{[X-E(X)]^r\} = \sum_{i=1}^{n}[x_i - E(X)]^r p_i \qquad (4.9)$$

对连续型随机变量，r 阶中心矩为

$$\mu_r = E\{[X-E(X)]^r\} = \int_{-\infty}^{\infty}[X-E(X)]^r f(x)\mathrm{d}x \qquad (4.10)$$

显然，零阶中心矩为 1，一阶中心矩为 0，即

$$\mu_0 = \int_{-\infty}^{\infty}[x-E(X)]^0 f(x)\mathrm{d}x = \int_{-\infty}^{\infty} f(x)\,\mathrm{d}x = 1$$

$$\mu_1 = \int_{-\infty}^{\infty}[x-E(X)] f(x)\mathrm{d}x$$

$$= \int_{-\infty}^{\infty} xf(x)\,\mathrm{d}x - E(X)\int_{-\infty}^{\infty} f(x)\,\mathrm{d}x$$

$$= E(X) - E(X) = 0$$

当 $r=2$ 时，由式（4.3）可知，随机变量 X 的二阶中心矩就是标准差的平方（称为方差），即

$$\mu_2 = E\{[X-E(X)]^2\} = \sigma^2$$

当 $r=3$ 时，$\mu_3 = E\{[X-E(X)]^3\}$。由式（4.6）可知，$C_s = \mu_3/\sigma^3$。

综上所述，均值、离势系数和偏态系数都可用各种矩表示。矩的概念及其计算在工程水文计算中经常遇到。

4.2　水文频率分布曲线

水文频率计算的两个基本内容包括分布线型及参数估计。下面主要介绍我国水文计算中常用的一些分布线型。

连续型随机变量的分布是以概率密度曲线和分布曲线表示的，这些分布在数学上有很多类型。我国水文计算中常用的有正态分布，皮尔逊Ⅲ型分布及对数正态分布等。

SL 44—2006《水利水电工程设计洪水计算规范》规定，频率曲线的线型一般应采用皮尔逊Ⅲ型，特殊情况，经分析论证后可采用其他线型。为此，本节以论述皮尔逊Ⅲ型频率曲线为主，并扼要介绍正态分布。

4.2.1　正态分布

自然界中许多随机变量如水文测量误差、抽样误差等一般服从或近似服从正态分布。正态分布具有以下形式的概率密度函数：

$$f(x) = \frac{1}{\sigma\sqrt{2\pi}}\mathrm{e}^{\frac{(x-a)^2}{2\sigma^2}} \qquad (-\infty < x < +\infty) \qquad (4.11)$$

式中：a 为平均数；σ 为标准差；e 为自然对数的底。

正态分布的密度曲线有以下几个特点。

1）单峰。

2）对于均值 a 对称，即 $C_s = 0$。

3）曲线两端趋于 $\pm\infty$，并以 x 轴为渐近线。

式（4.11）只包含两个参数，即均值 a 和均方差 σ。因此，若某个随机变量服从正态分布。只要求出它的 a 和 σ 值，则分布便可确定。

可以证明，正态分布曲线在 $a\pm\sigma$ 处出现拐点，并且：

$$P_\sigma = \frac{1}{\sigma\sqrt{2\pi}}\int_{\bar{x}-\sigma}^{\bar{x}+\sigma} \mathrm{e}^{-\frac{(x-a)^2}{2\sigma^2}}\mathrm{d}x = 0.683 \tag{4.12}$$

$$P_\sigma = \frac{1}{\sigma\sqrt{2\pi}}\int_{\bar{x}-3\sigma}^{\bar{x}+3\sigma} \mathrm{e}^{-\frac{(x-a)^2}{2\sigma^2}}\mathrm{d}x = 0.997 \tag{4.13}$$

正态分布的密度曲线与 x 轴所围成的面积应等于 1。由式（4.12）和式（4.13）可以看出，$a\pm\sigma$ 区间所对应的面积占全面积的 68.3%，$a\pm3\sigma$ 区间所对应的面积占全面积的 99.7%，如图 4.2 所示。

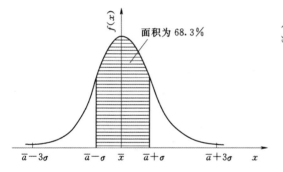

图 4.2　正态分布密度曲线图

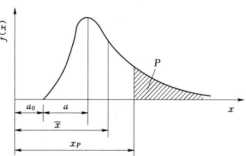

图 4.3　皮尔逊Ⅲ型概率密度曲线图

4.2.2　皮尔逊Ⅲ型分布

英国生物学家皮尔逊通过很多资料的分析研究，提出一种概括性的曲线族，包括 13 种分布曲线，其中第Ⅲ型曲线被引入水文计算中，成为当前水文计算中常用的频率曲线。

皮尔逊Ⅲ型曲线是一条一端有限一端无限的不对称单峰、正偏曲线（见图 4.3），数学上称为伽玛分布，其概率密度函数为

$$f(x) = \frac{\beta^\alpha}{\Gamma(\alpha)}(x-a_0)^{\alpha-1}\mathrm{e}^{-\beta(x-a_0)} \tag{4.14}$$

式中：$\Gamma(\alpha)$ 为 α 的伽玛函数；α、β、a_0 为分别为皮尔逊Ⅲ型分布的形状，尺度和位置参数，$\alpha>0$，$\beta>0$。

显然，α、β、a_0 确定以后，该密度函数也随之确定。可以推证，这 3 个参数与总体的 3 个统计参数 EX、C_v、C_s 具有下列关系：

$$
\left.\begin{array}{l}
\alpha=\dfrac{4}{C_s^2} \\[2mm]
\beta=\dfrac{2}{EXC_vC_s} \\[2mm]
a_0=EX\left(1-\dfrac{2C_v}{C_s}\right)
\end{array}\right\} \tag{4.15}
$$

皮尔逊Ⅲ型密度曲线的形状主要决定于参数 C_s（或 α），从图 4.4 可以区分为以下 4 种形状：

（1）当 $0<\alpha<1$，即 $2<C_s<\infty$ 时，密度曲线呈乙形，以 x 轴和 $x=b$ 直线为渐近线，如图 4.4（a）所示。

（2）当 $\alpha=1$，即 $C_s=2$ 时。密度曲线退化为指数曲线，仍呈乙形，但左端截止在曲线起点，右端仍伸到无限，如图 4.4（b）所示。

（3）当 $1<\alpha<2$，即 $\sqrt{2}<C_s<2$ 时，密度曲线呈铃形。左端截止在曲线起点，且在该处与直线 $x=b$ 相切，右端无限，如图 4.4（c）所示。

（4）当 $\alpha>2$，即 $C_s<\sqrt{2}$ 时，密度曲线呈铃形，起点处曲线与 x 轴相切，右端无限，如图 4.4（d）所示。

以上各种形状的曲线都是对正偏而言的。

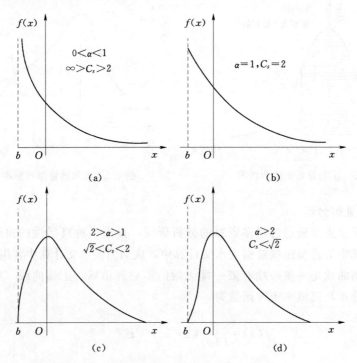

图 4.4　皮尔逊Ⅲ型密度曲线形状变化图
(a) $0<\alpha<1$；(b) $\alpha=1$；(c) $1<\alpha<2$；(d) $\alpha>2$

水文计算中，一般需求出指定频率 P 所对应的随机变量 x_p，这要通过对密度曲线进

行积分，求出等于或大于 x_p 的累积频率 P 值，即

$$P = P(x \geqslant x_p) = \int_{x_p}^{\infty} \frac{\beta^{\alpha}}{\Gamma(\alpha)} (x - a_0)^{\alpha-1} e^{-\beta(x-a_0)} \, dx \tag{4.16}$$

直接由式（4.16）计算 P 值非常麻烦，实际做法是通过变量转换，根据拟定的 C_s 值进行积分，并将成果制成专用表格，从而使计算工作大大简化。

令

$$\varphi = \frac{x - EX}{EXC_v} \tag{4.17}$$

则有

$$x = EX(1 + C_v \varphi) \tag{4.18}$$
$$dx = EXC_v d\varphi \tag{4.19}$$

φ 是标准化变量，称为离均系数，φ 的均值为零，标准差为 1。这样经标准化变换后，将式（4.18）、式（4.19）代入式（4.16），简化后可得

$$P(\varphi \geqslant \varphi_p) = \int_{\varphi_p}^{\infty} f(\varphi, C_s) \, d\varphi \tag{4.20}$$

式（4.20）中被积函数只含有一个待定参数 C_s，其他两个参数 EX 和 C_v 都包括在 φ 中，因而只要假定一个 C_s 值，便可从式（4.20）通过积分求出 P 与 φ 之间的关系。

在进行频率计算时，由样本估计出的 C_s 值，查 φ 值表得出不同 P 的 φ_p 值，然后利用估计出的 $\bar{x}$、C_v 值，通过式（4.18）即可求出与各种 P 相应的 x_p 值，从而可绘出频率曲线。如何求得皮尔逊Ⅲ型分布曲线的参数 $\bar{x}$、C_v 和 C_s，是下面讨论的参数估计问题。

4.3 水文频率计算方法

4.3.1 参数估计

在概率分布函数中都含有一些表示分布特征的参数，例如皮尔逊Ⅲ型分布曲线中就包含有 EX、C_v、C_s 3 个参数。水文频率曲线线型选定之后，为了具体确定出概率分布函数，就得估计出这些参数。由于水文现象的总体通常是无限的，我们无法取得，这就需要用有限的样本观测资料去估计总体分布线型中的参数，故称为参数估计。

由样本估计总体参数的方法很多。例如矩法、极大似然法、概率权重矩法、权函数法以及适线法等。在一般情况下，这些方法各有其特点，均可独立使用。但是在我国工程水文计算中通常采用适线法，而其他方法估计的参数，一般作为适线法的初估值。

4.3.1.1 矩法

矩法是用样本矩估计总体矩，并通过矩和参数之间的关系，来估计频率曲线参数的一种方法。该法计算简便，事先不用选定频率曲线线型，因此，是频率分析计算中较为常见的一种方法。

设随机变量 X 的分布函数为 $F(x)$，则 x 的 r 阶原点矩和中心矩分别为

$$m_r = \int_{-\infty}^{+\infty} x^r f(x) \, dx \tag{4.21}$$

和

$$\mu_r = \int_{-\infty}^{+\infty} [x - E(x)]^r f(x) \mathrm{d}x \qquad (4.22)$$

式中：$f(x)$ 为随机变量 X 的概率密度函数。

由于各阶原点矩和中心矩都与统计参数之间有一定的关系，因此，可以用矩来表示参数。

对于样本，r 阶样本原点矩 $\hat{m}_r$ 和 r 阶样本中心矩 $\hat{\mu}_r$ 分别为

$$\hat{m}_r = \frac{1}{n} \sum_{i=1}^{n} x_i^r, \ r = 1, 2, \cdots \qquad (4.23)$$

和

$$\hat{\mu}_r = \frac{1}{n} \sum_{i=1}^{n} (x_i - \overline{x})^r, \ r = 2, 3, \cdots \qquad (4.24)$$

式中：n 为样本容量。

常用的由前三阶样本矩表示的样本统计参数见式（4.1）、式（4.4）和式（4.6）。由于样本随机性，它们与相应的总体参数一般情况下并不相等。但是，我们希望由样本系列计算出来的统计参数在统计平均意义上与相应总体参数尽可能接近，若差异较大则需做修正。

我们知道样本特征值的数学期望与总体同一特征值比较接近，如 n 足够大时，其差别更微小。经过证明，样本原点矩 $\hat{m}_r$ 的数学期望正好是总体原点矩 m_r，但样本中心矩 $\hat{\mu}_r$ 的数学期望不是总体的中心矩 μ_r，把 $\hat{\mu}_r$ 经过修正后，再求其数学期望，则可得到 μ_r。这个修正的数值称为该参数的无偏估计量，然后应用它作为参数估计值。

于是均值的无偏估计仍为样本估计值，即

$$\overline{x} = \frac{1}{n} \sum_{i=1}^{n} x_i$$

样本二阶中心矩的数学期望为

$$E(\hat{\mu}_r) = \frac{n-1}{n} \mu_2$$

或

$$E\left(\frac{n}{n-1} \hat{\mu}_2\right) = \mu_2$$

因此，C_v 的近似无偏估计量为

$$C_v = \sqrt{\frac{n}{n-1}} \sqrt{\frac{\sum_{i=1}^{n} (K_i - 1)^2}{n}}$$

$$= \sqrt{\frac{\sum_{i=1}^{n} (K_i - 1)^2}{n-1}} \qquad (4.25)$$

样本三阶中心矩的数学期望为

$$E(\hat{\mu}_3) = \frac{(n-1)(n-2)}{n^2} \mu_3$$

或

$$E\left(\frac{n^2}{(n-1)(n-2)} \hat{\mu}_3\right) = \mu_3$$

因此，C_s 的近似无偏估计量为

$$C_s = \frac{n^2}{(n-1)(n-2)} \frac{\sum_{i=1}^{n}(K_i-1)^3}{nC_v^3}$$

$$\approx \frac{\sum_{i=1}^{n}(K_i-1)^3}{(n-3)C_v^3} \tag{4.26}$$

必须指出，用上述无偏估值公式算出来的参数作为总体参数的估计时，只能说有很多个同容量的样本资料，用上述公式计算出来的统计参数的均值，可望等于或近似等于相应总体参数。而对某一个具体样本，计算出的参数可能大于总体参数，也可能小于总体参数，两者存在误差。因此，由有限的样本资料算出的统计参数，去估计总体的统计参数总会出现一定的误差，这种由随机抽样而引起的误差，在统计上称抽样误差。为叙述方便，下面以样本平均数为例说明样本抽样误差的概念和估算方法。作为适线法的参考数值。

样本平均数$\bar{x}$可看成一种随机变量。既然它是一种随机变量，那么就具有一定的概率分布，我们称此分布为样本平均数的抽样分布。抽样分布愈分散表示抽样误差愈大，反之亦然。对某个特定样本的平均数而言，它对总体平均数EX的离差便是该样本平均数的抽样误差。对于容量相同的各个样本，其平均值的抽样误差当然是不同的。由于EX是未知的，对某一特定的样本，其样本平均值的抽样误差无法准确地求得，只能在概率意义下做出某种估计。样本平均数的抽样误差与其抽样分布密切相关，其大小可以用表征抽样分布离散程度的均方差$\sigma_{\bar{x}}$来度量。为了着重说明度量的是误差，一般改称为样本平均数的均方根。据中心极值定理，当样本容量较大时，样本平均数的抽样分布趋近于正态分布。这样，有下列关系：

$$P=(\bar{x}-\sigma_{\bar{x}} \leqslant EX \leqslant \bar{x}+\sigma_{\bar{x}})=68.3\%$$

和

$$P=(\bar{x}-3\sigma_{\bar{x}} \leqslant EX \leqslant \bar{x}+3\sigma_{\bar{x}})=99.7\%$$

这就是说，如果随机抽取一个样本，以此样本的均值作总体均值的估计值时，有68.3%的可能性，其误差不超过$\sigma_{\bar{x}}$；有99.7%的可能性，其误差不超过$3\sigma_{\bar{x}}$。

上述对样本平均数抽样误差的分析，可以适用于其他样本参数。C_v和C_s的抽样误差可以用C_v的抽样均方差σ_{C_v}和C_s的抽样均方差σ_{C_s}来度量。根据数理统计理论，可推导出各参数均方误的公式。当总体为皮尔逊Ⅲ型分布（C_s为C_v的任意倍数）时，样本参数的均方误公式为

$$\sigma_{\bar{x}} = \frac{\sigma}{\sqrt{n}} \tag{4.27}$$

$$\sigma_{\sigma} = \frac{\sigma}{\sqrt{2n}} \sqrt{1+\frac{3}{4}C_s^2} \tag{4.28}$$

$$\sigma_{C_v} = \frac{C_v}{\sqrt{2n}} \sqrt{1+2C_v^2+\frac{3}{4}C_s^2-2C_vC_s} \tag{4.29}$$

$$\sigma_{C_s} = \sqrt{\frac{6}{n}\left(1+\frac{3}{2}C_s^2+\frac{5}{16}C_s^4\right)} \tag{4.30}$$

表4.1列出$C_s=2C_v$时各特征数的抽样误差，由表可见，$\bar{x}$及C_v的误差小，而C_s的

误差特大。当 $n=100$ 时，C_s 的误差为 $40\%\sim126\%$；$n=10$ 时，C_s 的误差则在 126% 以上，超出了 C_s 本身的数值。水文资料一般都很短（$n<100$），直接由矩法算得的 C_s 值，抽样误差太大。

表 4.1　　　　$C_s=2C_v$ 时样本参数的均方误差（相对误差,%）

参数 变差系数 C_v　　N_n	平均数 $\bar{x}$				变差系数 C_v				偏态系数 C_s			
	100	50	25	10	100	50	25	10	100	50	25	10
0.1	1	1	2	3	7	10	14	22	126	178	252	399
0.3	3	4	6	9	7	10	15	23	51	72	102	162
0.5	5	7	10	16	8	11	16	25	41	58	82	130
0.7	7	10	14	22	9	12	17	27	40	56	80	126
1.0	10	14	20	32	10	14	20	32	42	60	85	134

4.3.1.2　适线法

根据估计的频率分布曲线和样本经验点据分布配合最佳来帮优选参数的方法称为适线法（亦称为配线法）。该法自 20 世纪 50 年代开始即在我国水文频率计算中得到较为广泛应用，层次清楚，方法灵活，操作容易，目前已是我国水利水电工程设计洪水规范中规定的主要参数估计方法。它的实质是通过样本的经验分布去探求总体的分布。适线法包括传统目估适线法及计算机优化适线法。

1. 经验频率曲线

图 4.5 所示的折线状的经验分布曲线，如果消除折线而画成一条光滑的曲线，水文计算中习惯上称此曲线为经验频率曲线，在样本确定的情况下，这条曲线基本上取决于样本中每一项在图上的位置，即每一项的纵、横坐标。纵坐标为每一项的数值，若不考虑观测误差，则是确定的；横坐标为每一项的频率，是用一定的公式估算出来的。因此，经验频率曲线的形状与每一项频率的估算，关系极为密切。对于图 4.5 所示的经验分布曲线、样本中每一项的经验分布曲线是用 $\dfrac{m}{n}$ 计算的，其中 m 是"大于或等于 x 的次数"（即序数），n 相当于"出现次数"的总和（即样本容量）。若所掌握的资料是总体，这样计算并无不合理之处，但用于样本资料就有问题了。例如，当 $m=n$ 时，最末项的频率 $P=100\%$，这几乎就是说样本末项为总体中的最小值。这是不符合事实的，因为比样本最小值更小的数值今后仍可能出现。因而必须探求一种合理的估算经验频率的方法。

2. 经验频率

经验频率的估算在于对样本序列中的每一项估算其对应的频率。设一个总体，共有无穷项，我们随机地将其分成许多个样本（设为 k

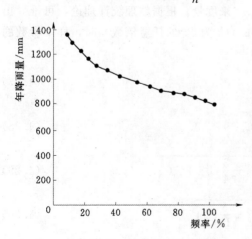

图 4.5　某地年降雨量的经验分布曲线

个），每个样本都含有 n 项且相互独立。各个样本中的各项可按自大而小的次序排列如下。

第一个样本：$_1x_1^*,_1x_2^*,\cdots,_1x_m^*,\cdots,_1x_n^*$

第二个样本：$_2x_1^*,_2x_2^*,\cdots,_2x_m^*,\cdots,_2x_n^*$

$\vdots$

第 k 个样本：$_kx_1^*,_kx_2^*,\cdots,_kx_m^*,\cdots,_kx_n^*$

现在自每个样本中取出同序项来研究，设取第 m 项，则有：

$$_1x_m^*,_2x_m^*,\cdots,_kx_m^*$$

它们在总体中都有一个对应的出现频率为

$$_1P_m,_2P_m,\cdots,_kP_m$$

水文资料只是一个样本，期望它处于平均情况，即期望样本中第 m 项的频率是许多样本中同序号概率的均值：

$$P=\frac{1}{k}(_1P_m+_2P_m+\cdots+_kP_m)$$

当 $k\to\infty$ 较大时，可以证明：

$$P=\frac{m}{n+1} \tag{4.31}$$

式（4.31）在水文计算中通常称为期望公式，以此估计经验频率。目前我国水利水电工程设计洪水规范中规定采用的期望公式为经验频率计算公式。

由于频率这个名词比较抽象，为便于理解，有时采用重现期这个词。所谓重现期是指在许多实验中，某一事件重复出现的时间间隔的平均数，即平均的重现间隔期。频率与重现期的关系有两种表示法。

（1）当研究暴雨洪水时，一般 $P<50\%$，采用：

$$T=\frac{1}{P} \tag{4.32}$$

式中：T 为重现期，以年计；P 为频率，以小数或百分数计。

例如，某河流断面设计洪水的频率 $P=10\%=0.1$ 时，代入式（4.32）得 $T=10$ 年，表示该河流断面大于或等于这样的洪水在长时期内平均 10 年发生 1 次。

（2）当研究枯水问题时，一般 $P>50\%$，采用：

$$T=\frac{1}{1-P} \tag{4.33}$$

例如，某河流断面灌溉设计保证率 $P=90\%$，将 $P=0.9$ 代入式（4.33），得 $T=10$ 时，表示该河流断面小于这样的年来水量在长时期内平均 10 年发生 1 次。

重现期 T 是指水文现象在长时期内平均 T 年出现 1 次，而不是每隔 T 年必然发生 1 次。例如 100 年一遇的洪水，是指在大于或等于这样的洪水在长时期内平均 100 年发生 1 次，对于某具体的 100 年来说，超过这样大的洪水可能出现几次，也可能 1 次都不出现。

3. 目估适线法

目估适线法估计频率曲线参数的具体步骤如下：

（1）将实测资料由大到小排列，计算各项的经验频率，在频率格纸上点绘经验点据

（纵坐标为变量的取值，横坐标为相应的经验频率）。

（2）选定水文频率分布线型（一般选用皮尔逊Ⅲ型）。

（3）假定一组参数$\bar{x}$、C_v和C_s。为了使假定值大致接近实际，可用矩法或权函数法求出 3 个参数的值，作为第 1 次的$\bar{x}$、C_v和C_s的假定值。当用矩法估计时，因C_s的抽样误差太大，一般不计算C_s，而根据经验假定C_s为C_v的某一倍数。

（4）根据假定的$\bar{x}$、C_v和C_s，计算x_p值，以x_p为纵坐标，P为横坐标，即可得到频率曲线。将此线画在绘有经验点据的图上，看与经验点据配合的情况，若不理想，则修改参数（主要调整C_v以及C_s）再次进行计算。

（5）最后根 G 据频率曲线与经验点据的配合情况，从中选择 1 条与经验点据配合较好的曲线作为采用曲线。相应于该曲线的参数便看做是总体参数的估计值。

（6）根据指定频率确定相应的水文变量设计值。

4.3.2　统计参数对频率曲线的影响

1. 均值 EX 对频率曲线的影响

当皮尔逊Ⅲ型频率曲线的另外两个参数C_v和C_s不变时，由于均值EX的不同，可以使频率曲线发生很大的变化，我们把$C_v = 0.5$、$C_s = 1.0$，而EX分别为 50、75、100 的 3 条皮尔逊Ⅲ型频率曲线同绘于图 4.6 中，从图中可以看出下列规律：

1）C_v和C_s相同时，由于均值不同，频率曲线的位置也就不同，均值大的频率曲线位于均值小的频率曲线之上。

2）均值大的频率曲线比均值小的频率曲线陡。

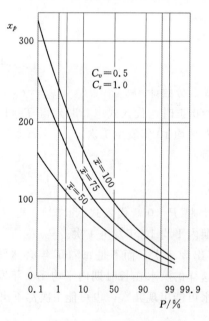

图 4.6　$C_v = 0.5$，$C_s = 1.0$ 时，
不同 $\bar{x}$ 对频率曲线的影响

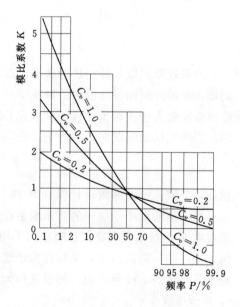

图 4.7　$C_s = 1.0$ 时，各种 C_v
对频率曲线的影响

2. 变差系数 C_v 对频率曲线的影响

为了消除均值的影响，我们以模比系数 K 为变量绘制频率曲线，如图 4.7 所示（图中 $C_s=1.0$）。当 $C_v=0$ 时，说明随机变量的取值都等于均值，故频率曲线即为 $K=1$ 的一条水平线。C_v 越大，说明随机变量相对于均值越离散，因而频率曲线将越偏离 $K=1$ 的水平线。随着 C_v 的增大，频率曲线的偏离程度也随之增大，显得越来越陡。

3. 偏态系数 C_s 对频率曲线的影响

图 4.8 为 $C_v=0.1$ 时各种不同的 C_s 对频率曲线的影响情况。从图中可以看出，正偏情况下，C_s 愈大时，均值（即图中 $K=1$）对应的频率愈小，频率曲线的中部愈向左偏，且上段愈陡，下段愈平缓。当 $C_s=0$ 时，频率曲线变成一条直线了。

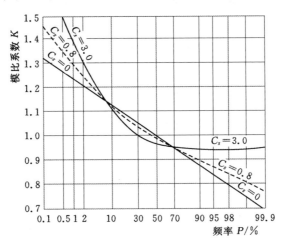

图 4.8 $C_v=0.1$ 时，各种 C_s 对频率曲线的影响

【例 4.1】 某水文站有 18 年的实测年径流资料列于表 4.2 中第（1）栏、第（2）栏，试根据该资料用矩法初选参数，用适线法推求 10 年一遇的设计年径流量。

解： 具体步骤如下。

1. 点绘经验频率曲线

将原始资料按由大到小次序排列，列入表 4.2 中第（4）栏，用公式 $P=\dfrac{m}{n+1}\times100\%$ 计算经验频率，列入表 4.2 中第（7）栏，并将第（4）栏与第（7）栏的对应数值点绘于频率格纸上（图 4.9）。

2. 按无偏估值公式计算统计参数

（1）计算年径流量的均值 $\overline{Q}$。由式 $\overline{x}=\dfrac{1}{n}\sum\limits_{i=1}^{n}x_i$ 计算可得

$$\overline{Q}=\frac{1}{n}\sum_{i=1}^{n}Q_i=\frac{17454.7}{18}=969.7\ (\text{m}^3/\text{s})$$

（2）计算变差系数。由式（4.25）计算可得

$$C_v=\sqrt{\frac{\sum\limits_{i=1}^{n}(K_i-1)^2}{n-1}}=\sqrt{\frac{0.8652}{18-1}}=0.23$$

3. 选配皮尔逊Ⅲ型频率曲线

（1）选定 $\overline{Q}=969.7\text{m}^3/\text{s}$，$C_v=0.25$。并假定 $C_s=3C_v$，查 K_p 值表，得出相应于不同频率 P 的 K_p 值，列入表 4.3 中第（2）栏，K_p 乘以 $\overline{Q}$ 得相应的 Q_p 值，列入表 4.3 中第（3）栏。

表 4.2　　　　　　　　　　**某水文站年径流量频率计算表**

年份	年径流量 Q /(m³/s)	序号	有大到小排列 Q_i/(m³/s)	模比系数 K_i	$(K_i-1)^2$	经验频率 $P=\dfrac{m}{n+1}$ ×100%
(1)	(2)	(3)	(4)	(5)	(6)	(7)
1967	1500.0	1	1500.0	1.5469	0.2991	5.3
1968	959.8	2	1165.3	1.2017	0.0407	10.5
1969	1112.3	3	1158.9	1.1951	0.0381	15.8
1970	1005.6	4	1133.5	1.1689	0.0285	21.1
1971	780.0	5	1112.3	1.1470	0.0216	26.3
1972	901.4	6	1112.3	1.1470	0.0216	31.6
1973	1019.4	7	1019.4	1.0512	0.0026	36.8
1974	847.9	8	1005.6	1.0370	0.0014	42.1
1975	897.2	9	959.8	0.9898	0.0001	47.4
1976	1158.9	10	957.6	0.9875	0.0002	52.6
1977	1165.3	11	901.4	0.9296	0.0050	57.9
1978	835.8	12	898.3	0.9264	0.0054	63.2
1979	641.9	13	897.2	0.9252	0.0056	68.4
1980	1112.3	14	847.9	0.8744	0.0158	73.7
1981	527.5	15	835.8	0.8619	0.0191	78.9
1982	1133.5	16	780.0	0.8044	0.0383	84.2
1983	898.3	17	641.9	0.6620	0.1143	89.5
1984	957.6	18	527.5	0.5440	0.2080	94.7
合计	17454.7		17454.7	18	0.8652	

将表 4.3 中第（1）、第（3）两栏的对应数值点绘在频率格纸上，发现所选频率曲线的中段与经验频率点据配合较好，但头部和尾部在经验频率点据的上方。

（2）改变参数，重新配线。根据第一次配线结果，均值和 C_v 不变，减小 C_s 值。现 $C_s=2C_v$，再查 K_p 表，计算 Q_p 值，将 K_p、Q_p 列于表 4.3 中第（4）栏、第（5）栏，再次点绘理论频率曲线，发现理论频率曲线与经验点据配合较好，即作为最后采用的理论频率曲线。

4. 推求 10 年一遇设计年径流量

由表 4.3，查得 $P=10\%$ 对应的流量为 $Q_p=1290\text{m}^3/\text{s}$。

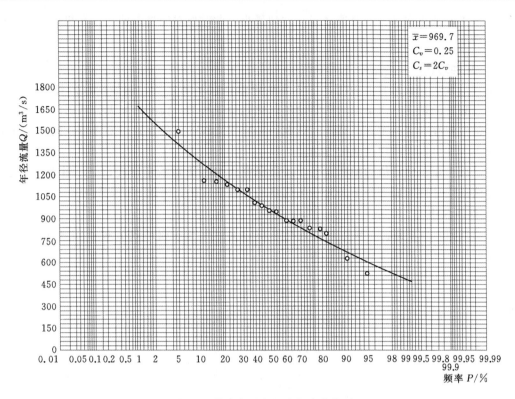

图 4.9 某水文站年径流频率曲线图

表 4.3 理论频率曲线选配计算表

频率	第一次适线 $\overline{Q}=969.7$, $C_v=0.25$, $C_s=3C_v=0.75$		第二次适线 $\overline{Q}=969.7$, $C_v=0.25$, $C_s=2C_v=0.5$	
	K_p	Q_p	K_p	Q_p
(1)	(2)	(3)	(4)	(5)
1	1.72	1667.9	1.67	1619.4
5	1.46	1415.8	1.45	1406.1
10	1.34	1299.4	1.33	1289.7
20	1.20	1163.6	1.20	1163.6
50	0.97	940.6	0.98	950.3
75	0.82	795.2	0.82	795.2
90	0.71	688.5	0.70	678.8
95	0.65	630.3	0.63	610.9
99	0.56	543.0	0.52	504.2

目估适线的关键在于"最佳配合"的判别，是由人为目估判别的，该法缺乏客观标准，计算成果在一定程度上受到人为因素的影响。为克服这一缺点。出现一种优化适线。它是通过采用优化方法使经验数据与采用的数学频率曲线纵向离差总平方和（一般采用纵

向离差平方和或纵向离差绝对值之和）达到最小，此时所对应参数即为计算机优化适线法估计参数。

4.3.3　其他方法

上述适线法在我国普遍应用，但该方法仍然存在不足之处，例如选取的经验频率公式，其合理性尚缺乏令人信服的科学论证；优化适线法的最佳准则尚无公认的定论，特别是目估适线时存在普遍主观任意性。因此，在应用适线法优化参数时要谨慎；同时，在某些情况下，亦可以考虑用其他的方法。

为了减少矩法估计值的抽样误差，水文研究人员基于矩法相继提出了一些改进方法。这些方法就统计性能而言，不失为一类优良的参数估计法，因此下面做简要介绍。

1. 权函数法

该法均值$\overline{x}$、C_v 值仍是根据矩法进行求解计算，仅利用权函数法对 C_s 进行估计。该法中矩的计算（以离散形式表示）为

$$\left. \begin{array}{l} E(x)=\dfrac{1}{n}\sum(x_i-\overline{x})\Phi(x_i) \\[3mm] H(x)=\dfrac{1}{n}\sum(x_i-\overline{x})^2\Phi(x_i) \end{array} \right\} \tag{4.34}$$

式中：$\Phi(x_i)$ 为权函数，一般采用正态概率密度函数。

$$\Phi(x)=\frac{1}{S\sqrt{2\pi}}\exp\left[-\frac{(x-\overline{x})^2}{2S^2}\right]$$

然后用计算 C_s 值：

$$C_s=-4S\frac{E(x)}{H(x)} \tag{4.35}$$

权函数的引入使估计 C_s 只用到二阶矩，此外增加了靠近均值各项的权重，削减了远离均值各项的权重，从而有效地提高了 C_s 的估计精度。

2. 概率权重矩法

概率权重矩法是利用 3 个低阶矩求解参数。概率权重矩的离散形式可表示为

$$\left. \begin{array}{l} M_{1,0,0}=\dfrac{1}{n}\sum x_i=\overline{x} \\[3mm] M_{1,1,0}=\dfrac{1}{n}\sum x_iP_i \\[3mm] M_{1,2,0}=\dfrac{1}{n}\sum x_iP_i^2 \end{array} \right\} \tag{4.36}$$

式中：P_i 为与 x_i 对应的频率值，可选择合理的经验频率公式进行计算。在求得式（4.36）中各概率权重矩的基础上，根据概率权重矩与有关参数之间的关系，可对参数值 C_v 和 C_s 进行估计，对于均值$\overline{x}$仍采用传统矩法进行估计。

该法的特点是在求矩时不仅利用序列各项大小的信息，而且还利用序位信息，特别是只需序列值一次方的计算而避免高次方，估计出的参数，其抽样误差明显比一般矩法减少。

3. 线性矩法

线性矩法是上述概率权重矩法的线性组合，其前三阶线性矩为

$$
\left.
\begin{aligned}
I_1 &= M_{1,0,0} = \overline{x} \\
I_2 &= 2M_{1,1,0} - M_{1,0,0} \\
I_3 &= 6M_{1,2,0} - 6M_{1,1,0} + M_{1,0,0}
\end{aligned}
\right\}
\tag{4.37}
$$

基于线性矩的估计值最终可以得到参数 C_v 和 C_s 的估计值，均值 $\overline{x}$ 同样采用传统矩法进行估计。

据最近研究，线性矩法和概率权重矩法理论上是一致的。它们实际估计结果可能存在一些差异，是在计算过程上存在数值计算误差所致。不过，线性矩法其主要优点是便于区域频率计算与分析。

4.4 相 关 分 析

4.4.1 相关关系的概念

自然界中的许多现象之间有着一定的联系，它们之间既不是函数关系，也不是完全无关。例如，降水与径流之间、水位与流量之间等都存在着这样的联系。相关分析就是要研究两个或多个随机变量之间的关系，又称回归分析。进行相关分析时，变量之间一定要有成因联系，不能只凭数字上的巧合。

在水文计算中，我们经常遇到某一水文要素的实测资料系列很短，而与其有关的另一要素的资料却比较长，这样我们就可以通过相关分析把短期系列延长，此外，在水文预报中，也经常采用相关分析的方法。

两种现象（变量）之间的关系一般可以有 3 种情况。

1. 完全相关（函数关系）

两个变量 x 与 y 之间，如果每给定一个 x 值，就有一个完全确定的 y 值与之相应，则这两个变量之间的关系就是完全相关（或称函数关系）。其函数关系的形式可以是直线，也可以是曲线（图 4.10）。

2. 零相关（没有关系）

若两变量之间毫无联系或相互独立，则称为零相关或没有关系（图 4.11）。

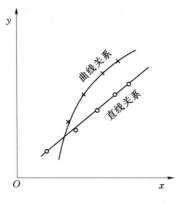

图 4.10 完全相关示意图

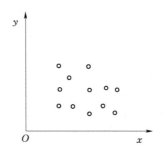

图 4.11 零相关示意图

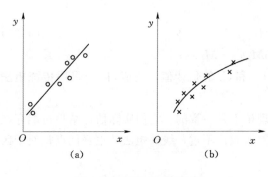

图 4.12　相关关系示意图
(a) 直线相关；(b) 曲线相关

3. 统计相关（相关关系）

若两个变量之间的关系界于完全相关和零相关之间，则称为相关关系。在水文计算中，由于影响水文现象的因素错综复杂，有时为简便起见，只考虑其中最主要的一个因素而略去其次要因素。例如，径流与相应的降雨量之间的关系，或同一断面的流量与相应水位之间的关系等。如果把它们的对应数值点绘在方格纸上，便可看出这些点子虽有些散乱，但其关系有一个明显的趋势，这种趋势可以用一定的曲线（包括直线）来配合，如图 4.12 所示。

4.4.2　相关的种类

相关关系一般分为以下两大类：

(1) 简相关：研究两个变量之间的相关关系。简相关可分为直线相关和曲线相关两种。

(2) 复相关（多元相关）：研究 3 个或 3 个以上变量的相关关系。在简相关中，只考虑某一变量受一个主要因素的影响，而忽略其他因素。当主要影响因素不止一个时，其中任何一个都不宜忽视，这时就不能采用简相关，而要应用复相关进行分析了。

由于水文计算中直线相关应用最多，而曲线相关较为复杂，用得比较少，因此本节以介绍直线相关为主。

4.4.3　简相关

4.4.3.1　相关图解法

设 $x_i(i=1\sim m)$、$y_i(i=1\sim n)$ 分别代表 x、y 系列的观测值，且 $m>n$，把相同长度的观测值 $(x_i,y_i)(i=1\sim n)$ 点绘于方格纸上，如果点据的分布趋势近似于直线，则可用直线方程 $y=a+bx$ 来近似的表示这种相关关系。若点据分布较集中，可以直接利用作图的方法求出相关直线，叫做相关图解法。此法是通过均值点 $(\overline{x},\overline{y})$ 及点群中间目估绘出一条直线，然后在图上任取一点 (x',y')，由点 $(\overline{x},\overline{y})$ 和点 (x',y') 的坐标可求得相关方程。如果将任一 $x_i(i=n+1\sim m)$ 代入相关直线方程即可得相应的 y_i 值，从而对 y_i 系列进行插补或延长。同理，也可以由 y 值求 x 值。注意相关直线一定要通过均值点 $(\overline{x},\overline{y})$。

4.4.3.2　相关分析法

因为目估定线存在一定的主观性，为了精确起见，可以采用相关分析法来确定相关线的方程。设直线方程的形式为

$$y=a+bx \qquad (4.38)$$

式中：x 为自变量；y 为倚变量；a、b 为待定常数。

假定点 (x_i,y_i) 为实测点，点 $(\hat{x}_i,\hat{y}_i)$ 为最佳拟合直线上的理论点，则从图 4.13 可

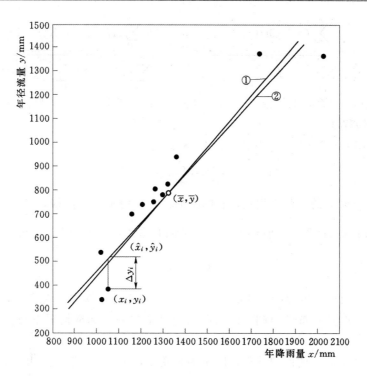

图 4.13　某站年降雨量和年径流量相关图
①—目估定线；②—计算的回归线

以看出，观测点与理论点在纵轴方向的离差为

$$\Delta y_i = y_i - \hat{y}_i = y_i - a - bx_i \tag{4.39}$$

要使直线拟合"最佳"，须使离差 Δy_i 的平方和为"最小"，即使下式最小

$$\sum_{i=1}^{n}(\Delta y_i)^2 = \sum_{i=1}^{n}(y_i - \hat{y}_i)^2 = \sum_{i=1}^{n}(y_i - a - bx_i)^2 \tag{4.40}$$

欲使式（4.40）取得极小值，则其对 a、b 的一阶偏导数必须等于零，即

$$\left. \begin{array}{l} \dfrac{\partial \sum\limits_{i=1}^{n}(y_i - a - bx_i)^2}{\partial a} = 0 \\[4mm] \dfrac{\partial \sum\limits_{i=1}^{n}(y_i - a - bx_i)^2}{\partial b} = 0 \end{array} \right\}$$

求解上述方程组可得

$$b = \frac{\sum\limits_{i=1}^{n}(x_i - \overline{x})(y_i - \overline{y})}{\sum\limits_{i=1}^{n}(x_i - \overline{x})^2} = r \frac{\sigma_y}{\sigma_x} \overline{x} \tag{4.41}$$

$$a = \overline{y} - b\overline{x} = \overline{y} - r\frac{\sigma_y}{\sigma_x} \tag{4.42}$$

$$r = \frac{\sum\limits_{i=1}^{n}(x_i - \overline{x})(y_i - \overline{y})}{\sqrt{\sum\limits_{i=1}^{n}(x_i - \overline{x})^2 \sum\limits_{i=1}^{n}(y_i - \overline{y})^2}} = \frac{\sum\limits_{i=1}^{n}(K_{x_i} - 1)(K_{y_i} - 1)}{\sqrt{\sum\limits_{i=1}^{n}(K_{x_i} - 1)^2 \sum\limits_{i=1}^{n}(K_{y_i} - 1)^2}} \tag{4.43}$$

式中：$\overline{x}$、$\overline{y}$ 为 x、y 系列的均值；σ_x、σ_y 为 x、y 系列的均方差；r 为相关系数，表示 x、y 间关系的密切程度。

将式（4.41）、式（4.42）代入式（4.38），得

$$y - \overline{y} = r \frac{\sigma_y}{\sigma_x}(x - \overline{x}) \tag{4.44}$$

此式称为 y 倚 x 的回归方程式，它的图形称为 y 倚 x 的回归线，如图 4.13 所示。

$r\dfrac{\sigma_y}{\sigma_x}$ 是回归线的斜率，一般称为 y 倚 x 的回归系数，并记为 $R_{y/x}$，即

$$R_{y/x} = r \frac{\sigma_y}{\sigma_x} \tag{4.45}$$

必须注意，由回归方程所定的回归线只是观测资料平均关系的配合线，观测点不会完全落在此线上，而是分布于两侧，说明回归线只是在一定标准情况下与实测点的最佳配合线。

以上讲的是 y 倚 x 的回归方程，即 x 为自变量，y 为倚变量，应用于由 x 求 y。若由 y 求 x，则要应用 x 倚 y 的回归方程。同理，可推得 x 倚 y 的回归方程为

$$x - \overline{x} = R_{x/y}(y - \overline{y}) \tag{4.46}$$

式中

$$R_{x/y} = r \frac{\sigma_x}{\sigma_y} \tag{4.47}$$

4.4.3.3 相关分析的误差

1. 回归线的误差

回归线仅是观测点据的最佳配合线，因此回归线只反映两变量间的平均关系，利用回归线来插补延长系列时，总有一定的误差。这种误差有的大、有的小，根据误差理论，其分布一般服从正态分布。为了衡量这种误差的大小，常采用均方误来表示，如用 S_y 表示 y 倚 x 回归线的均方误，y_i 为观测点据的纵坐标，$\hat{y}_i$ 为由 x_i 通过回归线求得的纵坐标，n 为观测项数，则 y 倚 x 回归线的均方误为

$$S_y = \sqrt{\frac{\sum\limits_{i=1}^{n}(y_i - \hat{y}_i)^2}{n - 2}} \tag{4.48}$$

同样，x 倚 y 回归线的均方误 S_x 为

$$S_x = \sqrt{\frac{\sum\limits_{i=1}^{n}(x_i - \hat{x}_i)^2}{n - 2}} \tag{4.49}$$

式（4.48）、式（4.49）皆为无偏估值公式。

回归线的均方误 S_y、S_x 与变量的均方差 σ_y、σ_x，从性质上讲是不同的。前者由观测点与回归线之间的离差求得，而后者由观测点与它的均值之间的离差求得。根据统计学上

的推理，可以证明两者具有以下关系：

$$S_y = \sigma_y \sqrt{1-r^2} \tag{4.50}$$

$$S_x = \sigma_x \sqrt{1-r^2} \tag{4.51}$$

如上所述，由回归方程式算出的 $\hat{y}_i$ 值，仅仅是许多 y_i 的一个"最佳"拟合或平均趋势值。按照误差原理，这些可能的取值 y_i 应落在回归线的两侧一个均方误范围内的概率为 68.27%，落在 3 个均方误范围内的概率为 99.7%，如图 4.14 所示。

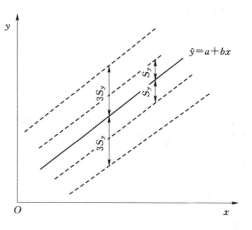

必须指出，在讨论上述误差时，没有考虑样本的抽样误差。事实上，只要用样本资料来估计回归方程中的参数，抽样误差就必然存在。可以证明，这种抽样误差在回归线的中段较小，而在上下段较大。在使用回归线时，对此必须给予注意。

图 4.14 y 倚 x 回归线的误差范围

2. 相关系数及其误差

式（4.52）和式（4.53）给出了 S 与 σ、r 的关系。令 y 倚 x 时的相关系数记为 $r_{y/x}$，x 倚 y 时的相关系数记为 $r_{x/y}$，则

$$r_{y/x} = \pm\sqrt{1-\frac{S_y^2}{\sigma_y^2}} \tag{4.52}$$

$$r_{x/y} = \pm\sqrt{1-\frac{S_x^2}{\sigma_x^2}} \tag{4.53}$$

由式（4.52）、式（4.53）可以看出 $r^2 \leqslant 1$，而且：

（1）若 $r^2 = 1$，说明所有观测点都落在回归线上，均方误 S_y 或 S_x 等于 0，两变量间具有函数关系，亦即前面说的完全相关。

（2）若 $r^2 = 0$ 说明以线代表点据的误差达到最大。这两种变量没有关系，亦即前面说的零相关，也可能是非直线相关，此时误差值达到最大值，$S_y = \sigma_y$（或 $S_x = \sigma_x$）。

（3）若 $0 < r^2 < 1$，说明两变量间具有直线相关关系。r 的绝对值愈大，其相关程度越密切，如果 $r = 0$，说明两变量间无直线相关关系，但可能存在曲线相关关系。相关系数是根据有限的样本资料计算出来的，必然会有抽样误差，用相关系数的均方误 σ_r 来表示，σ_r 可由下列公式计算：

$$\sigma_r = \frac{1-r^2}{\sqrt{n}} \tag{4.54}$$

水文上作相关分析计算时，首先应分析两种变量是否存在物理成因上的联系，而且同期观测资料不能太少，一般要求样本容量大于 12，相关系数 $|r| \geqslant 0.8$，回归线的均方误 S_y 小于 $\bar{y}$ 的 15%。在插补延长系列时，应注意回归线外延不应过长，还应避免辗转相关。

4.4.3.4 简单直线相关分析实例

相关分析的目的是以某一变量较长期的资料延长另一变量较短期的资料，下面举例说

明回归方程的建立与应用。

【**例 4.2**】 已知某站 1975—1994 年降水量与 1980—1994 年径流量资料，试利用表 4.4 第（2）、第（3）栏的同期观测资料进行相关计算，展延短系列的年径流量资料。

解： 因为年降水量系列长，故以年降水量为自变量 x，年径流量为倚变量 y。计算结果列于表 4.4。由表 4.4 的计算成果，可得

（1）均值：

$$\overline{x}=\frac{14373}{15}=958.20(\text{mm}), \quad \overline{y}=\frac{7891}{15}=526.07(\text{mm})$$

表 4.4   某水文站年降水量与年径流量相关计算表

年份	年降水量 x /mm	年径流量 y /(m³/s)	K_x	K_y	K_x-1	K_y-1	$(K_x-1)^2$	$(K_y-1)^2$	$(K_x-1)\times$ (K_y-1)
(1)	(2)	(3)	(4)	(5)	(6)	(7)	(8)	(9)	(10)
1980	1200	760	1.252	1.445	0.252	0.445	0.0637	0.1977	0.1122
1981	689	300	0.719	0.570	0.281	0.430	0.0789	0.1847	0.1207
1982	870	536	0.908	1.019	0.092	0.019	0.0085	0.0000	(0.0017)
1983	904	392	0.943	0.745	0.057	0.255	0.0032	0.0649	0.0144
1984	1139	715	1.189	1.359	0.189	0.359	0.0356	0.1290	0.0678
1985	725	275	0.757	0.523	0.243	0.477	0.0592	0.2278	0.1162
1986	997	466	1.040	0.886	0.040	0.114	0.0016	0.0130	(0.0046)
1987	853	334	0.890	0.635	0.110	0.365	0.0121	0.1333	0.0401
1988	1341	788	1.399	1.498	0.399	0.498	0.1596	0.2479	0.1989
1989	900	541	0.939	1.028	0.061	0.028	0.0037	0.0008	(0.0017)
1990	707	289	0.738	0.549	0.262	0.451	0.0687	0.2031	0.1181
1991	1033	688	1.078	1.308	0.078	0.308	0.0061	0.0948	0.0240
1992	1201	868	1.253	1.650	0.253	0.650	0.0642	0.4225	0.1647
1993	1006	534	1.050	1.015	0.050	0.015	0.0025	0.0002	0.0008
1994	808	405	0.843	0.770	0.157	0.230	0.0246	0.0530	0.0361
合计	14373	7891	15.00	15.00	0.000	0.000	0.5922	1.9727	1.0059
平均	958.20	526.07							

（2）均方差：

$$\sigma_x=\overline{x}\sqrt{\frac{\sum_{i=1}^{n}(K_{x_i}-1)^2}{n-1}}=958.20\sqrt{\frac{0.5922}{15-1}}=197.07(\text{mm})$$

$$\sigma_y = \bar{y} \sqrt{\frac{\sum_{i=1}^{n} (K_{y_i} - 1)^2}{n-1}} = 526.07 \sqrt{\frac{1.9727}{15-1}} = 197.47 \text{(mm)}$$

（3）相关系数：

$$r = \frac{\sum_{i=1}^{n} (K_{x_i} - 1)(K_{y_i} - 1)}{\sqrt{\sum_{i=1}^{n} (K_{x_i} - 1)^2 \sum_{i=1}^{n} (K_{y_i} - 1)^2}} = \frac{1.0059}{\sqrt{0.5922 \times 1.9727}} = 0.931$$

（4）回归系数：

$$R_{y/x} = r \frac{\sigma_y}{\sigma_x} = 0.931 \times \frac{197.47}{197.07} = 0.933$$

（5）y 倚 x 的回归方程：

$$y = \bar{y} + R_{y/x}(x - \bar{x}) = 0.933x - 367.5$$

（6）回归直线的均方误：

$$S_y = \sigma_y \sqrt{1 - r^2} = 197.47 \sqrt{1 - 0.931^2} = 72.25 \text{(mm)}$$

S_y 占 $\bar{y}$ 的 13.7%（小于 15%）。

（7）相关系数的误差：

$$\sigma_r = \frac{1 - r^2}{\sqrt{n}} = \frac{1 - (0.931)^2}{\sqrt{15}} = 0.034$$

把 1975—1979 年降水量代入回归方程中，可以算出对应年的年径流量（见表 4.4），从而使年径流量资料系列与年降水量资料系列具有相同的长度（1945—1994 年）。

4.4.4 曲线选配

如果两变量的关系不是直线关系，而是曲线相关关系，如水位-流量关系，流域面积-洪峰流量关系等。遇此情况，水文计算上多采用曲线选配方法，通过函数变换，使其成为直线关系。最常用的方法有幂函数选配和指数函数选配。

1. 幂函数选配

幂函数的一般形式为

$$y = ax^n \tag{4.55}$$

式中：a、n 为待定常数。

对上式两边取对数。并令 $\lg y = Y$，$\lg a = A$，$\lg x = X$，则

$$Y = A + nX \tag{4.56}$$

X 和 Y 呈直线关系。因此，如果对随机变量各点取对数，在方格纸上点绘（$\lg x_1$，$\lg y_1$），（$\lg x_2, \lg x_2$），…，（$\lg x_n, \lg y_n$）各点，或者在双对数格纸上点绘（x_1, y_1），（x_2，y_2），…，（x_n, y_n）各点，或者在双对数格纸上点绘（x_1, y_1），（x_2, y_2），…，（x_n, y_n）各点，这样，就可以按照上面所讲述的方法，做直线相关分析。

2. 指数函数选配

指数函数的一般形式为

$$y = ae^{bx} \tag{4.57}$$

式中：a、b 为待定常数。

对式（4.57）两边取对数，且知 $\lg e=0.4343$，则有

$$\lg y=\lg a+0.4343bx \tag{4.58}$$

因此，在半对数格纸上以 y 为对数纵坐标，x 为普通横坐标，式（4.58）在图纸上呈直线形式，也可做直线相关分析。

4.4.5　复相关

在简相关中，我们只研究一种现象受另一种主要现象的影响，而忽略不计其他次要因素。但是，如果主要影响因素不止一个，而且其中几个都不能忽略时，则应采用复相关分析。

和简相关一样，复相关同样也有线性和非线性相关两种形式。

具有两个自变量的线性复相关回归方程式的一般形式为

$$z=a+bx+cy \tag{4.59}$$

式中：z 为倚变量；y、x 为自变量。

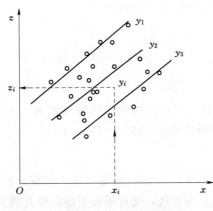

图 4.15　复相关示意图

复相关的分析计算一般比较复杂，在实际工作中采用图解法直接确定相关线。其步骤与简相关图解法大致相同，先根据同期观测资料在方格纸上点绘相关点，可以取倚变量 z 为纵坐标，x 为横坐标，在相关点 (x_i,z_i) 旁注明对应的 y_i，然后根据图上相关点群的分布及 y_i 值的变化趋势，绘出一组"y_i 的等值线"其做法与绘制地形图上的等高线相类似。这样绘制的一组线图就是复相关图，如图 4.15 所示。除图解法外，还可用分析法计算复相关回归方程，即多元线性回归方程。

和简相关一样，求出复相关方程后，还必须计算复相关系数，计算式为

$$r_{z/xy}=\sqrt{\dfrac{r_{zx}^2+r_{zy}^2-2r_{zx}r_{zy}r_{xy}}{1-r_{xy}}} \tag{4.60}$$

复 习 思 考 题

4.1　何为水文统计？它在工程水文学中一般解决什么问题？

4.2　统计参数 $\bar{x}$、σ、C_v、C_s 的含义如何？

4.3　何为经验频率？经验频率曲线如何绘制？

4.4　现行水文频率计算配线法的实质是什么？简述配线法的方法步骤。

4.5　随机变量 X 系列为 10，17，8，4，9，试求该系列的均值 $\bar{x}$、模比系数 K、均方差 σ、变差系数 C_v，偏态系数 C_s。

4.6　某站年雨量系列符合皮尔逊Ⅲ型分布，经频率计算已求得该系列的统计参数：

均值 $\overline{P}=900\text{mm}$，$C_v=0.20$，$C_s=0.60$。试结合表 4.5 推求 100 年一遇年雨量。

表 4.5 皮尔逊Ⅲ型曲线 ϕ 值表

C_s $\diagdown$ $P/\%$	1	10	50	90	95
0.30	2.54	1.31	0.05	1.24	1.55
0.60	2.75	1.33	0.10	1.20	1.45

4.7 某水文站 31 年的年平均流量资料列于表 4.6，通过计算已得到 $\sum Q_i=26447$，$\sum (K_i-1)^2=13.0957$，$\sum (K_i-1)^3=8.9100$，试用矩法的无偏估值公式估算其均值 $\overline{Q}$、均方差 σ、变差系数 C_v、偏态系数 C_s，并计算其经验频率。

表 4.6 某水文站历年年平均流量资料

年份	流量 Q_i /(m³/s)	年份	流量 Q_i /(m³/s)	年份	流量 Q_i /(m³/s)	年份	流量 Q_i /(m³/s)
1965	1676	1973	614	1981	343	1989	1029
1966	601	1974	490	1982	413	1990	1463
1967	562	1975	990	1983	493	1991	540
1968	697	1976	597	1984	372	1992	1077
1969	407	1977	214	1985	214	1993	571
1970	2259	1978	196	1986	1117	1994	1995
1971	402	1979	929	1987	761	1995	184
1972	777	1980	1828	1988	980		

4.8 已知某流域年径流量 R 与年降雨量 P 同期系列呈直线相关，且 $\overline{R}=760\text{mm}$，$\overline{P}=1200\text{mm}$，$\sigma_R=160\text{mm}$，$\sigma_P=125\text{mm}$，相关系数 $r=0.90$，试写出 R 倚 P 的相关方程。已知该流域 1954 年年降雨量为 1800mm，试求 1954 年的年径流量。

第5章　设计年径流的分析计算

学习目标和要点：本章年径流分析计算的任务是揭露年径流的年际变化和年内分配规律，为合理确定兴利水利工程的规模提供水文依据。

要求掌握在各种资料情况下设计径流的原理和具体方法；有长期实测径流资料时，设计年径流量的计算方法；缺实测资料时年径流的设计和短实测资料时年径流的设计。初步具备径流资料分析处理和设计径流的技能，具备推求设计径流量及其年内分配的能力。并运用年径流的地区规律、因果关系对计算成果进行合理分析。

5.1　年径流量的变化特征及影响因素

在一个年度内，通过河流出口断面的水量称为该断面以上流域的年径流量，它可以用年平均流量（m^3/s），年径流深（mm），年径流总量（m^3）或年径流模数 $[L/(s \cdot km^2)]$ 来表示。

5.1.1　径流特性

河川径流具有如下的一些特性。

1. 径流的季节分配

河川径流的主要来源为大气降水。降水在年内分配是不均匀的，有多雨季节和少雨季节，径流也随之呈现出丰水期和枯水期，或汛期与非汛期。最大日径流量较之最小日径流量，有时可达几倍到几十倍。

2. 径流的地区分布

河川径流的地区性差异非常明显，这也和雨量分布密切相关。多雨地区径流丰沛，少雨地区径流较少。我国的丰水带，包括东南和华南沿海，云南西部和西藏东部，年径流深在 1000mm 以上。我国的少水带，包括东北西部，内蒙古、宁夏、甘肃大部和新疆西北部，年径流深在 10~50mm；而许多沙漠地区为干涸带，年径流深不足 10mm。

3. 径流的周期性

绝大多数河流以年为周期的特性非常明显。在一年之内，丰水期和枯水期交替出现，周而复始。又因特殊的自然地理环境或人为影响，在一年的主周期中，也会产生一些较短的特殊周期现象，例如，冰冻地区在冰雪融解期间，白昼升温，融解速度加快，径流较大；夜间相反，呈现出以锯齿形为特征的径流日周期现象。又如担任调峰任务的水电站下游，在电力负荷高峰期间，加大下泄流量，峰期过后，减小下泄流量，也会出现以日为周期的径流波动现象。

在实测年径流系列中，往往发现连续丰水段或连续枯水段交替出现的现象，连续 2~3 年年径流偏丰偏枯的现象极为常见。连续 3~5 年也不罕见，有的甚至超过 10 年以上。

这种连续丰水段或连续枯水段的交替出现,会形成从十几年到几十年的。较长周期,需要通过周期分析加以识别。

5.1.2 影响年径流的因素

在水文分析与计算中,研究影响年径流量的因素具有重要的意义。通过对影响因素的分析研究,可以从物理成因方面去深入探讨径流的变化规律。在径流资料短缺时,可以利用径流与有关因素之间的关系来推估径流特征值。也可对计算成果作分析论证。

研究影响年径流量的因素,可从流域水量平衡方程式着手。由以年为时段的流域水量平衡方程式:

$$y = x - z + \Delta u + \Delta w \tag{5.1}$$

可知:年径流深 y 取决于年降水量 x,年蒸发量 z,时段始末的流域蓄水量变化 Δu 和流域之间的交换水量 Δw 4 项因素。前两项属于流域的气候因素,后两项属于下垫面因素(指地形、植被、土壤、地质、湖泊、沼泽、流域大小等)。当流域完全闭合时,$\Delta w = 0$,影响因素只有 x、z 和 Δu 3 项。

5.1.2.1 气候因素对年径流量的影响

气候因素中年降水量与年蒸发量对年径流量的影响程度,随地理位置不同而有差异。在湿润地区,降水量较多,其中大部分形成了径流,年径流系数较高,年降水量与年径流量之间具有较密切的关系,说明年降水量对年径流量起着决定性作用,而流域蒸发的作用就相对较小。在干旱地区,降水量少,且极大部分耗于蒸发,年径流系数很低,年降水量与年径流量的关系不很密切,降水和蒸发都对年径流量起着相当大的作用。

对于以冰雪补给为主的河流,年径流量主要取决于前一年的降雪量和当年的气温。

5.1.2.2 下垫面因素对年径流量的影响

流域的下垫面因素主要从两方面影响年径流量:一方面通过流域蓄水增量 Δu 影响着年径流量的变化;另一方面通过对气候因素的影响间接地对年径流量发生作用。主要说明如下。

1. 地形

地形主要通过对气候因素——降水、蒸发、气温的影响,而间接对年径流量发生作用。

地形对于降水的影响主要表现在山地对水汽的抬升和阻滞作用,使迎风坡降水量增大。增大的程度主要随水汽含量和抬升速度而定。

地形除对降水有影响外,还对蒸发有影响。一般气温随高程的增加而降低,因而使蒸发量减小。所以地形对蒸发和降水的作用,将使年径流量随高程的增加而加大。

2. 湖泊

湖泊(包括水库在内)一方面通过蒸发的影响而间接影响年径流量的大小,另一方面通过对流域蓄水量的调节而影响年径流量的变化。

湖泊增加流域的水面面积。由于一般陆面蒸发小于水面蒸发,因此湖泊的存在增加了蒸发量,从而使年径流量减少。这种影响可用下式表示:

$$\Delta y = \Delta z = (z_水 - z_陆)f \tag{5.2}$$

式中：Δy 为由于湖泊影响所致年径流量的减少量，m^3；Δz 为由于湖泊影响所致年蒸发量的增加量，m^3；$z_水$、$z_陆$ 为水面蒸发量和陆面蒸发量，m^3；f 为湖泊率，即湖泊面积与流域面积之比。

由式（5.2）可见，年径流量的减少程度取决于湖泊率的大小和蒸发差额（$z_水 - z_陆$）。后者在不同的气候区内是不同的。在干旱地区，由于水面蒸发量和陆面蒸发量相差很大，即（$z_水 - z_陆$）的数值很大，所以湖泊对减少年径流量的作用较显著。在湿润地区，由于水面蒸发与陆面蒸发相差不大，所以湖泊对年径流量的影响较小。

另外，较大的湖泊增大了流域的调节作用，使 Δu 值加大，对年径流变化发生作用。有的流域与无湖泊的流域相比，在 $\Delta u > 0$ 的多水年份，湖泊可以多储蓄部分水量，使年径流量减小；而在 $\Delta u < 0$ 的少水年份，湖泊则多放出一部分水量，使年径流量增加，因而起着减小径流年际变化的作用。

3. 流域大小

流域可看作为一个径流调节器，输入为降水，输出为径流。一般随着流域面积的增大，径流量的变化相应地减小。这是因为：①流域面积增大时，一般地下蓄水量相应加大；②随着流域面积的增加，流域内部各地径流的不同期性愈加显著，所起的调节作用就更为明显。

5.1.2.3　人类活动对年径流量的影响

人类活动对年径流的影响，包括直接和间接影响。直接影响如跨流域引水，直接减少（或增加）本流域的年径流量；间接影响如修水库、塘堰等水利工程，旱地改水田，坡地改梯田，植树造林，种植牧草等措施，主要通过改变下垫面性质而影响年径流量。一般来说，这些措施都将使蒸发增加，从而使年径流量减少。

5.1.2.4　影响径流年内分配的因素

以上分析了气候因素和下垫面因素对年径流量的影响。现在扼要说明其对径流年内分配影响的差别。

由月为时段的流域水量平衡方程式：$\Delta w = 0$。对闭合流域而言，除降水量对径流量始终起作用外，其他两项因素蒸发 z 和流域蓄水变量 Δu 则随着计算时段的不同，对径流量所起的作用却有所差异。例如计算时段为多年，Δu 一项多年期间正负抵消，可以不计，而 z 的作用较明显；当计算时段缩短到研究一次洪水量时，蒸发可忽略不计，而 Δu 的作用很明显。计算时段为月时，则 z 和 Δu 都在起作用。

还须指出，即使计算时段都为月，由于位于年内不同时期，上述 3 项因素对月径流量的影响程度是不同的。在汛期，降雨对径流起着决定性作用；在枯季，枯水径流主要来自流域蓄水，此时 Δu 对枯季径流起很大作用。

5.1.3　年径流分析计算的目的和内容

5.1.3.1　目的

年径流分析计算是水资源利用工程中最重要的工作之一。设计年径流是衡量工程规模和确定水资源利用程度的重要指标。水资源利用工程包括水库蓄水工程、供水工程、水力发电工程和航运工程等，其设计标准，用保证率表示，反映对水利资源利用的保证程度，即工程规划设计的既定目标不被破坏的年数占运用年数的百分比。例如，一项水资源利用工程。有 90％的年份可以满足其规划设计确定的目标，则其保证率为 90％，依此类推。推求不同保证率的年径流量及其分配过程，就是设计年径流分析计算的主要目的。水资源利用程度，在分析枯水径流和时段最小流量时，还可用破坏率，即破坏年数占运用年数的百分比来表示，在概念上更为直观。

事实上，保证率和破坏率是事物的两个侧面，互为补充，并可进行简单的换算。设保证概率为 p，破坏概率为 q，则 $p＝1－q$。

5.1.3.2　年径流分析计算的内容

年径流分析计算的内容如下：

（1）基本资料信息的搜集和复查。进行年径流分析的基本资料和信息，包括设计流域和参证流域的自然地理概况、流域特征、有明显人类活动影响的工程措施、水文气象资料，以及前人分析的有关成果。其中水文资料，特别是径流资料为搜集的重点。对搜集到的水文资料，应有重点地进行复查，着重从观测精度、设计代表站的水位流量关系以及上下游的水量平衡等方面，对资料的可靠性做出评定。发现问题应找出原因，必要时应会同资料整编单位，做进一步审查和必要的修正。

（2）年径流量的频率分析计算。对年径流系列较长且较完整的资料，可直接据以进行频率分析，确定所需的设计年径流量。对短缺资料的流域，应尽量设法延长其径流系列，或用间接方法，经过合理的论证和修正、移用参证流域的设计成果，详见 5.2 和 5.3 内容。

（3）提供设计年径流的时程分配。在设计年径流量确定以后，参照本流域或参证流域代表年的径流分配过程，确定年径流在年内的分配过程。

（4）根据需要进行年际连续枯水段的分析、径流随机模拟和枯水流量分析计算。

（5）对分析成果进行合理性检查。包括检查分析计算的主要环节，与以往已有设计成果和地区性综合成果进行对比等手段，对设计成果的合理性做出论证。

5.1.4　水文计算任务

在水利工程的规划设计阶段，要分析工程规模、来水、用水、保证率四者间的关系，经过技术经济比较来确定工程规模，在工程设计中，设计保证率由用水部门确定。而各项工程的规模，还要依据来水与用水情况，经过分析计算来确定，有关灌溉，发电等用水量的计算将在有关专业课中介绍。本章的主要任务是分析研究年径流量的年际变化和年内分配规律，提供工程设计的主要依据——来水资料。

本章将分别讲述具有长期实测径流资料，短期实测径流资料和缺乏实测资料时的设计年径流量及年内分配的分析计算方法。

5.2　具有长期实测资料时设计年径流计算

所谓较长年径流系列是指设计代表站断面或参证流域断面有实测径流系列，其长度不小于规范规定的年数，即不应小于 20 年，如实测系列小于 20 年，应设法将系列加以延长；如系列中有缺测资料，应设法予以插补；如有较明显的人类活动影响，应进行径流资料的还原工作。

在水利工程规划设计阶段，当具有长期实测径流资料时，通过水文分析计算预估未来径流量，按设计要求，可有 3 种类型：设计年、月径流量系列；实际代表年的年、月径流量；设计代表年的年、月径流量。本节将分别讲述三类径流资料的分析计算方法。

径流资料的分析计算一般有 3 个步骤：①应对实测径流资料进行审查；②运用数理统计方法推求设计年径流量；③用代表年法推求径流年内分配过程。

5.2.1　水文资料审查

水文资料是水文分析计算的依据，它直接影响着工程设计的精度。因此，对于所使用的水文资料必须慎重地进行审查。这里所谓审查就是鉴定实测年径流量系列的可靠性，一致性和代表性。

5.2.1.1　资料可靠性的审查

径流资料是通过采集和处理取得的。因此，可靠性审查应从审查测验方法、采集成果、处理方法和处理成果着手。一般可从以下几个方面进行：

（1）水位资料的审查。检查原始水位资料情况并分析水位过程线情况，从而了解当时观测质量，分析有无不合理的现象。

（2）水位流量关系的审查。检查水位流量关系曲线绘制和延长的方法，并分析历年水位流量关系曲线的变化。

（3）水量平衡的审查。根据水量平衡的原理，下游站的径流量应等于上游站径流量加区间径流量。通过水量平衡的检查即可衡量径流资料的精度。

1949 年前的水文资料质量较差，审查时应特别注意。

5.2.1.2　资料一致性的审查

应用数理统计法进行年径流的分析计算时，一个重要的前提是年径流系列应具有一致性。就是说组成该系列的流量资料，都是在同样的气候条件、同样的下垫面条件和同一测流断面上获得的。其中气候条件变化极为缓慢，一般可以不加考虑。人类活动影响下垫面的改变有时却很显著，为影响资料一致性的主要因素，需要重点进行考虑。测量断面位置有时可能发生变动，当对径流量产生影响时，需要改正至同一断面的数值。影响径流的人类活动，主要是蓄水、供水、水土保持以及跨流域引水等工程的大量兴建。大坝蓄水工程，主要是对径流进行调节，将丰水期的部分水量存蓄起来，在枯水期有计划地下泄，满足下游用水的需要。一般情况下，水库对年径流量的影响较小，而对径流的年内分配影响很大。供水工程主要向农业、工业及城市用水提供水量，其中尤以灌溉用水占很大比重。但供水中的一部分水量，仍流回原河流，称回归水，分析时应予注意。水土保持是根治水土流失的群众性工程，面广量大，20 世纪 70 年代后发展很快。一些重点治理的流域，河川径流和泥沙已发生了显著变化，而且这种趋势还将长期持续下去。可见在工程水文中，很多情况下需要考虑人类活动的影响，特别是在年径流分析计算中，需要考虑径流的还原计算，把全部系列建立在同一基础上。

5.2.1.3　资料代表性的审查

年径流系列的代表性，是指该样本对年径流总体的接近程度，如接近程度较高，则系列的代表性较好，频率分析成果的精度较高，反之较低。因此，在进行年径流频率分析之前，还应进行系列的代表性分析。样本对总体代表性的高低，可通过对两者统计参数的比较加以判断。但总体分布是未知的，无法直接进行对比。只能根据人们对径流规律的认识以及与更长径流、降水等系列对比，进行合理性分析与判断。常用的方法如下：

（1）进行年径流的属期性分析。对于一个较长的年径流系列，应着重检验它是否包括了一个比较完整的水文周期，即包括了丰水段（年组）、平水段和枯水段，而且丰、枯水段又大致是对称分布的。一般说来，径流系列愈长，其代表性就愈好，但也不尽然。如系列中的丰水段数多于枯水段数，则年径流可能偏丰，反之可能偏低。去掉一个丰水段或枯水段径流资料，其代表性可能更好。又如，有的测站 1949 年以前的观测精度较低，20 世纪 50 年代初期，曾大量使用这些资料，但随着观测期的不断增长，可能已不再使用这些资料，且代表性可能更好一些。但是对去掉部分资料的情况，应特别慎重对待，须经充分论证后决定取舍。一个较长的水文周期，往往需要几十年的时间，在条件许可时，可以在水文相似区内进行综合性年径流或年降水周期分析工作，并结合历史旱涝分析文献，做出合理的判断。

（2）与更长系列参证变量进行比较。参证变量系指与设计断面径流关系密切的水文气象要素，如水文相似区内其他测站观测期更长，并被论证有较好代表性的年径流或年降水系列。设参证变量的系列长度为 N，设计代表站年径流系列长度为 n，且 n 为两者的同步观测期。如果参证变量的 N 年统计特征（主要是均值和变差系数）与其自身 n 年的统计特征接近，说明参证变量的 n 年系列在 N 年系列中具有较好的代表性。又因设计断面年径流与参证变量有较密切的关系，从而也间接说明设计断面 n 年的年径流系列也具有较好的代表性。

5.2.2 设计年、月径流量系列的选取

实测径流系列经过审查和分析后，再按水利年排列为一个新的年、月径流系列。然后，从这个长系列中选出代表段的年月径流系列。代表段中应包括有丰水年、平水年、枯水年，并且有一个或几个完整的调节周期；代表段的年径流量均值、离势系数应与长系列的相近。我们用这个代表段的年、月径流量系列来预估未来工程运行期间的年、月径流量变化。这个代表段就是水利计算所要求的所谓"设计年、月径流量系列"。

有了设计年、月径流系列（来水）和相应年月的用水量系列，就可以逐年进行来水、用水平衡计算，求得逐年所需的库容值。例如，某一水利枢纽有 n 年径流资料，就可求得各年的库容值 V_1、V_2、$\cdots$、V_n。将库容值由小到大重新排列，并计算各项的经验频率，点绘于概率格纸上，绘出库容频率曲线。于是，可以由设计用水保证率 P，在频率曲线上查得相应的设计库容值 V，用以确定工程规模。这种推求设计库容值 V_P 的方法，在水利计算中称为长系列操作法、时历法或综合法，为了与下述的年表年法相应，本书又称为长期年法。

运用长系列操作法，保证率的概念比较明确，但对水文资料要求较高，必须提供设计年、月径流量系列。在实际工作中，一般不具备上述条件；同时，在规划设计阶段需要多方案进行比较，计算工作量太大。因此，在规划设计中小型水利工程时，广泛采用代表年法（实际代表法或设计代表年法）。

5.2.3 实际代表年的年、月径流量

实际代表年法就是从实测年、月径流量系列中，选出一个和几个实际年作为设计代表

年，用其年径流分配过程直接与相应的用水过程相配合而进行调节计算，求出调节库容，确定工程规模。用这种方法求出的调节库容和特征指标，其频率不一定严格符合规定的设计频率但大致接近。对于灌溉工程常选出一个实际干旱年作为设计代表年。一般认为遇到这样的干旱年，供水会得到保证，就达到设计目的了。该法形象、简单、方便，在灌溉工程设计中应用广泛。对于水电工程，有时从实际资料中选出能代表丰水年、平水年、枯水年 3 种分配特性的实际年分别作丰水年、平水年、枯水年的设计代表年。挑选的原则通常是设计代表年的各设计时段径流量尽量分别接近设计要求的径流量。例如，对于丰水年，要求挑选的实际年，其年水量和枯季水量尽量接近设计丰水年要求的年水量和枯季水量。对平水年和枯水年可作类似说明。当选择的代表年，其时段的径流量和设计要求的相差较大时，就不能采用实际代表年了。下述的设计代表年可以代替实际代表年。

5.2.4　设计代表年的年、月径流量

水利工程的使用年限，一般长达几十年甚至几百年，要通过成因分析途径预估未来长期的径流过程是不可能的。上述以设计的年、月径流量或实际代表年的年、月径流量来预估工程运行期间年、月径流量变化是基于这样的概念，即历史上发生的事件在未来可能重现，换言之以历史上曾经出现的径流变化预估未来径流的可能变化。这是当前解决长期预估这个难题的一种可行方法，但存在明显的缺点，那就是历史事件绝不会重复只能以大致相似的形式出现。受众多因素影响的径流量，其变化呈现出随机性。因此可以用统计方法来研究年径流量变化的统计规律。当我们认为年径流量是简单的独立随机变量时，年径流量系列即可作为随机系列，实测年径流量系列则为年径流量总体的一个随机样本。因此，可以由以往 n 年实测年径流系列求得的分布函数（频率曲线）推断总体分布，并作为未来的工程运行期间年径流量的分布函数。以此分布函数推求各种频率的径流量作为未来可能出现各种径流量的预估。对于其他时段径流量（如最小 1 个月、最小 3 个月、枯季径流量），同样可以用数理统计法去研究它的变化规律。

设计代表年年径流量及年内分配的计算步骤为：①根据审查分析后的长期实测径流量资料，按工程要求确定计算时段，对各种时段径流量进行频率计算，求出指定频率的各种时段的设计流量值；②在实测径流量资料中，按一定的原则选取代表年，对灌溉工程只选枯水年为代表年，对水电工程一般选丰水年、平水年、枯水年 3 个代表年；③求设计时段径流量与代表年的时段径流量的比值，对代表年的径流过程按此比值进行缩放，即得设计的年径流过程线。

5.2.4.1　设计时段径流量的计算

1. 计算时段的确定

计算时段是按工程要求来考虑的。设计灌溉工程时，一般取灌溉期作为计算时段。设计水电工程时，因为枯水期水量和年水量决定着发电效益，采取枯水期或年作为计算时段。

2. 频率计算

当计算时段确定后，就可根据历年逐月径流量资料，统计时段径流量。若计算时段为年，则按水文年度或水利年度统计年、月径流量。水文年度是根据水文循环特性来划分的，而水利年度是通过工程运行特性来划分的。两者有时一致，有时不一致。一般根据研

究对象设计要求，综合分析选择水文年或水利年。将实测年、月径流量按水文年或水利年度排列后，计算每一年度的年平均径流量，并按大小次序排列，即构成年径流量计算系列。若选定的计算时段为 3 个月（或其他时段），则根据历年逐月径流量资料，统计历年最枯 3 个月的水量，不固定起讫时间，可以不受水利年度分界的限制。同时，把历年最枯 3 个月的水量按大小次序排列，即构成计算系列。

SL 278—2002《水利水电工程水文计算规范》规定，径流频率计算依据的资料系列应在 30 年以上。

有了年径流量系列或时段径流量系列，即可推求指定频率的设计年径流量或指定频率的设计时段径流。

配线时要考虑全部经验点据，如点据与曲线拟合不佳时，应侧重考虑中、下部点据，适当照顾上部点据。

年径流频率计算中，C_s/C_v 值按具体配线情况而定，一般可采用 2～3。

3. 成果合理性分析

成果分析主要对径流系列均值、离势系数及偏态系数进行合理性审查，可通过影响因素的分析和径流的地理分布规律进行。

（1）多年平均年径流量的检查。影响多年平均年径流量的因素是气候因素，而气候因素是具有地理分布规律的，所以多年平均年径流量也具有地理分布规律。将设计站与上游站、下游站和邻近流域的多年平均年径流量进行比较，便可判断所得成果是否合理。若发现不合理现象，应检查其原因，做进一步分析论证。

（2）年径流量离势系数的检查。反映径流年际变化程序的年径流量的 C_v 值也具有一定的地理分布规律。我国许多单位对一些流域绘有年径流量 C_v 等值线图，可据此检查年径流量 C_v 值的合理性。但是，这些年径流量 C_v 等值线图，一般是根据大中流域的资料绘制的，对某些具有特殊下垫面条件的小流域年径流量 C_v 值可能并不协调，在分析检查时应进行深入的分析。一般来说，小流域的调蓄能力较小，它的年径流量变化比大流域大些。

（3）年径流量偏态系数的检查。基于大量实测年径流资料的频率计算结果表明：年径流量的 C_s 在一般情况下为 C_v 的 2 倍，即 $C_s = 2C_v$。如果设计采用的 C_s 偏离 2 倍，则要结合设计流域年雨量变化特性、下垫面条件和原始资料状况做全面分析。

【例 5.1】 拟兴建一水利水电工程，某河流断面有 18 年（1958—1976 年）的流量资料，见表 5.1，试求 $P = 10\%$ 的设计丰水年、$P = 50\%$ 的设计平水年、$P = 90\%$ 的设计枯水年的设计年径流量。

解： 进行年、月径流量资料的审查分析，认为 18 年实测系列具有较好的可靠性、一致性和代表性。

将表 5.1 中的年平均径流量组成统计系列，按照适线法进行频率分析，从而求出指定频率的设计年径流量，频率计算结果如下：

均值 $\overline{Q} = 11\text{m}^3/\text{s}, C_v = 0.32, C_s = 2C_v$

$P = 10\%$ 的设计丰水年 $Q_{丰,P} = K_丰 \overline{Q} = 1.43 \times 11 = 15.7(\text{m}^3/\text{s})$

$P = 50\%$ 的设计平水年 $Q_{平,P} = K_平 \overline{Q} = 0.97 \times 11 = 10.7(\text{m}^3/\text{s})$

$P=90\%$ 的设计枯水年 　　　　$Q_{枯,P}=K_{枯}\overline{Q}=0.62\times11=6.82(\text{m}^3/\text{s})$

5.2.4.2　设计代表年径流量的年内分配计算

5.1 节中已经说明，不同分配形式的年径流量对工程设计的影响不同。因此，在求得设计年径流量或设计时段径流量之后，还需要根据径流分配特性和水利计算的要求，确定它的分配。

在水文计算中，一般采用缩放代表年径流过程线的方法来确定设计年径流量的年内分配，其方法如下。

1. 代表年的选择

从实测的历年径流过程线中选择代表年径流过程线，可按以下原则进行：

（1）选取年径流量接近于设计年径流量的代表年径流量过程线。

（2）选取对工程较不利的代表年径流过程线。年径流量接近设计年径流量的实测径流过程线，可能不只一条。这时，应选取其中较不利的，使工程设计偏于安全。究竟以何者为宜，往往要经过水利计算才能确定。一般来说，对灌溉工程，选取灌溉需水季节径流比较枯的年份，对水电工程，则选取枯水期较长、径流又较枯的年份。

2. 径流年内分配计算

将设计时段径流量按代表年的月径流过程进行分配，有同倍比和同频率两种方法。

（1）同倍比法。常见的有按年水量控制和按供水期水量控制的两种同倍比法。用设计年水量与代表年的年水量比值或用设计的供水期水量与代表年的供水期水量之比值。即

$$K_{年}=\dfrac{Q_{年,p}}{Q_{年,代}}$$

或　　　　　　　　　　　　$$K_{供}=\dfrac{Q_{供,p}}{Q_{供,代}} \tag{5.3}$$

对整个代表年的月径流过程进行缩放，即得设计年内分配。

（2）同频率法。同倍比法在计算时段的确定上比较困难，而且当用水流量 q 不同时，计算时段随之改变，代表年的选择也将不同，实际工作中颇为不便。为了克服选定计算时段的困难，避免由于计算时段选取不当而造成误差，在同倍比法的基础上又提出了同频率法。

同频率法的基本思想是使所求的设计年内分配的各个时段径流量的频率都能符合设计频率，可采用各时段不同倍比缩放代表年的逐月径流，以获得同频率的设计年内分配。具体计算步骤如下：

1）根据要求选定几个时段，如最小 1 个月、最小 3 个月、最小 6 个月、全年 4 个时段。

2）做各个时段的水量频率曲线，并求得设计频率的各个时段径流量，如最小 1 个月的设计流量 $Q_{1,p}$，最小 3 个月的设计流量 $Q_{3,p}$，…。

3）按选代表年的原则选取代表年，在代表年的逐月径流过程上，统计最小 1 个月的流量 $Q_{1,代}$，连续最小 3 个月的流量 $Q_{3,代}$，…，并要求长时段的水量包含短时段的水量在

内，即 $Q_{3,代}$ 应包含 $Q_{1,代}$，$Q_{7,代}$ 应包含 $Q_{3,代}$，如不能包含，则应另选代表年。

以上论述的是设计时段径流量按代表年的月径流过程进行分配。对一些涉水工程，例如仅具日调节能力的水电站，月径流过程不能满足计算要求，而需要日径流过程。这时，可类似地按照推求月径流过程的方法推求日径流过程，不同之处只是前者设计代表年的径流过程以月平均流量表示，后者以日平均流量表示而已。

【例 5.2】 接前例，求设计丰水年，设计平水年及设计枯水年的设计年径流的年内分配。

解：(1) 代表年的选择。

$P=10\%$ 的设计丰水年，$Q_{年,10\%}=15.7\text{m}^3/\text{s}$，按水量接近，分配不利（汛期水量较丰）原则，选 1975—1976 年为丰水代表年，$Q_{年,代}=16.9\%$。

$P=10\%$ 的设计平水年，$Q_{年,50\%}=10.7\text{m}^3/\text{s}$，按能反映汛期，枯水期的起止月份和汛期、枯水期水量百分比满足平均情况的年份的原则，选 1960—1961 年作为平水代表年。

$P=90\%$ 的设计枯水年，$Q_{年,90\%}=6.82\text{m}^3/\text{s}$，与之相近的年份有 1971—1972 年（$Q=7.24\text{m}^3/\text{s}$）、1964—1965 年（$Q=7.87\text{m}^3/\text{s}$）、1959—1960 年（$Q=7.78\text{m}^3/\text{s}$）、1963—1964 年（$Q=4.73\text{m}^3/\text{s}$）。考虑分配不利，即枯水期水量较枯，选取 1964—1965 年作为枯水代表年，1971—1972 年作比较用。

(2) 以年水量控制求缩放倍比 K：

设计丰水年
$$K_丰=\frac{Q_{年,P}}{Q_{年,代}}=\frac{15.7}{16.9}=0.929$$

设计平水年
$$K_平=\frac{10.7}{10.0}=1.07$$

设计枯水年
$$K_枯=\frac{6.82}{7.87}=0.866 \quad （1964—1965 年代表年）$$

$$K_枯=\frac{6.82}{7.24}=0.942 \quad （1971—1972 年代表年）$$

(3) 设计年径流年内分配计算。以缩放比 K 乘以各自代表年的逐月径流，即得设计年径流年内分配，结果见表 5.1。

表 5.1   **某站以年水量控制，同倍比缩放的设计年、月径流量**   单位：m^3/s

月份	3	4	5	6	7	8	9
枯水代表年（1964—1965 年）	9.91	12.5	12.9	34.6	6.90	5.55	2.00
$P=90\%$设计枯水年	8.59	10.8	11.2	29.9	5.97	4.82	1.73
枯水代表年（1971—1972 年）	5.08	6.10	24.3	22.8	3.40	3.45	4.92
$P=90\%$设计枯水年	4.80	5.76	22.8	3.40	3.45	3.25	4.63
平水代表年（1960—1961 年）	8.21	19.5	26.4	24.6	7.35	9.62	3.20
$P=50\%$设计平水年	8.78	20.9	28.2	26.3	7.86	10.3	3.42
丰水代表年（1975—1976 年）	22.4	37.1	58.0	23.9	10.6	12.4	6.26
$P=10\%$设计丰水年	20.8	34.5	53.9	22.2	9.85	11.5	5.82

续表

月份	10	11	12	1	2	全年	
						总量	平均
枯水代表年（1964—1965 年）	3.27	1.62	1.17	0.99	3.06	94.5	7.87
P＝90％设计枯水年	2.83	1.40	1.02	0.86	2.67	81.8	6.82
枯水代表年（1964—1965 年）	2.79	1.76	1.30	2.23	8.76	86.9	7.24
P＝90％设计枯水年	2.63	1.66	1.22	2.10	8.25	81.8	6.82
平水代表年（1960—1961 年）	2.07	1.98	1.90	2.35	1.32	120.4	10.0
P＝50％设计平水年	2.21	2.12	2.03	2.51	1.41	128.8	10.7
丰水代表年（1975—1976 年）	8.51	7.30	7.54	3.12	5.56	202.7	16.9
P＝10％设计丰水年	7.90	6.78	7.00	2.90	5.17	188.3	15.7

这种推求设计年径流过程的方法，称为同倍比缩放法。该方法简单易行，计算出来的年径流过程仍保持原代表年的径流分配形式，但求出的设计年径流过程，只是计算时段（年或某一阶段）的径流量符合设计频率的要求。有时需要几个时段和全年的径流量同时满足设计频率，则需用同频率缩放法。具体计算方法与由流量资料推求设计洪水中的"同频率放大法"相同。

5.2.4.3　讨论

1. 设计年内分配

同倍比法是按同一倍比缩放代表年的月径流过程，求得的设计年内分配仍保持原代表年分配形状；而同频率法由于分段采用不同倍比缩放，求得的设计年内分配有可能不同于原代表年的分配形状，这时应对设计年内分配作成因分析，探求其分配是否符合一般规律。实际工作中为了使设计年内分配不过多地改变代表年分配形状，计算时段不宜取得过多，一般选取 2～3 个时段。

2. 代表年的选择

代表年分设计代表年和实际代表年，前者多用于水电工程，后者多用于灌溉工程。这是因为灌溉用水与当年的蒸发量和降水量的多少及其年内分配有关。如用设计代表年法，设计来水过程可按代表年的月径流过程缩放，与该代表年相配合的灌溉用水量如何求？即对蒸发和降水过程要不要缩放，用什么倍比缩放，这些问题较难处理。所以灌溉工程多采用实际代表年。对灌溉工程如何选择实际代表年？有以下几种方法。

在规划灌溉工程时，应对当地历史上发生过的旱情、灾情进行调查分析，确定各干旱年的干旱程度，明确其排位，最干旱年、次干旱年、再次干旱年……，估计出各干旱年的经验频率，而后根据灌溉设计保证率选定其中某一干旱年作为代表年，就称为实际代表年。根据这一年的年月径流（来水）和用水资料规划设计工程规模。实际代表年法比较直观、简单。也可通过灌溉用水量计算，求出历年的灌溉定额，作出其频率曲线，而后根据灌溉设计保证率由频率线求得设计灌溉定额。与该灌溉定额相应的年即可选作为实际代表年。有时为了简便计算，小型灌区也可按灌溉期（或主要需水期）的降水资料作频率分析，而后根据灌溉设计保证率由降水频率曲线求该设计降水量。与该降水量相应的年份作为实际代表年。

5.3 具有短期实测径流资料时设计年径流计算

在规划设计中小型水利水电工程时，往往遇到在设计依据站仅有短期实测径流资料的情况。这时，由于径流资料系列短，如直接根据这些资料进行计算，求得的成果可能具有很大的误差。为了降低抽样误差，保证成果的可靠性，必须设法展延年、月径流资料。

在展延径流资料时，关键问题是合理选择作为展延依据的参证站。选择时必须注意以下几点：

（1）参证站径流要与设计依据站的径流在成因上有密切联系，这样才能保证相关关系有足够的精度。

（2）参证站径流资料与设计依据站的径流资料应有一段相当长的平行观测期，以便建立可靠的相关关系。

（3）参证站必须具有足够长的实测资料，除用以建立相关关系的同期资料外，还要有用来展延设计依据站缺测年份的资料。

在实际工作中，通常利用参证站的径流量或降雨量作为参证资料来展延设计依据站的年、月径流量系列，有条件时，也可用本站的水位资料，通过已建立的水位流量关系来展延年、月径流。下面介绍利用参证站径流资料和降雨资料展延系列的方法。

5.3.1 利用径流资料展延

5.3.1.1 以邻近站年径流量展延年径流量

当设计依据站实测年径流量资料不足时，往往利用上下游、干支流或邻近流域测站的长系列实测年径流量资料来展延系列。其依据是：影响年径流量的主要因素是降雨和蒸发，它们在地区上具有同期性，因而各站年径流量之间也具有相同的变化趋势，可以建立相关关系。例如信江梅港站与弋阳站的年径流量之间就有很好的相关关系，相关系数达 0.99，如图 5.1 所示。

同一河流上下游的水量存在着有机联系，因此，当设计断面上下游不太远处有实测径流资料时，常是很好的参证变量，可通过建立两者的径流相关加以论证。同一水文气候区内的邻近河流，当流域面积与设计流域面积相差不太悬殊时，其径流资料也可试选为参证变量。下面是一个实例。

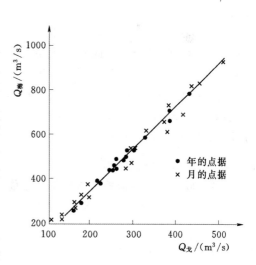

图 5.1 梅港与戈阳站年、月径流相关图

设有甲、乙两个水文站，设计断面位于甲站附近，但只有 1971—1980 年实测径流资料。其下游的乙站却有 1961—1980 年实测径流资料，见表 5.2。将两者 10 年同步年径流

观测资料对应点绘，发现关系较好，如图 5.2 所示。根据两者的相关线，可将甲站 1961—1970 年缺测的年径流查出，延长年径流系列，进行年径流的频率分析计算。

表 5.2　　　　　　　　　　　　某河流甲乙两站径流资料　　　　　　　　　　　单位：m³/s

年份 站名	1961	1962	1963	1964	1965	1966	1967	1968	1969	1970
乙站	1400	1050	1370	1360	1710	1440	1640	1520	1810	1410
甲站	(1120)	(800)	(1100)	(1080)	(1510)	(1180)	(1430)	(1230)	(1610)	(1150)

年份 站名	1971	1972	1973	1974	1975	1976	1977	1978	1979	1980
乙站	1430	1560	1440	1730	1630	1440	1480	1420	1350	1630
甲站	1230	1350	1160	1450	1510	1200	1240	1150	1000	1450

注　括号内数字为插补值。

5.3.1.2　以邻近站月径流量展延年、月径流量

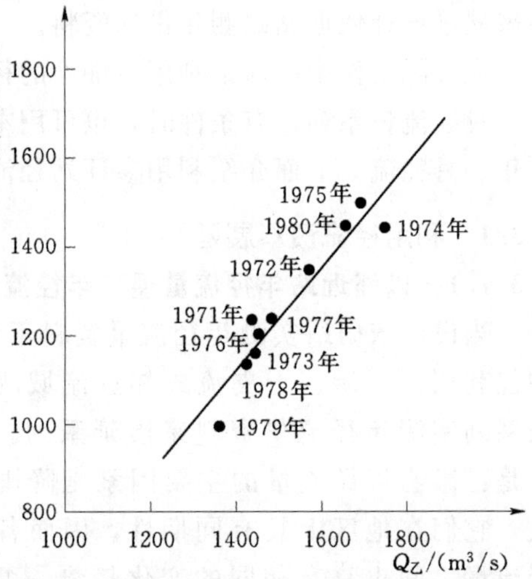

在设计依据站仅具有数年径流资料的情况下，不能建立上述年径流相关关系，可考虑建立月径流关系。另外有些情况下，不仅需要年径流而且要求月径流，亦可考虑建立月径流关系。

由于影响月径流量相关的因素较年径流量相关的因素要复杂，因此月径流量之间相关关系不如年径流量相关关系好。图 7.5 中月径流量相关点据较年径流量相关点据离散，因此用月径流量相关来插补展延径流量时，对成果要多作合理性分析。

图 5.2　某河流甲乙二站年径流相关图

5.3.2　利用降雨资料展延

5.3.2.1　以年降雨径流相关展延年径流量

以年为时段的闭合流域水量平衡方程为

$$y_年 = p_年 - z_年 + \Delta u_年 \tag{5.4}$$

式中：$y_年$ 为年径流深，mm；$p_年$ 为年降水量，mm；$z_年$ 为年蒸发量，mm；$\Delta u_年$ 为年蓄水量变化量，mm。

在湿润地区，由于年径流系数较大，$z_年$、$\Delta u_年$ 两项各年的变幅较小，所以 $y_年$ 和 $p_年$ 间往往存在较好的相关关系，如图 5.3 所示的白塔河柏泉站流域平均年降雨量与柏泉站年径流深相关图。在干旱地区，年降雨量中的很大部分耗于流域蒸发，年径流系数很小，因此年径流量与年降雨量之间关系微弱，很难定出相关线，插补的资料精度较低。

5.3.2.2 以月降雨径流相关法展延年、月径流量系列

有时由于设计依据站本身的径流资料年限较短，点据过少，不足以建立年降雨径流关系，这种情况在中小河流的水文计算中经常遇到。另外，在来水、用水调节计算时也需要插补展延月径流量。因此，除了建立年降雨径流相关关系外，有时还需要建立月降雨径流相关，但两者关系一般不太密切，有时点据甚至离散到无法定相关线的程度。柏泉站的月降雨径流关系很差，勉强定线，精度不高，如图 5.4 所示。

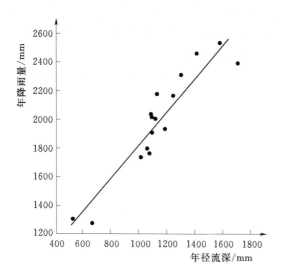

图 5.3 柏泉站以上流域年降雨径流相关图

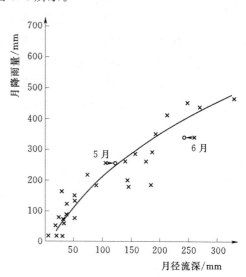

图 5.4 柏泉站以上流域月降雨径流相关图

点据离散的原因可根据以月为时段的闭合流域水量平衡方程式来分析。

$$y_月 = p_月 - z_月 + \Delta u_月 \tag{5.5}$$

由于式中 $\Delta u_月$ 一项的作用增大，当不同月份的前期降雨指数（反映 $\Delta u_月$）不同时，则相同的月降雨量可能产生差别较大的月径流量。另外按日历时间机械地划分月降雨和月径流，有时月末的降雨量所产生的径流量可能在下月初流出，造成月降雨与月径流不相应的情况。修正时，可将月末降雨量的全部或部分计入下个月降雨量；或者将在下月初流出的径流量计入上月径流量中，使与降雨量相应。这样月降雨径流关系中的部分点据可以更集中一些，如图 5.4 中 5 月和 6 月的点据所示。

枯水期降雨量少，其月径流量主要来自流域蓄水（即 Δu 项），几乎与当月降雨无关，所以月降雨径流关系一般是不好的，甚至无法定线。

5.3.3 相关展延系列时必须注意的问题

相关展延时必须注意下列几个问题。

1. 平行观测项数的多寡问题

假如平行观测项数过少，或观测时期气候条件反常，或其中个别年份有特殊的偏高，其相关结果将歪曲两变量间本来的关系。利用这种不能反映真实情况的相关关系来展延系列，势必带来系统误差。显然，平行观测项数愈多，则其相关关系愈可靠。因此，用相关法展延系列时，要求设计变量与参证变量平行观测项数不得过少，一般应在 12～15 项以上。

2. 辗转相关问题

如果一条河流或不同的河流仅有一个测站的资料年限较长，上、下游几个站均需借助这一测站的资料进行插补延长，有时还得用辗转相关。对于这种辗转插补延长的方法必须注意成果的精度。如图 5.5 所示，从长沙插补衡阳，衡阳插补祁阳，祁阳插补零陵，其各关系尚称密切。但若以长沙直接与零陵相关，则关系就不甚密切了，如图上第四象限所示。实际上，由长沙辗转插补零陵，是将两个系列数值的差异分散在各个中间关系中，表面上似乎第一、第二、第三象限的相关点据都很密切，但长沙和零陵的直接关系并不算好，对于零陵插补成果的精度是较差的。辗转相关常隐匿了实际上积累的巨大误差，予人以虚假现象，最终成为假相关。因此，最好不用辗转相关展延系列。若实在要用时，必须十分慎重，对于展延的成果应作合理性的分析，以便取舍。有学者证明辗转相关插补延长的精度将低于直接相关插补延长的精度。

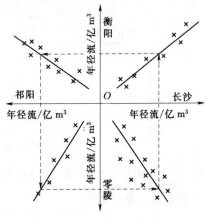

图 5.5　年径流量合轴相关图

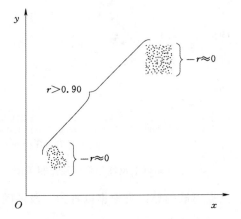

图 5.6　资料成群形成的假相关

3. 假相关问题

为了说明假相关的概念，先看图 5.6～图 5.8。图 5.6 显示变量 x 和 y 之间的相关，在每一组中都是非常微弱的（接近于零），但是将两组资料组合在一起，相关系数却变得很高。这是一种假相关。图 5.7 显示，变量 x 和 y 无相关存在，但如该两变量除以第三变量 z 后。则 $\dfrac{x}{z}$ 和 $\dfrac{y}{z}$ 便显示出某种关系，如图 5.8 所示。

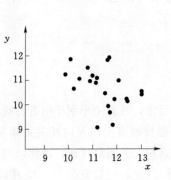

图 5.7　两变量无关系存在

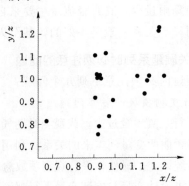

图 5.8　引入第三变量后形成的假相关

该图似乎表示，在估计 y 时，x 能提供一定的信息，而事实上两者是无关系的，所以图 5.8 所显示的关系又是一种假相关。在建立相关关系时，当应用无因次量，标准化量，或含有相同变量时，最容易出现这样一种假相关。例如，用径流模数与流域面积相关就会造成假相关。因此，为了避免假相关，应直接在原始变量之间寻求关系。

4. 外延幅度问题

一般而言，利用实测资料建立的相关关系，只能反映在实测资料范围内的定量关系。若超出该范围插补展延资料，其误差将随外延的幅度加大而加大。因此，在实际应用相关线时，外延一般不宜超出实测资料范围以外太远。例如，对于年径流量不宜展延超过实测变幅的 50%。

相关线反映的是平均情况下的定量关系。由相关线得到的插补值是平均值，可大可小。对于展延后的系列，变化幅变将较实际情况小。这使整个系列计算的变差系数偏小，最终影响成果的精度。因此，插补的项数以不超过实测值的项数为宜，最好不超过后者的一半。

5.4 缺乏实测径流资料时设计年径流计算

在进行面广量大的中小型水利水电工程的规划设计时，经常遇到小河流上缺乏实测径流资料的情况。或者虽有短期实测径流资料但无法展延。在这种情况下，设计年径流量及年内分配只有通过间接途径来推求。目前常用的方法是水文比拟法和参数等值线法。

5.4.1 水文比拟法

水文比拟法就是将参证流域的径流资料特征参数、分析成果按要求有选择地移用到设计流域上来的一种方法。这种移用是以设计流域影响径流的各项因素，与参证流域影响径流的各项因素相似为前提。因此，使用本方法最关键的问题在于选择恰当的参证流域。参证流域应具有较长的实测径流资料，其主要影响因素与设计流域相近。可通过历史上旱涝灾情调查和气候成因分析，查明两个流域气候条件的一致性，并通过流域查勘及有关地理、地质资料，论证两者下垫面情况的相似性。另外应注意两者流域面积也不宜相差太大。

经过分析论证选定参证流域后，可将参证流域的年、月径流资料、径流特征参数和径流分析成果移用到设计流域上来。具体移用时有以下几种情况。

5.4.1.1 直接移用

若设计和参证两流域的各种影响径流的因素非常相似，则可将参证流域的径流特征值、参数和分析成果，按设计要求有选择地直接移用到设计流域。例如，直接移用多年平均径流量、代表年的径流量、年径流变差系数、偏态系数对变差系数的比值、径流年内分配比例系数、径流系数以及降雨和径流关系成果等。

例如，参证流域的多年平均径流深为 $\overline{y}_参$，年平均流量的变差系数为 $C_{v参}$，偏态系数为变差系数的 2 倍，即 $C_{s参}=2C_{v参}$。设计流域紧邻参证流域，两流域影响径流的因素非常相似。为了推求设计流域的设计年径流，可以直接移用年径流的统计特征参数，即设计流域的参数和参证流域的相应参数认为是等同的。

$$\left.\begin{array}{l}\overline{y}_{设}=\overline{y}_{参} \\ C_{v设}=C_{v参} \\ C_{s设}=2C_{v设}\end{array}\right\} \tag{5.6}$$

假定年径流量服从皮尔逊Ⅲ型分布，根据设计流域的 3 个参数，便可推求出所要求的设计年径流量。若要进一步推求设计年径流的年内分配，可直接移用参证流域的径流年内分配比例系数，通过已求得的设计年径流计算得到。计算公式如下：

$$y_{月,设}=\frac{y_{月,参}}{y_{年,参}}y_{年,设} \tag{5.7}$$

式中：$y_{年,设}$、$y_{月,设}$ 为设计流域设计年径流深和相应的月径流深；$\dfrac{y_{月,参}}{y_{年,参}}$ 为一个分配比例参数，由参证流域移用。

5.4.1.2　修正移用

当两流域的参数影响径流因素相似，但有些因素（如降雨、流域面积）却有不可忽略的差别。这时就要分析，哪些可以直接移用，哪些不能直接移用。对不能直接移用的，必须针对影响因素的差别，对移用值做适当修正。通常将此情况下的移用称作修正移用。实践表明：这是当前无径流资料情况下，推求设计径流成果最有效的方法，已得到普遍应用。修正移用的关键在于以下两个方面：一是要查明两流域上哪些因素的差别是显著的；二是如何依据因素的差别作定量修正。例如，查明设计流域和参证流域多年平均降雨量的差别显著（差异超过 5%）。在这种情况下，将参证流域的多年平均径流深移用到设计流域时，必须作雨量修正。修正方法一般采用式（5.8）。

$$\overline{y}_{设}=\frac{\overline{p}_{设}}{\overline{p}_{参}}\overline{y}_{参} \tag{5.8}$$

式中：$\overline{y}_{设}$、$\overline{y}_{参}$ 为设计和参证流域多年平均径流深，mm；$\overline{p}_{设}$、$\overline{p}_{参}$ 为设计和参证流域的多年平均降雨量，mm，一般由流域上多站的雨量资料估计，若无雨量资料可由多年平均等雨量线图上查得。

5.4.2　参数等值线图法

水文特征值主要指年径流量、时段径流量（包括极值流量如洪峰流量或最小流量）、年降水量（时段降水量、最大 1d、3d 降水量）等。水文特征值的统计参数主要是均值 C_v。其中某些水文特征值的参数在地区上有渐变规律，可以绘制参数等值线图。参数等值线图的作用：①对某一水文特征值的频率计算成果进行合理性分析时，方法之一是统计参数在地区上的对比分析，而参数等值线图就是分析的工具，例如单站求得的年径流均值（以多年平均年径流深 $\overline{y}$ 表示）点在图上，如发现与等值线图不一致，就要对单站的计算成果进行深入分析、检查，找出其原因所在，做必要的说明或修正；②中小型水利水电工程的坝址处无实测水文资料时，可以直接利用参数等值线图进行地理插值，求得设计流域的统计参数（$\overline{y}$，C_v），进而求得指定频率下的设计值。

5.4.2.1　绘制水文特征值等值线图的依据和条件

水文特征值受到众多因素的影响，但可归结为气候因素和下垫面因素两大类。气候因素主要指降水、蒸发、气温等，在地区上具有渐变规律，是地理坐标的函数，一般称气候因素为分区性因素。下垫面因素主要指土壤、植被、流域面积、河道坡度、河床下切深度等，在地区上的变化是不连续的、突变的，称之为非分区性因素。

水文特征值受到上述两方面因素的影响。当影响水文特征值的因素主要是分区性因素（气候因素）时，则该水文特征值随地理坐标不同而发生连续变化，利用这种特性就可以在地图上作出它的等值线图；反之，有些水文特征值（如极小流量，固体径流量等）主要受非分区性因素（如土壤植被、河道坡度、河床下切深度等）影响，由于其值不随地理坐标而连续变化，就无法绘制等值线图。对某些水文特征值同时受分区性因素和非分区性因素的影响，若非分区因素，通过适当方法予以消除而突出分区因素的影响，则消除非分区因素的影响后的新特性便会显示出随地区变化特性，可以等值线图表示其在面上的变化。

5.4.2.2 年径流量统计特征参数均值和变差系数的等值线图

1. 多年平均年径流深等值线图

影响闭合流域多年平均年径流量的主要因素是流域面积和气候因素（降水和蒸发）。虽然流域面积是非分区因素。将多年平均年径流量除以面积得多年平均年径流深。这样，多年平均年径流深便不受面积的影响，而主要受多年平均年降雨和蒸发的影响。由于降雨和蒸发的变化具有地带性的特征，因此多年平均年径流深的变化亦显示出地带性的特征。换言之，可以等值线表示其变化。

对属于一点的水文特征值（如降水量、蒸发量等），可在地图上把各观测点的特征值算出，然后把相同数值的各点连成等值线，即可构成该特征值的等值线图。但是对于径流深来说情况就有所不同了。任一测流断面处。以径流深度表示的径流深不是测流断面处的数值，而是流域平均值。所以在绘制多年平均年径流深等值线图时，不应点绘在测流断面处。当多年平均年径流深在流域上缓和变化时，例如大致呈线性变化，则流域面积形心处的数值与流域平均值十分接近。在实际工作中，一般将多年平均年径流深值点绘在流域面积形心处。但在山区，一般情况下，径流量有随高程增加而增加的趋势，所以多年平均年径流深值点绘在流域的平均高程处更为恰当。

按上述原则，将各中等流域的多年平均年径流深标记在各该流域的形心（或平均高程）处，并考虑到各种自然地理因素（特别气候、地形的特点）勾绘等值线图，最后加以校核调整，构成适当比例尺的图形。

用等值线图推求无实测径流资料流域多年平均年径流深时，须首先在图上描出设计断面以上流域范围；其次定出该流域的形心。在流域面积较小、流域内等值线分布均匀的情况下，流域的多年平均年径流深可以由通过流域形心的等值线直接确定，或者根据形心附近的两条等值线按比例内插求得。如流域面积较大，或等值线分布不均匀时，则必须用加权平均法推求。

如图 5.9 所示，流域的多年平均径流深可由式（5.9）求得。

$$h = \frac{0.5(h_1+h_2)f_1 + 0.5(h_2+h_3)f_2 + 0.5(h_3+h_4)f_3 + 0.5(h_4+h_5)f_4}{F} \tag{5.9}$$

式中：h 为设计断面以上流域站的多年平均年径流深，mm；F 为全流域面积，km^2；f_1、f_2 为两相邻等值线间的部分流域面积，km^2；h_1、h_2、…为等值线所代表的多年平均年径流深，mm。

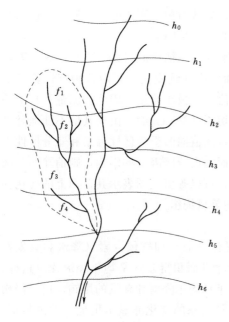

图 5.9　用等值线图求多年平均年径流量示意图

用等值线图推求多年平均年径流深的方法，一般只用于中等流域。对于小流域来说，由于非分区性因素（如河槽下切深度、地下水埋藏深度等）的影响，多年平均年径流深的地理分布规律是不明显的。因此严格说来，不能用等值线图来推求小流域的多年平均径流深。当必须对小流域使用等值线时，应该考虑到小流域不能全部截获地下水，它的多年平均年径流深比同一地区中等流域的数值为小，也就是说对由等值线图求得的数值应适当减小。

山区流域径流资料一般较少，径流在地区上的变化又较剧烈，因此，山区流域多年平均年径流深等值线图的绘制和使用较之平原地区更须慎重从事。

2. 年径流量变差系数 C_v 等值线图

在前节已经讲过影响年径流量变化的因素主要是气候因素。因此，年径流量 C_v 值具有地理分布规律，可用等值线图反映其在面上的变化特性。

年径流量 C_v 值等值线图的绘制和使用方法，都与多年平均年径流量等值线图相似。但应注意，年径流量 C_v 值等值线图的精度一般较低，特别是用于小流域时估计值的误差可能较大（一般 C_v 估值偏小）。

5.4.3　缺乏实测资料时设计年径流计算

由等值线图可查得无资料流域的年径流统计参数 $\overline{y}$、C_v。至于偏态系数 C_s 值，根据水文比拟法直接移用参证流域 C_s 与 C_v 的比值，在多数情况下，常采用 $C_s = 2C_v$。求得上述 3 个统计参数后，可由已知的设计频率查皮尔逊Ⅲ型 K_p 表，最终求得设计枯水年的年径流量或丰水年、平水年、枯水年 3 个设计年径流量。

然后使用水文比拟法来推求设计年径流量的年内分配，即直接移用参证流域各种设计代表年的月径流量分配比，最终乘以设计流域的设计年径流量即得设计年径流量的年内分配。当难以应用水文比拟法时，可从省（自治区、直辖市）水文手册给出的各分区的径流丰水年、平水年、枯水年代表年分配比中选出适当的分配比进而求得设计成果。

5.5　设计枯水径流量的分析计算

枯水流量亦称最小流量，是河川径流的一种特殊形态。枯水流量往往制约着城市的发展规模、灌溉面积、通航的容量和时间，同时，也是决定水电站保证出力的重要因素。

按设计时段的长短，枯水流量又可分为瞬时、日、旬、月、……最小流量，其中又以日、旬、月最小流量对水资源利用工程的规划设计关系最大。

时段枯水流量与时段径流在分析方法上没有本质区别，主要在选样方法上有所不同。时段径流在时序上往往是固定的，而枯水流量则在一年中选其最小值，在时序上是变动的。此外，在一些具体环节上也有一些差异。

5.5.1 有实测水文资料时的枯水流量计算

当设计代表站有长系列实测径流资料时，可按年最小选样原则，选取年中最小的时段径流量，组成样本系列。

枯水流量常采用不足概率 q，即以小于和等于该径流的概率来表示，它和年最大选样的概率 P 有 $q=1-P$ 的关系。因此在系列排队时按由小到大排列。除此之外，年枯水流量频率曲线的绘制与时段径流频率曲线的绘制基本相同，也常采用皮尔逊Ⅲ型频率曲线适线。图 5.10 为某水文站不同天数的枯水流量频率曲线的示例。

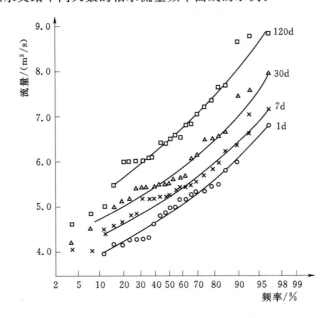

图 5.10 某水文站枯水流量频率曲线图

年枯水流量频率曲线，在某些河流上，特别是在干旱半干旱地区的中小河流上，还会出现时段径流量为零的现象，可参阅含零系列的频率分析方法。此处只介绍一种简易的实用方法。

设系列的全部项数为 n，其中非零项数为 k，零值项数为 $n-k$。首先把 k 项非零资料视作一个独立系列，按一般方法求出其频率曲线，然后通过以下转换，即可求得全部系列的频率曲线。其转换关系为：

$$P_{设}=\frac{k}{n}P_{非} \tag{5.10}$$

式中：$P_{设}$ 为全系列的设计频率；$P_{非}$ 为非零系列的相应频率。

在枯水流量频率曲线上，往往会出现在两端接近 $P=20\%$ 和 $P=90\%$ 处曲线转折现象。在 $P=20\%$ 以下的部分是河网及潜水逐渐枯竭，径流主要靠深层地下水补给。在 $P=90\%$ 以上部分，可能是某些年份有地表水补给，枯水流量偏大所致。

【例 5.3】　某水文站 1970—1999 年实测历年日最小流量见表 5.3，试推求其经验频率。

表 5.3　　　　　　　　　　　　　某站历年实测日最小流量表

年份	1970	1971	1972	1973	1974	1975	1976	1977	1978	1979
流量/(m³/s)	10.0	8.6	2.0	4.0	9.4	0.0	7.2	0.0	5.4	4.7
年份	1980	1981	1982	1983	1984	1985	1986	1987	1988	1989
流量/(m³/s)	8.3	6.4	3.2	4.4	9.7	2.2	0.0	0.0	8.4	9.1
年份	1990	1991	1992	1993	1994	1995	1996	1997	1998	1999
流量/(m³/s)	7.0	1.5	0.0	6.2	8.1	1.1	0.0	4.2	10.2	3.0

系列全部项数 $n=30$，其中非零项数 $k=24$，零值项数 $n-k=6$。先用一般方法求出非零项数 $k=24$ 年最小流量的经验频率 $P_{非}=\dfrac{m}{k+1}$，然后通过公式 $P_{设}=\dfrac{k}{n}P_{非}$ 求出全系列的设计频率 $P_{设}$。计算成果列于表 5.4。

表 5.4　　　　　　　　　　　　　经 验 频 率 计 算 表

序号 m	1	2	3	4	5	6	7	8
流量/(m³/s)	1.1	1.5	2..0	2.2	3.0	3.2	4.0	4.2
$P_{非}$/%	4	8	12	16	20	24	28	32
$P_{设}$/%	3.2	6.4	9.6	12.8	16.0	19.2	22.4	25.6
序号 m	9	10	11	12	13	14	15	16
流量/(m³/s)	4.4	4.7	5.4	6.2	6.4	7.0	7.2	8.1
$P_{非}$/%	36	40	44	48	52	56	60	64
$P_{设}$/%	28.8	32	35.2	38.4	41.6	44.8	48.0	51.2
序号 m	17	18	19	20	21	22	23	24
流量/(m³/s)	8.3	8.4	8.6	9.1	9.4	9.7	10.0	10.2
$P_{非}$/%	68	72	76	80	84	88	92	96
$P_{设}$/%	54.4	57.6	60.8	64.0	67.2	70.4	73.6	76.8

5.5.2　短缺水文资料时的枯水流量估算

当设计断面短缺径流资料时，设计枯水流量主要借助于参证站延长系列或成果移置，与 5.3 节所述方法基本相同。但枯水流量较之固定时段的径流，其时程变化更为稳定。因此，在与参证站建立径流相关时，效果会更好一些。或者说，条件可以适当放宽。例如，当设计站只有少数几年资料，与参证站的相似性较好时，也可建立较好的枯水流量相关关系。在这种情况下，甚至可以不进行设计站的径流系列延长和频率分析，而直接移用参证站的频率分析成果，经上述相关关系，转化为本站的相应频率的设计枯水流量。

在设计站完全没有径流资料的情况下，还可以临时进行资料的补充收集工作，以应需要。如果能施测一个枯水季的流量过程，则对于建立 30d 以下时段的枯水流量关系，有很大用处；如只研究日最小流量，那么在枯水期只施测几次流量（如 10 次流量），就可与参证站径流建立相关关系。

复习思考题

5.1　何谓年径流量？它的表示方法和度量单位是什么？

5.2　何谓保证率？若某水库在运行 100 年中有 85 年保证了供水要求，其保证率为多少？破坏率又为多少？

5.3　什么是水文比拟法？在推求设计年径流时如何运用这种方法？

5.4　设本站只有 1998 年 1 年的实测径流资料，其年平均流量 $\overline{Q}=128\mathrm{m}^3/\mathrm{s}$。而临近参证站（各种条件和本站都很类似）则有长期径流资料，并知其 $C_v=0.30$，$C_s=0.60$，它的 1998 年的年径流量在频率曲线上所对应的频率恰为 $P=90\%$。结合表 5.5 试按水文比拟法估算本站的多年平均流量 $\overline{Q}$。

表 5.5　　　　　　　　　　P-Ⅲ型频率曲线离均系数 ϕ_P 值表

C_s ＼ $P/\%$	20	50	75	90	95	99
0.20	0.83	0.03	0.69	1.26	1.59	2.18
0.40	0.82	0.07	0.71	1.23	1.52	2.03
0.60	0.80	0.10	0.72	1.20	1.45	1.88

5.5　某流域的集水面积 $F=500\mathrm{km}^2$，并由悬移质多年平均侵蚀模数（$\overline{M}_s$）分区图查得该流域的 $\overline{M}_s=2000\mathrm{t}/(\mathrm{km}^2\cdot\text{年})$，试求该流域的多年平均悬移质输沙量 $\overline{W}_s$。

5.6　设有甲乙 2 个水文站，设计断面位于甲站附近，但只有 1971—1980 年实测径流资料。其下游的乙站却有 1961—1980 年实测径流资料，见表 5.6。两站 10 年同步年径流观测资料对应关系较好，试将甲站 1961—1970 年缺测的年径流插补出来。

表 5.6　　　　　　　　　　某河流甲乙两站年径流资料

年份	1961	1962	1963	1964	1965	1966	1967	1968	1969	1970
乙站/(m³/s)	1400	1050	1370	1360	1710	1440	1640	1520	1810	1410
甲站/(m³/s)										
年份	1971	1972	1973	1974	1975	1976	1977	1978	1979	1980
乙站/(m³/s)	1430	1560	1440	1730	1630	1440	1480	1420	1350	1630
甲站/(m³/s)	1230	1350	1160	1450	1510	1200	1240	1150	1000	1450

5.7　某水库设计保证率 $P=80\%$，设计年径流量 $Q_P=8.76\mathrm{m}^3/\mathrm{s}$，从坝址 18 年径流资料中选取接近设计年径流量、且分配较为不利的 1953—1954 年作为设计代表年（典型年），其分配过程列于表 5.7，试求设计年径流的年内分配。

表 5.7　　　　　　　　　　某水库 1953—1954 年（典型年）年径流过程

年份	1953								1954				年平均
月份	5	6	7	8	9	10	11	12	1	2	3	4	
Q /(m³/s)	6.00	5.28	32.9	26.3	5.84	3.55	4.45	3.27	3.75	4.72	5.45	4.18	8.81

第6章 由流量资料推求设计洪水

学习目标和要点：本章的主要任务是由洪水流量资料的分析计算，推求设计洪峰流量、设计洪水总量、设计洪水过程线，为确定防洪措施规模提供水文数据。通过学习重点掌握设计洪水的含义、设计标准，设计洪峰流量的推求，设计洪水成果合理性检查，小流域设计洪水的特点，地区经验公式等，并且掌握历史洪水及特大洪水。

6.1 设 计 洪 水 标 准

6.1.1 设计洪水的定义

由于流域内降雨或融雪，大量径流汇入河道，导致流量激增，水位上涨，这种水文现象，称为洪水。在进行水利水电工程设计时，为了建筑物本身的安全和防护区的安全，必须按照某种标准的洪水进行设计，这种作为水工建筑物设计依据的洪水称为设计洪水。

6.1.2 水工建筑物的等级和防洪标准

在河流上筑坝建库能在防洪方面发挥很大的作用，但是，水库本身却直接承受着洪水的威胁，一旦洪水漫溢坝顶，将会造成严重灾害。为了处理好防洪问题，在设计水工建筑物时，必须选择一个相应的洪水作为依据，若此洪水定得过大，则会使工程造价增多而不经济，但工程却比较安全；若此洪水定得过小，虽然工程造价降低，但遭受破坏的风险增大。如何选择对设计的水工建筑物较为合适的洪水作为依据，涉及一个标准问题，称为设计标准。确定设计标准是一个非常复杂的问题，国际上尚无统一的设计标准。我国1978年颁发了 SDJ 12—78《水利水电枢纽工程等级划分及设计标准（山区、丘陵区部分）（试行）》，通过十余年工程实践经验，结合我国国情，水利部又会同有关部门于1994年共同制订了 GB 50201—94《防洪标准》作为强制性国家标准，自1995年1月1日起施行。GB 50201—94 根据工程规模效益和在国民经济中的重要性，将水利水电枢纽工程分为5等，其等别见表6.1。

表 6.1　　　　　　　　　　　水利水电工程分等指标

工程等别	工程规模	水库总库容 /10^8 m³	防洪		治涝	灌溉	供水	发电
			防护城镇及工矿企业的重要性	保护农田 /10^4 亩	治涝面积 /10^4 亩	灌溉面积 /10^4 亩	供水对象重要性	装机容量 /10^4 kW
Ⅰ	大（1）型	≥10	特别重要	≥500	≥200	≥150	特别重要	≥120
Ⅱ	大（2）型	10～1.0	重要	500～100	200～60	150～50	重要	120～30
Ⅲ	中型	1.0～0.1	中等	100～30	60～15	50～5	中等	30～5
Ⅳ	小（1）型	0.1～0.01	一般	30～5	15～3	5～0.5	一般	5～1

工程等别	工程规模	水库总库容/$10^8 m^3$	防洪		治涝	灌溉	供水	发电
			防护城镇及工矿企业的重要性	保护农田/10^4亩	治涝面积/10^4亩	灌溉面积/10^4亩	供水对象重要性	装机容量/$10^4 kW$
V	小 (2) 型	0.01～0.001		≤5	≤3	≤0.55		≤1

注 1. 水库总库容指水库最高水位以下的静库容。
　　2. 治涝面积和灌溉面积均指设计面积。

水利水电枢纽工程的水工建筑物，根据其所属枢纽工程的等别、作用和重要性分为5级，其级别见表6.2。山区、丘陵区水利水电工程永久性水工建筑物洪水标准见表6.3，平原区水利水电工程永久性水工建筑物洪水标准见表6.4。

表6.2　　　　　　　　　　水 工 建 筑 物 的 级 别

工程等别	永久性水工建筑物级别		临时性水工建筑物级别
	主要建筑物	次要建筑物	
Ⅰ	1	3	4
Ⅱ	2	3	4
Ⅲ	3	4	5
Ⅳ	4	5	5
Ⅴ	5	5	

表6.3　　山区、丘陵区水利水电工程永久性水工建筑物洪水标准［重现期（年)］

项　　目		水工建筑物级别				
		1	2	3	4	5
设计		1000～500	500～100	100～50	50～30	30～20
校核	土石坝	可能最大洪水（PMF）或10000～5000	5000～2000	2000～1000	1000～300	300～200
	混凝土坝、浆砌石坝	5000～2000	2000～1000	1000～500	500～200	200～100

表6.4　　　平原区水利水电工程永久性水工建筑物洪水标准［重现期（年)］

项　　目		水工建筑物级别				
		1	2	3	4	5
水库工程	设计	300～100	100～50	50～20	20～10	10
	校核	2000～1000	1000～300	300～100	100～50	50～20
拦河水闸	设计	100～50	50～30	30～20	20～10	10
	校核	300～200	200～100	100～50	50～30	30～20

水利水电枢纽工程的泄洪设施，在有条件时，可分为正常和非常设施两部分，宣泄非常运用洪水时，泄洪设施应保证满足泄量的要求，可允许消能设施和次要建筑物部分破坏，但不应影响枢纽工程主要建筑物的安全或发生河流改道等重大灾害性后果。有关永久

性水工建筑物的坝、闸顶部安全超高和抗滑稳定安全系数在水工专业规范中有规定，这里不另述。

设计洪水包括设计洪峰流量、不同时段设计洪量及设计洪水过程线 3 个要素。推求设计洪水的方法有两种类型，即由流量资料推求设计洪水和由暴雨资料推求设计洪水。当必须采用可能最大洪水作为非常运用洪水标准时，则由水文气象资料推求可能最大暴雨，然后计算可能最大洪水。

6.2　设计洪峰流量及设计洪量的推求

由流量资料推求设计洪峰及不同时段的设计洪量，可以使用数理统计方法，计算符合设计标准的数值，一般称为洪水频率计算。

6.2.1　样本选取

选样就是在现有的洪水记录中选取若干个洪峰流量或某一历时的洪量组成样本，作为频率计算的依据。在水库防洪计算中，目前采用：年最大值法，即每年只选一个最大洪峰流量及某一历时的最大洪量，年最大值法方法简单，操作容易，样本独立性好。

洪峰选样：年最大值法。

洪量选样：固定时段选取年最大值法。

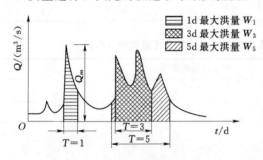

图 6.1　年最大值法选样示意图

年最大洪峰流量可以从水文年鉴上直接查得，而年最大各历时洪量则要根据洪水水文要素摘录表的数据用梯形面积法计算，如图 6.1 所示。

6.2.2　资料审查

在应用资料之前，首先要对原始水文资料进行审查，洪水资料必须可靠，具有必要的精度，而且，具备频率分析所必需的某些统计特性，例如洪水系列中各项洪水相互独立，且服从同一分布等。

除审查资料的可靠性之外，还要审查资料的一致性和代表性。

为使洪水资料具有一致性，要在调查观测期中，洪水形成条件相同，当使用的洪水资料受人类活动如修建水工建筑物、整治河道等的影响有明显变化时，应进行还原计算，使洪水资料换算到天然状态的基础上。

洪水资料的代表性，反映在样本系列能否代表总体的统计特性，而洪水的总体又难获得。一般认为，资料年限较长，并能包括大、中、小等各种洪水年份，则代表性较好。由此可见，通过古洪水研究，历史洪水调查，考证历史文献和系列插补延长等增加洪水系列的信息量的方法，是提高洪水系列代表性的基本途径。根据我国现有水文观测资料情况，SL 44—93 规定坝址或其上下游具有较长期的实测洪水资料（一般需要 30 年以上），并有历史洪水调查和考证资料时，可用频率分析法计算设计洪水。

6.2.3 特大洪水的处理

1. 特大洪水的概念

比系列中一般洪水大得多的洪水称为特大洪水，并且通过洪水调查可以确定其量值大小及其重现期。历史上的一般洪水没有文字记载，也没有留下洪水痕迹，只有特大洪水才有文献记载和洪水痕迹可供查证，所以调查到的历史洪水一般就是特大洪水。

特大洪水可以发生在实测流量期间的 n 年之内，也可以发生在实测流量期间的 n 年之外，前者称资料内特大洪水，后者称资料外特大洪水（历史特大洪水），如图 6.2 和图 6.3 所示。

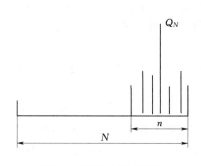
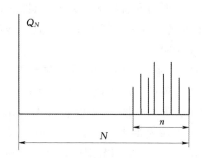

图 6.2　资料内特大洪水　　　　图 6.3　资料外特大洪水（历史特大洪水）

2. 特大洪水重现期的确定

特大洪水处理的关键是特大洪水重现期的确定和经验频率计算。所谓重现期是指某随机变量的取值在长时期内平均多少年出现一次，又称多少年一遇。特大洪水中历史洪水的数值确定以后，要分析其在某一代表年限内的大小序位，以便确定洪水的重现期。目前我国根据资料来源不同，将与确定历史洪水代表年限有关的年份分为实测期、调查期和文献考证期。

实测期是从有实测洪水资料年份开始至今的时期。

调查期是在实地调查到若干可以定量的历史大洪水的时期。

文献考证期是从具有连续可靠文献记载历史大洪水的时期。调查期以前的文献考证期内的历史洪水，一般只能确定洪水大小等级和发生次数，不能定量。

3. 考虑特大洪水的原因

目前我们所掌握的样本系列不长，系列愈短，抽样误差愈大，若用于推求千年一遇、万年一遇的稀遇洪水，根据就很不足。如果能调查到 N 年（$N \gg n$）中的特大洪水，就相当于把 n 年资料展延到了 N 年，等于在频率曲线的上端增加了控制点，提高了系列的代表性，使计算成果更加合理、准确。

在洪水频率计算中，经验频率是用来估计系列中各项洪水的超过概率，以便在几率格纸上点绘洪水点，构成经验分布，因此，首先要估算系列的经验频率。连序系列中各项经验频率的计算方法，已在前面章节中论述，不予重复。不连序系列的经验频率，有以下两种估算方法。

1）把实测系列与特大值系列都看作是从总体中独立抽出的两个随机连序样本，各项洪水可分别在各个系列中进行排位，实测系列的经验频率仍按连序系列经验频率公式：

$$P_m = \frac{m}{n+1} \qquad\qquad (6.1)$$

计算特大洪水系列的经验频率计算公式为

$$P_M = \frac{M}{N+1} \qquad\qquad (6.2)$$

式中：P_m 为实测系列第 m 项的经验频率；m 为实测系列由大至小排列的序号；n 为实测系列的年数；P_M 为特大洪水第 M 序号的经验频率；M 为特大洪水由大至小排列的序号；N 为自最远的调查考证年份至今的年数。

当实测系列内含有特大洪水时，此特大洪水亦应在实测系列中占序号。例如，实测资料为 30 年，其中有一个特大洪水，则一般洪水最大项应排在第二位，其经验频率 $P_2 = 2/(30+1) = 0.0645$。

2）将实测系列与特大值系列共同组成一个不连序系列，作为代表总体的一个样本，不连序系列各项可在历史调查期 N 年内统一排位。

假设在历史调查期 N 年中有特大洪水 a 项，其中有 1 项发生在 n 年实测系列之内，N 年中的 a 项特大洪水的经验频率仍用式（6.2）计算。实测系列中其余的 $n-1$ 项，则均匀分布在 $1-P_{M,a}$ 频率范围内，$P_{M,a}$ 为特大洪水第末项 $M=a$ 的经验频率，即

$$P_{M,a} = \frac{a}{N+1} \qquad\qquad (6.3)$$

实测系列第 m 项的经验频率计算公式为

$$P_m = P_{M,a} + (1-P_{M,a})\frac{m-l}{n-l+1} \qquad\qquad (6.4)$$

上述两种方法，我国目前都在使用，第一种方法比较简单，但是在使用式（6.1）和式（6.2）点绘不连序系列时，会出现所谓的"重叠"现象，而且在假定不连序系列是两个相互独立的连序样本条件下，没有对式（6.1）做严格的推导。当调查考证期 N 年中为首的数项历史洪水确系连序而无错漏，为避免历史洪水的经验频率与实测系列的经验频率的重叠现象，采用第 2 种方法较为合适。

6.2.4　频率曲线线型选择

样本系列各项的经验频率确定之后，就可以在几率格纸上确定经验频率点据的位置。点绘时，不同符号可以分别表示实测、插补和调查的洪水点据，其为首的若干个点据应标明其发生年份。通过点据中心，可以目估绘出一条光滑的曲线，称为经验频率曲线。

由于经验频率曲线是由有限的实测资料算出的，当求稀遇设计洪水数值时，需要对频率曲线进行外延，而经验频率曲线往往不能满足这一要求，为使设计工作规范化，便于各地设计洪水估计结果有可比性，世界上大多数国家根据当地长期洪水系列点据拟合情况，选择一种能较好地拟合大多数系列的理论线型，以供本国或地区有关工程设计使用。

我国曾采用皮尔逊Ⅲ型和克里茨基—曼开里型作为洪水特征的频率曲线线型，为了使设计工作规范化，自 20 世纪 60 年代以来，一直采用皮尔逊Ⅲ型曲线，作为洪水频率计算的依据。在 SL 44—93 中规定频率曲线线型一般应采用皮尔逊Ⅲ型。特殊情况，经分析论证后也可采用其他线型。

6.2.5 考虑特大洪水时统计参数的确定

考虑特大洪水时统计参数的确定仍采用配线法，参数值的初估可用矩法或三点法进行。

（1）矩法。

$$\overline{x} = \frac{1}{N}\left(\sum_{j=1}^{a} x_j + \frac{N-a}{n-l}\sum_{i=1}^{N-a} x_i\right) \tag{6.5}$$

$$C_v = \frac{1}{\overline{x}}\sqrt{\frac{1}{N-1}\left[\sum_{1}^{a}(x_j-\overline{x})^2 + \frac{N-a}{n-l}\sum_{l+1}^{n}(x_i-\overline{x})^2\right]} \tag{6.6}$$

式中：x_i 为一般洪水；x_j 为特大洪水。

（2）三点法。见图 6.4。

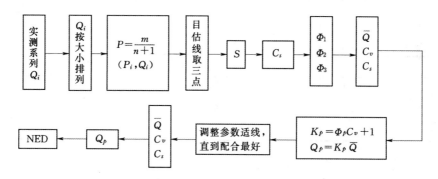

图 6.4 三点法适线框图

6.2.6 推求设计洪峰和设计洪量

在所采用的洪峰、洪量频率曲线上，用设计频率就可查得相应的设计洪峰和设计洪量。

【**例 6.1**】 某水库坝址处具有 1968—1995 年共 28 年实测洪峰流量资料，通过历史洪水调查得知，1925 年发生过一次大洪水，坝址洪峰流量 6100m³/s，实测系列中 1991 年为自 1925 年以来的第二大洪水，洪峰流量 4900m³/s。试用三点法推求坝址 1000 年一遇设计洪峰流量。

解：（1）按独立样本法计算经验频率，见表 6.5。历史调查洪水的重现期为 $N=1995-1925+1=71$（年），实测洪水样本容量 $n=1995-1968+1=28$（年）。

（2）在经验频率曲线上依次读出 $P=5\%$、$P=50\%$ 和 $P=95\%$ 三点的纵坐标：$Q_{5\%}=3900\text{m}^3/\text{s}$，$Q_{50\%}=850\text{m}^3/\text{s}$，$Q_{95\%}=100\text{m}^3/\text{s}$，计算 $S=3900+100-2\times850/(3900-100)=0.605$，由 S 查 $S=f(C_s)$ 关系表得 $C_s=2.15$。由 C_s 查离均系数 Φ 值表：$\Phi_{5\%}=2.0$，$\Phi_{50\%}=-0.325$，$\Phi_{95\%}=-0.897$。计算得 $\sigma=1312\text{m}^3/\text{s}$，$\overline{Q}=1275\text{m}^3/\text{s}$，$C_v=1.03$。

（3）经多次配线，最后取 $\overline{Q}=1275\text{m}^3/\text{s}$，$C_v=1.05$，$C_s=2.5C_v$ 配线结果较好，故采用之，见图 6.5 中实线所示。

表 6.5   **某水库坝址洪峰流量频率计算表**

序号		洪峰流量 /(m³/s)	P/%		序号		洪峰流量 /(m³/s)	P/%	
M	m		P_M	P_m	M	m		P_M	P_m
Ⅰ		6100	1.4			15	860		51.7
Ⅱ		4900	2.8			16	670		55.2
	2	3400		6.9		17	600		58.6
	3	2880		10.3		18	553		62.1
	4	2200		13.8		19	512		65.5
	5	2100		17.2		20	500		69.0
	6	1930		20.7		21	400		72.4
	7	1840		24.1		22	380		75.9
	8	1650		27.6		23	356		79.3
	9	1560		31.0		24	322		82.8
	10	1400		34.5		25	280		86.2
	11	1230		37.9		26	255		89.7
	12	1210		41.4		27	105		93.1
	13	920		44.8		28	91		96.6
	14	900		48.3					

（4）计算千年一遇设计洪峰流量为

$$Q_{p=0.1\%} = \overline{Q}(C_v\Phi+1) = 1275 \times (1.05 \times 6.7 + 1) = 10245(\mathrm{m^3/s})$$

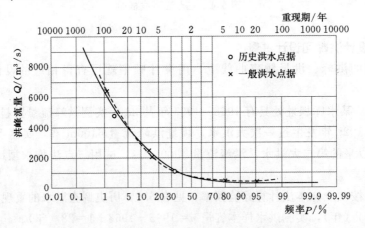

图 6.5   某水库坝址年最大洪峰流量频率曲线图

6.2.7   设计洪水估计值的抽样误差

水文系列是一个无限总体，而实测洪水资料是有限样本，用有限样本估算总体的参数必然存在抽样误差。由于设计洪水值是一个随机变量，抽样分布的确切形式又难以获得，只能根据设计洪水估计值抽样分布的某些数字特征如抽样方差来表征它的随机特性。

样本特征值的方差开方称为均方差。频率计算中，统计参数的抽样误差与所选的频率

曲线线型有关，当总体分布为皮尔逊Ⅲ型，根据 n 年连序系列，并用矩法估计参数时，样本参数的均方差计算公式为

$$
\begin{cases}
\sigma_{\overline{x}} = \dfrac{\overline{x}C_v}{\sqrt{n}} \\[2ex]
\sigma_{C_v} = \dfrac{C_v}{\sqrt{2\pi}}\sqrt{1 + 2C_v^2 + \dfrac{3}{4}C_s^2 - 2C_vC_s} \\[2ex]
\sigma_{C_s} = \sqrt{\dfrac{6}{n}\left(1 + \dfrac{3}{2}C_s^2 + \dfrac{5}{16}C_s^4\right)}
\end{cases}
\tag{6.7}
$$

均值的相对误差为

$$
\sigma_{\overline{x}}' = \frac{C_v}{\sqrt{n}} \times 100\%
\tag{6.8}
$$

设计洪水值的均方误近似公式为

$$
\sigma_{x_p} = \frac{\overline{x}}{\sqrt{n}}C_vB
\tag{6.9}
$$

SL 44—93 规定，对大型工程或重要的中型工程，用频率分析计算的校核标准洪水，应计算抽样误差，经综合分析检查后，如成果有偏小的可能，应加安全修正值，一般不超过计算值的 20%。

6.3 设计洪水过程线的推求

设计洪水过程线是指具有某一设计标准的洪水过程线。但是，洪水过程线的形状千变万化，且洪水每年发生的时间也不相同，是一种随机过程，目前尚未有完善的方法直接从洪水过程线的统计规律求出一定频率的过程线。

为了适应工程设计要求，目前仍采用放大典型洪水过程线的方法，使其洪峰流量的时段和时段洪水总量的数值等于设计标准的频率值，所得过程线即为待求的设计洪水过程线。

6.3.1 典型洪水过程线的选择

设计洪水过程线的推求：典型洪水放大法，即从实测洪水中选出和设计要求相近的洪水过程线作为典型，然后按设计的峰和量将典型洪水过程线放大，此法的关键是如何恰当地选择典型洪水和如何放大。

选择典型洪水的原则："可能"和"不利"。

1）资料完整，精度较高，接近设计值的实测放大洪水过程线。

2）具有较好的代表性，即在发生季节、地区组成、峰型、主峰位置、洪水历时及峰、量关系能代表设计流域大洪水的特性。

3）选择对防洪不利的典型，具体地说，就是选"峰高量大、主峰偏后"的典型洪水。

4）如水库下游有防洪要求，应考虑与下游洪水遭遇的不利典型。

6.3.2　典型洪水过程线的放大

1. 同倍比放大法

把典型洪水过程线的纵高都按同一比例系数放大，即为设计洪水过程线。采用的比例系数又分两种情况。

1) 按峰放大比例，如典型洪水的洪峰为 Q_m，设计洪峰为 Q_{mp}，采用比例系数 $K_Q = Q_{mp}/Q_m$。这种方法适用于洪峰流量起决定影响的工程，如桥梁、涵洞、堤防等，主要考虑能否宣泄洪峰流量，而与洪水总量关系不大。

2) 按洪量放大，令典型洪水总量为 W_T，设计洪水总量为 W_{Tp}，比例系数 $K_W = W_{Tp}/W_T$，以 K_W 乘典型洪水过程线的每一纵高，即为设计洪水过程线。对于洪量起决定影响的工程，如分洪区、排涝工程等，只考虑能容纳和排出多少水量，而与洪峰无多大关系，可用这种放大方法。

同倍比放大，方法简单，计算工作量小，但在一般情况下，K_Q 和 K_W 不会完全相等，所以按峰放大的洪量不一定等于设计洪量，按量放大后的洪峰不一定等于设计洪峰。

2. 同频率放大法

在放大典型过程线时，若按洪峰和不同历时的洪量分别采用不同的倍比，使放大后的过程线的洪峰及各种历时的洪量分别等于设计洪峰和设计洪量。也就是说，放大后的过程线，其洪峰流量和各种历时的洪水总量都符合同一设计频率，称为"峰、量同频率放大"，简称"同频率放大"。此法能适应多种防洪工程的特性，目前大、中型水库规划设计，主要采用此法。

方法步骤：

1) 计算设计洪峰及各历时设计洪量：Q_{mp}、W_{1p}、W_{3p}、W_{7p}、W_{15p}。

2) 选择典型洪水，计算：Q_m、W_1、W_3、W_7、W_{15}。

计算典型洪水的峰和量时采用"长包短"，以保证放大后的设计洪水过程线峰高量大，峰型集中，便于计算和放大。洪量的选样不要求"长包短"，是为了所取得的样本是真正的年最大值，符合独立随机选样要求，两者都是从安全角度出发的。

3) 计算放大倍比。

洪峰的放大倍比：

$$K_Q = \frac{Q_{mp}}{Q_m} \tag{6.10}$$

1d 洪量的放大倍比：

$$K_{W1} = \frac{W_{1p}}{W_1} \tag{6.11}$$

3d 洪量的放大倍比：

$$K_{W3-1} = \frac{W_{3p} - W_{1p}}{W_3 - W_1} \tag{6.12}$$

7d 洪量的放大倍比：

$$K_{W7-3} = \frac{W_{7p} - W_{3p}}{W_7 - W_3} \tag{6.13}$$

15d 洪量的放大倍比：

$$K_{W15-7} = \frac{W_{15p} - W_{7p}}{W_{15} - W_7} \tag{6.14}$$

4）放大和修匀。

放大步骤：峰——短历时洪量——长历时洪量（即由里向外）。

修匀原则：水量平衡，使修匀后的洪水过程线的洪峰和各历时洪量都符合同一设计标准，设计成果受典型洪水影响较小。

方法优点：求出来的过程线比较符合设计标准。

方法缺点：可能与原来的典型相差较远，甚至形状有时也不能符合自然界中河流洪水形成的规律。

改善方法：尽量减少放大的层次，例如除洪峰和最长历时的洪量外，只取一种对调洪计算起直接控制作用的历时，称为控制历时，并依次按洪峰、控制历时和最长历时的洪量进行放大，以得到设计洪水过程线。

【例 6.2】 某水库千年一遇设计洪峰（已由［例 6.1］计算）和各历时洪量计算成果见表 6.7，用同频率法推求设计洪水过程线。

解： 经分析选定 1991 年 8 月的一次洪水为典型洪水，计算典型洪水的洪峰和各历时洪量及放大倍比，结果见表 6.6。依次进行逐时段放大，并修匀，最后得设计洪水过程线见表 6.7 和图 6.6。

表 6.6   设计洪水和典型洪水特征值统计成果

项　　目	洪峰/(m³/s)	洪量/[(m³/s)·h]		
		1d	3d	7d
$P=0.1\%$ 的洪峰及各历时洪量	10245	114000	226800	348720
典型洪水的洪峰及各历时洪量	4900	74718	121545	159255
起止时间	6日8时	6日2时至7日2时	5日8时至8日8时	4日8时至11日8时
设计洪水洪量差		114000	112800	121920
典型洪水洪量差		74718	46827	37710
放大倍比	2.09	1.53	2.41	3.23

表 6.7   同频率放大法设计洪水过程线计算表

典型洪水过程线		放大倍比 K	设计洪水过程线 /(m³/s)	修匀后的设计洪水过程线 /(m³/s)
时间	Q/(m³/s)			
8月4日8时	268	3.23	866	866
8月4日20时	375	3.23	1211	1211
8月5日8时	510	3.23/2.41	1647/1229	1440
8月5日20时	915	2.41	2205	2205
8月6日2时	1780	2.41/1.53	4290/2723	7010
8月6日8时	4900	2.09/1.53	10245/7497	10245

典型洪水过程线		放大倍比 K	设计洪水过程线 /(m³/s)	修匀后的设计洪水过程线 /(m³/s)
时间	$Q/(m³/s)$			
8 月 6 日 14 时	3150	1.53	4820	4820
8 月 6 日 20 时	2583	1.53	3952	3952
8 月 7 日 2 时	1860	1.53/2.41	2846/4483	3660
8 月 7 日 8 时	1070	2.41	2579	2579
8 月 7 日 20 时	885	2.41	2133	2133
8 月 8 日 8 时	727	2.41/3.23	1752/2348	2050
8 月 8 日 20 时	576	3.23	1860	1860
8 月 9 日 8 时	411	3.23	1328	1328
8 月 9 日 20 时	365	3.23	1179	1179
8 月 10 日 8 时	312	3.23	1008	1008
8 月 10 日 20 时	236	3.23	762	762
8 月 11 日 8 时	230	3.23	743	743

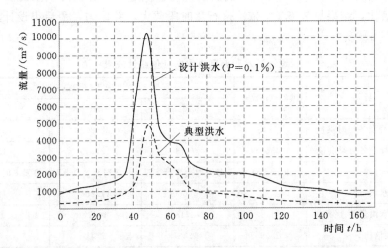

图 6.6　某水库 $P=0.1\%$ 设计洪水与典型洪水过程线

从统计参数和设计值看，洪量的均值随时段增长而变大，C_v 随统计时段增长而减小、C_s/C_v 均为 2.5，符合洪水统计参数变化的一般规律。另外，还将该站的统计参数与相邻流域进行比较，表明也是协调的，并与暴雨在地区上的变化相一致。表明上述计算成果是可靠的，可以作为工程设计的依据。

3. 两种方法的比较

同频率放大法成果较少受所选典型不同的影响，常用于峰量关系不够好，洪峰形状差别大的河流，以及峰量均对水工建筑物的防洪安全起控制作用的工程。目前大中型水库的规划设计主要采用此法。

同倍比放大法计算简便，常用于峰量关系较好的河流，以及水工建筑物的防洪安全主要由洪峰流量或某时段洪量起控制作用的工程。对长历时，多峰型的洪水过程，或要求分析洪水地区组成时，同倍比放大法比同频率放大法更为适用。

6.4 分期设计洪水与施工设计洪水

分期设计洪水是指一年中某个时期所拟定的设计洪水。因为在水库管理调度运行和施工期防洪中，各分期的洪水成因和洪水大小不同，必须分别计算各时期的设计洪水。

6.4.1 洪水季节性变化规律分析和分期划分

划定分期洪水时，应对设计流域洪水季节性变化规律进行分析，并结合工程的要求来考虑。一般，可根据设计流域的实测洪水资料，点绘洪水年内分布图，并描绘平顺的外包线，如图 6.7 所示。

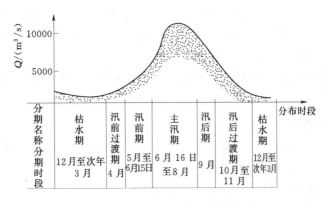

图 6.7 某站洪水年内分布及分期

分期一般原则：应按洪水成因和出现季节划定分期，分期一般不短于 1 个月。考虑到洪水发生的随机性，分期年最大洪水选样时，可跨期选样，跨期一般为 5d，最多不超过 10d。

分期设计洪水的计算方法：

1）划定分期后，分期洪水一般在规定时段内，按年最大值法选择。当一次洪水过程位于两个分期时，视其洪峰流量或时段洪量的主要部分位于该期，就作为该期的样本，不作重复选择，这种选取方法称为不跨期选样。

2）分期洪水选样，仍采用分期内年最大值法。

3）对各分期洪水样本系列进行频率计算，推求各分期设计洪水过程线，方法同前。

4）成果合理性检查：可将分期洪水的峰量频率曲线和全年最大洪水的峰量频率曲线画在同一张频率格纸上，检查其相互关系是否合理；一般情况下，分期洪水的变化幅度比年最大洪水的变化幅度更大，分期洪水系列的 C_v 应大于年最大洪水的 C_v。

6.4.2 入库洪水的概念

水库防洪设计一般是以坝址设计洪水为依据。但水库建成后，洪水是从水库周边汇入水库，而不是坝址断面的洪水，这些从水库周边汇入水库（包括入库断面）的洪水称为入

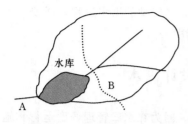

图 6.8　入库洪水组成示意图

库洪水，它与坝址洪水有一定差别，差异程度与水库特性及典型洪水的时空分布有关。用入库洪水作为设计依据更符合建库后的实际情况，特别是对坝址洪水与入库洪水差别较大的湖泊型水库更为必要。它由三部分组成：①回水末端或干流断面洪水；②水库周边断面洪水（区间洪水）；③水库库面降水（库面洪水），如图 6.8 所示。

6.4.3　入库洪水与坝址洪水的差异

入库洪水与坝址洪水的差异主要表现在：

1）库区产流条件改变，使入库洪水的洪量增大。水库建成后水库回水淹没区由原来的陆地变成水面，产流条件相应发生了变化。在洪水期间库面由陆地产流变为水库水面直接承纳降水，由原来的陆面蒸发损失变为水面蒸发损失。

2）流域汇流时间缩短，入库洪峰流量出现时间提前，涨水段的洪量大增。建库后，洪水由干支流的回水末端和水库周边入库，洪水在库区的传播时间比原河道的传播时间缩短，洪峰出现的时间相应提前，而库面降水集中于涨水段，涨水时段的洪量增大。

3）河道被回水淹没成为库区。原河槽调蓄能力丧失，再加上干支流和区间陆面洪水常易遭遇，使得入库洪水的洪峰增高，峰型更尖瘦。

6.4.4　水力及水文特性的变化

1）建库后水面面积增大，蒸发损失加大，年径流减少，次洪径流增大。

2）水面增大，糙率减小，波速改变。

3）建库后汇流曲线改变，洪峰增高，历时缩短。

6.4.5　入库洪水的分析计算方法

1）合成流量法：即由入库断面洪水、区间洪水和库面洪水同时流量叠加而成。

2）水量平衡法：当水库已经建成运用，为复核设计洪水，由于这时已积累了一定资料，可以利用水库水量平衡关系推求入库洪水：

$$Q_{入库} = Q_{出库} + \frac{V_2 - V_1}{\Delta t} + \frac{\Delta W_{损失}}{\Delta t} \tag{6.15}$$

式中：$Q_{入库}$ 为时段平均入库洪水流量，m^3/s；$Q_{出库}$ 为时段平均出库流量，m^3/s，包括溢洪设施泄洪和引用流量；V_1、V_2 为时段初、末水库蓄水量，m^3；$\Delta W_{损失}$ 为时段平均水库损失流量，m^3；Δt 为计算时段，s。

水利工程的设计应该以建库后的洪水情况作为设计依据，当坝址洪水与入库洪水差别不大时，可用坝址设计洪水近似代替。当两者差别较大时，以入库设计洪水进行水库防洪规划更为合理。推求入库设计洪水的方法有：

1）推求历年最大入库洪水，组成最大入库洪水样本系列，采用频率分析的方法推求一定标准的入库设计洪水。

2）首先推求坝址设计洪水，然后反算成入库设计洪水。

3）推求坝址设计洪水，并选择典型坝址洪水及相应的典型入库洪水。以坝址设计洪水的放大倍比放大典型入库洪水，作为设计入库洪水。

6.5 设计洪水的地区组成

为研究流域开发方案，计算水库对下游的防洪作用，以及进行梯级水库或水库群的联合调度计算等问题，需要分析设计洪水的地区组成。由于大流域暴雨分布不均匀，各分区洪水特性各异，洪水来量不同，各区域干、支流洪水的组合情况复杂，因此给设计洪水地区组成的计算带来一定的复杂性。

洪水地区组成的研究与上述某断面设计洪水的研究方法不同，必须根据实测资料，结合调查资料和历史文献，对流域内洪水读取组成的规律性进行综合分析。分析时应着重暴雨、洪水的地区分布及其变化规律；历史洪水的地区组成及其变化规律；各断面峰量关系以及各断面洪水传播演进的情况等。

现行洪水地区组成的计算常用典型年法和同频率地区组成法。

(1) 典型年法。典型年法是从实测资料中选择几次有代表性，对防洪不利的大洪水作为典型，以设计断面的设计洪量为控制，按典型年的各区洪量组成比例计算各区相应的设计洪量。

选择典型年时，应对流域内的洪水，尤其是大洪水的形成规律和天气条件、洪水过程特征，如大洪水出现的时间、季节、峰型、主峰位置、洪水上涨历时、洪量集中程度等进行分析。然后参照这些规律和特点，选出典型的洪水过程。

【例6.3】 已求得某流域下游设计断面发生频率 $P=1\%$ 的 3d 设计洪量 $W_{\text{下},P}=2150$ 万 m^3，典型洪水各分区 3d 典型洪量分别为 $W_{\text{下},\text{典}}=1150$ 万 m^3、$W_{\text{区},\text{典}}=530$ 万 m^3、$W_{\text{上},\text{典}}=620$ 万 m^3，试用典型年法计算各区设计洪量。

解： 典型年法是以设计断面的设计洪量为控制，按典型年的各区洪量组成比例计算各区相应的设计洪量。

区间洪量比例：$\alpha_{\text{区}}=530/1150=0.461$

上断面洪量比例：$\alpha_{\text{上}}=620/1150=0.539$

区间设计洪量：$W_{\text{区}}=2150\times0.461=991.2$（万 m^3）

上断面设计洪量：$W_{\text{上}}=2150\times0.539=1158.8$（万 m^3）

(2) 同频率地区组成法。同频率地区洪水组成法是根据防洪要求，指定某一分区出现与下游设计断面同频率的洪量，其余各分区的相应洪量按实际洪量组成比例分配。一般有以下两种方法：

1) 当下游设计断面发生频率为 P 的设计洪量 $W_{\text{下},P}$ 时，上游断面也发生同频率的洪水 $W_{\text{上},P}$，区间发生相应洪水，即 $W_{\text{区}}=W_{\text{下},P}-W_{\text{上},P}$。

2) 当下游设计断面发生频率为 P 的设计洪量 $W_{\text{下},P}$ 时，区间也发生同频率的洪水 $W_{\text{区},P}$，上游断面发生相应洪水，即 $W_{\text{上}}=W_{\text{下},P}-W_{\text{区},P}$。

必须指出，同频率地区组成法适用于某分区的洪水与下游设计断面的相关关系比较好的情况，同时，由于河网调节作用等因素的影响，一般不能用同频率地区组成法来推求设计洪峰流量的地区组成。

【例6.4】 已求得某流域下游设计断面发生频率 $P=1\%$ 的 3 天设计洪量 $W_{\text{下},P}=1230$

万 m³，上游断面也发生同频率的洪水 $W_{上,P}=820$ 万 m³，试计算区间发生相应洪水的 3d 洪量是多少。

解： $W_区=W_{下,P}-W_{上,P}=1230-82=410$ 万（m³）

复 习 思 考 题

6.1　已知某水文站 7d 洪量（W_{7d}）与 3d 洪量（W_{3d}）为直线关系，该站多年平均 7d 洪量 $\overline{W}_{7d}=41$ 万 m³，多年平均 3d 洪量 $\overline{W}_{3d}=32$ 万 m³，相关系数 $r=0.93$，7d 洪量的均方差与 3d 洪量的均方差之比 $\sigma_{7d}/\sigma_{3d}=1.21$。已知某年最大 3d 洪量为 85 万 m³，试插补该年最大 7d 洪量。

6.2　某水库坝址断面处有 1958—1995 年的年最大洪峰流量资料，其中最大的 3 年洪峰流量分别为 7500m³/s、4900m³/s 和 3800m³/s。由洪水调查知道，1835—1957 年，发生过一次特大洪水，洪峰流量为 9700m³/s，并且可以肯定，调查期内没有漏掉 6000m³/s 以上的洪水，试计算各次洪水的经验频率，并说明理由。

6.3　已求得某站百年一遇洪峰流量和 1d、3d、7d 洪量分别为：$Q_{m,P}=2790$m³/s、$W_{1d,P}=1.20$ 亿 m³，$W_{3d,P}=1.97$ 亿 m³，$W_{7d,P}=2.55$ 亿 m³。选得典型洪水过程线，并计算得典型洪水洪峰及各历时洪量分别为：$Q_m=2180$m³/s、$W_{1d}=1.06$ 亿 m³，$W_{3d}=1.48$ 亿 m³，$W_{7d}=1.91$ 亿 m³。试按同频率放大法计算 100 年一遇设计洪水的放大系数。

6.4　已求得某流域下游设计断面发生频率 $P=1‰$ 的 3d 设计洪量 $W_{下,P}=2150$ 万 m³，典型洪水各分区 3d 典型洪量分别为 $W_{下,典}=1150$ 万 m³、$W_{区,典}=530$ 万 m³、$W_{上,典}=620$ 万 m³，试用典型年法计算各分区设计洪量。

第7章　流域产汇流计算

学习目标和要点：本章从定量上研究降雨形成径流的原理和计算方法，包括流域的产流计算和汇流计算。重点掌握洪水过程线的分割及洪水径流量的计算方法，前期影响雨量的计算以及用单位线进行流域汇流计算。理解前期影响雨量、田间持水量、土壤最大含水量及消退系数的意义，了解降雨径流关系的绘制方法，并能用降雨径流关系进行逐时段净雨的计算，以及等流时线的概念和用等流时线进行流域汇流的计算原理，掌握用分析法由实测雨洪资料分析单位线的方法步骤。

7.1　降雨径流要素分析计算

7.1.1　产流与汇流的含义

产流阶段是指降雨经植物截留、填洼、下渗的损失过程。降雨扣除这些损失后，剩余的部分称为净雨，净雨在数量上等于它所形成的径流量，净雨量的计算称为产流计算。由流域降雨量推求径流量，必须具备流域产流方案。产流方案是对流域降雨径流之间关系的定量描述，可以是数学方程也可以是图表形式。产流方案的制定需充分利用实测的流域降雨、蒸发和径流资料，根据流域的产流模式，分析建立流域降雨径流之间的定量关系。

汇流阶段是指净雨沿地面和地下汇入河网，并经河网汇集形成流域出口断面流量的过程。由净雨推求流域出口断面流量过程称为汇流计算。流域汇流过程又可以分为两个阶段，由净雨经地面或地下汇入河网的过程称为坡面汇流；进入河网的水流自上游向下游运动，经流域出口断面流出的过程称为河网汇流。由净雨推求流域出口流量过程，必须具备流域汇流方案。流域汇流方案是根据流域净雨计算流域出口断面流量过程，应根据流域雨量、流量及下垫面特征等资料条件及计算要求制定。

就径流的来源而言，流域出口断面的流量过程是由地面径流、表层流径流（壤中流）、浅层和深层地下径流组成的。深层地下径流（基流）数量很少，且较稳定，又非本次降雨所形成，计算时一般从次径流中分割出去。地面径流和表层流径流直接进入河网，计算中常合并考虑，称为直接径流，通常仍称为地面径流。

流域产汇流计算一般需要先对实测暴雨、径流和蒸发等资料做一定的整理分析，以便在定量上研究它们之间的因果关系和规律。本节将介绍这些要素以及分析计算方法。

7.1.2　流域产汇流计算基本资料的整理与分析

关于各次降雨的计算，加流域平均雨量、时段雨量、降雨强度等。

但必须注意的是，降雨场次的划分一定要与洪水场次的划分相对应，当把洪水划分为两次时，暴雨也要相应地划分为两次，且两两对应，前次暴雨Ⅰ对应前面的洪水Ⅰ，后次暴雨Ⅱ对应后面的洪水Ⅱ，切不可混淆。

1. 径流资料的整理与计算

（1）洪水场次划分及次洪水总径流深 W 的计算。洪水场次划分是指，将非本次降雨产生形成的径流分割出去。如图 7.1 所示。多数情况下，与本次降雨所对应的径流过程，不仅包括本次降雨形成的地面、地下径流，而且还包括前期降雨的地下径流。如图 7.1 中的虚线 ag 以下的水量，它表示如果没有降雨Ⅰ时，河中仍有持续的径流，称其为"基流"。另外，该次洪水尚未退完又遇降雨时，还会有后期洪水混入，如图 7.1 中的第Ⅱ场洪水。

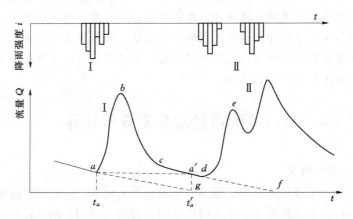

图 7.1　次降雨径流分割及总径流量计算示意图

由图 7.1 可知，如果能求得退水曲线 ag 和 $ca'df$，便能求得降雨Ⅰ所形成的洪水的总量 W，即 $abca'df$ 线与 agf 线之间所夹的面积。推求 W 比较简便的方法，是利用地下径流退水线相当稳定的性质来推求。近似认为，前期降雨所形成的在 a 点以后的地下径流过程线 ag，与 a' 点（与 a 点同流量）以后的 $a'df$ 线趋势一致，即 ag 线向后平移至 t'_a 的一段时间便可与 $a'df$ 线相重合。具体做法是，过起涨点 a 作一水平线，交本次洪水过程线退水段于 a' 点，计算 $t_aabca't'_a$ 包围面积所代表的水量，即为 W，除以流域面积 F 得到径流深为

$$R = \frac{W}{F} \tag{7.1}$$

需要注意的是，起涨点 a 应比较低，才能保证 a 点的流量全为地下径流，这样才能保持同流量同消退的规律。否则，若 a 点太高，其流量可能包含有地面径流成分，使 a 点和 a' 点以后的退水过程线趋势不一致。若遇这种情况，如图 7.1 中的第 3 个峰，则不宜单独作为一场洪水，最好与前面的第 2 个峰合并，共同作为一场洪水Ⅱ。

（2）流域地下径流标准退水曲线。流量过程线上的 a 点或 a' 点是否为流域地下退水流量，可由流域地下径流标准退水曲线来确定。图 7.2 中的下包线 $Q_g - t$，即为流域地下径流标准退水曲线，其绘制方法是：

1）以相同的比例尺，在方格纸上绘出各场洪水的退水流量过程线。

2）用一张透明纸描绘出最低的退水过程线。

3）将此曲线移到另一场洪水的次低的退水段，在保持时间坐标重合的条件下左右移动透明纸，使方格纸上的退水过程线在后部与透明纸上的退水过程线相重合，并把它也描绘在透明纸上。如此逐一描绘各场洪水的退水流量过程线，就构成 $Q_g - t$ 线。

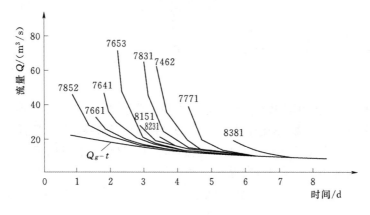

图 7.2　古田溪达才站退水曲线图

（注：图中数字为洪号）

（3）地面地下径流分割及计算。

1）地面地下径流分割。为分别研究地面径流和地下径流的产汇流规律，需将总径流中把地下径流（基流）分割。常用的两种方法：

a. 水平线分割法：如图 7.3 所示，从实测流量过程线的起涨点 a 作一水平线交过程线的退水段于 c 点，则水平线 ac 就认为是该次洪水的地面地下径流分割线。

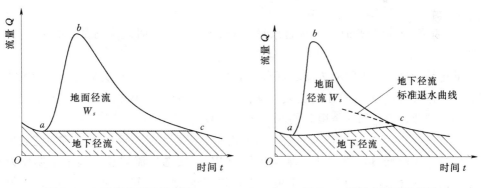

图 7.3　水平线分割法示意图　　　　图 7.4　斜线分割法示意图

b. 斜线分割法：如图 7.4 所示，将绘在透明纸上的标准退水曲线蒙在要分割的洪水过程线的退水段上（注意比例尺的一致），使横轴重合，然后左右移动，当透明纸上的标准退水曲线与洪水退水段的尾部吻合后，则两线前方的分岔点 c 就是地面径流终止点。从实测流量过程线的起涨点 a 到地面径流终止点 c 连一斜线 ac，即为地面地下径流分割线。

水平线分割法简便易行，对地下径流小，洪水历时短的流域较为适合；而对地下径流比重大、洪水连续时间长的流域，则会造成比较大的误差，此时改用斜线分割法较为合理。

2）地面、地下径流深的计算。地面、地下径流分割后，分割线上面的部分即地面径流 W_s，下面的部分即地下径流 W_g，其地面径流深 R_s、地下径流深 R_g 分别除以流域面积 F 即可得到：

$$R_s = \frac{W_s}{F} \tag{7.2}$$

$$R_g = \frac{W_g}{F} \tag{7.3}$$

2. 水源的划分

地面径流和地下径流汇流特性不同，求得次径流总量之后，还需划分地面径流和地下径流。简便的划分方法是斜线分割法，从流量起涨点到地面径流终止点之间连一直线，直线以上部分为地面径流，直线以下部分为地下径流，地面径流终止点可以用流域退水曲线来确定，使退水曲线的尾部与流量过程线退水段尾部重合，分离点即为地面径流终止点。为了避免人为分析误差，地面径流终止点也可用经验公式确定。例如，某区域的经验公式为

$$N = 0.84 F^{0.2} \tag{7.4}$$

式中：N 为洪峰出现时刻至地面径流终止点的日数；F 为流域面积，km^2。

3. 土壤含水量

流域土壤含水量的计算。降雨开始时，流域内包气带土壤含水量的大小是影响降雨形成径流过程的一个重要因素，在同等降雨条件下，土壤含水量大则产生的径流量大，反之则小。

流域土壤含水量一般是根据流域前期降雨、蒸发及径流过程，依据水量平衡原理采用递推公式推求：

$$W_t + 1 = W_t + P_t - E_t - R_t \tag{7.5}$$

式中：W_t 为第 t 时段初始时刻土壤含水量，mm；P_t 为第 t 时段降雨量，mm；E_t 为第 t 时段蒸发量，mm；R_t 为第 t 时段产流量，mm。

流域土壤含水量的上限称为流域蓄水容量 W_m，由于雨量、蒸发量及流量的观测与计算误差，采用式（7.5）计算出的流域土壤含水量有可能大于 W_m 或小于 0 的情况，这是不合理的，因此还需附加一个限制条件：$0 \leqslant W \leqslant W_m$。

采用式（7.5）需确定合适的起始时刻及相应土壤含水量。可以选择前期流域出现大暴雨的次日作为起始日，相应的土壤含水量为 W_m；或选择流域长时间干旱期作为起始日，相应的土壤含水量取为 0 或较小值；也可以提前较长时间（如 15～30d）作为起始日，假定一个土壤含水量（如取 W_m 值的一半）作为初值，经过较长时间计算后，误差会减小到允许的程度。

4. 流域产汇流计算基本内容与流程

由流域降雨推求流域出口的河川径流，大体上分为两个步骤：

（1）产流计算：降雨扣除截留、填洼、下渗、蒸发等损失之后，剩下的部分称为净雨，在数量上等于它所形成的径流深。在我国常称净雨量为产流量，降雨转化为净雨的过程为产流过程，关于净雨的计算称为产流计算。

（2）汇流计算：净雨沿着地面和地下汇入河网，然后经河网汇流形成流域出口的径流

过程，这个流域汇流过程的计算称之为汇流计算。

它们之间的联系可简明地表示成如图 7.5 所示的流程图。

图 7.5 由降雨过程推求径流过程流程图

5. 流域产汇流计算的基本思路

流域产汇流问题的内容十分丰富。这里仅介绍目前使用比较普遍和比较成熟的计算方法及其原理。产流计算的方法有降雨径流相关图法和初损后损法等；汇流计算的重点是单位线法和瞬时单位线法。

无论产流计算还是汇流计算，基本思路都是先从实际降雨径流资料出发，分析产流或汇流的规律；然后，用于设计条件时，则可由设计暴雨推求设计洪水，用于预报时，则由实际暴雨预报洪水。

6. 径流量计算

实测流量过程线割去非本次降雨形成的径流后，可以得出本次降雨形成的流量过程线。据此，推求出相应的径流深：

$$R = \frac{3.6 \sum_{i=1}^{n} Q_i \Delta t}{F} \tag{7.6}$$

式中：R 为径流深，mm；Δt 为时段长度，h；Q_i 为第 i 时段末的流量值，m³/s；F 为流域面积，km²。

7.1.3 前期影响雨量

在很多情况下，采用式（7.5）推求土壤含水量时，会遭遇径流资料缺乏的问题。

在生产实际中常采用前期影响雨量 P_a 来替代土壤含水量，计算公式为

$$P_{a,t+1} = K(P_{a,t} + P_t) \tag{7.7}$$

式（7.7）的限制条件为 $P_a \leqslant W_m$，即计算出的 $P_a > W_m$ 时取 $P_a = W_m$。

在式（7.7）中，K 是与流域蒸发量有关的土壤含水量日消退系数。如果采用一层蒸发模式，对于无雨日：

$$P_{a,t+1} = P_{a,t} - E_t = \left(1 - \frac{E_m}{W_m}\right) P_{a,t} \tag{7.8}$$

对照无雨日时的式（7.7），即 $P_{a,t+1} = K P_{a,t}$，可知：

$$K = 1 - \frac{E_m}{W_m} \tag{7.9}$$

如果在某一时间段，E_m 取一平均值，则在该时间段的 K 为常数。

7.2 流域产流分析计算

7.2.1 蓄满产流模式

在湿润地区，由于雨量充沛，地下水位较高，包气带较薄，包气带下部含水量经常

保持在田间持水量。在汛期，包气带的缺水量很容易为一次降雨所充满。因此，当流域发生大雨后，土壤含水量可以达到流域蓄水容量，降雨损失等于流域蓄水容量减去初始土壤含水量，降雨量扣除损失量即为径流。这种产流方式称为蓄满产流，方程式表达如下：

$$R = P - (W_m - W_o) \tag{7.10}$$

但是，式（7.10）只适用于包气带各点蓄水容量相同的流域，或用于雨后全流域蓄满的情况。在实际情况下，流域内各处包气带厚度和性质不同，蓄水容量是有差别的。因此，在一次降雨过程中，当全流域未蓄满之前，流域部分面积包气带的缺水量已经得到满足并开始产生径流，这称之为部分产流。随降雨继续，蓄满产流面积逐渐增加，最后达到全流域蓄满产流，称为全面产流。

在湿润地区，一次洪水的径流深主要是与本次降雨量、降雨开始时的土壤含水量密切相关。因此，可以根据流域历次降雨量、径流深、雨前土壤含水量，按蓄满产流模式进行分析，建立流域降雨与径流之间的定量关系。

1. 流域蓄水容量分布曲线

流域上各点都有自己的蓄水容量 W'_m，如果将全流域各点的 W'_m 自小至大进行排列，计算出等于及小于某一 W'_m 的面积 F_R，并以流域面积的相对值 F_R/F 表示，如图 7.6 所示。图中 W'_{mm} 为流域中最大的点蓄水容量，F_R/F 为小于等于 W'_m 的面积占流域面积的比值。蓄水容量曲线的线型采用 b 次抛物线比较合适，即

$$\frac{F_R}{F} = 1 - \left(1 - \frac{W'_m}{W'_{mm}}\right)^b \tag{7.11}$$

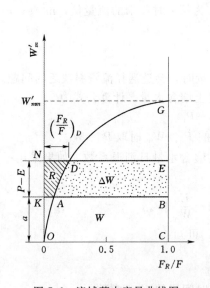

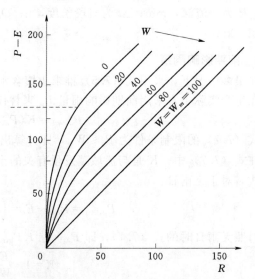

图 7.6 流域蓄水容量曲线图   图 7.7 流域降雨总径流相关图

2. 产流量计算公式

根据流域平均蓄水容量 W_m 的定义，可得

$$W_m = \int_0^{W'_{mm}} \left(1 - \frac{W'_m}{W'_{mm}}\right)^b \mathrm{d}W'_m = \frac{W'_{mm}}{1 + b} \tag{7.12}$$

流域蓄水量 W，由图 7.7，应为

$$W = \int_0^a \left(1 - \frac{W'_m}{W'_{mm}}\right)^b dW'_m = \frac{W'_{mm}}{1+b}\left[1 - \left(1 - \frac{a}{W'_{mm}}\right)^{1+b}\right] \tag{7.13}$$

与流域蓄水量 W 相对应的纵坐标 a 为

$$a = W'_{mm}\left[1 - \left(1 - \frac{W}{W_m}\right)^{\frac{1}{1+b}}\right] \tag{7.14}$$

在图 7.6 中，假设降雨开始时的流域蓄水量为 $W_0 = W$，即图上的面积 $OABC$。此时，若流域上降一有效平均雨深（$P-E$），图中矩形面积 $KBEN$ 即为其总水量的体积，其中打点的面积 $ABED$ 代表这次降雨所增加的流域蓄水量 ΔW，即下渗损失。AD 线的左边为蓄满的部分，根据水量平衡方程，图上阴影面积 $KADN$ 为产流量，即

当 $a+P-E < W'_{mm}$ 时

$$R = (P-E) - \Delta W = (P-E) - \int_a^{a+P-E}\left(1 - \frac{W'_m}{W'_{mm}}\right)^b dW'_m$$

$$= (P-E) - (W_m - W) + W_m\left(1 - \frac{a+P-E}{W'_{mm}}\right)^{1+b} \tag{7.15}$$

当 $a+P-E \geqslant W'_{mm}$ 时

$$R = (P-E) - (W_m - W) \tag{7.16}$$

式中的两个参数 b 和 W'_{mm}（或 W_m），可用实测降雨径流资料优选。若假定不同的 $W_0 = W$，就可算出如图 7.7 的降雨径流关系。

3. 流域蓄水量计算

产流计算过程中，需确定出各时段时段初的流域蓄水量。设一场暴雨起始流域蓄水量为 W_0，时段末流域蓄水量计算公式如下：

$$W_{t+\Delta t} = W_t + P_{\Delta t} - E_{\Delta t} - R_{\Delta t} \tag{7.17}$$

式中：W_t、$W_{t+\Delta t}$ 为时段初、末流域蓄水量，mm；$P_{\Delta t}$ 为时段内流域的面平均降雨量，mm；$R_{\Delta t}$ 为时段内的产流量，mm；$E_{\Delta t}$ 为时段内流域的蒸散发量，mm。式中的蒸散发量 $E_{\Delta t}$，常采用以下 3 种模型进行计算。

（1）一层模型：该模型假定流域蒸散发量与流域蓄水量成正比，有

$$E_{\Delta t} = \frac{E_{m\Delta t}}{W_m}W_t \tag{7.18}$$

式中：$E_{m\Delta t}$ 为时段内流域的蒸散发能力，mm。

一层模型没有考虑土壤水分在垂直剖面中的分布情况。比如久旱之后，W_t 已很小，若这时下了一些雨，这些雨实际上分布在表土，很容易蒸发，但按一层模型，由于 W_t 小，计算的蒸散发量很小，与实际不符。

（2）二层模型：该模型把流域蓄水容量 W_m 分为上下二层，WU_m 和 WL_m，$W_m = WU_m + WL_m$。实际蓄水量也相应分为上下二层，WU_t 和 WL_t，$W_t = WU_t + WL_t$。并假定：下雨时，先补充上层缺水量，满足上层后再补充下层；蒸散发则先消耗上层的 WU_t，蒸发完了再消耗下层的 WL_t。上层按蒸散发能力蒸发，下层的蒸散发量假定与下层蓄水

量成正比，即

当 $P_{\Delta t}+WU_t \geqslant E_{m\Delta t}$ 时

$$EU_{\Delta t}=EM_{\Delta t}, EL_{\Delta t}=0, E_{\Delta t}=EU_{\Delta t}+EL_{\Delta t} \tag{7.19}$$

当 $P_{\Delta t}+WU_t < E_{m\Delta t}$ 时

$$EU_{\Delta t}=P_{\Delta t}+WU_t, EL_{\Delta t}=(E_{m\Delta t}-EU_{\Delta t})\frac{WL_t}{WL_M}, E_{\Delta t}=EU_{\Delta t}+EL_{\Delta t} \tag{7.20}$$

在久旱以后，WL_t 很小，算出的 $EL_{\Delta t}$ 更小，这可能不符合实际情况，这时植物根系仍可将深层水分供给蒸散发。

（3）三层模型。该模型把流域蓄水容量 W_m 分为上层、下层和深层三层，$W_m=WU_m+WL_m+WD_m$。实际蓄水量也相应分为上下三层，$W_t=WU_t+WL_t+WD_t$。前两层蒸散发与二层模型相同，但只能用到 $EL_{\Delta t} \geqslant C(E_{m\Delta t}-EU_{\Delta t})$ 的情况，这里 C 是与深层蒸散发有关的系数，由二层模型，有

$$EL_{\Delta t}=(EM_{\Delta t}-EU_{\Delta t})\frac{WL_t}{WL_M} \tag{7.21}$$

当 $EL_{\Delta t} \geqslant C(EM_{\Delta t}-EU_{\Delta t})$，即 $\dfrac{WL_t}{WL_M} \geqslant C$ 时，用二层模型。

当 $EL_{\Delta t} < C(EM_{\Delta t}-EU_{\Delta t})$，即 $\dfrac{WL_t}{WL_M} < C$ 时，$EL_{\Delta t}=C(EM_{\Delta t}-EU_{\Delta t})$，$ED_{\Delta t}=0$。

当 $EL_{\Delta t} < C(EM_{\Delta t}-EU_{\Delta t})$ 且 $WL_t < C(EM_{\Delta t}-EU_{\Delta t})$ 时，$EL_{\Delta t}=WL_t$，$ED_{\Delta t}=C(EM_{\Delta t}-EU_{\Delta t})-EL_{\Delta t}$。

$$E_{\Delta t}=EU_{\Delta t}+EL_{\Delta t}+ED_{\Delta t} \tag{7.22}$$

C 值在北方半湿润地区约为 $0.09\sim0.12$，南方湿润地区一般为 $0.15\sim0.20$（均为日数值），也可用实测资料优选。

【例 7.1】 已知某流域各日雨量 P、蒸发能力 E_p 及产流量 R，见表 7.1。流域蓄水容量 $W_m=80$mm，本次降雨开始时 $W_o=54.4$mm，流域蒸散发采用一层计算模型。计算流域蓄水量 W 的逐日变化过程。

表 7.1　　　　　某流域 8 月 29 日至 9 月 2 日的逐时段降雨量及蒸散发能力

时间	P/mm	E_p/mm	E/mm	$P-E$/mm	W/mm	R/mm
	(1)	(2)	(3)	(4)	(5)	(6)
1970 年 8 月 29 日	0.7	4.5	3.1		54.4	
1970 年 8 月 30 日		4.6				
1970 年 8 月 31 日	1.5	4.0				
1970 年 9 月 1 日		5.5				
1970 年 9 月 2 日		5.8				

解：（1）计算 8 月 29 日的流域蒸散发量：$E = \dfrac{E_P}{W_m} W_t = \dfrac{4.5}{80} \times 54.4 = 3.1 (\text{mm})$

（2）计算 8 月 30 日的蓄水量：

$$W_{t+1} = W_t + P_t - E_t - R_t = 54.4 + 0.7 - 3.1 - 0 = 52 (\text{mm})$$

（3）以 8 月 30 日的蓄水量为初始值，按上述步骤转入下一时段计算；计算结果见表 7.2。

表 7.2　　　　　　　　　　　　　**蓄 水 量 计 算 结 果 表**

时间	P/mm	E_P/mm	E/mm	$P-E$/mm	W/mm	R/mm
	(1)	(2)	(3)	(4)	(5)	(6)
1970 年 8 月 29 日	0.7	4.5	3.1		54.4	
1970 年 8 月 30 日		4.6	3.0		52.0	
1970 年 8 月 31 日	1.5	4.0	2.4		49.0	
1970 年 9 月 1 日		5.5	3.3		48.1	
1970 年 9 月 2 日		5.8	3.2		44.8	

7.2.2　超渗产流模式

在干旱和半干旱地区，地下水埋藏很深，降雨量小，包气带可达几十米甚至上百米，降雨过程中下渗的水量不易使整个包气带达到田间持水量，一般不产生地下径流，并且只有当降雨强度大于下渗强度时才产生地面径流，这种产流方式称为超渗产流。显然，这种产流方式的关键是确定流域下渗的变化规律。

在超渗产流地区，影响产流过程的关键是土壤下渗率的变化规律，这可用下渗能力曲线来表达。下渗能力曲线是从土壤完全干燥开始，在充分供水条件下的土壤下渗能力过程。土壤下渗过程大体可分为初渗、不稳定下渗和稳定下渗三个阶段。在初渗阶段，下渗水分主要在土壤分子力的作用下被土壤吸收，加之包气带表层土壤比较疏松，下渗率很大；随着下渗水量增加，进入不稳定下渗阶段，下渗水分主要受毛细管力和重力的作用，下渗率随着土壤含水量的增加而减少；随着下渗水量的锋面向土壤下层延伸，土壤密度变大，下渗率随之递减并趋于稳定，也称为稳定下渗率。

与蓄满产流相比，超渗产流的影响因素更为复杂，对计算资料的要求较高，产流计算成果的精度也相对较差。因此，必须对干旱地区下渗特性及主要影响要素进行深入分析，充分利用各种资料条件，制定合理的超渗产流计算方案。

1. 下渗曲线法

按照超渗产流模式，判别降雨是否产流的标准是雨强 i 是否超过下渗强度 f。因此，用实测的雨强过程 i-t 扣除实际下渗过程 f-t，就可得产流量过程 R-t，如图 7.8 中阴影部分。这种产流计算方法称为下渗曲线法。

由损失累积曲线推求下渗曲线，下渗曲线 $f_p(t)$-t 用霍顿下渗式（7.23）表示，从 0 ～t 积分有

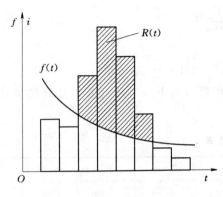

图 7.8　下渗曲线示意图

$$F_p(t) = f_c t + \frac{1}{\beta}(f_o - f_c) - \frac{1}{\beta}(f_o - f_c)e^{-\beta t}$$

$$(7.23)$$

式中：$F_p(t)$ 为 t 时刻累积下渗水量，即累积损失量。这部分水量完全被包气带土壤吸收，所以，$F_p(t)$ 也就是该时刻流域的土壤含水量 W_t。

当 W_o 不变，令 $\frac{1}{\beta}(f_o - f_c) = a$，$f_c = b$，则

$$F_p(t) = a + bt - ae^{-\beta t} \qquad (7.24)$$

每次实际雨洪后的流域土壤含水量 $F_p(t) = W_o + P - R$（超渗产流降雨历时一般不长，雨期蒸散发可忽略）及相应的下渗历时 t 必是式

（7.24）上的一点，因此，根据历年降雨径流资料可以得出 $F_p(t)$-t 的经验关系曲线，并可拟合成如式（7.24）型式的经验公式，经验公式的微分曲线即为下渗曲线。

【例 7.2】　某流域一次降雨洪水过程，已求得各时段雨量 P、蒸发量 E 及产流量 R，见表 7.3，经洪水过程资料分析，该次洪水的径流深为 71.8mm，其中地下径流深为 28.0mm。试推求稳定下渗率 f_c。

表 7.3　　　　　　　　　某流域 4 月一次洪水相应的 $(P-E)$、R 过程

时间		$P-E$/mm	R/mm	$\dfrac{R}{P-E}$
4-16	8 时			
	14 时	4.2	2.0	0.48
	20 时	14.6	10.5	0.72
4-17	2 时	31.6	29.1	0.92
	8 时	25.9	25.9	1.00
	14 时	3.2	3.2	1.00
	20 时	0.5	0.5	1.00
4-18	2 时	0.6	0.6	1.00

解：　（1）根据表中降雨 $P-E$ 的大小变化情况，设超渗雨时段为 2～4 时段，即 $m=3$。

（2）计算地面径流深：$R_s = R - R_g = 71.8 - 28.0 = 43.8$（mm）

（3）计算 f_c：

$$f_c = \frac{\sum_{i=1}^{m} R_i - R_s}{\sum_{i=1}^{m} \dfrac{R_i}{P_i - E_i}} = \frac{(10.5 + 29.1 + 25.9) - 43.8}{(0.72 + 0.92 + 1.0) \times 6} = \frac{21.7}{15.84} = 1.37 \text{ (mm/h)}$$

$$f_c \Delta t = 1.37 \times 6 = 8.22 \text{ (mm)}$$

（4）按各时段的 $f_c\Delta t_i$ 与 (P_i-E_i) 对比，超渗雨时段正是 2～4 时段，其他为非超渗雨时段，与假设相符，故 $f_c=1.37\text{mm/h}$ 即为所求。

2. 超渗产流的产流量计算

应用 f_p-t 和 f_p-W 关系推求产流量：图 7.9 为土壤下渗能力曲线，将降雨过程划分为不同的计算时段，时段长可以不等，根据雨强变化情况而定。然后逐时段进行计算，步骤如下：

（1）从降雨第一时段起，由时段初始土壤含水量 W_k 查 $f-W$ 曲线，得到相应的下渗率 f_k，如果时段不长，可以近似代表时段平均下渗率。

（2）根据 f_k 及时段雨强 i_k，按超渗产流模式计算净雨量 h_k，计算公式为

$$h=\begin{cases}(i-f)\Delta t \ ,i\geqslant f\\ 0,i<f\end{cases} \qquad (7.25)$$

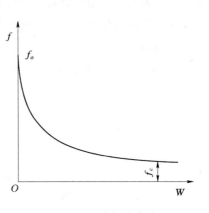

图 7.9 下渗能力曲线

（3）根据水量平衡公式，计算下时段初始土壤含水量：

$$W_k+1=W_k+P_k-h_k \qquad (7.26)$$

（4）重复步骤（1）～（3）就可以由降雨过程计算出逐时段的产流量。

采用下渗曲线法进行产流计算时，应该注意到降雨强度时空分布的不均匀性对产流的影响，且流域不同地点的下渗特点也是存在差别的。因此，为了提高计算精度，降雨时段长度不宜大，常以分钟计，流域应按雨量站分布状况划分为较小的单元区域进行产流计算。

3. 初损后损法

采用下渗曲线法进行产流计算，必须知道计算区域的下渗能力曲线，这需要很多径流资料或实地试验才能获得，在实际工作中往往难以实现。

初损后损法是下渗曲线法的一种简化方法，它把实际的下渗过程简化为初损和后损两个阶段。产流以前的总损失水量称为初损，以流域平均水深表示；后损主要是流域产流以后的下渗损失，以平均下渗率表示。一次降雨所形成的径流深可用下式表示：

$$R=P-I_o-\overline{f}t_R-P_o \qquad (7.27)$$

式中：P 为次降雨量，mm；I_o 为初损，mm；$\overline{f}$ 为平均后渗率，mm/h；t_R 为产流历时，h；P_o 为降雨后期不产流的雨量，mm。

4. 初损分析

对于小流域，由于汇流时间短，出口断面的起涨点大体可以作为产流开始时刻，起涨点以前雨量的累积值可作为初损的近似值，如图 7.10 所示。对较大的流域，流域各处至出口断面汇流时间差别较大，可根据雨量站位置分

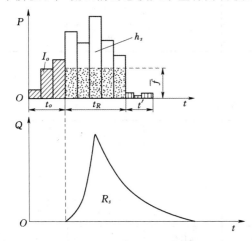

图 7.10 初损后损法推求产流量示意图

析汇流时间并定出产流开始时刻，取各雨量站产流开始之前累积雨量的平均值，作为该次降雨的初损。各次降雨的初损是不同的，初损与初期降雨强度、初始土壤含水量具有密关系。利用多次实测雨洪资料，分析各场洪水的 I_o 及流域初始土壤含水量 W_o（或 P_a），初损期的平均降雨强度 i_o，可以建立 W_o-i_o-I_o 相关图，如图 7.11 所示。此外，由于植被和土地利用具有季节性变化特点，初损还受到季节的影响，也可以建立如图 7.12 所示的以月份 M 为参数的 W_o-M-I_o 相关图。

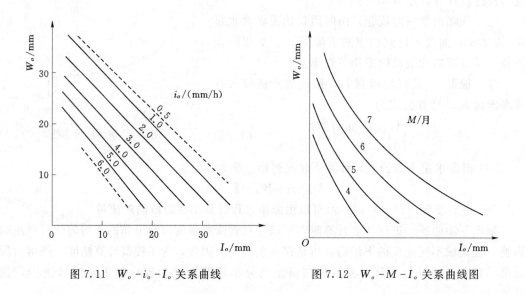

图 7.11　W_o-i_o-I_o 关系曲线　　　　图 7.12　W_o-M-I_o 关系曲线图

【例 7.3】　某流域降雨过程见表 7.4，并在该流域的初损 I_o 相关图和平均后期下渗能力相关图上查得该次降雨得 $I_o = 25\text{mm}$，$\overline{f} = 1.0\text{mm/h}$，试求该次降雨的地面净雨过程。

表 7.4　　　　　　　　　　　　　　某流域一次降雨过程

时段（$\Delta t = 6\text{h}$）	1	2	3	4	5	6
雨量/mm	25.0	31.0	39.5	47.0	9.0	3.5

解： 计算该次暴雨的地面净雨过程见表 7.5。

表 7.5　　　　　　　　　　　　　　时段地面净雨计算表

时段（$\Delta t = 6\text{h}$）	1	2	3	4	5	6
雨量/mm	25.0	31.0	39.5	47.0	9.0	3.5
初损/mm	25.0					
后期下渗/mm		6.0	6.0	6.0	6.0	3.5
地面净雨/mm	0	25.0	33.5	41.0	3.0	0

7.3 流域汇流分析计算

7.3.1 流域出口断面流量的组成

流域汇流是指，在流域各点产生的净雨，经过坡地和河网汇集到流域出口断面，形成径流的全过程。

同一时刻在流域各处形成的净雨距流域出口断面远近、流速不相同，所以不可能全部在同一时刻到达流域出口断面。但是，不同时刻在流域内不同地点产生的净雨，却可以在同一时刻流达流域的出口断面，如图 7.13 所示。

1. 基本概念及含义

流域汇流时间 τ_m：流域上最远点的净雨流到出口所经历的时间。

汇流时间 τ：流域各点的地面净雨流达出口断面所经历的时间。

等流时面积 $dF(\tau)$：同一时刻产生且汇流时间相同的净雨，所组成的面积。

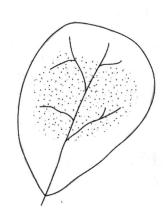

图 7.13 等流时面积分布示意图

2. 流量成因公式及汇流曲线

流域出口断面 t 时刻的流量 $Q(t)$，是各种不同的等流时面积上在 t 时刻到达出口断面的流量之和，即

$$Q(t) = \int_0^t dQ(t) = \int_0^t i(t-\tau)dF(\tau) \tag{7.28}$$

又因为等流时面积是汇流时间 τ 的函数，因此有 $dF(\tau) = \dfrac{\partial F(\tau)}{\partial \tau}d\tau$，则有流量成因公式：

$$Q(t) = \int_0^t i(t-\tau)\frac{\partial F(\tau)}{\partial \tau}d\tau \tag{7.29}$$

式中：$\dfrac{\partial F(\tau)}{\partial \tau} = u(\tau)$ 为流域的汇流曲线，则有

$$Q(t) = \int_0^t i(t-\tau)\frac{\partial F(\tau)}{\partial \tau}d\tau = \int_0^t i(t-\tau)u(\tau)d\tau = \int_0^t i(\tau)u(t-\tau)d\tau \tag{7.30}$$

式（7.30）称为卷积公式。由此式可知，流域出口断面的流量过程取决于流域内的产流过程和汇流曲线。当已知流域内降雨形成的净雨过程，则汇流计算的关键是确定流域的汇流曲线。

7.3.2 等流时线法

流域各点的净雨到达出口断面所经历的时间，称为汇流时间 τ；流域上最远点的净雨到达出口断面的汇流时间称为流域汇流时间。流域上汇流时间相同点的连线，称为等流时线，两条相邻等流时线之间的面积称为等流时面积，$\Delta\tau$，$2\Delta\tau$，…为等流时线汇流时间，相应的等流时面积为 f_1，f_2，流域等流时线，取 $\Delta t = \Delta\tau$，根据等流时线的概念，降落在流域面上的时段净雨，按各等流时面积汇流时间顺序依次流出流域出口断面，计算公式：

$$q_{i,i+j-1} = 0.278 r_i f_j, \quad j = 1, 2, \cdots, n \tag{7.31}$$

式中：r_i 为第 i 时段净雨强度 $(h/\Delta t)$，mm/h；f_j 为汇流时间为 $(j-1)\Delta t$ 和 $j\Delta t$ 两条等流时线之间的面积，km^2；$q_{i,i+j-1}$ 为在 f_j 上的 r_i 形成的 $i+j-1$ 时段末出口断面流量，m^3/s。

假定各时段净雨所形成的流量在汇流过程中相互没有干扰，出口断面的流量过程是降落在各等流时面积上的净雨按先后次序出流叠加而成的，则第 k 时段末出口断面流量：

$$Q_k = \sum q_{i,k} = 0.278 \sum_{i+j-1} r_i f_j \tag{7.32}$$

等流时线法适用于流域地面径流的汇流计算。

7.3.3 单位线法

1. 单位线的基本概念

单位线是指，在给定的流域上，单位时段内均匀降落单位深度的地面净雨，在流域出口断面形成的地面径流过程线，称为单位线，如图 7.14 所示。单位净雨一般取 10mm，单位时段可取 1h、3h、6h、12h、24h 等，依流域大小而定。

由于实际的净雨不一定正好是一个单位和一个时段，所以分析使用时有以下两条假定。

倍比假定：如果单位时段内的净雨不是一个单位而是 k 个单位，则形成的流量过程是单位线纵标的 k 倍。

叠加假定：如果净雨不是一个时段而是 m 个时段，则形成的流量过程是各时段净雨形成的部分流量过程错时段叠加。

根据上述假定，可以得到流域出口断面流量过程线的表达式：

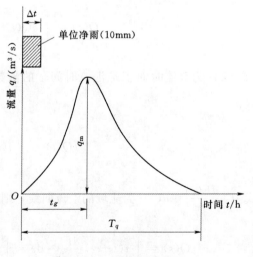

图 7.14 单位线示意图

$$Q_i = \sum_{j=1}^{m} \frac{R_j}{10} q_{i-j+1} \begin{cases} i=1,2,\cdots,k \\ j=1,2,\cdots,m \\ i-j+1=1,2,\cdots,n \end{cases} \tag{7.33}$$

式中：Q_i 为流域出口断面各时刻流量值，m^3/s；R_j 为各时段净雨量，mm；q_{i-j+1} 为单位线各时刻纵坐标，m^3/s；k 为流域出口断面流量过程线时段数；m 为净雨时段数；n 为单位线时段数。

2. 单位线的推求

单位线利用实测的降雨径流资料来推求，一般选择时空分布较均匀，历时较短的降雨形成的单峰洪水来分析。根据地面净雨过程及对应的地面径流流量过程线，推算单位线的常用方法有直接分析法和试错优选法等。

(1) 直接分析法。设出口断面的地面流量过程为 Q_1，Q_2，$\cdots$，Q_K，流域的净雨过程为 R_1，R_2，$\cdots$，R_m，由式 (7.34) 构成一个以 q_1，q_2，$\cdots$，q_m，为未知数的线性代数方程组，解之即可得单位线。

$$q_i = \frac{Q_i - \sum_{j=2}^{m} \frac{R_j}{10} q_{i-j+k}}{\frac{R_1}{10}} \begin{cases} i=1,2,\cdots,n \\ j=2,\cdots,m \end{cases} \tag{7.34}$$

式中：n 为单位线的时段数，$n=k-m+1$。

(2) 试错优选法。用分析法推求单位线常因计算过程中误差累积太快，使解算工作难以进行到底，这种情况下比较有效的办法是采用试错优选法。

试错优选法是先假定一条单位线，按倍比假定计算各时段净雨的地面径流过程，然后将各时段净雨的地面径流过程按时程叠加，得到计算的总地面径流过程；若能与实测的地面径流过程较好地吻合，则所设单位线即为所求；否则，对原设单位线予以调整，重新试算，直至吻合较好为止。

【例 7.4】 已知某流域的一次地面径流及其相应的地面净雨过程 Q_s-t、R_s-t，见表7.6。①求流域面积；②推求该流域 6h10mm 单位线。

表 7.6　　　　　　　　　　　某流域一次暴雨产生的地下净雨过程

时间	7日8时	7日14时	7日20时	8日2时	8日8时	8日14时	8日20时	9日2时	9日8时	9日14时	9日20时	10日2时
地面净雨/mm	0	35.0	7.0	0	0							
地面径流/(m³/s)	0	20	94	308	178	104	61	39	21	13	2	0

解：(1) 推求流域面积：

由式

$$R_s = \frac{\sum Q_s \times \Delta t}{1000 \times F} = \frac{840 \times 6 \times 3600}{1000 \times 42} = 432 (\text{km}^2)$$

(2) 分析法推求 6h10mm 单位线：

1）由计算公式为

$$q_i = \frac{Q_i - \sum_{j=2}^{m} \frac{R_j}{10} q_{i-j+1}}{\frac{R_1}{10}} \begin{cases} i = 1, 2, \cdots, n \\ j = 2, \cdots, m \end{cases}$$

第一时段末：$q_1 = \dfrac{Q_i - \sum_{j=2}^{m} \frac{R_j}{10} q_{i-j+1}}{\frac{R_1}{10}} = \dfrac{20 - 0}{3.5} = 5.7 \, (\text{m}^3/\text{s})$

第二时段末：$q_2 = \dfrac{Q_i - \sum_{j=2}^{m} \frac{R_j}{10} q_{i-j+1}}{\frac{R_1}{10}} = \dfrac{94 - 7/10 \times 5.7}{3.5} = 25.7 \, (\text{m}^3/\text{s})$

2）推求得单位线见表，核验折合成 10mm，所以是合理的。

表 7.7   **流域 6h10mm 单位线**

时间	7日 8时	7日 14时	7日 20时	8日 2时	8日 8时	8日 14时	8日 20时	9日 2时	9日 8时	9日 14时	9日 20时	10日 2时
时段（$\Delta t = 6$h）	0	1	2	3	4	5	6	7	8	9	10	11
地面净雨/mm	0	35.0	7.0									
地面径流/(m³/s)	0	20	94	308	178	104	61	39	21	13	2	0
单位线/(m³/s)	0	5.7	25.7	82.9	34.3	22.9	12.9	8.6	4.3	2.9	0	

3. 单位线的时段转换

单位线应用时，往往实际降雨时段或计算要求与已知单位线的时段长不相符，需要进行单位线的时段转换，常采用 S 曲线转换法。

假定流域上净雨持续不断，且每一时段净雨均为一个单位，在流域出口断面形成的流量过程线称为 S 曲线。

S 曲线在某时刻的纵坐标等于连续若干个 10mm 单位线在该时刻的纵坐标值之和，或者说，S 曲线的纵坐标就是单位线纵坐标沿时程的累积曲线，即

$$S(\Delta t, t_k) = \sum_{j=0}^{k} q(\Delta t, t_j) \tag{7.35}$$

式中：Δt 为单位线时段，h；$S(\Delta t, t_k)$ 为第 k 个时段末 S 曲线的纵坐标，m³/s；$q(\Delta t, t_j)$ 为第 j 个时段末单位线的纵坐标，m³/s。

反之，由 S 曲线也可以转换为单位线：

$$q(\Delta t, t_j) = S(\Delta t, t_j) - S(\Delta t, t_j - \Delta t)$$

由于不同时段的单位净雨均为 10mm，因此，单位线的净雨强度与单位时段的长度成反比。根据倍比假定，不同时段的 S 曲线之间满足：

$$S(\Delta t, t) = \frac{\Delta t_o}{\Delta t} S(\Delta t_o, t) \tag{7.36}$$

将式（7.37）代入式（7.36），得

$$q(\Delta t, t_j) = \frac{\Delta t_o}{\Delta t} [S(\Delta t_o, t_j) - S(\Delta t_o, t_j - \Delta t)] \tag{7.37}$$

根据式（7.37），可以将时段为 Δt_o 的单位线转换成时段为 Δt 的单位线。

【例 7.5】 已知净雨强度为 10mm/1h 的持续降雨形成的流量过程线 $S(t)$ 见表 7.8，试推 2h10mm 的单位线 $q(2, t)$。

表 7.8　　　　　　　　　　　　　　某流域的流量 $S(t)$ 曲线

时间/h	0	1	2	3	4	5	6	7	8
$S(t)/(\text{m}^3/\text{s})$	0	16	226	301	341	361	371	376	376

解：将过程线 $S(t)$ 后移 2h 得 $S(t-2h)$ 过程线，由 $S(t)$ 与 $S(t-2h)$ 的差得到 $u(2h, t) = S(t) - S(t-2h)$，然后由式 $q(2, t) = \frac{T_o}{T} u(2h, t) = \frac{1}{2} u(2h, t)$ 得到 2h10mm 单位线，列表计算见表 7.9：

表 7.9　　　　　　　　　　　　由流量过程线推求时段单位线

时间/h	$Q/(\text{m}^3/\text{s})$	$S(t-2h)/(\text{m}^3/\text{s})$	$u(2h, t)/(\text{m}^3/\text{s})$	$Q(2, t)/(\text{m}^3/\text{s})$
0	0		0	0
1	16		16	8
2	226	0	226	113
3	301	16	285	143
4	341	226	115	57
5	361	301	60	30
6	371	341	30	15
7	376	361	15	8
8	376	371	5	2
9	376	376	0	0
合计				376

4. 单位线法存在的问题及处理方法

单位线的两个假定不完全符合实际，一个流域上各次洪水分析的单位线常常有些不同，有时差别还比较大。在洪水预报或推求设计洪水时，必须分析单位线存在差别的原因并采取妥善的处理办法。

（1）净雨强度对单位线的影响及处理方法。在其他条件相同情况下，净雨强度越大，流域汇流速度越快，由此洪水分析出来的单位线的洪峰比较高，峰现时间也提前；反之，

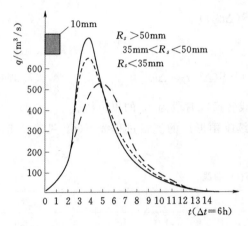

图 7.15 单位线受地面净雨强度影响

由净雨强度小的中小洪水分析单位线，洪峰低，峰现时间也要滞后，如图 7.15 所示。针对这一问题，目前的处理方法是：分析出不同净雨强度的单位线，并研究单位线与净雨强度的关系。进行预报或推求设计洪水时，可根据具体的净雨强度选用相应的单位线。

（2）净雨地区分布不均匀的影响及处理方法。同一流域，净雨在流域上的平均强度相同，但当暴雨中心靠近下游时，汇流途径短，河网对洪水的调蓄作用减少，从而使单位线的峰偏高，出现时间提前；相反，暴雨中心在上游时，大多数的雨水要经过各级河道的调蓄才流到出口，这样使单位线的峰较低，出现时间推迟，如图 7.16 所示。针对这种情况，应当分析出不同暴雨中心位置的单位线，以便洪水预报和推求设计洪水时，根据暴雨中心的位置选用相应的单位线。

当一个流域的净雨强度和暴雨中心位置对单位线都有明显影响时，则要对每一暴雨中心位置分析出不同净雨强度的单位线，以便将来使用时能同时考虑这两方面的影响。

7.3.4 瞬时单位线法

1. 瞬时单位线

所谓瞬时单位线，就是在瞬时（无限小的时段内），流域上均匀的单位地面净雨所形成的地面径流过程线。通常以 $u(0,t)$ 或 $u(t)$ 表示。瞬时单位线法汇流计算也是从线性系统出发探讨汇流过程的一种方法，J.E. 纳希设想流域的汇流作用可由串联的 n 个相同的线性水库的调蓄作用来代替，如图 7.17 所示。

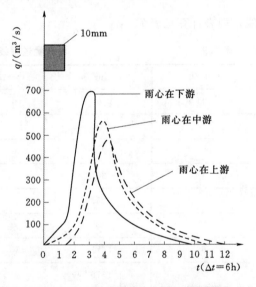

图 7.16 单位线受暴雨中心位置影响

流域出口断面的流量过程是流域净雨经过这些水库调蓄后的出流。根据这个设想，可导出瞬时单位线的数学方程：

$$u(0,t) = \frac{1}{K\Gamma(n)}\left(\frac{t}{K}\right)^{n-1} e^{-\frac{t}{K}} \tag{7.38}$$

式中：n 为线性水库的个数；K 为线性水库的调蓄系数，具有时间的单位。

参数 n、K 对瞬时单位线形状的影响如图 7.18 和图 7.19 所示。从图中可以看出，n、K 对 $u(0,t)$ 形状的影响是相似的。当 n、K 减小时，$u(0,t)$ 的洪峰增高，峰现时间提前；而当 n、K 增大时，$u(0,t)$ 的峰降低，峰现时间推后。

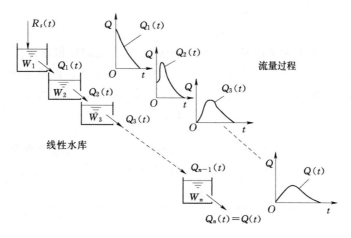

图 7.17　J.E. 纳希的流域汇流模型示意图

2. 瞬时单位线的时段转换

实用中需将瞬时单位线转换为时段单位线才能使用，时段的转换仍采用 S 曲线法。按 S 曲线的定义，有

$$S(t) = \int_0^t u(0,t)\mathrm{d}t = \int_0^t \frac{1}{\Gamma n}\frac{t}{K}^{n-1} \mathrm{e}^{-\frac{1}{k}}\mathrm{d}\frac{t}{K} \tag{7.39}$$

式（7.39）已经制成表格可供查用。由 S 曲线可以转换为任何时段长度的单位线

$$u(\Delta t, t_j) = S(t_j) - S(t_j - \Delta t) \tag{7.40}$$

式中：$S(t_j)$ 为第 j 个时段末 S 曲线的纵坐标；$u(\Delta t, t_j)$ 为第 j 个时段末单位线的纵坐标。

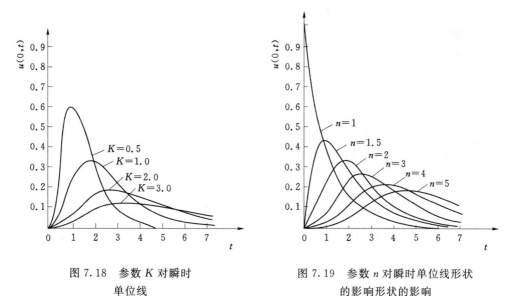

图 7.18　参数 K 对瞬时
单位线

图 7.19　参数 n 对瞬时单位线形状
的影响形状的影响

按式（7.40）转换得出的时段单位线的纵坐标为无因次值，称之为无因次单位线。无因次单位线和时间轴所包围的面积应等于 Δt，且有

$$\sum_{i=1}^{n} u(\Delta t, t_i) = 1 \qquad (7.41)$$

无因次单位线等价于为单位时段内输入 Δt（h）总水量的单位净雨所形成的出流过程线，而 10mm 单位线为单位时段内输入 $10F$（mm×km）总水量的单位净雨所形成的出流过程线。根据单位线的倍比假定，10mm 单位线与无因次单位线之间的关系为

$$q(\Delta t, t_i) = \frac{10F}{3.6\Delta t} u(\Delta t, t_i) \qquad (7.42)$$

【例 7.6】 已知某流域面积为 2650km^2，由暴雨洪水资料优选出纳西瞬时单位线参数 $n=3.0$，$k=6.0\text{h}$，试以 S 曲线法计算 6h10mm 单位线（S 曲线查用表如下，$n=3.0$）。

表 7.10 S 曲线查用表

t/k	0	1.0	2.0	2.5	3.0	3.5	4.0	4.5	5.0	5.5	6.0
S	0	0.004	0.053	0.109	0.185	0.275	0.371	0.487	0.560	0.658	0.715
t/k	6.5	7.0	7.5	8.0	9.0	10.0	11.0	12.0	13.0	14.0	15.0
S	0.776	0.827	0.868	0.900	0.945	0.971	0.985	0.992	0.996	0.998	0.999

解： $n=3.0$，$K=6\text{h}$，$F=2650\text{km}^2$

$$q(\Delta t, t) = \frac{10 \times F}{3.6\Delta t}[S(t) - S(t-\Delta t)] = \frac{10 \times F}{3.6\Delta t} u(\Delta t, t) = \frac{10 \times 2650}{3.6 \times 6} u(\Delta t, t)$$

按此公式，计算 6h 时段单位线见表 7.11。

表 7.11   时段 $\Delta t = 6\text{h}$ 时段单位线计算表

时间/h	t/k	$S(t)$	$S(t-\Delta t)$	$u(\Delta t, t)$	6h10mm 净雨单位线/（m³/s）
(1)	(2)	(3)	(4)	(5)	(6)
0	0	0		0	0
6	1	0.080	0	0.080	98
12	2	0.323	0.080	0.243	298
18	3	0.577	0.323	0.254	313
24	4	0.762	0.577	0.185	227
30	5	0.875	0.762	0.113	139
36	6	0.938	0.875	0.063	77
42	7	0.970	0.938	0.032	39
48	8	0.986	0.970	0.016	20
54	9	0.994	0.986	0.008	10
60	10	0.997	0.994	0.003	4
66	11	0.999	0.997	0.002	2
72			0.999	0	0

3. 参数 n，K 的确定

纳希利用统计数学中矩的概念，推导出由实测净雨过程 $R(t)$ 和出口断面地面径流过

程 $Q(t)$ 确定 n，K 的公式为

$$K = \frac{M_Q^{(2)} - M_R^{(2)}}{M_Q^{(1)} - M_R^{(1)}} - [M_Q^{(1)} + M_R^{(1)}] \tag{7.43}$$

$$n = \frac{M_Q^{(1)} - M_R^{(1)}}{K} \tag{7.44}$$

式中：$M_Q^{(1)}$、$M_Q^{(2)}$ 分别为地面径流的一阶和二阶原点矩；$M_R^{(1)}$、$M_R^{(2)}$ 分别为地面净雨的一阶和二阶原点矩。其中：

$$M_R^{(1)} = \frac{\sum R_i t_i}{\sum R_i} \tag{7.45}$$

$$M_R^{(2)} = \frac{\sum R_i (t_i)^2}{\sum R_i} \tag{7.46}$$

$$M_Q^{(1)} = \frac{\sum Q_i m_i}{\sum Q_i} \Delta t \tag{7.47}$$

$$M_Q^{(2)} = \frac{\sum Q_i m_i^2}{\sum Q_i} (\Delta t)^2 \tag{7.48}$$

式中：$t_i = (m_i - 1/2)\Delta t, m_i = 1, 2, \cdots, n-1$；如图 7.20 所示。

瞬时单位线参数计算步骤如下：

（1）选取流域上分布均匀，强度大的暴雨形成的单峰洪水过程线作为分析的对象。

（2）计算本次暴雨产生的净雨量和相应的地面径流量，两者应相等。

（3）计算净雨过程和地面径流过程的一阶和二阶原点矩，并推算 n，K。

由上面计算出的 n，K 值还需代回原来的资料做还原验证，若还原的精度不能令人满意，则需对 n，K 做适当调整，直至满意为止。可用下式估计要调整的 n、K 值：

$$n' = 1 + (n-1)\left(\frac{t_m Q_m}{t_{m,\text{计}} Q_{m,\text{计}}}\right)^2 \tag{7.49}$$

$$K' = \frac{t_m}{t_{m,\text{计}}} \left(\frac{n-1}{n'-1}\right) K \tag{7.50}$$

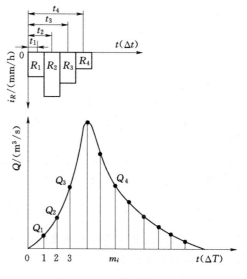

图 7.20　矩值计算示意图

式中：n'、K' 为调整后的 n、K 值；Q_m、$Q_{m,\text{计}}$ 分别为实测的和还原的地面径流洪峰值，m^3/s；t_m、$t_{m,\text{计}}$ 分别为实测的和还原的洪峰出现时间，h。

4. 瞬时单位线参数的非线性改正

与时段单位线类似，由每场暴雨洪水资料分析出的参数 n，K 并不完全相同，而是随净雨强度的大小而变化的，不符合倍比假定，水文学上把这种现象称为非线性。目前一般的处理方法是在分析出来的 n，K 的基础上，寻求它们随净雨强度变化的规律，以便在使用时按照具体的雨情选择相应的 n，K。另外，流域降雨不均匀也会引起 n，K 的非线性，这时可采用与时段单位线类似的处理方法，即根据不同暴雨中心位置对 n，K 的影响进行

分类处理。

5. 线性水库法

线性水库是指水库的蓄水量与出流量之间的关系为线性函数。根据众多资料的分析表明，流域地下水的贮水结构近似为一个线性水库，下渗的净雨量为其入流量，经地下水库调节后的出流量就是地下径流的出流量。地下水线性水库满足蓄泄方程与水量平衡方程：

$$\left.\begin{array}{l} \overline{I}_g - \dfrac{Q_{g1}+Q_{g2}}{2} = \dfrac{W_{g2}-W_{g1}}{\Delta t} \\ W_g = K_g Q_g \end{array}\right\} \tag{7.51}$$

式中：$\overline{I}_g$ 为地下水库时段平均入流量，m^3/s；Q_{g1}，Q_{g2} 为时段初、时段末地下径流的出流量，m^3/s；W_{g1}，W_{g2} 为时段初、末地下水蓄量，m^3；K_g 为地下水库蓄量常数，s；Δt 为计算时段，s。

联立求解方程组（7.51）得

$$Q_{g2} = \frac{\Delta t}{K_g + 0.5\Delta t}\overline{I}_g + \frac{K_g - 0.5\Delta t}{K_g + 0.5\Delta t}Q_{g1} \tag{7.52}$$

为计算方便，式（7.51）中的 K_g 和 Δt 可以按 h 计。

地下水库平均入流量 I_g 就是地下净雨对地下水库的补给量，即

$$I_g = \frac{0.278 h_g F}{\Delta t} \tag{7.53}$$

式中：h_g 为本时段地下净雨量，mm；F 为流域面积，km^2。

将式（7.53）代入式（7.52），得

$$Q_{g2} = \frac{0.287 h_g F}{K_g + 0.5\Delta t}h_g + \frac{K_g - 0.5\Delta t}{K_g + 0.5\Delta t}Q_{g1}$$

当地下净雨 h_g 停止后，则有

$$Q_{g2} = \frac{K_g - 0.5\Delta t}{K_g + 0.5\Delta t}Q_{g1}$$

式（7.53）这是流域退水曲线的差分方程，根据实测的流域地下水退水曲线，可以推求出地下水汇流参数 K_g。

【例 7.7】 已知某流域面积为 2650km^2，由暴雨洪水资料优选出纳西瞬时单位线参数 $n=3.0$，$k=6.0\text{h}$，该流域一次降雨产生的地面净雨有两个时段，分别为 15mm、40mm，求该次降雨产生的地面流量过程（S 曲线查用表如下，$n=3.0$）。

表 7.12   某流域的流量 $S(t)$ 曲线

t/k	0	1.0	2.0	2.5	3.0	3.5	4.0	4.5	5.0	5.5	6.0
S	0	0.004	0.053	0.109	0.185	0.275	0.371	0.487	0.560	0.658	0.715
t/k	6.5	7.0	7.5	8.0	9.0	10.0	11.0	12.0	13.0	14.0	15.0
S	0.776	0.827	0.868	0.900	0.945	0.971	0.985	0.992	0.996	0.998	0.999

解： 列表计算地面流量过程，见表 7.13。

表 7.13 由流量过程线推求地面流量过程线

时间/h	0	6	12	18	24	30	36	42	48	54	60	68	72	
单位线/(m³/s)	0	98	298	313	227	139	77	39	20	10	4	2	0	
15mm 产生 Q_1/(m³/s)	0	147	447	470	341	209	116	59	30	15	6	3	0	
40mm 产生 Q_2/(m³/s)		0	392	1192	1252	908	556	308	156	80	40	16	8	0
地面流量/(m³/s)	0	147	839	1662	1593	1117	672	367	186	95	46	19	8	0

6. 地下径流的汇流计算

在湿润地区的洪水过程中，地下径流的比重一般可达总径流量的 $20\%\sim30\%$，甚至更多。但地下径流的汇流速度远较地面径流为慢，因此地下径流过程较为平缓。

地下径流过程的推求可以采用地下线性水库演算法和概化三角形法。

（1）地下线性水库演算法。该法把地下径流过程看成是渗入地下的那部分净雨 $h_{下}$，经地下水库调蓄后形成的（这里未考虑包气带对下渗量的滞蓄作用）。可以认为地下水库的蓄量 $W_{下}$ 与其出流量 $Q_{下}$ 的关系为线性函数，再与水量平衡方程联解，即可求得地下径流过程。方程组如下：

$$\left.\begin{array}{l} \bar{q}\Delta t - \dfrac{1}{2}(Q_1+Q_2)\Delta t = W_2 - W_1 \\ W = KQ \end{array}\right\} \tag{7.54}$$

式中：$\bar{q}$ 为时段 Δt 内进入地下水库的平均入流量，m³/s；Q_1、Q_2 为时段始、末地下水库出流量，m³/s；W_1、W_2 为时段始、末地下水库蓄水量，m³；K 为反映地下水汇流时间的常数，可根据地下水退水曲线制成 $W\text{-}Q$ 线，其斜率即为 K。

又有

$$\bar{q} = \frac{0.287 f_c t_c}{\Delta t} F \tag{7.55}$$

式中：f_c 为稳定下渗强度，mm/h；t_c 为净雨历时，h；Δt 为计算时段长，h；F 为流域面积，km²。

根据以上公式即可计算地下水汇流过程。

（2）概化三角形法。上种演算方法繁琐，而对设计洪水计算来讲，重点在洪峰部分，因此，采用简化法计算地下净雨形成的地下径流过程，对设计洪水过程的精度无多大影响，一般方法是将地下径流过程概化成三角形，即将地下径流总量按三角形分配。

地下径流过程的推求主要是确定其洪峰流量和峰现时刻，以及地下径流总历时。

洪峰流量可按三角形面积公式计算。

地下径流总量为

$$W_{下} = 0.1\sum h_{下} F \tag{7.56}$$

根据三角形面积计算公式：

$$W_{下} = 0.5 Q_{m下} T_{下} \tag{7.57}$$

式中：$W_{下}$ 为地下径流总量，万 m³；$\sum h_{下}$ 为地下净雨总量，mm；$Q_{m下}$ 为地下径流洪峰流量，m³/s；$T_{下}$ 为地下径流过程总历时，s；F 为流域面积，km²。

地下径流的洪峰 $Q_{m下}$ 位于地面径流的终止点。

一般设地下径流过程总历时等于地面径流过程底长 $T_面$ 的 2～3 倍。

7.3.5 河道汇流计算基本原理

在无区间入流的情况下，河段流量演算满足以下方程组：

$$\frac{1}{2}(Q_{上,1}+Q_{上,2})\Delta t-\frac{1}{2}(Q_{下,1}+Q_{下,2})\Delta t=S_2-S_1$$

$$S=f(Q) \tag{7.58}$$

式中：$Q_{上,1}$，$Q_{上,2}$ 为时段始、末上断面的入流量，m^3/s；$Q_{下,1}$，$Q_{下,2}$ 为时段始、末下断面的出流量，m^3/s；Δt 为计算时段，s；S_1、S_2 为时段始、末河段蓄水量，m^3。

式（7.57）是河段水量平衡的通用方程，反映了河段进出流量与蓄水量之间的关系；式（7.58）为槽蓄方程，反映了河段蓄水量与流量之间的关系，与所在河段的河道特性和洪水特性有关。如何确定河道槽蓄方程，是河段流量演算的关键。

假定河段的流量与蓄水量成线性函数关系，则槽蓄方程可以写成：

$$S=KQ \tag{7.59}$$

在稳定流情况下，$Q_下=Q_上$，可以取 $Q=Q_下$ 代入方程式（7.59）求解。

但是，在天然河道，洪水波的涨落运动属非稳定流态，河段蓄水量情况如图 7.21 所示。洪水涨落时的河段蓄水量可以分为柱蓄和楔蓄两部分，柱蓄是指下断面稳定流水面线以下的蓄量，楔蓄指稳定流水面线与实际水面线之间的蓄量，如图 7.21 中的阴影部分。在涨洪阶段，见图 7.21 (a)，楔蓄为正值，河段的蓄水量大于槽蓄量；在退水阶段，见图 7.21 (b)，楔蓄为负值，河段的蓄水量小于槽蓄量。因此，由于楔蓄的存在，河段无论取 $Q=Q_上$ 或 $Q=Q_下$，采用式（7.59）计算出的河段蓄水量 S 都会偏离实际值。

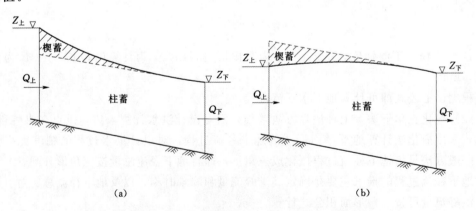

图 7.21　洪水涨落时河段蓄水分析图
(a) 涨水；(b) 退水

为了解决这一问题，可以取介于 $Q_上$ 和 $Q_下$ 之间的某一流量值，称之为示储流量：

$$Q'=xQ_上+(1-x)Q_下 \tag{7.60}$$

使得 $Q=Q'$ 时，方程式（7.60）成立，$S=KQ'$，即

$$S=K[xQ_上+(1-x)Q_下] \tag{7.61}$$

式中：x 为流量比重因素，取值一般在 0～0.5。

如果已知河段入流量 $Q_{上,t}$，初始条件 $Q_{下,0}$ 和 S_0，根据式（7.60）和式（7.61）进行逐时段演算，可以得出河段出流过程 $Q_{下,t}$。这一流量演算方法称为马斯京根法，因最早在美国马斯京根河流域上使用而得名。

7.3.6 马斯京根流量演算

联解水量平衡方程式（7.58）和式（7.61），可得马斯京根流量演算方程：

$$Q_{下,2} = C_0 Q_{上,2} + C_1 Q_{上,1} + C_2 Q_{下,1} \tag{7.62}$$

其中

$$C_0 = \frac{0.5\Delta t - Kx}{K - Kx + 0.5\Delta t}$$

$$C_1 = \frac{0.5\Delta t + Kx}{K - Kx + 0.5\Delta t}$$

$$C_2 = \frac{K - Kx - 0.5\Delta t}{K - Kx + 0.5\Delta t} \tag{7.63}$$

式中：C_0、C_1、C_2 都是 K、x 的函数，且 $C_0 + C_1 + C_2 = 1$。

根据入流 $Q_{上,1}$、$Q_{上,2}$，时段初 $Q_{下,1}$，由式（7.62）推求出时段末 $Q_{下,2}$，通过逐时段连续演算，可以得出下断面出流过程线 $Q_{下(t)}$。

应用马斯京根法的关键是如何合理地确定 K、x 值，一般是采用试算法由实测资料通过试算求解。具体方法是针对某一次洪水，假定不同的 x 值，按式（7.60）计算 Q'，作 $S-Q'$ 关系曲线，选择其中能使两者关系成为单一直线的 x 值，K 值则等于该直线的斜率。取多次洪水作相同的计算和分析，可以确定该河段的 K、x 值。

【例 7.8】 已知某河段一次洪水的上断面入流过程，见表 7.14 第 1、第 2 栏，马斯京根槽蓄方程参数 $x=0.2$、$K=12$h，推求河道出流过程。

解： 将 $x=0.2$、$K=12$h、$\Delta t=12$h 代入式（7.63）得 $C_0=0.231$、$C_1=0.538$、$C_2=0.231$，且 $C_0+C_1+C_2=1$，计算无误，代入式（7.61）该河段流量洪水演算方程。

$$Q_{下,2} = 0.231 Q_{下,2} + 0.538 Q_{上,1} + 0.231 Q_{下,1}$$

取河道初始出流量 $Q_{下,1}=Q_{上,1}=250\text{m}^3/\text{s}$，用上述洪水演算方程，可算出河段下断面的流量，见表 7.14 第 6 栏。

表 7.14　　　　　　　　　　　　　　马斯京根法洪水演算

时间	$Q_上$	$C_0 Q_{上,2}$	$C_1 Q_{上,1}$	$C_2 Q_{下,1}$	$Q_{下,2}$
(1)	(2)	(3)	(4)	(5)	(6)
6月10日12时	250				250
6月11日0时	310	72	135	58	265
6月11日12时	500	116	164	61	344
6月12日0时	1560	360	269	79	708
6月12日12时	1680	388	839	164	1301
6月13日0时	1360	314	904	321	1539

续表

时间	$Q_上$	$C_0Q_{上,2}$	$C_1Q_{上,1}$	$C_2Q_{下,1}$	$Q_{下,2}$
6 月 13 日 12 时	1090	252	732	356	1340
6 月 14 日 0 时	870	201	586	310	1097
6 月 14 日 12 时	730	169	468	253	890
6 月 15 日 0 时	640	148	393	206	747
6 月 15 日 12 时	560	129	344	173	646
6 月 16 日 0 时	500	116	301	149	566

【例 7.9】 从某河多次实测洪水中选出一次具有代表性的洪水，其上、下游站的实测记录见表 7.15，区间入流不大，在上游站稍下的地方有一小支流，其入流过程按水量平衡原理及汇流原理近似求得，列于表 7.15 中。推求马斯京根槽蓄方程参数 x、K。

表 7.15　　　　　　　　　　某河一次实测洪水过程

时　　间			流量/(m^3/s)		
			上游站（$Q_上$）	下游站（$Q_下$）	区间（$Q_区$）
7 月	1 日	0 时	75	75	0
7 月	1 日	12 时	370	80	37
7 月	2 日	0 时	1620	440	73
7 月	2 日	12 时	2210	1680	110
7 月	3 日	0 时	2290	2150	73
7 月	3 日	12 时	1830	2280	37
7 月	4 日	0 时	1220	1680	0
7 月	4 日	12 时	830	1270	
7 月	5 日	0 时	610	880	
7 月	5 日	12 时	480	680	
7 月	6 日	0 时	390	550	
7 月	6 日	12 时	330	450	
7 月	7 日	0 时	300	400	
7 月	7 日	12 时	260	340	
7 月	8 日	0 时	230	290	
7 月	8 日	12 时	200	250	
7 月	9 日	0 时	180	220	
7 月	9 日	12 时	160	200	

解：（1）将河段实测洪水资料列于表 7.16 中的第（2）栏、第（3）栏。将河段入流与区间入流相加，如表中第（5）栏。

（2）按水量平衡方程式，分别计算各时段槽蓄量 ΔS［表中第（7）栏］，然后逐时段

累加 ΔS 得槽蓄量 S [表中第（8）栏]。

（3）假定 x 值，按 $Q'=xQ_\text{上}+(1-x)Q_\text{下}$ 计算 Q' 值。设 $x=0.273$ 计算结果列于表中第（9）栏。

（4）按第（8）栏、第（9）两栏的数据，点绘 S-Q' 关系线，其关系线近似于直线（图7.22），该 x 值即为所求。该直线的斜率 $K=\Delta S/\Delta Q'=12\text{h}$。

表 7.16　　　　　　　　马斯京根法 W 与 Q' 值计算表

时间	$Q_\text{上}$ /(m³/s)	$Q_\text{下}$ /(m³/s)	$q_\text{区}$ /(m³/s)	$Q_\text{上}+q_\text{区}$ /(m³/s)	$Q_\text{上}+q_\text{区}-Q_\text{下}$ /(m³/s)	ΔS /(m³/s)	S /(m³/s)	Q'/(m³/s) $x=0.273$
（1）	（2）	（3）	（4）	（5）	（6）	（7）	（8）	（9）
7月1日0时	75	75	0	75	0		0	75
7月1日12时	370	80	37	407	327	163.5	163.5	169
7月2日0时	1620	440	73	1693	1253	790	953.5	782
7月2日12时	2210	1680	110	2320	640	946.5	1900	1855
7月3日0时	2290	2150	73	2363	213	426.5	2326.5	2208
7月3日12时	1830	2280	37	1867	−413	−100	2226.5	2167
7月4日0时	1220	1680	0	1220	−460	−436.5	1790	1554
7月4日12时	830	1270		830	−440	−450	1340	1150
7月5日0时	610	880		610	−270	−355	985	806
7月5日12时	480	680		480	−200	−235	750	625
7月6日0时	390	550		390	−160	−180	570	506
7月6日12时	330	450		330	−120	−140	430	417
7月7日0时	300	400		300	−100	−110	320	373
7月7日12时	260	340		260	−80	−90	230	318
7月8日0时	230	290		230	−60	−70	160	274
7月8日12时	200	250		200	−50	−55	105	236
7月9日0时	180	220		180	−40	−45	60	209
7月9日12时	160	200		160	−40	−40	20	189
合计	13585	13915	330					

7.3.7　关于马斯京根法中几个问题的讨论

（1）参数 K 反映了稳定流状态的河段的传播时间。在不稳定流情况下，流速随水位高低和涨落洪过程而不同，所以河段传播时间也不相同，K 不是常数。当各次洪水分析出的 K 值变化较大时，应根据不同的流量取不同的 K 值。

（2）参数 x 除反映楔蓄对流量的作用外，还反映河段的调蓄能力。天然河道的 x 一

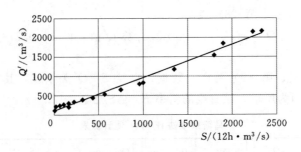

图 7.22 马斯京根法 S-Q' 关系曲线图

般从上游向下游逐渐减小，大部分情况下介于 $0.2\sim0.45$。对于一定的河段，在洪水涨落过程中基本稳定，但也有随流量增加而减小的趋势。在对洪水资料分析中，若发现 x 随流量变化较大时，可建立 x-Q 关系线，对不同的流量取不同的 x。

（3）时段 Δt 最好等于河段传播时间，这样上游断面在时段初出现的洪峰，Δt 后就正好出现在下游断面，而不会卡在河段中，使河段的水面线出现上凸曲线。当演算的河段较长时，则可把河段划分为若干段，使 Δt 等于各段的传播时间，然后从上到下进行多河段连续演算，推算出下游断面的流量过程。

复习思考题

7.1 已知某水文站流域面积 $F=2000\text{km}^2$，某次洪水过程性见表 7.17，试推求该次洪水的径流总量 W 和总径流深 R。

表 7.17 　　　　　　　　　**某次洪水过程性**

时间	5月2日2时	5月2日8时	5月2日14时	5月2日20时	5月3日2时	5月3日8时	5月3日14时	5月3日20时	5月4日2时	5月4日8时
流量 Q /(m³/s)	120	110	100	210	230	1600	1450	1020	800	530
时间	5月4日14时	5月4日20时	5月5日2时	5月5日8时	5月5日14时	5月5日20时	5月6日2时	5月6日8时	5月6日14时	5月6日20时
流量 Q /(m³/s)	410	360	330	300	270	250	160	100	80	130

7.2 某流域最大土壤缺水量 $I_m=100\text{mm}$，流域蓄水的日消退系数 $K=0.8$，试根据表 7.18 所列数据计算 5 月 16—19 日各日的前期影响雨量 P_a 值。

表 7.18 　　　　　　　　　**P_a 计 算 表**

时间雨量	5　　月				
	15 日	16 日	17 日	18 日	19 日
降雨量	0	5	150	10	0
P_a/mm	10				

7.3 某流域一次降雨洪水过程，已求得各时段雨量 P_i、蒸发量 E_j 及产流量 R_i，如

表 7.19 所示，经洪水过程资料分析，该次洪水的径流深为 118.1mm，其中地下径流深为 38.1mm。试推求稳定下渗率 f_c。

表 7.19   某流域一次降雨洪水过程表

时段序号	降雨历时/h	$P_i - E_j$/mm	R_i/mm	$\dfrac{R_i}{P_i - E_i}$
1	6	14.5	7.6	0.524
2	4	4.6	3.7	0.804
3	6	44.4	44.4	1.000
4	6	46.5	46.5	1.000
5	6	14.8	14.8	1.000
6	1	1.1	1.1	1.000
合计			118.1	

7.4 某流域降雨过程如表 7.20 所示，初损 $I_o = 35$mm，后期平均下渗能力 $\bar{f} = 2.0$mm/h，试以初损后损法计算地面净雨过程。

表 7.20   某 流 域 降 雨 过 程 表

时段（$\Delta t = 6$h）	1	2	3	4	合计
雨量/mm	15	60	72	10	157

7.5 某流域出口断面一次退水过程见表 7.21，试推求地下水蓄水常数 K_g。

表 7.21   某流域出口断面一次退水过程表

时间	8月2日	8月3日	8月4日	8月5日	8月6日	8月7日	8月8日	8月9日	8月10日	8月11日	8月12日	8月13日	8月14日
$Q/(m^3/s)$	34300	25000	14000	8960	5740	4300	3230	2760	2390	2060	1770	1520	1320

7.6 根据某河段一次实测洪水资料，见表 7.22，采用试算法确定马斯京根槽蓄曲线方程参数 x、K 值。（提示：将河段入流总量与出流总量差值作为区间入流总量，按入流过程的比值分配到各时段中去。）

表 7.22   某河段一次实测洪水过程

时间	7月1日14时	7月2日8时	7月3日2时	7月3日20时	7月4日14时	7月5日8时
$Q_上/(m^3/s)$	19900	24300	38800	50000	53800	50800
$Q_下/(m^3/s)$		23700	27000	37800	48400	51900
时间	7月6日2时	7月6日20时	7月7日14时	7月8日8时	7月9日2时	7月9日20时
$Q_上/(m^3/s)$	43400	35100	26900	22400	19600	
$Q_下/(m^3/s)$	49600	43000	35600	29300	24200	21300

7.7 某河段流量演算采用马斯京根方法，计算时段 $\Delta t = 12$h，马斯京根槽蓄曲线方程参数 $x = 0.0273$；$k = 12$h。试推求马斯京根流量演算公式中系数 C_0、C_1 和 C_2。

第8章 由暴雨资料推求设计洪水

学习目标和要求：本章研究由暴雨资料推求设计洪水。通过对具有长期雨量资料时的设计暴雨量及其过程的推求、缺乏资料时用点面关系推求设计暴雨量以及设计净雨过程推求的学习，了解由暴雨资料推求设计洪水的方法，掌握不同资料情况下设计暴雨的计算方法和在设计条件下将设计暴雨转化为设计净雨及设计洪水的方法，以解决短缺流量资料时，水库、堤防、桥涵等工程设计洪水的计算问题。掌握可能最大暴雨及可能最大洪水、小流域设计洪水的计算方法。本章难点是缺乏资料时用点面关系推求设计暴雨量。

8.1 由暴雨资料推求设计洪水的主要内容

我国大部分地区的洪水主要由暴雨形成。在实际工作中，中小流域常因流量资料不足无法直接用流量资料推求设计洪水，而暴雨资料一般较多，因此可用暴雨资料推求设计洪水，特别是：

（1）在中小流域上兴建水利工程，经常遇到流量资料不足或代表性差的情况，难以使用相关法来插补延长，因此，需用暴雨资料推求设计洪水。

（2）由于人类活动的影响，使径流形成的条件发生显著的改变，破坏了洪水资料系列的一致性。因此，可以通过暴雨资料，用人类活动后新的径流形成条件推求设计洪水。

（3）为了用多种方法推算设计洪水，以论证设计成果的合理性，即使是流量资料充足的情况下，也要用暴雨资料推求设计洪水。

（4）无资料地区小流域的设计洪水，一般都是根据暴雨资料推求的。

（5）可能最大降水，洪水是用暴雨资料推求的。

由暴雨资料推求设计洪水的步骤，按照暴雨洪水的形成过程，推求设计洪水可分3步进行：

（1）推求设计暴雨：用频率分析法求不同历时指定频率的设计雨量及暴雨过程。

（2）推求设计净雨：设计暴雨扣除损失就是设计净雨。

（3）推求设计洪水：应用单位线法等对设计净雨进行汇流计算，即得流域出口断面的设计洪水过程。

主要步骤：暴雨选样——→设计暴雨——→设计净雨——→设计洪水。

由暴雨资料推求设计洪水的主要内容有：

（1）推求设计暴雨。根据实测暴雨资料，用统计分析和典型放大法求得。

（2）推求设计洪水过程线。由求得的设计暴雨，利用产流方案推求设计净雨过程，利用流域汇流方案由设计净雨过程求得设计洪水过程。

由暴雨资料推求设计洪水，其基本假定是设计暴雨与设计洪水是同频率的。但这一假定在很多情况下并不成立。

本章将着重介绍适用于不同流域的、由暴雨资料推求设计洪水的方法，以及小流域设计洪水计算的一些特殊方法。

8.2 设计面暴雨量的推求

8.2.1 直接法推求设计面暴雨量

设计面暴雨量是指设计断面以上流域的设计面暴雨量。一般有两种计算方法：当设计流域雨量站较多、分布较均匀、各站又有长期的同期资料、能求出比较可靠的流域平均雨量（面雨量）时，就可直接选取每年指定统计时段的最大面暴雨量，进行频率计算求得设计面暴雨量。这种方法常称为设计面暴雨量计算的直接法。另一种方法是当设计流域内雨量站稀少，或观测系列甚短，或同期观测资料很少甚至没有，无法直接求得设计面暴雨量时，只好用间接方法计算，也就是先求流域中心附近代表站的设计点暴雨量，然后通过暴雨点面关系，求相应设计面暴雨量，本法称为设计面暴雨量计算的间接法。本节介绍直接法。

8.2.1.1 暴雨资料的收集、审查与统计选样

1. 暴雨资料的收集

暴雨资料的主要来源是国家水文、气象部门所刊印的雨量站网观测资料，但也要注意收集有关部门专用雨量站和社队群众雨量站的观测资料。强度特大的暴雨中心点雨量，往往不易为雨量站测到，因此必须结合调查收集暴雨中心范围和历史上特大暴雨资料，了解当时雨情，尽可能估计出调查地点的暴雨量。

2. 暴雨资料的审查

我国暴雨资料按其观测方法及观测次数的不同，分为日雨量资料、自记雨量资料和分段雨量资料3种。日雨量资料一般是指当天8时到次日8时所记录的雨量资料。自记雨量资料是以分钟为单位记录的雨量过程资料。分段雨量资料一般以1h、3h、6h、12h等不同的时间间隔记录雨量资料。

暴雨资料的审查仍然是3个方面：可靠性审查、一致性审查和代表性审查。

暴雨资料应进行可靠性审查，重点审查特大或特小雨量观测记录是否真实，有无错记或漏测情况，必要时可结合实际调查，予以纠正，检查自记雨量资料有无仪器故障的影响，并与相应定时段雨量观测记录比较，尽可能审定其准确性。

暴雨资料一致性审查，对于按年最大值选样的情况，理应加以考虑，但实际上有困难。对于求分期设计暴雨时，要注意暴雨资料的一致性，不同类型暴雨特性是不一样的，如我国南方地区的梅雨与台风雨，宜分别考虑。

暴雨资料的代表性分析，可通过与邻近地区长系列雨量或其他水文资料，以及本流域或邻近流域实际大洪水资料进行对比分析，注意所选用暴雨资料系列是否有偏丰或偏枯等情况。

3. 暴雨资料的统计选样

在收集流域内和附近雨量站的资料并进行分析审查的基础上，先根据当地雨量站的分

布情况，选定推求流域平均（面）雨量的计算方法（如算术平均法、泰森多边形法或等雨量线图法等）。计算每年各次大暴雨的逐日面雨量。然后选定不同的统计时段，按独立选样的原则，统计逐年不同时段的年最大面雨量。

对于大、中流域的暴雨统计时段，我国一般取 1d、3d、7d、15d、30d，其中 1d、3d、7d 暴雨是一次暴雨的核心部分，是直接形成所求的设计洪水部分；而统计更长时段的雨量则是为了分析暴雨核心部分起始时刻流域的蓄水状况。某流域有 3 个雨量站，分布均匀，可按算术平均法计算面雨量。选择结果为：最大 1d 面雨量 $x_{1d}=129.9$ mm（7 月 4 日），最大 3d 面雨量 $x_{3d}=166.5$ mm（8 月 22—24 日），最大 7d 面雨量 $x_{7d}=234.0$ mm（7 月 1—7 日），1d、3d、7d 的最大面雨量选自两场暴雨。详见表 8.1。

表 8.1　　　　　最大 1d、3d、7d 面雨量统计（1986 年）　　　　单位：mm

时间	点　雨　量			面平均雨量	最大 1d、3d、7d 面雨量及起止日期
	A 站	B 站	C 站		
6 月 30 日	5.3		0.2	1.8	
7 月 1 日	50.4	26.9	25.3	34.2	
7 月 2 日					
7 月 3 日	11.5	10.8	14.7	12.3	
7 月 4 日	134.8	125.9	124.0	129.9	
7 月 5 日	32.5	21.4	10.0	21.3	
7 月 6 日	5.6	10.5	4.7	6.9	
7 月 7 日	35.5	25.2	27.6	29.4	7 月 4 日为年最大 1d，$x_{1d}=129.9$ mm；
7 月 8 日	3.7	7.1	1.4	4.1	8 月 22—24 日为年最大 3d，$x_{3d}=166.5$ mm；
7 月 9 日	11.1	5.8	9.7	8.9	7 月 1—7 日为年最大 7d，$x_{7d}=234.0$ mm
⋮	⋮	⋮	⋮	⋮	
8 月 18 日	6.6	0.2	6.9	4.6	
8 月 19 日	22.7	2.4	5.4	10.2	
8 月 20 日					
8 月 21 日					
8 月 22 日	42.6	51.7	54.8	49.7	
8 月 23 日	60.1	68.6	53.5	60.7	
8 月 24 日	81.8	54.1	32.3	56.1	
8 月 25 日	2.3	1.0	0.1	1.1	

8.2.1.2　面雨量资料的插补展延

在统计各年的面雨量资料时，经常遇到这样的情况：设计流域内早期（如 20 世纪 50 年代以前及 50 年代初期）雨量站点稀少，近期雨量站点多、密度大，如图 8.1 所示。一般来说，以多站雨量资料求得的流域平均雨量，其精度较少站雨量资料求得的为高。为提高面雨量资料的精度，需设法插补展延较短系列的多站面雨量资料。一般可利用近期的多站平均雨量 $x_{多}$ 与同期少站平均雨量 $x_{少}$ 建立关系。若相关关系好，可利用相关线展延多站平均雨量作为流域面雨量。若少站平均雨量计算采用流域内或附近均匀分布的二三个雨量站资料，则多站平均雨量与少站平均雨量的相关关系一般较好，这是因为两者具有相似的影响因素。为了解决同期观测资料较短、相关点据较少的问题，在建立相关关系时，可利用一年多次法选样，以增添一些相关点据，更好地确定相关线。

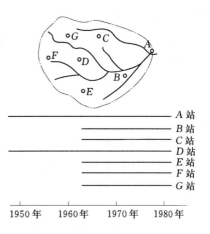

图 8.1 雨量站位置和观测年限

8.2.1.3 特大值的处理

实践证明，暴雨资料系列的代表性与系列中是否包含有特大暴雨有直接关系。一般的暴雨变幅不是很大，若不出现特大暴雨，统计参数 $\bar{x}$、C_v 往往会偏小。若在短期资料系列中，一旦出现一次罕见的特大暴雨，就可以使原频率计算成果完全改观。例如，福建长汀县四都站，根据 1972 年以前的最大一日雨量系列计算，其均值 $\bar{x}_{1d}=102\text{mm}$，$C_v=0.35$，$C_s=3.5C_v$；（频率曲线如图 8.2 中 1 线），据此计算求得 1 万年一遇最大 1d 雨量为 332mm。而四都站，1973 年出现一次特大暴雨，实测最大 1d 雨量达 332mm，恰好相当于 1 万年一遇的数值，在四都站年最大 1 日雨量的经验频率分布图上，1973 年的暴雨量点据高悬于其他点据之上（特大值未作处理，适线后得出图 8.2 中 3 线），C_v 值高达 1.10 与周围各站的 C_v 相差悬殊。这些方面均说明，原参数值偏小，而 1973 年暴雨参加计算后，参数值又明显偏高，由此可见，特大值对统计参数 $\bar{x}$、C_v 值影响很大，如果能够利用其他资料信息，正确估计出特大值的重现期，是可以提高系列代表性，起到展延系列的作用。

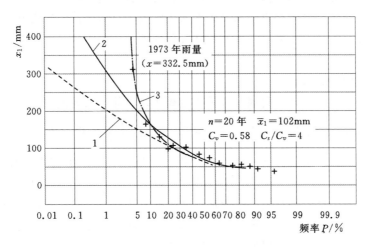

图 8.2 福建四都站最大 1d 雨量频率曲线图

1—由 1973 年以前资料得出的频率曲线；2—把 1973 年暴雨作特大值处理后得出的频率曲线；
3—1973 年暴雨不作特大值处理得出的频率曲线

判断大暴雨资料是否属特大值，一般可从经验频率点据偏离频率曲线的程度、模比系

数 K_p 的大小、暴雨量级在地区上是否很突出，以及论证暴雨的重现期等方面进行分析判断。近 40 年来，我国各地区出现过的特大暴雨，如河北省的"63·8"暴雨、河南省的"75·8"暴雨、内蒙古的"77·8"暴雨等均可作特大值处理。此外，国内外暴雨量历史最大值记录，也可供判断暴雨时参考。

若本流域没有特大暴雨资料，则可进行暴雨调查，或移用邻近流域已发生过的特大暴雨资料。移用时，要进行暴雨、天气资料的统计分析，当表明形成暴雨的气象因素基本一致，且地形的影响又不足以改变天气系统的性质时，才能把邻近流域的特大暴雨移用到设计流域，并在数量上加以修正，修正方法有：

（1）根据均值比修正，即

$$P_{M \cdot B} = P_{M \cdot A}(\overline{P_B}/\overline{P_A}) \tag{8.1}$$

（2）假定两地区的 C_s 值相等，可按下式修正：

$$P_{M \cdot B} = \overline{P_B} + \frac{\sigma_B}{\sigma_A}(P_{M \cdot A} - \overline{P_A}) \tag{8.2}$$

式中：$P_{M \cdot A}$、$P_{M \cdot B}$ 为 A、B 两地的特大暴雨量；$\overline{P_A}$、$\overline{P_B}$、σ_A、σ_B 为两地暴雨量系列的均值和方差。

特大值处理的关键是确定重现期。由于历史暴雨无法直接考证，特大暴雨的重现期只能通过小河洪水调查并结合当地历史文献中有关灾情资料的记载来分析估计。一般认为，当流域面积较小时，流域平均雨量的重现期与相应洪水的重现期相近。例如，四都站 1973 年特大暴雨的重现期，通过洪水调查（流域面积 $F = 166 \text{km}^2$），了解到 1915 年洪水（乙卯年）是 120 多年来最大的，1973 年的洪水是 120 多年来的第二大洪水。据此估算，1973 年暴雨的重现期约在 60～70 年，经处理后重新适线，求得 $C_v = 0.58$（如图 8.2 中 2 线）。计算成果与邻近地区具有长期观测资料系列的测站比较尚协调一致。

必须指出，对特大暴雨的重现期必须做深入细致的分析论证，若没有充分的依据，就不作特大值处理。若误将一般大暴雨作为特大值处理，会使频率计算成果偏低，影响工程安全。

8.2.1.4　面雨量频率计算

面雨量统计参数的估计，我国一般采用适线法。设计洪水规范规定，暴雨频率计算的经验频率公式可采用期望值公式 $P = \dfrac{m}{n+1} \times 100\%$，线型采用皮尔逊Ⅲ型。根据我国暴雨特性及实践经验，我国暴雨的 C_s 与 C_v 的比值，一般地区为 3.5 左右；在 $C_v > 0.6$ 的地区，约为 3.0；在 $C_v < 0.45$ 的地区，约为 4.0。以上比值，可供适线时参考。

在频率计算时，最好将不同历时的暴雨量频率曲线点绘在同一张几率格纸上，并注明相应的统计参数，加以比较。各种频率的面雨量都必须随统计时段增大而加大，如发现不同历时频率曲线有交叉等不合理现象时，应做适当修正。

8.2.1.5　设计面暴雨量计算成果的合理性检查

现有的暴雨资料系列大都较短，据此进行频率计算，特别是外延到稀遇的设计情况，抽样误差很大。因此对频率计算的成果，必须根据水文现象的特性和成因进行合理性分析，以提高成果的可靠性。以上计算成果可以从以下几个方面进行检查：

（1）对各种历时的点面暴雨量统计参数，如均值、C_v 值等进行分析比较（点暴雨量计算将在 8.3 节中作介绍），而暴雨量的这些统计参数应随面积增大而逐渐减小。

（2）将直接法计算的面暴雨量与下节将介绍的间接法计算的结果进行比较。

（3）将邻近地区已出现的特大暴雨的历时、面积、雨深资料与设计面暴雨量进行比较。

（4）对本流域，要求各时段雨量频率曲线在实用范围内不相交。如出现交叉现象，应对其中突出的曲线和参数进行复核和调整。

（5）在面上，应结合气候、地形条件将本流域的分析成果与邻近地区的统计参数进行比较，分析成果应与地区上的协调。

（6）各种历时的设计暴雨量与邻近地区的特大暴雨实测记录相比较，检查设计值的合理性。对于稀遇频率的设计暴雨，还应与全省、全国和世界实测大暴雨记录相比，以检查其合理性。

8.2.2 间接法推求设计面暴雨量

8.2.2.1 设计点暴雨量的计算

1. 有较充分点雨量资料时设计点暴雨量的计算

推求设计点暴雨量，此点最好在流域的形心处，如果流域形心处或附近有一观测资料系列较长的雨量站，则可利用该站的资料进行频率计算，推求设计暴雨量。实际上，往往长系列的站不在流域中心或其附近，这时，可先求出流域内各测站的设计点暴雨量，然后绘制设计暴雨量等值线图，用地理插值法推求流域中心站的设计暴雨量。

进行点暴雨系列的统计时，一般亦采用定时段年最大法选样。暴雨时段长的选取与面暴雨量情况一样。如样本系列中缺少大暴雨资料，则系列的代表性不足，频率计算成果的稳定性差，应尽可能延长系列，可将气象一致内的暴雨移置于设计地点，同时要估计特大暴雨的重现期，以便合理计算其经验频率，特大值处理方法同前。点设计暴雨频率计算及合理性检查亦同面设计暴雨量。

由于暴雨的局地性，点暴雨资料一般不宜采用相关法插补。设计洪水规范建议采用以下方法插补展延：

（1）距离较近时，可直接借用邻站某些年份的资料。

（2）一般年份，当相邻地区测站雨量相差不大时，可采用邻近各站的平均值插补。

（3）大水年份，当邻近地区测站较多时，可绘制次暴雨或年最大值等值线图进行插补。

（4）大水年份缺测，用其他方法插补较困难，而邻近地区已出现特大暴雨，且从气象条件分析有可能发生在本地区时，可移用该特大暴雨资料。移用时应注意相邻地区气候、地形等条件的差别，做必要的移置订正，如用均值比修正。

（5）如与洪水的峰量关系较好，可建立暴雨和洪水峰或量的相关关系，插补大水年份缺测的暴雨资料。并根据有关点据的分布情况，估计其可能包含的误差范围。

绘制设计暴雨等值线时，应考虑暴雨特性与地形的关系。进行插值推求流域中心设计暴雨时，亦应尽可能考虑地区暴雨特性，在直线内插的基础上可以适当调整。

在暴雨资料十分缺乏的地区，可利用各地区的水文手册中的各时段年最大暴雨量的均

值及 C_v 等值线图，以查找流域中心处的均值及 C_v 值，然后取 C_s 为 C_v 的固定倍比，确定 C_s 值，即可由此统计参数对应的频率曲线推求设计暴雨值。

2. 缺乏点雨量资料时设计点暴雨量的计算

当流域内缺乏具有较长雨量资料的代表站时，设计点暴雨量的推求可利用暴雨等值线图或参数的分区综合成果。

目前全国和各省（自治区、直辖市）均编制了各种时段（如 1d、3d、7d 及 1h、6h、24h 等）的暴雨均值及 C_v 等值线图和 C_s/C_v 的分区数值表，载入暴雨洪水图集或手册中，这为无资料地区计算设计点暴雨量提供了方便。

使用等值线图推求设计点暴雨量，需先在某指定时段的暴雨均值和 C_v 等值线图上分别勾绘出设计流域的分水线，并定出流域中心位置，然后读出流域中心点的均值和 C_v 值。暴雨的 C_s 通常采用 $3.5C_v$，也可根据暴雨洪水图集提供的数据选定。有了 3 个统计参数，即可求得指定设计频率的时段设计点暴雨量。同理，可按需要求出其他各种时段的设计点暴雨量。

由于等值线图往往只反映大地形对暴雨的影响，不能反映局部地形的影响，因此在一般资料较少而地形又复杂的山区，应用暴雨等值线图时需谨慎。应尽可能搜集近期的一些暴雨实测资料，对由等值线图查出的数据，进行分析比较，必要时做一些修正。

此外，在各省（自治区、直辖市）暴雨洪水图集或手册中，还有经分区综合分析所得的各种历时暴雨地区综合统计参数成果，可供无资料情况下推求设计点暴雨量应用。只要按设计流域所在分区，查得指定时段的点雨量统计参数，就可求得设计点暴雨量。一般来说，利用暴雨等值线图或参数的区分综合成果所推求的设计点暴雨量精度是不高的。

8.2.2.2　设计面暴雨量的计算

流域中心设计点暴雨量求得后，要用点面关系折算成设计面暴雨量。暴雨的点面关系在设计计算中通常有定点定面关系和动点动面关系两种。

1. 定点定面关系

如流域中心或附近有长系列资料的雨量站，流域内有一定数量且分布比较均匀的其他雨量站资料时，可以用长系列站作为固定点，以设计流域作为固定面，根据同期观测资料，建立各种时段暴雨的点面关系。也就是，对于一次暴雨某种时段的固定点暴雨量，有一个相应的固定面暴雨量，则在定点定面条件下的点面折减系数 α_0 为

$$\alpha_0 = x_F/x_0 \tag{8.3}$$

式中：x_F、x_0 分别为某种时段固定面及固定点的暴雨量。

有了若干次某时段暴雨量，则可有若干个 α_0 值。对于不同时段暴雨量，则又有不同的 α_0 值。于是，可按设计时段选几次大暴雨的 α_0 值，加以平均，作为设计计算用的点面折减系数。将前面所求得的各时段设计点暴雨量，乘以相应的点面折减系数，就可得出各种时段设计面暴雨量。

应该指出，在设计计算情况下，理应用设计频率的 α_0 值，但由于暴雨量资料不多，作 α_0 的频率分析有困难，因而近似地用大暴雨的 α_0 平均值，这样算出的设计面暴雨量与实际要求是有一定出入的。如果邻近地区有较长系列的资料，则可用邻近地区固定点和固定流域的或地区综合的同频率点面折减系数。但应注意，流域面积、地形条件、暴雨特性

等要基本接近，否则不宜采用。

2. 动点动面关系

过去在缺乏暴雨资料的流域上求设计面暴雨量时，曾以暴雨中心点面关系代替定点定面关系，即以流域中心设计点暴雨量及地区综合的暴雨中心点面关系去求设计面暴雨量。这种暴雨中心点面关系（图 8.3）是按照各次暴雨的中心与暴雨分布等值线图求得的，各次暴雨中心的位置和暴雨分布不尽相同，所以说是动点动面关系。

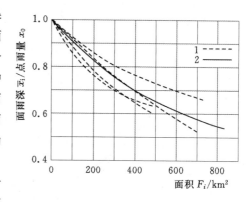

图 8.3 某地区 3 天暴雨点面关系图
1—各次实测暴雨；2—地区平均暴雨

显然，这个方法包含了 3 个假定：①设计暴雨中心与流域中心重合；②设计暴雨的点面关系符合平均的点面关系；③假定流域的边界与某条等雨量线重合。这些假定，在理论上是缺乏足够根据的，使用时，应分析几个与设计流域面积相近的流域或对地区的定点定面关系作验证，如差异较大，应做一定修正。

计算设计面雨量时，由于大中流域点面雨量关系一般都很微弱，所以通过点面关系间接推求设计暴雨的偶然误差必然较大，在有条件的地区应尽可能采用直接法。

8.3 可能最大暴雨的估算

8.3.1 概述

1. *PMP* 和 *PMF* 的概念

可能最大降水是指在现代气候条件下，某一流域一定历时内可能发生的最大降水量。因为洪水是暴雨的产物，暴雨是水汽运动的产物。而一个地区空气中水汽是有其上限值的，因而一个地区一定历时的暴雨也必定有其上限值。

在现代气候条件下，一个地区或一个特定流域，从物理成因上说，一定时段内有其可能最大雨量，称为可能最大降水，用 *PMP* 表示。可能最大降水所形成的洪水称为可能最大洪水，用 *PMF* 表示。

2. 可降水量 W

定义：可降水量是指垂直空气柱中的全部水汽凝结后在汽柱底面上所形成的液态水的深度，以 W 表示，单位为 mm。

一般说来，某一地区的可降水量决定于该地区的汽柱高度、纬度、地面高程、距海远近、气象条件等。目前 *PMP* 的估算就是建立在可降水量这一基本概念的基础之上的。

3. 可降水量的计算方法

（1）根据探空资料计算。从地面 P_0 到大气顶界（$P=0$）的可降水量计算式：

$$W = -\frac{1}{g}\sum_{P_0}^{0}q\Delta p = 0.01\sum_{0}^{P_0}q\Delta p \qquad (8.4)$$

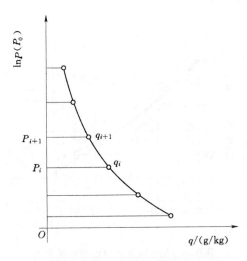

图 8.4　比湿高度分布示意图

由于水汽主要集中在对流层下部，所以一般只从地面计算到 300hPa 或 200hPa 即可。在具体计算时，通常采用大气分层的办法，如图 8.4 所示。

具体步骤为：

1）首先根据各高度上的露点计算出各高度上的水汽压 e（hPa）。露点是在水汽量不变，在气压一定的条件下，气温下降，空气达到饱和水汽压时的温度。

2）试计算各高度上的比湿 q；比湿是指一团湿空气中水汽质量与该团空气的总质量之比，以 g/g 或 g/kg 计。比湿与气压 P（hPa）、水汽压 e（hPa）之间的关系为：$q = 0.622e/P$（g/g）$= 622e/P$（g/kg）。

3）用式（8.4）计算可降水量，具体计算实例见表 8.2。

表 8.2　　　　　　　　　　　　　　　　可降水量 W 计算表

测点编号	气压 P/hPa	比湿 q/(g/kg)	气压差 $\Delta P = P_i - P_{i+1}$/hPa	平均比湿 $\dfrac{q_i + q_{i+1}}{2}$/(g/kg)	乘积 (4)×(5)	可降水量 W/cm
(1)	(2)	(3)	(4)	(5)	(6)	(7)
1	1005	14.2	155	13.3	2062	20.6
2	850	12.4	100	11.0	1100	11.0
3	750	9.5	50	8.3	415	4.2
4	700	7.0	80	6.7	536	5.4
5	620	6.3	20	6.0	120	1.2
6	600	5.6	100	4.7	470	4.7
7	500	3.8	100	2.8	280	2.8
8	400	1.7				
合计					4983	49.9

（2）根据地面露点查算。由于探空站稀少且观测年限较短，很多情况下雨区没有实测高空湿度资料。因此，常根据地面露点资料估算大气可降水量。假定暴雨期间对流层内整层空气呈饱和状态，即各层气温 T 均等于该层的露点 T_d。也就是说，大气温度层是按湿绝热线分布的，每一个地面露点值便对应于一条湿绝热线（图 8.5）。因此，水汽含量（可降水量）是地面露点的单值函数。根据这个道理，可制成海平面（$Z = 0$，或 $P = 1000$hPa）至水汽顶界（取为 $Z_m = 12000$m，或 $P = 200$hPa）不同露点（海平面上）对应的可降水量表（表 8.3）。也可制成海平面（$Z = 0$，或 $P = 1000$hPa）至某一地面高程不同露点（海平面上）对应的可降水量表（表 8.4）。

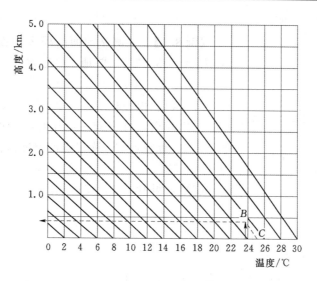

图 8.5　由测站高度化算到 1000hPa 处露点的假绝热图

表 8.3　　　　**1000hPa 地面到 200hPa 间饱和假绝热大气中的可降水量**

与 1000hPa 露点函数关系表

露点/℃	15	16	17	18	19	20	21	22	23	24	25	26	27	28
可降水量/mm	33	36	40	44	48	52	57	62	68	74	81	88	96	105

表 8.4　　　　**1000hPa 地面到指定高度间饱和假绝热大气中的可降水量**

与 1000hPa 露点函数关系表

高度/m	温度/℃													
	15	16	17	18	19	20	21	22	23	24	25	26	27	28
200	2	3	3	3	3	3	4	4	4	4	4	5	5	5
400	5	5	5	6	6	6	7	7	8	8	9	9	10	10
600	7	7	8	8	10	10	11	11	12	13	14	14	15	15
800	9	10	10	11	12	13	13	14	15	16	17	18	19	20
1000	11	12	13	13	14	15	16	17	18	20	21	22	23	25
1200	13	14	15	16	17	18	19	20	21	23	24	26	27	29
1400	15	16	17	18	19	20	22	23	24	26	28	29	31	33

高程 z_0 至水汽顶界 z_m 之间的可降水量 W 的计算步骤如下：

（1）首先将地面露点值 T_d，z_{0m} 化算为海平面（1000hPa）露点值 $T_{d,0}$。方法是由坐标（T_d，z_0）在图 8.5 上找到其相应位置 B 点，自 B 点平行于最靠近的湿绝热线至 $Z=0$ 处（C 点），其温度即 $T_{d,0}$。

（2）按表 8.3 查算海平面至 200hPa 的可降水量，$W_{(0\sim z_m)}$。

（3）按表 8.4 查算海平面至地面的可降水量，$W_{(0\sim 地面)}$。

（4）地面以上大气的可降水量为：$W_{(地面\sim z_m)}=W_{(0\sim z_m)}-W_{(0\sim 地面)}$。

计算原理如图 8.6 所示。

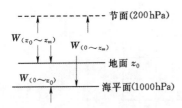

图 8.6　大气可降水量 W 计算示意图

【例 8.1】　某测站地面高程 $Z_{地面}=400\text{m}$，地面露点 $T_d=23.6℃$。求地面至水汽顶界的可降水量 $W_{(地面\sim z_m)}$。

解：（1）由坐标（$T_d=23.6℃$，$Z_{地面}=400\text{m}$）在图 8.6 上得 B 点，自 B 点平行于最接近的饱和湿绝热线向下至 $Z=0$ 处得点 C，读 C 点的温度值得 1000hPa 的露点为 $T_d=25℃$。

（2）查得 $W_{(0\sim z_m)}=81\text{mm}$。

（3）查得 $W_{(0\sim 400\text{m})}=9\text{mm}$。

（4）该站可降水量 $W_{(地面\sim z_m)}=81-9=72$（mm）。

4．形成暴雨的物理条件

（1）水汽条件：充沛的水汽源源不断地输入雨区。

（2）动力条件：空气强烈而持续的上升运动。

"75·8"暴雨时，林庄附近 $W=80\text{mm}$，而 24h 降水高达 1060mm，为前者的 13 倍。因此，仅靠当地水汽形成不了大暴雨。

8.3.2　降水量公式

根据大气水量平衡原理及空气质量连续原理，一定历时 T 内的降水量 P 的计算式为

$$P=\beta VWT=\eta WT \tag{8.5}$$

式中：W 为可降水量，即水汽输入量；V 为水汽入流端的平均风速；β 为表示空气上升运动强度的辐合因子；$\eta=\beta V$，降水效率。

8.3.3　*PMP* 的估算——特大暴雨极大化

当降水量公式各因子达到可能最大值 β_m、V_m、η_m、W_m 时，降水量就达到 *PMP*，即

$$P_m=\beta_m V_m W_m T=\eta_m W_m T \tag{8.6}$$

直接用式（8.6）计算 *PMP* 须先确定 β_m、V_m、η_m、W_m，这是很困难的。目前，用水文气象法推求 *PMP* 的基本思路是对典型暴雨进行极大化推求 *PMP*。选择典型暴雨时，应注意选择强度大、历时长、暴雨时空分布对流域产生洪水峰、量及过程线均恶劣的暴雨典型。

式（8.6）除以式（8.5）得

水汽效率放大 $\qquad\qquad P_m=\dfrac{\eta_m W_m}{\eta W}P \tag{8.7}$

若特大暴雨已属高效暴雨，即 $\eta=\eta_m$，则

水汽放大 $\qquad\qquad P_m=\dfrac{W_m}{W}P \tag{8.8}$

【例 8.2】　某暴雨为高效暴雨，暴雨落区的地面高程为 1040m。某次大暴雨面平均雨

量为 100.2m，其水汽入流方向的障碍高程为 750mm，入流代表站平均代表性露点为 24.7℃（已订正至 1000hPa），代表站平均历史最大露点为 27.2℃。试计算该地区的可能最大暴雨。

解： 因暴雨落区的平均地面高程高于入流障碍高程，所以可降水计算从落区的平均高程 1040m 算至 200hPa。代表性露点 24.7℃ 对应的可降水：

$$W_{(1040m \sim 200hPa)} = W_{(1000hPa \sim 200hPa)} - W_{(1000hPa \sim 1040m)} = 78.9 - 21.3 = 57.6 (mm)$$

历史最大露点为 27.2℃ 对应的可降水：

$$W_{m(1040m \sim 200hPa)} = W_{(1000hPa \sim 200hPa)} - W_{(1000hPa \sim 1040m)} = 97.8 - 24.2 = 73.6 (mm)$$

可能最大暴雨：$PMP = \dfrac{W_m}{W} X_{典} = \dfrac{73.6}{57.6} \times 100.2 = 128.3 (mm)$

8.3.4　应用可能最大降水图集推求 PMP

表示区域内一定历时、一定面积 PMP 地理变化的等值线图称为 PMP 等值线图。

这种等值线图是利用前述推求 PMP 的计算方法计算选定地点的 PMP 值，经过时-面-深、地区等项修匀，再勾绘成等值线图。

一般仅绘制 24h PMP 等值线图，然后利用长短历时暴雨关系、点面关系推求其他历时、面积的 PMP 值。

8.4　设计暴雨时空分配的计算

8.4.1　设计暴雨时程分配的计算

设计暴雨的时程分配计算方法与设计年径流的年内分配计算和设计洪水过程线的计算方法相同。一般采用典型暴雨同频率控制缩放的方法。

1. 典型暴雨的选择和概化

典型暴雨过程应在暴雨特性一致的气候区内选择有代表性的面雨量过程，若资料不足也可由点暴雨量过程来代替。所谓有代表性是指典型暴雨特征能够反映设计地区情况，符合设计要求，如该类型出现次数较多，分配形式接近多年平均和常遇情况，雨量大，强度也大，且对工程安全较不利的暴雨过程，如暴雨核心部分出现在后期，形成洪水的洪峰出现较迟，对水库安全影响较大。为了简便，有时选择单站雨量过程作典型。例如淮河上游 1975 年 8 月在河南发生的一场特大暴雨，简称"75·8 暴雨"，历时 5d，板桥站总雨量 1451.0mm，其中 3d 为 1422.4mm，雨量大而集中，且主峰在后，曾引起两座大中型水库和不少小型水库失事。因此，该地区进行设计暴雨计算时，常选作暴雨典型。在缺乏资料时，可以引用各省（自治区、直辖市）水文手册中按地区综合概化的典型雨型（一般以百分数表示）。

2. 缩放典型过程，计算设计暴雨的时程分配

选定了典型暴雨过程后，就可用同频率设计暴雨量控制方法，对典型暴雨分段进行缩放。不同时段控制放大时，控制时段划分不宜过细，一般以 1d、3d、7d 控制。对暴雨核心部分 24h 暴雨的时程分配，时段划分视流域大小及汇流计算所用的时段而定，一般取

2h、3h、6h、12h、24h 控制。

3. 算例

某流域百年一遇各种时段设计暴雨量见表 8.5。

表 8.5　各时段设计暴雨量

时段/d	1	3	7
设计面雨量 x_{tp}/mm	303	394	485

选定的典型暴雨日程分配和设计暴雨日程分配计算见表 8.6。

表 8.6　暴雨日程分配（同频率法）

日程雨量及分配比		1	2	3	4	5	6	7
x_{1p} 303mm	典型分配比 /%						100	
	设计雨量 /mm						303	
$x_{3p}-x_{1p}$ 91mm	典型分配比 /%					40		60
	设计雨量 /mm					36		55
$x_{3p}-x_{1p}$ 91mm	典型分配比 /%	30	33	37	0			
	设计雨量 /mm	27	30	34	0			
设计暴雨过程/mm		27	30	34	0	36	303	55

最大 24h 设计及典型暴雨的时程分配见表 8.7。

表 8.7　面设计暴雨最大 1d 的时程分配（同倍比法）

项目	设计暴雨的时段（2h）雨量过程												24h
时段序号	1	2	3	4	5	6	7	8	9	10	11	12	全日雨量
典型分配/%	2.9	3.4	3.9	5.2	10.5	44.1	8.7	6.1	5.0	4.0	3.3	2.9	100
设计暴雨/mm	8.8	10.3	11.7	15.8	31.8	133.6	26.4	18.5	15.2	12.1	10.0	8.8	303

8.4.2　设计暴雨的地区分布

梯级水库或水库承担下游防洪任务时，需要拟定流域上各部分的洪水过程，因此需给出设计暴雨量在面上的分布。其计算方法与设计洪水的地区组成计算方法相似。

如图 8.7 所示，在推求防洪断面 B 以上流域的设计暴雨量时，必须分成两部分，一部分来自防洪水库 A 以上流域的暴雨，另一部分来自水库 A 以下至防洪断面 B 这一区间面积上的暴雨。在实际工作中，一般先对已有实测大暴雨资料的地区组成进行分析，了解暴雨中心经常出现的位置，并统计 A 库以上和区间暴雨所占的比重等，作为选定设计暴雨面分布的依据，再从工程规划设计的安全与经济考虑，选定一种可能出现而且偏于不利的暴雨面分布形式，进行设计暴雨的模拟放大。常采用的有以下两种方法。

1. 典型暴雨图法

从实际资料中选择暴雨量大的一个暴雨图形（等雨量线图）移置于流域上。为安全计，常把暴雨中心置放在 AB 区间，而不是置放在流域中心。这样做使区间暴雨所占比例最大，对防洪断面 B 更为不利。然后量取防洪断面 B 以上流域范围内的典型暴雨等雨量线图，分别求出水库 A 以上流域的典型面雨量（x_A）和区间 AB 的典型面雨量（x_{AB}），乘以各自的面积，得水库 A 以上流域的总水量（$W_A = x_A F_B$）和区间 AB 的总水量（$W_{AB} = x_{AB} F_{AB}$），并求得它们所占的

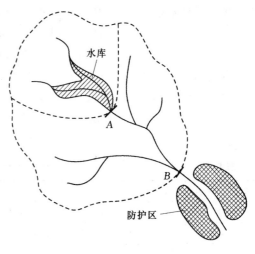

图 8.7 防洪水库预防护区位置

相对比例。设计暴雨总量（$W_{Bp} = x_{Bp} F_B$）按它们各自所占的比例分配，即得设计暴雨量在水库 A 以上和区间 AB 上的面分布。最后通过设计暴雨时程分配计算，得出两部分设计暴雨过程。

2. 同频率控制法

对防洪断面 B 以上流域的面雨量和区间 AB 面积上的面雨量分别进行频率计算，求得各自的设计面雨量 x_{Bp}、x_{ABp}。按同频率原则考虑，采取防洪断面 B 以上流域发生指定频率 P 的设计面暴雨量时，区间 AB 面积上也发生同频率暴雨，水库以上流域则为相应雨量（其频率不定），即

$$x_A = \frac{x_{Bp} F_B - x_{AB} F_{AB}}{F_A} \tag{8.9}$$

【例 8.3】 经对某流域降雨资料进行频率计算，求得该流域频率 $P=1\%$ 的中心点设计暴雨，并由流域面积 $F=44 \text{km}^2$，查水文手册得相应的点面折算系数 a_F，一并列入表8.8，选择某站 1967 年 6 月 23 日开始的 3d 暴雨作为设计暴雨的过程分配典型，见表 8.9，试用同频率放大法推求 $P=1\%$ 的 3 日设计面暴雨过程。

表 8.8　　　　　　　　　　　　某流域设计雨量及其点面折算系数

时段	6h	1d	3d
设计雨量/mm	192.3	306.0	435.0
折算系数 a_F	0.912	0.938	0.963

表 8.9　　　　　　　　　　　　某流域典型暴雨过程线

时段 $\Delta t=6h$	1	2	3	4	5	6	7	8	9	10	11	12	合计
雨量 /mm	4.8	4.2	120.5	75.3	4.4	2.6	2.4	2.3	2.2	2.1	1.0	1.0	222.8

解：设计暴雨量：
$$P_{6h,1\%} = 192.3 \times 0.912 = 175.4 \text{(mm)}$$
$$P_{1d,1\%} = 306.0 \times 0.938 = 387.0 \text{(mm)}$$
$$P_{3d,1\%} = 534 \times 0.963 = 418.9 \text{(mm)}$$

典型暴雨量：$P_{6h} = 120.5 \text{mm}$，$P_{1d} = 204.8 \text{mm}$，$P_{3d} = 222.8 \text{mm}$

放大倍比：$K_{6h} = 175.4/120.5 = 1.46$
$$K_{6h\sim1d} = (287.0 - 175.4)/(204.8 - 120.5) = 1.32$$
$$K_{1\sim3d} = (418.9 - 287.0)/(222.8 - 204.8) = 7.33$$

表 8.10　　　　　　　　　　　　设计暴雨（$P=1\%$）时程分配

时段 $\Delta t = 6h$	1	2	3	4	5	6	7	8	9	10	11	12
典型雨量/mm	4.8	4.2	120.5	75.3	4.4	2.6	2.4	2.3	2.2	2.1	1.0	1.0
放大倍比 K	1.32	1.32	1.46	1.32	7.33	7.33	7.33	7.33	7.33	7.33	7.33	7.33
设计暴雨/mm	6.3	5.5	175.4	99.4	32.3	19.1	17.6	16.9	16.1	15.4	7.3	7.3

8.5　由设计暴雨推求设计洪水

由设计暴雨推求设计洪水过程线，需要应用流域的产、汇流方案计算或依据中小暴雨洪水资料制作，缺乏大暴雨洪水资料检验，此时，需对原有的产、汇流计算方案做一些补充计算和处理。本节主要介绍在设计条件如暴雨强度及总量较大、当地雨量、流量资料不足等情况下，计算中应注意的问题。

8.5.1　设计 P_a 的计算

设计暴雨发生时流域的土壤湿润情况是未知的，可能很干（$P_a = 0$），也可能很湿（$P_a = I_m$），所以设计暴雨可与任何 P_a 值（$0 \leqslant P_a \leqslant I_m$）相遭遇，这是属于随机变量的遭遇组合问题。目前生产上常用下述 3 种方法求设计条件下的土壤含水量，即设计 P_a。

1. 经验方法

在湿润地区，当设计标准较高，设计暴雨量较大，P_a 的作用相对较小。由于雨水充沛，土壤经常保持湿润情况，为了安全和简化，可取 $P_a = I_m$。在干旱地区，当发生设计暴雨时，土壤仍比较干燥，P_a 达到 I_m 的机会甚小，为简化及安全，取 $P_a = (1/3 \sim 1/2) I_m$，重现期大的暴雨取小值，重现期小的暴雨取大值。

2. 扩展暴雨过程法

在拟定设计暴雨过程时，加长暴雨历时，增加暴雨的统计时段，把核心暴雨前面一段也包括在内。例如，原设计暴雨采用 1d、3d、7d 3 个统计时段，现增长到 30d，即增加 15d、30d 两个统计时段。分别作上述各时段雨量频率曲线，选暴雨核心偏在后面的 30d 降雨过程作为典型，而后用同频率分段控制缩放得 7d 以外 30d 以内的设计暴雨过程（图 8.8）。后面 7d 为原先缩放好的设计暴雨核心部分，是推求设计洪水用的。前面 23d 的设计暴雨过程用来计算 7d 设计暴雨发生时的 P_a 值，即设计 P_a。

当然 30d 设计暴雨过程开始时的 P_a 值（即初始值）如何定仍然是个问题，不过初始

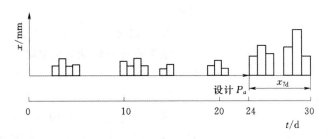

图 8.8　30d 设计暴雨过程

P_a 值假定不同，对后面的设计 P_a 值影响甚微，因为初始 P_a 值要经过 23d 的演算，才到设计暴雨核心部分。一般可取 $P_a = \dfrac{1}{2} I_m$ 或 $P_a = I_m$。

3. 同频率法

假如设计暴雨历时为 td，分别对 td 暴雨量 x_t 系列和每次暴雨开始时的 P_a 与暴雨量 x_t 之和即 $x_t + P_a$ 系列进行频率计算，从而求得 x_{tp} 和 $(x_t + P_a)_p$，则与设计暴雨相应的设计 P_a 值可由两者之差求得，即：

$$P_{ap} = (x_t + P_a)_p - x_{tp} \tag{8.10}$$

当得出 $P_{ap} > I_m$ 时，则取 $P_{ap} = I_m$。

上述 3 种方法中，扩展暴雨过程法用得较多，$P_a = I_m$ 方法仅适用于湿润地区。在干旱地区包气带不易蓄满，故不宜使用。同频率法在理论上是合理的，但在实用上也存在一些问题，它需要由两条频率曲线的外延部分求差，其误差往往很大，常会出现一些不合理现象，例如设计 $P_a > I_m$ 或设计 $P_a < 0$。

8.5.2　产流方案和汇流方案的应用

1. 外延问题

设计暴雨属于稀遇的大暴雨，往往超过实测的暴雨很多，在推求设计洪水时，必须外延有关的产流、汇流方案。

湿润地区的产流方案常采用 $x + P_a - y$ 形式的相关图，其关系线上部的斜率 $\dfrac{\mathrm{d}y}{\mathrm{d}x} = 1.0$，即相关线为 $45°$ 线，外延起来比较方便。干旱地区多采用初损后损法，就需要对有关相关图在外延时必须考虑设计暴雨的雨强因素的影响（图 8.9）。

目前采用的流域汇流方案都属于"线性系统"。在实测暴雨范围内应用这些方案作汇流计算时，其误差一般可以控制在容许范围之内，当用于罕见的特大暴雨时，线性假定有可能导致相当大的误差。虽然有些人提出了不少的"非线性系统"，但由于受到资料所限，这些方案都还未得到充分论证，不为世人所普遍接受。

在工程设计部门，一般注意汇流方案在特大暴雨条件下的适用性，尽量选用实测大洪水资料分析得到的汇流方案，以期与设计条件相近，避免外延过远而扩大误差。不少部门的实践经验说明，用一般常遇洪水分析得出的单位线来推算设计洪水，与由特大洪水资料分析的单位线推求，成果可能相差很大，其差值可达 20% 左右。如果当地缺乏大洪水资料，只好参照有关汇流方案非线性处理的方法做适当修正，这时需要十分慎重和多方论证

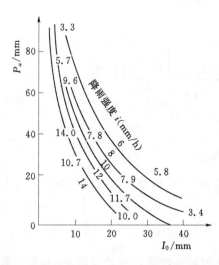

图 8.9 P_a-i-I_0 相关图

分析。

2. 移用问题

如果设计流域缺乏实测降雨径流资料，无法直接分析产流、汇流方案，就得解决移用问题。

产流方案一般采用分区综合方法，如山东省水文手册上就有适用于不同地区的 14 条次降雨径流相关线，供各个分区查用，汇流方案一般采用单位线的综合成果。

8.5.3 算例

某中型水库，集水面积为 341km² ，为了防洪复核，根据实测雨洪资料，拟采用暴雨资料来推求 $P=2\%$ 的设计洪水，步骤如下。

1. 设计暴雨计算

根据本流域洪水涨落较快和水库调洪能力不强的特点，设计暴雨的最长统计时段采用 1 日。通过点暴雨频率计算及参数的地区协调，得 $\overline{x}_1=110$mm、$C_v=0.58$、$C_s=3.5C_v$，求得 $P=2\%$ 的最大 1d 的设计点暴雨量为 296mm，而通过动点动面的暴雨点面关系图，用流域面积 341km² 查图得暴雨点面折减系数为 0.92，则 $P=2\%$ 的最大 1d 面设计暴雨量 $x_{1p}=296\times0.92=272$（mm）。

按该地区的暴雨时程分配，求得设计暴雨过程见表 8.11。

表 8.11　　　　　　　　　　　　$P=2\%$ 设计暴雨过程分配

时段数（$\Delta t=6$h）	1	2	3	4	合计
6h 占最大 1d 的百分数 /%	11	63	17	9	100
设计暴雨/mm	29.9	171.3	46.2	24.6	272
设计净雨/mm	7.9	171.3	46.2	24.6	250
地下净雨/mm	2.4	9.0	9.0	9.0	29.4
地面净雨/mm	5.5	162.3	37.2	15.6	220.6

2. 设计净雨过程的推求

用同频率法求得设计 P_a 值为 78mm，本流域的 $I_m=100$mm，降雨损失 22mm 求得设计净雨过程见表 8.11。

根据对实测洪水资料分割得来的地下径流过程和净雨过程的分析，求得本流域的稳定下渗强度为 1.5mm/h。由设计净雨过程中扣除地下净雨（等于稳渗强度乘以净雨历时）得地面净雨过程（表 8.11）。其中第一时段的净雨历时 $t_c=\dfrac{7.9}{29.9}\times6\approx1.6$（h），地下净雨 $h_下=f_ct_c=1.5\times1.6=2.4$（mm），故第一时段地面净雨为 5.5mm，其余类推。

3. 设计洪水过程的推求

根据实测雨洪资料，分析得大洪水的单位线，见表 8.12 第（3）栏。由设计地面净雨过程通过单位线推求，得设计地面径流过程，成果见表 8.12 中第（5）栏。

表 8.12　　　　　　　　　　　　　设计洪水过程推算表

时段数 ($\Delta t=6$h)	地面净雨 h/mm	单位线 纵坐标 q/(m³/s)	部分流量过程/(m³/s)				地面径流 流量过程 Q_s /(m³/s)	地下径流 流量过程 Q_R /(m³/s)	洪水流量 过程 Q /(m³/s)
			$\dfrac{5.5}{10}q$	$\dfrac{162.3}{10}q$	$\dfrac{37.2}{10}q$	$\dfrac{15.6}{10}q$			
(1)	(2)	(3)	(4)				(5)	(6)	(7)
0		0	0				0	0	0
1	5.5	8.4	4.6	0			4.6	2.7	7.3
2	162.3	49.6	27.3	136.3	0		163.0	5.5	168
3	37.2	33.8	18.6	805.0	31.2	0	855	8.2	863
4	15.6	24.6	13.5	548.6	184.5	13.1	760	11.0	771
5		17.4	9.6	339.3	125.7	77.4	612	13.7	626
6		10.8	5.9	282.4	91.5	52.7	433	16.4	447
7		7.0	3.8	175.3	64.7	38.4	282	19.2	301
8		4.4	2.4	113.6	40.2	27.1	183	21.9	205
9		1.8	1.0	71.4	26.6	16.8	115	24.7	140
10		0	0	29.0	16.4	10.9	56.5	27.4	83.9
11				0	6.7	6.9	13.6	30.1	44.7
12					0	2.8	2.8	32.9	35.7
13						0	0	35.6	35.6
14								32.9	32.9
15								30.1	30.1
16								27.4	27.4
17									
18									
合计	220.6	157.8					3480.5		

注　1. 核算单位线净雨深 $h_u=\dfrac{\sum q_i \Delta t}{F}=\dfrac{157.8\times 21600}{1000\times 341}\approx 10.0$(mm)。

　　2. 核算地面径流总量 $h_s=\dfrac{\sum Q_{si} \Delta t}{F}=\dfrac{3480.5\times 21600}{1000\times 341}\approx 220.6$(mm)。

把地下径流过程化成等腰三角形出流，其总量等于设计地面径流停止时刻（第 13 时段），地下径流过程的底长为地面径流底长的 2 倍，即 $T_下=2\times T_面=2\times 13\times 6=156$（h），则

$$W_下=0.1\times h_下\times F=0.1\times 29.4\times 341\times 10^4$$
$$=1000\times 10^4(\text{m}^3)$$
$$Q_{m下}=\frac{2W_下}{T_下}=\frac{2\times 1000\times 10^4}{156\times 3600}=35.6(\text{m}^3/\text{s})$$

地下径流过程见表 8.12 中 (6) 栏。

地面径流过程加上地下径流过程即得 $P=2\%$ 的设计洪水过程，见表 8.12 中 (7) 栏。

8.6 小流域设计洪水的计算

8.6.1 概述

在农田水利基本建设中，大量的工程设施都建在小流域上。为了规划设计这些水利工程，就必须进行设计洪水计算。小流域设计洪水计算，广泛应用于中、小型水利工程中，如修建农田水利工程的小水库、撇洪沟，渠系上交叉建筑物如涵洞、泄洪闸等，铁路、公路上的小桥涵设计，城市和工矿地区的防洪工程，都必须进行设计洪水计算，因此，水文学上常常作为一个专门的问题进行研究。与大、中流域相比，小流域设计洪水具有以下 3 方面的特点：

(1) 在小流域上修建的工程数量很多，往往缺乏暴雨和流量资料，特别是流量资料。

(2) 小型工程一般对洪水的调节能力较小，工程规模主要受洪峰流量控制，因而对设计洪峰流量的要求，高于对设计洪水过程的要求。

(3) 小型工程的数最较多，分布面广，计算方法应力求简便，使广大基层水文工作者易于掌握和应用。

小流域设计洪水计算工作已有 100 多年的历史，计算方法在逐步充实和发展，由简单到复杂，由计算洪峰流量到计算洪水过程。归纳起来，有经验公式法、推理公式法、综合单位线法以及水文模型等方法。本节主要介绍推理公式法和经验公式法。

8.6.2 小流域设计暴雨

小流域设计暴雨与其所形成的洪峰流量假定具有相同频率。因小流域缺少实测暴雨系列，多采用以下步骤推求设计暴雨：

(1) 按省 (自治区、直辖市) 水文手册及《暴雨径流查算图表》上的资料计算特定历时的暴雨量。

(2) 将特定历时的设计雨量通过暴雨公式转化为任一历时的设计雨量。

1. 年最大 24h 设计暴雨量计算

小流域一般不考虑暴雨在流域面上的不均匀性，多以流域中心点的雨量代替全流域的设计面雨量。小流域汇流时间短，成峰暴雨历时也短，从几十分钟到几小时，通常小于 1d。以前自记雨量记录很少，多为 1d 的雨量记录，大多数省 (自治区、直辖市) 和部门都已绘制 24h 暴雨统计参数等值线图。在这种情况下，应首先查出流域中心点的年最大 24h 降雨量均值 $\bar{x}_{24}$ 及 C_v 值，再由 C_s 与 C_v 之比的分区图查得 C_s/C_v 的值，由 $\bar{x}_{24}$、C_v 及 C_s 即可推出流域中心点的某频率的 24h 设计暴雨量。

随着自记雨量计的增设及观测时段资料的增加，有些省 (自治区、直辖市) 已将 6h、1h 的雨量系列进行统计，得出短历时的暴雨统计参数等值线图 (均值、C_v、C_s)，从而可求出 6h 及 1h 的设计频率的雨量值。

2. 暴雨公式

前面推求的设计暴雨量为特定历时 (24h、6h、1h 等) 的设计暴雨，而推求设计洪峰流量时需要给出任一历时的设计平均雨强或雨量。通常用暴雨公式，即暴雨的强度-历时关系将年最大 24h（或 6h 等）设计暴雨转化为所需历时的设计暴雨，目前水利部门多用以下公式形式：

$$a_{t,P} = \frac{S_P}{t^n} \qquad (8.11)$$

式中：$a_{t,P}$ 为历时为 t，频率为 P 的平均暴雨强度，mm/h；S_P 为 $t=1h$ 的平均雨强，俗称雨力，mm/h；n 为暴雨参数或称暴雨递减指数。

$$x_{t,P} = S_P t^{1-n} \qquad (8.12)$$

式中：$x_{t,P}$ 为频率为 P，历时为 t 的暴雨量，mm。

暴雨参数可通过图解分析法来确定。对式（8.11）两边取对数，在对数格纸上，$\lg a_{t,P}$ 与 $\lg t$ 为直线关系，即 $\lg a_{t,P} = \lg S_P - n \lg t$，参数 n 为此直线的斜率，$t=1h$ 的纵坐标读数就是 S_P，如图 8.10 所示。由图可见，在 $t=1h$ 处出现明显的转折点。当 $t \leqslant 1h$ 时，取 $n=n_1$；$t > 1h$ 时，则 $n=n_2$。

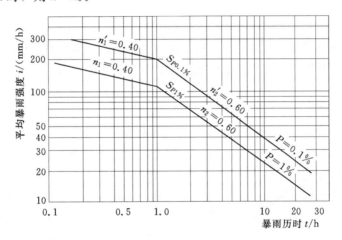

图 8.10　暴雨强度-历时-频率曲线图

图 8.10 上的点据是根据分区内有暴雨系列的雨量站资料经分析计算而得到的。首先计算不同历时暴雨系列的频率曲线，读取不同历时各种频率的 $x_{t,P}$，将其除以历时 t，得到 $a_{t,P}$，然后以 $a_{t,P}$ 为纵坐标，t 为横坐标，即可点绘出以频率 P 为参数的 $\lg a_{t,P} - P - \lg t$ 关系线。

暴雨递减指数 n 对各历时的雨量转换成果影响较大，如有实测暴雨资料分析得出能代表本流域暴雨特性的 n 值最好。小流域多无实测暴雨资料，需要利用 n 值反映地区暴雨特征的性质，将本地区由实测资料分析得出的 n（n_1，n_2）值进行地区综合，绘制 n 值分区图，供无资料流域使用。一般水文手册中均有 n 值分区图。

S_P 值可根据各地区的水文手册，查出设计流域的 $\overline{x}_{24}$、C_v，计算出 $x_{24,P}$，然后由式（8.12）计算得出。如地区水文手册中已有 S_P 等值线图，则可直接查用。

S_P 及 n 值确定之后，即可用暴雨公式进行不同历时暴雨间的转换。24h 雨量 $x_{24,P}$ 转换为 t 小时的雨量 $x_{t,P}$，可以先求 1h 雨量 $x_{1,P(S_P)}$，再由 S_P 转换为 t 小时雨量。

因
$$x_{24,P} = a_{24,P} \times 24 = S_P \times 24^{(1-n_2)}$$
(8.13)

则
$$S_P = x_{24,P} \times 24^{(n_2-1)}$$

由求得的 S_P 转求 t 小时雨量 $x_{t,P}$ 为

当 $1h \leqslant t \leqslant 24h$ 时

$$x_{t,P} = S_P t^{(1-n_2)} = x_{24,P} \times 24^{(n_2-1)} \times t^{(1-n_2)}$$
(8.14)

当 $t < 1h$ 时

$$x_{t,P} = S_P t^{(1-n_1)} = x_{24,P} \times 24^{(n_2-1)} \times t^{(1-n_1)}$$
(8.15)

上述以 1h 处分为两段直线是概括大部分地区 $x_{t,P}$ 与 t 之间的经验关系，未必与各地的暴雨资料拟合很好。如有些地区采用多段折线，也可以分段给出各自不同的转换公式，不必限于上述形式。

设计暴雨过程是进行小流域产汇流计算的基础。小流域暴雨时程分配一般采用最大 3h、6h 及 24h 作同频率控制，各地区水文图集或水文手册均载有设计暴雨分配的典型，可供参考。

8.6.3　设计净雨计算

由暴雨推求洪水过程，一般分为产流和汇流两个阶段。为了与设计洪水计算方法相适应，下面着重介绍利用损失参数 μ 值的地区综合规律计算小流域设计净雨的方法。

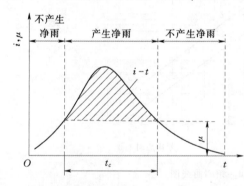

图 8.11　降雨过程与入渗过程示意图

损失参数 μ 是指产流历时 t_c 内的平均损失强度。图 8.11 表示 μ 与降雨过程的关系。从图 8.11 可以看出，$i \leqslant \mu$ 时，降雨全部耗于损失，不产生净雨；$i > \mu$ 时，损失按 μ 值进行，超渗部分（图 8.11 中阴影部分）即为净雨量。由此可见，当设计暴雨和 μ 值确定后，便可求出任一历时的净雨量及平均净雨强度。

为了便于小流域设计洪水计算，各省（自治区、直辖市）水利水文部门在分析大量暴雨洪水资料之后，均提出了决定 μ 值的简便方法。有的部门建立单站 μ 与前期影响雨量 P_a 的关系，有的选用降雨强度 $\bar{i}$ 与一次降雨平均损失率 $\bar{f}$ 建立关系，以及 μ 与 $\bar{f}$ 建立关系，从而运用这些 μ 值作地区综合，可以得出各地区在设计时应取的 μ 值，具体数值可参阅各地区的水文手册。

8.6.4　由推理公式推求设计洪水的基本原理

推理公式，英、美称为"合理化方法"（Rational Method），前苏联称为"稳定形势公式"。推理公式法是根据降雨资料推求洪峰流量的最早方法之一，至今已有 130 多年。

1. 推理公式的形式

假定流域产流强度 γ 在时间、空间上都均匀，经过线性汇流推导，可得出所形成洪峰流量的计算公式，

$$Q_m = 0.278\gamma F = 0.278(a - \mu)F$$
(8.16)

式中: a 为平均降雨强度, mm/h; μ 为损失强度, mm/h; F 为流域面积, km^2; 0.278 为单位换算系数; Q_m 为洪峰流量, m^3/s。

在产流强度时空均匀情况下, 流域汇流过程可用图 8.12 表示。

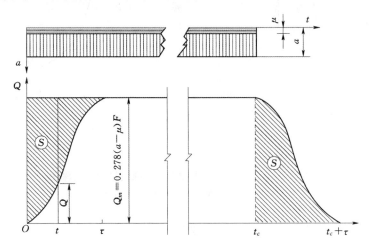

图 8.12 均匀产流条件下流域汇流过程示意图

从图 8.12 可知, 当产流历时 $t_c > \tau$ (流域汇流时间) 时, 会形成稳定洪峰段, 其洪峰流量 Q_m 由式 (8.16) 给出。Q_m 仅与流域面积和产流强度有关。这些结论与人们的直觉似乎有抵触, 因为实际上洪水过程线中, 几乎没有出现过这种稳定的洪峰段, 而且洪峰流量与流域其他地理特征 (如坡降、河长等) 有关, 这就常常引起人们对式 (8.16) 的合理性产生怀疑。造成上述矛盾的根本原因是实际产流强度不太可能达到以上假定。式 (8.16) 很容易用等流时线法导出。

当 $t_c \geq \tau$ 时, 称为全面汇流情况, 此时, 可以直接使用式 (8.16) 推求洪峰流量; 当 $t_c < \tau$ 时, 称为部分汇流情况, 即其洪峰流量只是由部分流域面积的净雨形成, 此时, 不能正常使用推理公式, 否则所求洪峰流量将偏大。

2. 推理公式的实际应用

实际上产流强度随时间、空间是变化的, 从严格意义上讲, 是不能使用推理公式作汇流计算的。但对于小流域设计洪水计算, 推理公式法计算简单, 且有一定精度, 故它是目前水利水电部门最常用的一种小流域汇流计算方法。

对于实际暴雨过程, Q_{mp} 的计算方法如下:

假定所求设计暴雨过程如图 8.13 所示, 产流计算采用损失参数 μ 法。

对于全面汇流情况:

$$Q_m = 0.278(a - \mu)F = 0.278\left(\frac{h_\tau}{\tau}\right)F \tag{8.17}$$

对于部分汇流情况, 因为不能正常使用推理公式, 所以陈家琦等人在作一定假定后, 得

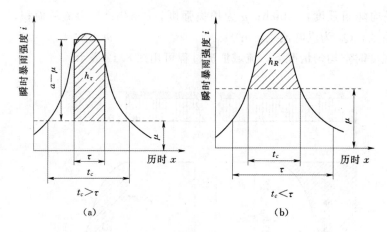

图 8.13 $t_c \geqslant \tau$，$t_c < \tau$ 是参与形成洪峰流量的径流深图

(a) 全面汇流情况；(b) 部分汇流情况

$$Q_m = 0.278 \left(\frac{h_R}{\tau} \right) F \tag{8.18}$$

式中：h_τ 为连续 τ 时段内最大产流量；h_R 为产流历时内的产流量。

【例 8.4】 某小流域如下图所示，其流域面积为 3.0km^2 等流时面积 $f_1 = 0.5 \text{km}^2$，$f_2 = 2.5 \text{km}^2$，流域汇流时间 $\tau_m = 3\text{h}$，而 $\tau_{AB} = \tau_{BC} = 1.5\text{h}$，设计暴雨公式 $i = 120/T^{0.7}$ (mm/h)，其中 T 为历时 (h)，设计暴雨损失率 (mm/h)，试按公式 $Q_m = 0.278 (i - \mu) f$（f 为形成峰 Q_m 的汇流面积）计算全面汇流和仅 f_2 部分汇流的洪峰流量，并比较之。

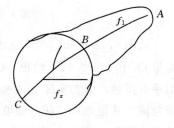

图 8.14 某小流域流域图

解： $t_c = \left[\frac{(1-n)S_P}{\mu} \right]^{\frac{1}{n}} = \left[\frac{(1-0.7) \times 120}{10} \right]^{\frac{1}{0.7}} = 6.24 \text{(h)}$

$t_c > \tau$ 全面汇流洪峰：

$$i = \frac{120}{T^{0.7}} = \frac{120}{3^{0.7}} = 55.5 \text{(mm/h)}$$

$$Q_m = 0.278 \times (55.5 - 10) \times 3 = 37.95 \text{(m}^3/\text{s)}$$

$t < \tau$ 部分汇流洪峰：

$$i = \frac{120}{T^{0.7}} = \frac{120}{1.5^{0.7}} = 90.3 \text{(mm/h)}$$

$$Q_m = 0.278 \times (90.3 - 10) \times 2.5 = 55.81 \text{(m}^3/\text{s)}$$

$Q_m' > Q_m$，因全面汇流面积增加不能抵偿净雨强度的减少。

8.6.5 北京水科院推理公式的导出与应用

北京水科院推理公式是陈家琦等人在经过两年的研究后于 1958 年提出的，目前它是我国设计洪水规范中规定使用的小流域设计洪水计算方法。

1. 公式推导

(1) 设计暴雨过程。假定了一条各时段同频率的设计暴雨过程，如图 8.15 所示。

这样构造的设计暴雨过程有以下 4 个性质：

1) 相对 $x = x_0$ 而言，暴雨过程线是对称的。

2) 当 $x \to x_0$ 时，瞬时雨强 $i(x_0)$ 为无穷大。

3) 图中阴影部分面积 A 恰好等于时段长为 t 的设计暴雨量 $x_{t,P}$（用暴雨公式计算）。

$$A = x_{t,P} = S_P t^{1-n}$$

4) $i(x)$ 难于用显式表示。

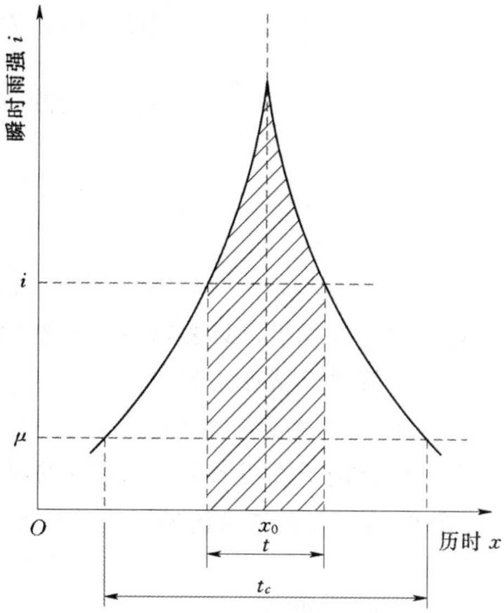

（2）产流历时 t_c 与产流量计算。要根据损失参数 μ 求 t_c，必须首先建立瞬时雨强 i 与 t 的函数关系（从图 8.15 可知它们是一一对应且成反比关系）。根据推导可得

$$i(t) = \frac{\mathrm{d}x_{t,P}}{\mathrm{d}t} = \frac{\mathrm{d}(S_P t^{1-n})}{\mathrm{d}t} = (1-n)S_P t^{-n}$$

(8.19)

图 8.15 设计暴雨过程示意图

这样只要令 $i(t) = \mu$，所对应的 t 即为 t_c，则

$$t_c = \left[\frac{(1-n)S_P}{\mu} \right]^{\frac{1}{n}}$$

(8.20)

产流量 h_R 的计算公式（时段长为 t_c）为

$$h_R = S_P t_c^{1-n} - (1-n)S_P t_c^{-n} t_c = n S_P t_c^{1-n}$$

(8.21)

（3）流域汇流时间 τ 的计算。用推理公式推求设计洪峰流量，τ，t_c 都是必不可少的。τ 采用以下经验公式：

$$\tau = 0.278 L / (m J^{\frac{1}{3}} Q_m^{\frac{1}{4}})$$

(8.22)

式中：L 为流域最远点的流程长度，km；J 为沿最远流程的平均纵比降（以小数计）；m 为汇流参数；Q_m 为洪峰流量，m^3/s。

（4）用推理公式求设计洪峰流量 Q_{mP}。汇流计算采用 8.6.4 中介绍的方法。

1) $t_c \geqslant \tau$ 的情况：

$$Q_{mP} = 0.278 \left(\frac{h_\tau}{\tau} \right) F = 0.278 \left(\frac{x_{\tau P} - \mu \tau}{\tau} \right) F = 0.278 (a_\tau - \mu) F$$

(8.23)

2) $t_c < \tau$ 的情况（部分汇流）：

$$h_R = n S_P t_c^{1-n}$$

$$Q_{mP} = 0.278 \left(\frac{h_R}{\tau} \right) F = 0.278 \left(\frac{n S_P t_c^{1-n}}{\tau} \right) F$$

(8.24)

经过整理，可得北京水科院推理公式：

165

$$\begin{cases} Q_{mP}=0.278\left(\dfrac{S_P}{\tau^n}-\mu\right)F \\[2mm] \tau=0.278\,\dfrac{L}{mJ^{1/3}Q_{mP}^{1/4}} \end{cases},t_c\geqslant\tau \qquad (8.25)$$

$$\begin{cases} Q_{mP}=0.278\left(\dfrac{nS_Pt_c^{1-n}}{\tau}\right)F \\[2mm] \tau=0.278\,\dfrac{L}{mJ^{1/3}Q_{mP}^{1/4}} \end{cases},t_c<\tau \qquad (8.26)$$

对于以上方程组，只要知道 7 个参数：F、L、J、n、S_P、μ、m，便可求出 Q_{mP}。求解方法有图解法、试算法等。

2. 设计洪峰流量计算实例

下面结合例子说明图解法求 Q_{mP} 的过程。

【例 8.5】 江西省某流域上需要建小水库 1 座。要求用推理公式计算 $P=1\%$ 的设计洪峰流量。

解： 计算步骤如下：

(1) 流域特征参数 F、L、J 的确定。F 为出口断面以上的流域面积，在适当比例尺地形图上勾绘出分水岭后，用求积仪量算。L 为从出口断面起，沿主河道至分水岭的最长距离，在适当比例尺的地形图上用分规量算。J 为沿 L 的坡面和河道平均比降。

本例中，已知流域特征如下：

$$F=104\text{km}^2,L=26\text{km},J=8.75‰$$

(2) 设计暴雨参数 n 和 S_P 的确定：

$$S_P=x_{24,P}\times24^{n-1}=\alpha x_{1d,P}\times24^{n-1}$$

暴雨衰减指数 n 由各省（自治区、直辖市）实测暴雨资料分析定量，查当地水文手册即可获得，一般 n 的数值以定点雨量资料代替面雨量资料，不做修正。

现从江西省水文手册中查得设计流域最大 1 日雨量的参数：

$$\overline{x}_{1d}=115\text{mm}, C_{v1d}=0.42,C_{s1d}=3.5C_{v1d}$$

$$n_2=0.60,x_{24,P}=1.1x_{1d,P}$$

由 C_{s1d} 及 P 查得 $\phi_P=3.312$。

所以　　　$S_P=x_{24,P}\times24^{n_2-1}=1.1\times115\times(1+0.42\times33.312)\times24^{0.60-1}$

$$=84.8(\text{mm/h})$$

(3) 设计流域损失参数和汇流参数的确定。可查有关水文手册，本例查得的结果是 $\mu=3.0\text{mm/h}$，$m=0.70$。

(4) 用图解法求设计洪峰流量。

1) 采用全面汇流式 (8.25) 作计算，即假定 $t_c\geqslant\tau$。

2) 将有关参数代入式 (8.25)，得到 Q_{mP} 及 τ 的公式如下：

$$Q_{mP}=0.278\left(\dfrac{84.8}{\tau^{0.6}}-3\right)\times104=\dfrac{2451.7}{\tau^{0.6}}-86.7 \qquad (8.27)$$

$$\tau=\dfrac{0.278\times26}{0.7\times0.00875^{1/3}Q_{mP}^{1/4}}=\dfrac{50.1}{Q_{mP}^{1/4}} \qquad (8.28)$$

3）假定一组 τ 值代入式（8.27）中，算出相应的一组 Q_{mP} 值，再假定一组 Q_{mP} 值代入式（8.28）中，算出一组 τ 值，成果见表 8.13。

表 8.13 Q_{mP}-τ 关系计算成果表

$Q_{mP}=\dfrac{2451.7}{\tau^{0.6}}-86.7$			$\tau=50.0/Q_{mP}^{1/4}$		
τ	$2451.7/\tau^{0.6}$	Q_{mP}	Q_{mP}	$Q_{mP}^{1/4}$	τ
8	704.1	617.4	400	4.5	11.2
10	615.8	529.1	450	4.6	10.9
12	552.0	465.3	500	4.73	10.6
14	503.3	416.6	600	4.95	10.1

4）绘图。将计算的两组数据 τ-Q_{mP} 和 Q_{mP}-τ 绘在 1 张方格纸上，如图 8.16 所示，纵坐标表示洪峰流量 Q_{mP}，横坐标表示时间 τ，两条曲线的交点处对应的 Q_{mP} 即为所求设计洪峰流量。由图 8.16 读出 $Q_{mP}=510\mathrm{m^3/s}$，$\tau=10.55\mathrm{h}$。

5）检验 t_c 是否大于 τ。

$$t_c=\left[\frac{(1-n_2)S_P}{\mu}\right]^{\frac{1}{n_2}}=\left(\frac{0.4\times84.8}{3.0}\right)^{1/0.6}=57\,(\mathrm{h})$$

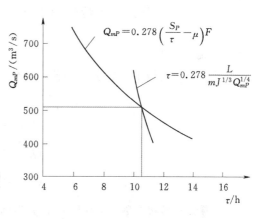

图 8.16 Q_{mP}-τ 和 τ-Q_{mP} 图

本例题 $\tau=10.55\mathrm{h}<t_c=57\mathrm{h}$，所以采用全面汇流公式计算是正确的。

8.6.6 小流域设计洪水计算的经验公式法

计算洪峰流量的地区经验公式是根据一个地区各河流的实测洪水和调查洪水资料，找出洪峰流量与流域特征，降雨特性之间的相互关系，建立起来的关系方程式。这些方程都是根据某一地区实测经验数据制定的，只适用于该地区，所以称为地区经验公式。

影响洪峰流量的因素是多方面的，包括地质地貌特征（植被、土壤、水文地质等）、几何形态特征（集水面积、河长、比降、河槽断面形态等）以及降雨特性，地质地貌特征往往难于定量，在建立经验公式时，一般采用分区的办法加以处理。因此，经验公式的地区性很强。

经验公式最早见于 19 世纪中期，由洪峰流量与流域面积建立关系。当时由于水文资料十分缺乏，没有频率概念。以后，随着工程建设的开展，各国在建立地区经验公式方面做了许多工作，使经验公式逐渐具备了新的形式和内容。我国水利、交通、铁道等部门，为了修建水库、桥梁和涵洞，对小流域设计洪峰流量的经验公式进行了大量的分析研究，在理论上和计算方法上都有所创新，在实用上已发挥了一定的作用。但是，此类公式受实测资料限制，缺乏大洪水资料的验证，不易解决外延问题。

1. 单因素公式

目前，各地区使用的最简单的经验公式是以流域面积作为影响洪峰流量的主要因素，把其他因素用一个综合系数表示，其形式为：

$$Q_{mP} = C_P F^n \qquad (8.29)$$

式中：Q_{mP} 为设计洪峰流量，m^3/s；F 为流域而积，km^2；n 为经验指数；C_P 为随地区和频率而变化的综合系数。

在各省（自治区、直辖市）的水文手册中，有的给出分区的 n、C_P 值，有的给出 C_P 等值线图。

对于给定设计流域，可根据水文手册查出 C_P 及 n 值，并量出流域面积 F，从而算出 Q_{mP}。

式（8.29）过于简单，较难反映小流域的各种特性，只有在实测资料较多的地区，分区范围不太大，分区暴雨特性和流域特征比较一致时，才能得出符合实际情况的成果。

2. 多因素公式

为了反映小流域上形成洪峰的各种特性，目前各地较多地采用多因素经验公式。公式的形式有：

$$Q_{mP} = C h_{24P} F^n \qquad (8.30)$$

$$Q_{mP} = C h_{24P}^\alpha f^\gamma F^n \qquad (8.31)$$

$$Q_{mP} = C h_{24P}^\alpha J^\beta f^\gamma F^n \qquad (8.32)$$

式中：f 为流域形状系数，$f = F/L^2$；J 为河道干流平均坡度；h_{24P} 为设计年最大 24h 净雨量，mm；α、β、γ、n 为指数；C 为综合系数。

以上指数、综合系数是通过使用地区实测资料分析得出的。

选用因素的个数以多少为宜，可从两方面考虑。一是能使计算成果提高精度，使公式的使用更符合实际，但所选用的因素必须能通过查勘、测量、等值线图内插等手段加以定量。二是与形成洪峰过程无关的因素不宜随意选用，因素与因素之间关系十分密切的不必都选用，否则无益于提高计算精度，反而增加计算难度。

8.6.7　小流域设计洪水过程

一些中小型水库，能对洪水起一定的调蓄作用，此时即需要设计洪水过程线。通过对有实测资料地区的洪水过程线分析，求得能概括洪水特征的平均过程线，图 8.17 是江西省根据全省集水面积在 $650km^2$ 以下的 81 个水文站、1048 次洪水资料分析得出的概化洪水过程线模式，图中 T 为洪水历时，可按下式计算：

$$T = 9.66 \frac{W}{Q_m} \qquad (8.33)$$

式中：Q_m、W、T 的单位分别为 m^3/s、万 m^3 及 h。应用时规定洪水总量 W 按 24h 设计暴雨所形成的径流深 R（mm）计算。

$$W=0.1RF \qquad (8.34)$$

式中：F 为流域面积，km^2。

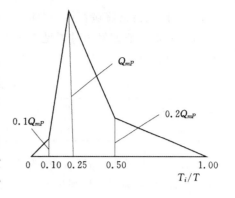

由于设计洪峰流量 Q_m 已知，将 Q_m 及 W 代入式（8.33），即可算出 T。然后将各转折点的流量比值 Q_i/Q_m 乘以 Q_m，便得出各转折点的流量值，此即设计洪水过程线。

此外，我国有些地区水文手册中有典型的无因次洪水过程线，该过程线以 Q_i/Q_m 为纵坐标，t_i/T 为横坐标，称为标准化过程线，使用时用 Q_m 及 T 分别乘以标准化过程线，便得到设计洪水过程线。

图 8.17　概化洪水过程线

复 习 思 考 题

8.1　为什么要用暴雨资料推求设计洪水？

8.2　由暴雨资料推求设计洪水，主要包括哪些计算环节？

8.3　如何确定特大暴雨的重现期？

8.4　什么叫动点动面关系？如何建立一个流域的动点动面关系？

8.5　小流域设计洪峰流量计算一般采用哪些方法（最少举出 3 种）？

8.6　已知某流域多年平均最大 3d 暴雨频率曲线：$\overline{x}_{24}=210mm$，$C_v=0.45$，$C_s=3.5C_v$，试求该流域百年一遇设计暴雨。皮尔逊Ⅲ型曲线离均系数 Φ 值表见表 8.14。

表 8.14　　　　　　　　皮尔逊Ⅲ型曲线离均系数 Φ 值表

C_s	$P/\%$							
	1	5	10	50	80	90	95	99
1.5	3.33	1.95	1.33	−0.24	−0.82	−1.02	−1.13	−1.26
1.6	3.39	1.96	1.33	−0.25	−0.81	−0.99	−1.10	−1.20

8.7　已求得某流域百年一遇 12h、1d、3d 设计暴雨量依次是 140mm、185mm、250mm，并求 $(x_{3d,1\%}+P_a)_{1\%}=295mm$，$W_m=60mm$，试求该流域设计情况下的前期影响雨量 $P_{a,p}$。

8.8　已知某流域 3d 设计暴雨过程和降雨径流相关图 $(P+P_a)-R$，试从下表计算各时段净雨量。并回答：①该次暴雨总净雨深是多少？②该次暴雨总损失量是多少？③设计暴雨的前期影响雨量 $P_{a,p}$ 是多少？

表 8.15　　　　　　　　　　　某流域设计净雨计算表

时段（$\Delta t=12h$）	1	2	3	4	5	6	合计
设计暴雨 P/mm	10.0	25.0	60.0	0	70.0	45.0	210.0
$P+P_a$/mm	90.0	115.0	175.0	175.0	245.0	290.0	
累计净雨/mm	4.0	21.0	58.0	58.0	110.0	150.0	
时段净雨/mm							

8.9　已求得某流域百年一遇的 1d、3d、7d 设计面暴雨量分别为 336mm、560mm 和 690mm，并选定典型暴雨过程见表 8.16，试用同频率控制放大法推求该流域 100 年一遇的设计暴雨过程。

表 8.16　　　　　　　　　某流域典型暴雨资料

时段（$\Delta t = 12h$）	1	2	3	4	5	6	7	8	9	10	11	12	13	14
雨量/mm	15	13	20	10	0	50	80	60	100	0	30	0	12	5

8.10　某中型水库流域面积为 300km^2，50 年一遇设计暴雨过程及单位线见表 8.17 和表 8.18，初损为零，后损率 $\bar{f} = 1.5\text{mm/h}$，设计情况下基流为 $10\text{m}^3/\text{s}$，试推求 50 年一遇设计洪水过程线。

表 8.17　　　　　　　　　某水库 50 年一遇设计暴雨

时段（$\Delta t = 6h$）	1	2	3	4	合计
设计暴雨/mm	35	180	55	30	300

表 8.18　　　　　　　　　某设计流域的 6h10mm 单位线

时段（$\Delta t = 6h$）	0	1	2	3	4	5	6	7	0	合计
单位线 q /(m^3/s)	0	14	26	39	23	18	12	7	0	139

第9章 水 文 预 报

学习目标和要求：本章研究水文现象的客观规律，利用已经掌握的水文、气象资料，预报水文要素未来变化过程。通过研究短期洪水预报、枯水预报、施工水文预报等内容了解水文预报的作用和分类，预报精度的评价方法，河道洪水波的运动规律，掌握河道相应水位预报方法，了解退水曲线法的预报方法，重点掌握流量演算的基本原理和马斯京根流量演算方法。在防汛工作中，及时准确的水文预报，是防汛抗洪指挥决策的重要科学依据；在水能、水资源的合理调度、开发利用和保护以及航运等工作中，都需要有水文预报作指导。

9.1 洪 水 预 报 方 法

9.1.1 水文实时预报的意义

水文现象受到自然界中众多因素的影响，人们采用的各种方法或模型都不可能将复杂的水文现象模拟得十分确切，水文预报估计值与实际出现值的偏离，即预报误差是不可避免的。实时预报就是利用在作业预报过程中，不断得到的预报误差信息，及时地校正、改善预报估计值或水文预报模型中的参数，使以后阶段的预报误差尽可能减小。

9.1.2 水文实时预报方法分类

1. 水文预报误差的来源

水文预报误差的来源大致有以下几个方面：

（1）模型结构误差。在对水文循环过程的模拟中，采用了不同程度简化的模型或不完善的处理方法，由此引起的误差称为模型结构误差。

（2）模型参数估计误差。水文模型中估计的模型参数对其真值来讲，总是存在着误差的。根据各场洪水优选的模型参数，它是综合各场洪水的最优值，而对某一特定场次的洪水，它并非就是最合适的。

（3）模型的输入误差。进行水文预报所输入的资料通常是降雨、流量和流域蒸散发，这些资料或由实测获得，或根据天气预报估算得到。前者存在着测验和时段统计平均误差，后者则存在着相当大的预报误差。

2. 实时预报校正模型

洪水实时预报校正方法包含两方面的内容：一是实时预报校正模型，二是实时校正方法。实时预报校正模型在很大程度上取决于水文模型的结构。

（1）"显式"结构的水文模型。当水文模型相对于模型的待定参数是线性关系模型时，称为"显式"结构。一种处理方法是将水文系统视为动态系统，模型的动态参数"在线"

识别和实时预报是关键。另一种处理方法是将水文预报模型改造成系统状态方程和系统观测方程，利用滤波的方法进行实时校正。

（2）"隐式"结构水文模型。一般来讲，流域概念性水文模型是较复杂的"隐式"结构。目前在处理这类模型时，一种方法是对模型进行"显式"化处理；另一种方法是基于确定性流域水文模型的预报流量与实测流量的误差序列，建立流量误差预报的"显式"模型（如 AR 或 ARMA 模型），流域洪水预报即用预报的流量残差叠加到模型的计算流量上，从而完成洪水实时校正预报。

3. 实时预报校正方法的分类

根据不同预报误差的来源，实时预报校正方法可分为以下 3 种：

（1）对模型参数实时校正。若认为水文预报方法或模型的结构是有效的，只是由于存在数据的观测误差，导致率定的模型参数不准确，或是率定的模型参数对具体场次洪水并非最优，可以在实际作业预报过程中，根据实际的预报误差不断地修正模型参数。对模型参数进行实时校正的方法有最小二乘估计等方法。

（2）对模型预报误差进行预测。对已出现的预报误差时序过程，建立合适的预报误差的模型。通过预报未来的误差值以校正尚未出现的预报值，从而提高水文预报的精度。

（3）对状态变量进行估计。一个预报模型中能控制当前及以后时刻系统状态和行为的变量，称为状态变量。对状态变量的估计是认为预报误差来源于状态估计的偏差和实际观测的误差，通过实时修正状态变量来提高预报的精度。卡尔曼滤波就是对状态变量进行实时校正的一种算法。

9.1.3　水文实时预报的最小二乘方法

在水文预报模型参数的估计中，最小二乘法是一种常用的估计方法。通过最小二乘估计可以获得一个在最小方差意义上与实测数据拟合最好的模型。

1. 最小二乘估计的基本算法

设 $y(i)$ 和 $x_1(i)$，$x_2(i)$，$\cdots$，$x_n(i)$ 为在 i 时刻（$i=1,2,\cdots,m$）所观测得的数据，可以用 m 个方程表示这些数据的关系：

$$y(i)=\theta_1 x_1(i)+\theta_2 x_2(i)+\cdots+\theta_n x_n(i)，\ i=1,2,\cdots,m \tag{9.1}$$

上式用矩阵形式表示为

$$Y=X\theta \tag{9.2}$$

式中

$$Y=\begin{bmatrix} y(1) \\ y(2) \\ \vdots \\ y(m) \end{bmatrix} \quad X=\begin{bmatrix} x_1(1) & x_2(1) & \cdots & x_n(1) \\ x_2(2) & x_2(2) & \cdots & x_n(2) \\ \vdots & \vdots & \vdots & \vdots \\ x_1(m) & x_2(m) & \cdots & x_n(m) \end{bmatrix} \quad \theta=\begin{bmatrix} \theta_1 \\ \theta_2 \\ \vdots \\ \theta_n \end{bmatrix} \tag{9.3}$$

当 $m=n$ 时，若 X 的逆矩阵存在时，式（9.2）可以得到唯一的解。由于测量的数据不可避免地存在误差，用 n 组数据估计 n 个参数，必然带来较大的估计误差。为了获得更可靠的结果，增加测量次数，使 $m>n$。m 超过一般方程组所需的定解条件数 n，这种情况在水文问题中经常遇到。最小二乘原理指出，最可信赖的参数值 θ 应在使残余误差平方和最小的条件下求出。

设估计误差向量 $V = (v_1, v_2, \cdots, v_n)^T$，并令：

$$V = Y - X\theta \tag{9.4}$$

目标函数为

$$J = \sum_{k=1}^{m} V_i^2 = V^T V = \min \tag{9.5}$$

将 J 对 θ 求偏微分，并令其等于零，则可求得使 J 趋于最小的估计值 $\hat{\theta}$，即

$$\hat{\theta} = (X^T X)^{-1} X^T Y \tag{9.6}$$

这个结果就称为 θ 的最小二乘估计。

2. 序贯递推最小二乘算法

它是基于最小二乘推导出的、利用新息来改进参数 θ_t 的递推估计算法，使参数实现在线识别。参数向量的递推算式：

$$\hat{\theta}_{m+1} = \hat{\theta}_m + K_m [y(m+1) - X^T(m+1)\hat{\theta}_m] \tag{9.7}$$

$$K_m = P_m X(m+1)[I + X^T(m+1)P_m X(m+1)]^{-1} \tag{9.8}$$

$$P_{m+1} = [I - K_m X^T(m+1)]P_m \tag{9.9}$$

在递推过程中，当数据量不多时，新观测数据对参数的修正作用比较明显。当 m 达到一定数量级后，新鲜资料对 θ 的修正作用趋于消失，模型从而进入"稳态"。

3. 衰减记忆递推最小二乘算法

在序贯最小二乘法中，将其目标函数中加入一个定常的指数权项（称为遗忘因子），以增加对新数据的重视程度。

$$J_m = \sum_{i=1}^{m} \lambda^{m-i} [y(i) - X(i)^T \theta(i)]^2 \tag{9.10}$$

式中：$0 < \lambda < 1.0$ 为加权因子，当 $i = m$ 时，最新资料起的权重最大，$i < m$ 的各时段取的权重逐次减小，使参数实现衰减记忆的动态识别，其递推式为

$$\hat{\theta}_{m+1} = \hat{\theta}_m + K_m [y(m+1) - X^T(m+1)\hat{\theta}_m] \tag{9.11}$$

$$K_m = P_m X(m+1)[\lambda + X^T(m+1)P_m X(m+1)]^{-1} \tag{9.12}$$

$$P_{m+1} = \frac{1}{\lambda}[I - K_m X^T(m+1)]P_m \tag{9.13}$$

衰减记忆递推最小二乘法对初值 $\hat{\theta}(0)$ 和 $P(0)$ 的选取，有两种方法：

（1）整批计算：用最初的 m 个数据直接用最小二乘的整批算法求出 $\hat{\theta}(m)$ 和 $P(m)$，以此作为递推计算的初值。从 $m+1$ 个数据开始，逐步进行递推计算。

（2）预设初值：直接设定递推算法的初值 $\hat{\theta}(0)$，$P(0) = \alpha I$，其中 α 为一个充分大的正数，I 为单位矩阵。在进行递推计算时，尽管开头几步误差较大，但经过多次递推计算后，$\hat{\theta}$ 将逐步逼近真值。

【例 9.1】 某河道断面的洪水流量过程，经分析可采用如下的自回归模型来预报：

$$Q(t+1) = \theta_1 Q(t) + \theta_2 Q(t-1) + \theta_3 Q(t-2)$$

式中：$\theta=(Q_1,Q_2,Q_3)$ 为模型参数。该断面 1985 年 4 月 8—16 日发生一次洪水过程，现在应用衰减记忆最小二乘递推算法进行洪水实时预报的步骤如下。

（1）将选定的水文预报模型写成递推最小二乘的规范形式为

$$y(t+1)=X^T(t+1)\hat{\theta}(t) \tag{9.14}$$

式中

$$y(t+1)=Q(t+1)$$
$$X^T(t+1)=[Q(t),Q(t-1),Q(t-2)]$$
$$\hat{\theta}(t)=[Q_1(t),Q_2(t),Q_3(t)]^T$$

（2）根据该河段以往的洪水流量资料，经综合分析选取遗忘因子 $\mu=0.95$，$\hat{\theta}(0)=(2.298,-1.821,0.598)^T$，$P(0)=10^{-6}I$。

（3）设 4 月 8 日 20 时为计算初始时间，其计算时段序号 $t=0$，由初始条件 $\hat{\theta}(0)$，$P(0)$ 以及 $X^T(1)=(523 \quad 570 \quad 640)$ 应用预报模型式（9.14）预报 4 月 9 日 2 时的流量：

$$\hat{y}(t)=X^T\hat{\theta}(0)=(523 \quad 570 \quad 640)(2.298 -1.821 \quad 0.598)^T=547(\text{m}^3/\text{s})$$

（4）在 4 月 9 日 2 时，获得实测流量 $Q(1)=510\text{m}^3/\text{s}$ 时，需对模型参数进行校正，应用式（9.12）和式（9.11），有

$$K(1)=P(0)X(1)[\mu+X^T(1)P(0)X(1)]^{-1}$$

$$=\begin{bmatrix}10^{-6} & 0 & 0\\ 0 & 10^{-6} & 0\\ 0 & 0 & 10^{-6}\end{bmatrix}\begin{bmatrix}523\\570\\640\end{bmatrix}\left\{0.95+(523 \quad 570 \quad 640)\begin{bmatrix}10^{-6} & 0 & 0\\ 0 & 10^{-6} & 0\\ 0 & 0 & 10^{-6}\end{bmatrix}\begin{bmatrix}523\\570\\640\end{bmatrix}\right\}^{-1}$$

$$=(0.000267 \quad 0.000291 \quad 0.000327)^T$$

$$\hat{\theta}(1)=\hat{\theta}(0)+K(1)[y(1)-X^T(0)\hat{\theta}(0)]$$

$$=\begin{bmatrix}2.298\\-1.821\\0.598\end{bmatrix}+\begin{bmatrix}0.000267\\0.000291\\0.000327\end{bmatrix}(510-547)=\begin{bmatrix}2.289\\-1.831\\0.587\end{bmatrix}$$

（5）应用 $K(1)$ 和实测流量 $Q(1)$，便可进行下一步递推计算，有

$$P(1)=\frac{1}{\mu}[I-K(1)X(1)^T]P(0)=10^{-7}\begin{bmatrix}9.06 & -1.6 & -1.80\\-1.60 & 8.78 & -1.96\\-1.80 & -1.96 & 8.32\end{bmatrix}$$

$$\hat{y}(2)=X^T(2)\hat{\theta}(1)=(512 \quad 523 \quad 570)(2.289 \quad -1.831 \quad 0.587)^T=549(\text{m}^3/\text{s})$$

（6）依上述步骤逐步递推计算，可计算得洪水实时预报过程，见表（9.1）第（4）栏。若在第（2）步初值选取时 $\hat{\theta}(0)$ 未知，可设 $\hat{\theta}(0)=(0,0,0)^T$，$P(0)=10^6I$，经同样步骤递推计算，其结果见表 9.1 中第（5）栏所示，可以看到预报开始时段误差较大，但经过几个时段的计算之后，也可获得好的预报结果。

表 9.1 某河流断面实时洪水预报结果

时序	时间	实测流量	预报流量	预报流量	时序	时间	实测流量	预报流量	预报流量
(1)	(2)	(3)	(4)	(5)	(1)	(2)	(3)	(4)	(5)
	4月8日8时	640	0	0	15	4月12日14时	3440	3882	3790
	4月8日14时	570	0	0	16	4月12日20时	2970	3254	3018
0	4月8日20时	523	0	0	17	4月13日2时	2430	2245	2238
1	4月9日2时	510	547	0	18	4月13日8时	2020	2286	2598
2	4月9日8时	547	549	473	19	4月13日14时	1860	1939	2026
3	4月9日14时	579	621	655	20	4月13日20时	1740	1965	2012
4	4月9日20时	796	613	290	21	4月14日2时	1660	1689	1696
5	4月10日2时	1010	1118	789	22	4月14日8时	1620	1629	1634
6	4月10日8时	1230	1202	1936	23	4月14日14时	1730	1612	1615
7	4月10日14时	1240	1455	1540	24	4月14日20时	1790	1885	1892
8	4月10日20时	1110	1127	1460	25	4月15日2时	1600	1779	1778
9	4月11日2时	954	941	1220	26	4月15日8时	1400	1310	1307
10	4月11日8时	850	839	933	27	4月15日14时	1190	1270	1274
11	4月11日14时	1070	818	851	28	4月15日20时	948	1051	1054
12	4月11日20时	1470	1442	1550	29	4月16日2时	696	774	776
13	4月12日2时	2360	1862	1820	30	4月16日8时	535	529	531
14	4月12日8时	3200	3882	3710					

9.2 短 期 洪 水 预 报

短期洪水预报包括河段洪水预报和降雨径流预报。河段洪水预报方法是以河槽洪水波运动理论为基础，由河段上游断面的水位、流量过程预报下游断面的水位和流量过程。降雨径流预报方法则是按降雨径流形成过程的原理，利用流域内的降雨资料预报出流域出口断面的洪水过程。

9.2.1 河段中的洪水波运动

1. 洪水波

流域上大量降水后，产生的净雨沿坡地迅速汇集，注入河槽，由于降雨量时空分布不均匀、河网干支流和分布形状的不同，以及水流汇集速度的快慢，河道接纳的水量沿程不同，使河道沿程水面发生高低起伏的一种波动，称为洪水波。

2. 附加比降

附加比降是洪水波的主要特征之一。附加比降 i_Δ 是指洪水波水面比降 i 与同水位稳定流水面比降 i_0 之差，即 $i_\Delta = i - i_0$。图 9.1 为河道洪水波水面比降示意图。

当涨洪时：$i_\Delta > 0$；

当落洪时：$i_\Delta < 0$；

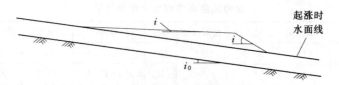

图 9.1 河道洪水波水面比降示意图

当水流稳定时：$i_\Delta = 0$。

3. 河段洪水波的传播与变形

由于河槽的调蓄作用，洪水波向下游传播过程中，不断发生变形，如图 9.2 所示。在沿棱柱形河槽运动中其变形有两种形态：

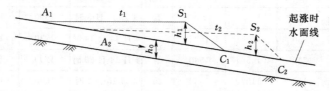

图 9.2 河道洪水波传播与变形过程示意图

洪水波展开：洪水波在传播过程中，波长不断加大，波高不断减小的现象称为洪水波的展开，即

$$A_2C_2 > A_1C_1 , h_2 > h_1$$

洪水波扭曲：洪水波在传播过程中，波前水量不断向波后转移的现象称为洪水波的扭曲。

在自然河道中，河道断面边界的差异和河段区间入流等条件变化，都对洪水波变形有显著的影响。

9.2.2 相应水位（流量）法

根据河段洪水波运动和变形规律，利用河段上断面的实测水位（流量），预报河段下断面未来水位（流量）的方法，称为相应水位（流量）法。用相应水位（流量）法制作预报方案时，一般不直接去研究洪水波的变形问题，而是用断面实测水位（流量）过程资料，建立上下游站同次洪水水位（流量）间的相关关系，综合反映该河段洪水波变形的各项因素。

1. 基本原理

（1）相应水位（流量）。相应水位（流量）是指河段上下站同次洪水过程线上同位相的水位（流量）。如图 9.3 所示某次洪水过程线上的各个特征点，例如上游 a 点洪峰水位经过河段传播时间 τ，在下游站 a' 点的洪峰水位，就是同位相的水位。处于同一位相点上下站的流量称为相应流量。

河段相应水位与相应流量有直接关系，要研究河道中水位的变化规律，就应当研究形成该水位的流量变化规律。

（2）相应水位（流量）法的基本方程。

1）河段无区间入流。设河段上下游两站的距离为 L，t 时刻的上游站流量为 $Q_{上,t}$，经

176

过时间 τ 的传播，下游站的相应流量为 $Q_{下,t+\tau}$，两者的关系为

$$Q_{下,t+\tau}=Q_{上,t}-\Delta Q_L \qquad (9.15)$$

式中：ΔQ_L 为上下游相应流量的差值，称为洪水波展开量，与附加比降有关。

2）河段有区间入流 q。若在 τ 时间内，河段有区间入流 q，则下游站 $t+\tau$ 时刻形成的流量为

$$Q_{下,t+\tau}=Q_{上,t}-\Delta Q_L+q \qquad (9.16)$$

式（9.16）是相应水位（流量）法的基本方程。

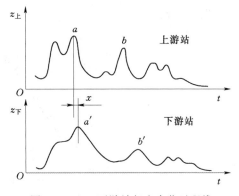

图 9.3　上、下游站相应水位过程线
示意图

2. 无支流河段的相应水位预报

在制定相应水位法的预报方案时，要从实测资料中找出相应水位及其传播时间是比较困难的。一般采取水位过程线上的特征点，如洪峰、波谷等，作出该特征点的相应水位关系曲线与传播时间曲线，代表该河段的相应水位关系。

（1）简单的相应水位法。在无支流汇入的河段上，若河段冲淤变化不大，无回水顶托，且区间入流较小时，影响洪水波传播的因素比较单纯。此时，可根据上游站和下游站的实测水位过程线，摘录相应的特征点即洪峰水位值及其出现时间（见表9.2），并绘制相应洪峰水位相关曲线及其传播时间曲线（图9.4），即

$$Z_{下,t+\tau}=f(Z_{上,t}) \qquad (9.17)$$
$$\tau=f(Z_{上,t}) \qquad (9.18)$$

表 9.2　　　　　　　　　　上、下相应洪峰水位及传播时间

上游站洪峰水位		下游站洪峰水位		传播时间
时间	水位 $Z_{上,t}$/m	时间	水位 $Z_{下,t+\tau}$/m	τ/h
6月13日2时	112.4	6月14日8时	54.08	30
6月22日14时	116.74	6月23日17时	57.2	27
7月31日10时	123.78	8月1日17时	62.76	31
8月12日15时	137.21	8月13日8时	71.43	17

作为预报方案。在作业预报时，按 t 时上游出现的洪峰水位 $Z_{上,t}$，在 $Z_{上,t}$-$Z_{上,t+\tau}$ 曲线上查得 $Z_{下,t+\tau}$，在 $Z_{上,t}$-τ 曲线上查得 τ，从而预报出 $t+\tau$ 时下游将要出现的洪峰水位 $Z_{上,t+\tau}$。例如已知某日 5 时上游站洪峰水位为 132.24m，查图 9.4 得到下游站洪水位为 68.30m，洪水传播时间为 21h，即预报下游站次日 2 时将出现洪峰水位 68.30m。

【例 9.2】　某河段上、下游站洪水预报方案如图 9.5（a）、（b）所示。当已知河段 7 月 3 日 5 时 20 分上游站洪峰水位为 25m 时，预报下游站出现的洪峰水位及时间。

解：1）预报下游站洪峰水位。根据上、下游站洪峰相应水位相关图，由上游站水位 25m，查图 9.5（a），得到下游站水位为 9.45m，见图 9.6（a）。

2）预报峰现时间。根据上游站洪峰水位与峰现时差相关图，由上游站水位 25m，查图 9.5（b），得到时差为 6.6h，见图 9.6（b），因此，下游站出现洪峰水位时间为 7 月 3

日 11 时 56 分。

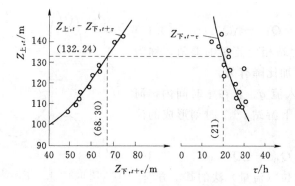

图 9.4 相应洪峰水位及传播时间关系曲线图

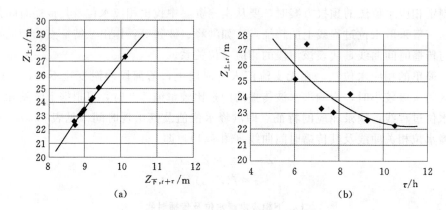

图 9.5 某河段上、下游站相应水位及洪峰图

(a) 相应水位相关图；(b) 相应洪峰传播时间相关图

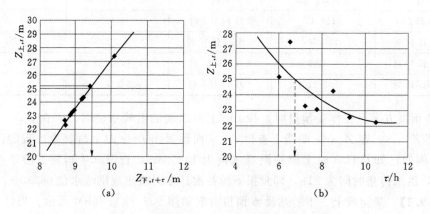

图 9.6 上、下游站洪峰水位及峰现时差作业预报图

(a) 水位作业预报图；(b) 水位峰现时差作业预报图

这种简单的相应洪峰水位预报方法，通常只对无支流汇入的山区性河段才比较好。在中、下游地区，由于附加比降相对影响较大，一般预报精度不高。改进的方法是采用以下

游站同时水位 $Z_{下,t}$ 为参数的预报方法，便能在一定程度上考虑这种影响。

（2）以下游站同时水位为参数的相应水位法。下游站同时水位 $Z_{下,t}$ 就是上游站水位 $Z_{上,t}$ 出现时刻的下游水位，它与 $Z_{上,t}$ 一起能反映 t 时刻的水面比降变化，同时也间接地反映区间入流和断面冲淤以及回水顶托等因素的影响。

预报方案：制作预报方案时，以下游站同时水位 $Z_{下,t}$ 为参数作等值线，分别绘 $Z_{上,t}$-$Z_{下,t}$-$Z_{下,t+\tau}$ 和 $Z_{上,t}$-$Z_{下,t-\tau}$ 相关曲线，如图9.7所示。

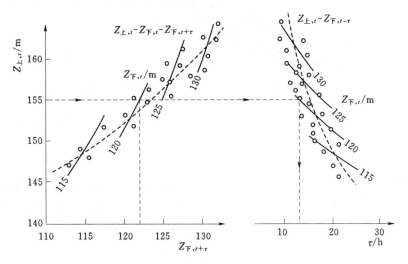

图9.7 以下游站同时水位为参数的水位及传播时间关系曲线图

作业预报：按 t 时刻的水位 $Z_{上,t}$ 及 $Z_{下,t}$，按图9.7的箭头方向查得 $Z_{下,t+\tau}$ 和 τ，从而预报出 $t+\tau$ 时下游将要出现的洪峰水位 $Z_{上,t+\tau}$。

（3）以上游站涨差为参数的水位相关法。上述各种洪峰水位预报方案，可近似地用来预报下游站的洪水过程。但由于它们没有反映洪水过程中附加比降的变化等因素，使预报的洪水过程常常有比较大的系统误差。为克服这种缺点，可用以上游站水位涨差为参数的水位相关法。

洪水波通过某一断面时，波前的附加比降为正，使涨水过程的涨率 $\Delta Z_{上}/\Delta t$ 为正；波后的附加比降为负，使落水过程的涨率为负。因此，水位（流量）过程线的涨（落）率在很大程度上反映了附加比降和水面比降的大小。

预报方案：图9.8是长江万县水文站—宜昌水文站河段以 $\Delta Q_{上}$ 为参数的水位预报方案。

作业预报：已知 t 时刻的 $Z_{上,t}$（或 $Z_{下,t}$）、$\Delta Z_{上}$（或 $\Delta Q_{上}$），在图上查出预报的下游水位 $Z_{下,t+\bar\tau}$ 和预见期为 $\bar\tau$。

9.2.3 合成流量法

在有支流汇入的河段，按照上游干、支流各站的传播时间，把各站同时刻到达下游站的流量叠加起来得合成流量，然后建立合成流量与下游站相应流量的关系曲线，进行预报的方法称为合成流量法。

该法预报下游站流量的关系式为

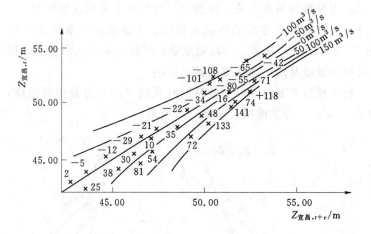

图 9.8　长江万县水文站-宜昌水文站以上游站涨差为参数的水位预报方案

$$Q_{下,t} = f\Big(\sum_{i=1}^{n} Q_{上,i,t-\tau_i}\Big) \tag{9.19}$$

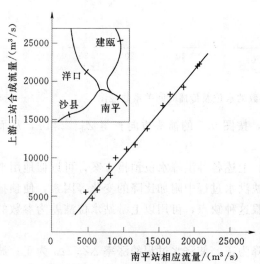

图 9.9　合成流量法预报示意图

式中：$Q_{上,i,t-\tau_i}$ 为上游干、支流各站相应流量，m^3/s；τ_i 为上游干、支流各站到下游站的洪水传播时间，h；n 为上游干、支流的测站数目。

根据式（9.19）的关系，按照上游干、支流各站的传播时间，把各站同时刻到达下游站的流量叠加起来得合成流量，然后建立合成流量与下游站相应流量的关系曲线（图 9.9）进行预报的方法称为合成流量法。该法的预见期取决于上游各站中传播时间最短的一个。一般情况下，上游各站中以干流站的流量为最大，从预报精度的要求出发，常常用它的传播时间 τ 作为预报方案的预见期。预报时，以上游的干流站当时实测流量，加上其余各支流站错开传播时间后的流量得合成流量，即可预报下游站的流量，如果支流站的传播时间小于干流站的传播时间，求合成流量时，还需对该支流站的相应流量做出预报。

如果附加比降和底水影响较大，则在相关图中加入下游站同时水位为参数。

9.2.4　降雨径流预报

降雨径流预报是利用流域降雨量经过产流计算和汇流计算，预报出流域出口断面的径流过程。因此，降雨径流预报主要包括两方面的内容：①由降雨量推求净雨量；②由净雨过程推求流域出口断面的径流过程。有关这两个问题的计算原理和计算方法，已在前面章节作了详细介绍，这里只结合预报问题，作进一步说明。

（1）编制降雨径流方案。根据流域自然地理特征和实测资料条件，运用产汇流原理和方法，建立流域产、汇流计算方案，如降雨径流相关图、单位线等。并对方案的预报精度进行评定和检验。

（2）作业预报。在作业预报中，当 t_0 时刻发布预报时，所依据的降雨量常包括两部分，一部分是 t_0 以前的实测降雨量；另一部分是 t_0 以后 t' 时段内的预报降雨量。然后应用产汇流方案，计算出 $t_0 \sim t_0 + t' + \tau$ 时段内预报的洪水过程（图 9.10），τ 为流域汇流历时。但由于 t_0 时刻以后的雨量是预报值，有一定

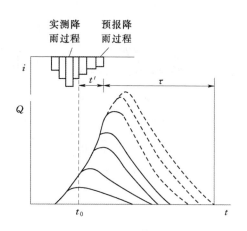

图 9.10 降雨径流预报法预报洪水过程示意图

的误差，再加上预报方案的误差，两者都影响预报的精度。因此，在作业预报时，需根据实测时段降雨量或实测流量对预报的径流进行逐时段修正。

9.3 施 工 洪 水 预 报

水利水电工程施工河槽为主要工作环境，凡在施工时受到施工回水影响的河段，称为施工区。对于大型或较大型水利水电工程，其施工期一般跨越几个季度甚至多年。在这样长的施工期间，会遇到各种不同的来水情况，同时，随着工程施工的不同阶段采用不同的导流方式，极大地改变了天然河道的水力条件。因此，做好施工期河流水情预报，对于工程施工的进度和安全至关重要。

水利水电施工区以上河道，可能原来就有测站，或临时设立的入库站，这些测站以上河段仍是天然情况。因而，入库站的水情预报可以采用前几节介绍的方法，对施工的各个阶段时期进行不同要求的水文预报。施工区的水文预报是以入库站为上游计算断面，预报下游施工区的水情变化。根据施工区各个阶段的实际情况，对水文预报有不同的要求。

按施工阶段，施工水文预报主要分为围堰水情预报和截流期水情预报。

9.3.1 围堰水情预报

在修筑围堰（图 9.11）及导流建筑物阶段，要求预报围堰前的水位或流量，以防止河水漫入施工区。

1. 预报坝址处的流量

修筑围堰后，由于缩窄了河道，改变了天然河道的槽蓄特性，此时，可以采用马斯京根流量演算法预报坝址处的流量。由于围堰上、下游两端距离很短，推算的流量可作为围堰上、下游的流量。

围堰修建以后，天然情况下的马斯京根槽蓄曲线已不适用了，可先采用水力学方法计算各级稳定流量 Q_i 相应的水面曲线，进而计算出上游为入库站，下游为坝址的槽蓄量 W_i。

假定修筑围堰后，原马斯京根参数 x 值不变（修围堰后 x 值最好以实测资料分析而

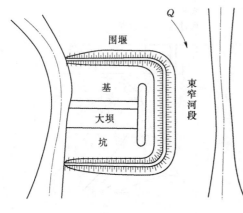

图 9.11 施工围堰平面示意图

得），计算出上游流量 Q'，点绘 $W-Q'$ 关系，推求出 K 值。从而求得修筑围堰后的演算公式，由此可预报坝址流量 Q。

2. 围堰上、下游水位预报

修筑围堰后，水位壅高，围堰上游天然情况下的水位-流量关系发生了变化，此时应重新建立上游水位-流量关系曲线。

根据坝址流量，推求束窄河段水位的壅高值 ΔZ，可用以下公式近似计算：

$$\Delta Z = Z_{上} - Z_{下} = \frac{\alpha V_c^2}{2g} - \frac{\alpha V_{上}^2}{2g} \quad (9.20)$$

$$V_c = \frac{Q}{A_c} \quad (9.21)$$

$$V_{上} = \frac{Q}{A_{上}} \quad (9.22)$$

式中：$Z_{上}$、$Z_{下}$ 为上、下游断面水位，m；$V_{上}$、V_c 为上游及束窄断面平均流速，m/s；$A_{上}$、A_c 为上游及束窄处断面面积，m^2；Q 为稳定流量，m^3/s；α 为动能修正系数，一般可取 $1.0\sim1.1$；g 为重力加速度，m/s^2。

在计算时，要求具备下游断面的水位-流量关系 $Q=f(Z_{下})$，上游及束窄断面的水位-面积曲线 $A_{上}=f_1(Z_{上})$，$A_c=f_2(Z_{下})$。用试算法计算 ΔZ 值，其步骤如下：

1) 拟定过水流量 Q，查 $Q=f(Z_{下})$ 曲线得 $X_{下}$。

2) 由 $Z_{下}$ 值查 $A_c=f_2(Z_{下})$ 曲线得 A_c，由此计算出 V_c，并算出 $\alpha V_c^2/2g$。

3) 假定壅水高度 ΔZ^2，则得上游水位 $Z_{上}=Z_{下}+\Delta Z$，由 $A_{上}=f(Z_{上})$，曲线查得 $A_{上}$，计算出 $V_{上}$，并计算出 $\alpha V_{上}^2/2g$。

4) 按式 (9.20) 计算壅水高度 ΔZ。若计算出的 ΔZ 与假定的 $\Delta Z'$ 相符，刚试算完毕，否则重新试算。

计算出各级流量的壅水高度，即可建立上游壅高后的水位-流量关系曲线 $Q=f(Z_{下}+\Delta Z)=f(Z_{上})$，如图 9.12 所示。围堰下游的水位-流量关系仍是天然情况下的，即 $Q=f(Z_{下})$。有了围堰上、下游水位-流量关系，便可利用前面预报的流量 Q，推求出上游水位 $Z_{上}$ 和下游水位 $Z_{下}$，完成围堰上、下游的水位预报。

9.3.2 截流期水情预报

水利水电工程施工的截流一般是在枯季进行，枯季河水流量小，流速慢给截流施工创造了有利条件。只有预先掌握了截流期河道流量的大小，采取相应措施，施工截流才能顺利地进行。因此，截流期水情预报是施工截流中不可缺少的工作。

若截流期上游流域有降水，此时应采用前述的降雨径流方法进行水情预报。若截流期无雨或少雨，此时河川径流主要由流域蓄水补给，其流量过程一般具有较为稳定的消退规律，因而可以根据径流的退水规律进行径流预报。

1. 退水曲线法

流域退水的规律十分复杂，常用的是退水曲线。反映退水规律的一般形式是地下水的退水曲线方程式

$$Q_t = Q_0 e^{-t/K} = Q_0 e^{-\beta t} \tag{9.23}$$

式中：Q_0、Q_t 为开始进水及退水开始后 t 时刻的流量，m^3/s；β 为退水系数，$\beta = -1/K$；e 为自然对数的底。

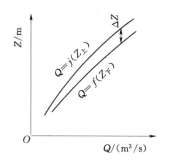

图 9.12　围堰上、下游水位-
流量关系曲线图

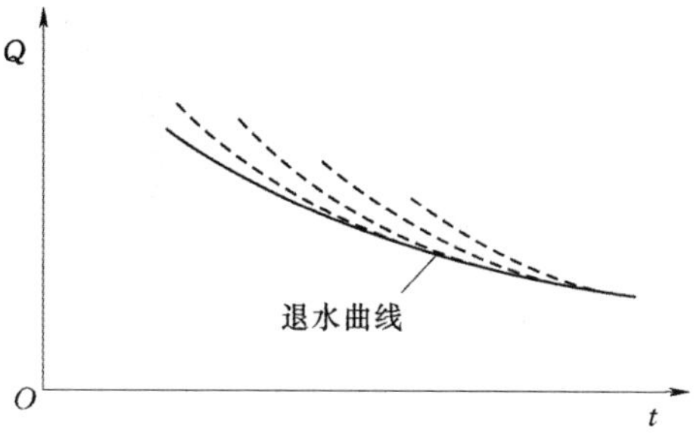

图 9.13　退水曲线示意图

对于有实测资料的流域，可以根据无雨期退水流量资料求得退水曲线。把各次退水曲线按同一比例绘制在图上，用一透明纸在图上沿水平方向移动，绘制退水过程。使各条退水曲线下端在透明纸上互相重合、连接，取其下包线，即可得到所求的退水曲线（图9.13）。

β 及 K 是反映流域汇流时间的系数，它们的变化直接影响退水曲线的变化，掌握了它们的变化规律就掌握了退水曲线的规律。根据退水公式 $\beta = (\ln Q_0 - \ln Q_t)/t$，可以计算出由 0—$t$ 时刻 β 的平均值。有了 β 值以及开始预报流量的初始值 Q_0，便可预报出枯水期河川径流过程 Q_t。

2. 前后期径流相关法

该法实质上是退水曲线的另一种形式，它是通过建立前后期径流相关图，从已知的前期径流量预报未来后期径流的一种方法。

对退水曲线式（9.23）积分，可得到从退水时刻至 t 时刻的蓄水量 S_{0-t}，有

$$S_{0-t} = \int_0^t Q_0 e^{-\beta t} \mathrm{d}t = \frac{Q_0}{\beta}(1 - e^{-\beta t}) \tag{9.24}$$

设 S_{0-t_1} 与 S_{0-t_2} 分别为开始退水时刻到 t_1 及 t_2 时刻内的蓄水量，$S_{t_1-t_2}$ 为 t_1—t_2 时刻内的蓄水量，则

$$\frac{S_{t_1-t_2}}{S_{0-t_1}} = \frac{e^{-\beta t_1} - e^{-\beta t_2}}{1 - e^{-\beta t_1}} \tag{9.25}$$

当 β 为常数时，$S_{t_1-t_2}/S_{0-t_1}$＝常数，即前后期径流量为线性关系。

枯水期降水少，当河道中径流量主要由流域地下水补给时，前期径流量能较好地反映

流域地下水蓄量的大小。因此，可以根据上述原理建立前后期（旬、月或季）流量相关图，进行枯水期流量的预报。图 9.14 为某站 10 月与 11 月平均流量相关图。这种方法简便，相关关系一般较好，是枯季径流预报常用的方法之一。当枯季降雨较大时，则可以预见期内降雨量为参数，建立如图 9.15 的相关图。

图 9.14　$\overline{Q}_{11月} = f(\overline{Q}_{10月})$ 关系曲线图

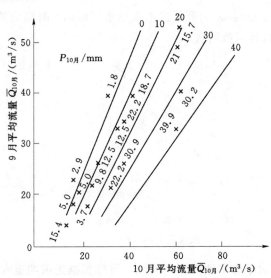

图 9.15　$Q_{10月} = f(\overline{Q}_{9月}, P_{10月})$ 关系曲线图

9.4 枯 水 预 报

9.4.1 概述

流域内降雨量较少，通过河流断面的流量过程低落而比较稳定的时期，称为枯水季节（简称枯季）或枯水期，期间所呈现出的河流水文情势称为枯水。在枯季，由于江河水量小，水资源供需矛盾较突出，如灌溉、航运、工农业生产、城市生活供水、发电，以及环境需水等诸多方面对水资源的需求非常难满足。为合理调配水资源，做好枯季径流预报是很有必要的。此外由于枯季江河水量少，水位低，是水利水电工程施工（沿江防洪堤、闸门维修等）特别是大坝截流期施工的宝贵季节。因此，为了确保施工安全，枯季径流预报肩负重大责任，枯季径流的起伏变动常常是枯季径流预报关注的对象。

枯水期的河流流量主要是由汛末滞留在流域中的蓄水量的消退而形成，其次来源于枯季降雨。流域蓄水量包括地面、地下蓄水量两部分。地面蓄水量存在于地表洼地、河网、水库、湖泊和沼泽之中；地下蓄水量存在于土壤孔隙、岩石裂隙和层间含水带之中。由于地下蓄水量的消退比地面蓄水量慢得多，故长期无雨后的河流中水量几乎全部由地下水补给。

我国大部分地区属季风气候区，枯季降雨稀少，河川的枯季径流主要依赖流域蓄水补给，控制断面的流量过程一般呈较稳定的消退规律，因此目前枯季径流预报方法大多是根据这一特点，以控制断面的退水规律为依据的河网退水预报。但由于枯季径流还受地下水运动的制约，因此，要改进枯季径流预报的方法和提高预报精度，还必须加强地下水变化规律的研究。

9.4.2 基本原理

枯水期河中的流量主要是由滞留在流域中的蓄水量消退形成，其次是来源于枯季的降雨。流域蓄水量包括地面、地下蓄水量两部分：

地面蓄水量存在于地面洼地、河网、水库、湖泊和沼泽之中。

地下蓄水量存在于土壤孔隙、岩石裂隙、溶隙和层间含水带之中。

由于地下蓄水量的消退比地面蓄水量慢得多，故长期无雨后河中水量几乎全由地下水补给，流域的水量平衡方程式和蓄量方程式分别为

$$Q(t) = -\frac{\mathrm{d}W(t)}{\mathrm{d}t} \tag{9.26}$$

$$W(t) = KQ(t) \tag{9.27}$$

式中：$Q(t)$ 为枯水期中 t 时刻的流域出流量，m^3/s；$W(t)$ 为枯水期中 t 时刻的流域蓄水量，m^3；K 为流域退水参数，s。

联立求解式（9.26）和式（9.27），得枯水期流量消退规律的表达式为

$$Q(t) = Q(0)\mathrm{e}^{-(t/k)} = Q(0)K_r^t \tag{9.28}$$

式中：$Q(0)$ 为枯水期某一初始时刻的流域出流量，m^3/s；$K_r = \mathrm{e}^{-1/k}$ 为消退系数。因此，只要分析出流域 K_r 值，就可掌握该流域的退水规律。

1. 退水曲线法

在枯水预报中常把退水曲线表示成相邻时间 Δt 的流量的相关关系，由式（9.28），有

$$Q(t + \Delta t) = Q(t)\mathrm{e}^{-\beta \Delta t} = Q(t)K_r^{\Delta t} \tag{9.29}$$

K_r 随所采用的时段长而变，当相邻时间 Δt 取一固定时段时，相邻流量的比值则为

$$K_r = \frac{Q_{t+\Delta t}}{Q_t} \tag{9.30}$$

式中：消退系数 K_r 可通过建立相邻时间流量的相关图（图9.16）推求。

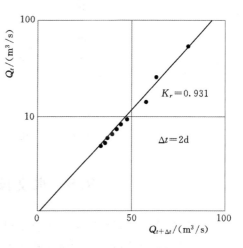

图9.16 清江搬鱼嘴站枯水期 $Q_{t+\Delta t}$-Q_t 关系图

【例9.3】 表9.3为清江搬鱼嘴站1972年1月枯水期的流量摘录，相邻时间 Δt 为2d。点绘相邻流量关系如图9.16所示。由相关分析，得相关方程 $\overline{y} = a + b\,\overline{x}$ 中 $a = 0$，$b = \overline{y}/\overline{x} = \sum y/\sum x$，则有

$$K_r = \frac{\sum Q_{t+\Delta t}}{\sum Q} = \frac{493.2}{531.7} = 0.931$$

表 9.3　　　　　　　　清江搬鱼嘴站 1972 年 1 月枯水期流量资料

时间 /d	Q_t /(m³/s)	$Q_{t+\Delta t}$ /(m³/s)	K_r	时间 /d	Q_t /(m³/s)	$Q_{t+\Delta t}$ /(m³/s)	K_r
1	69.8	62.7	0.898	8	40.7	38.5	0.946
2	62.7	57.4	0.915	9	38.5	36.5	0.948
3	57.4	52.9	0.922	10	36.5	34.8	0.953
4	52.9	49.2	0.930	11	34.8	33.3	0.957
5	49.2	46.0	0.935	12	33.3		
6	46.0	43.2	0.939	合计	531.7	495.2	
7	43.2	40.7	0.942				

2. 前后期径流相关法

前后期径流相关法是根据流域前期径流量来预报未来的后期径流量的。该法的预见期一般较长，如 10d、1 个月等，可以直接预报出时段枯水径流量。图 9.17 为滏阳河东武仕站 11 月平均流量与 10 月平均流量的关系线（1 年 1 个点子），关系很好。

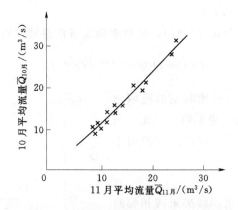

图 9.17　滏阳河东武仕站 $\overline{Q}_{11月}$-$\overline{Q}_{10月}$ 关系线

9.5　水文预报精度评定方法

由于影响水文要素的因素众多且情况比较复杂，在水文要素的观测，资料整理，以及从有限的实际资料分析得到的水文规律都存在着误差，再加上现行的预报方法多是在物理成因基础上作出某些简化甚至假定，使预报方法本身也存在一定的误差，从而使得预报的水文特征值与实际的水文特征值之间总存在一定的差别，这种差别称为预报误差。预报误差的大小反映了预报精度，是评定预报质量的基本依据。很明显，精度不高的预报其作用不大，精度太差的预报，反而会带来损失和危害。因此，在发布水文预报时，对预报精度必须进行评定。

精度评定的目的在于，使人们在应用预报方案时了解预报值的可靠性以及预报值的精确程度；同时通过精度评定，分析存在的问题，及时对预报方案进行改进，以促进水文预报技术和理论的发展。

评定和检验都应采取统一的许可误差和有效性标准。评定是对编制方案的全部点，按其偏离程度确定方案的有效性。检验是用没有参加方案编制的预留资料系列，按方案做检验"预报"，按预报的误差情况对方案的有效性作出评定。而对于每次作业预报效果的评定，要根据误差值与许可误差作对比来确定。

我国 1985 年水利电力部颁布 SD 138—85《水文情报预报规范》采用以下误差评定方法。

9.5.1 评定标准

1. 确定性系数 dy

对水文预报方案的有效性评定采用下列确定性系数 dy 进行。dy 越大，方案的有效性越高。

$$dy = 1 - \frac{S_e^2}{\sigma_y^2} \tag{9.31}$$

$$S_e = \sqrt{\frac{\sum_{i=1}^{n}(y_i - y)^2}{n}} \tag{9.32}$$

$$\sigma_y = \sqrt{\frac{\sum_{i=1}^{n}(y_i - \overline{y})^2}{n}} \tag{9.33}$$

式中：S_e 为预报误差的均方差；σ_y 为预报要素值的均方差；y_i 为实测值；y 为预报值；$\overline{y}$ 为实测值系列的均值；n 为实测系列的点据数。

2. 许可误差

许可误差是人们在评定预报精度的一种标准。按预报方法和预报要素的不同，其许可误差有以下几种。

（1）河道水位（流量）预报。这类预报精度与预见期内水位（流量）值的变幅有关。变幅的均方差 σ_Δ 反映变幅对其均值的偏离程度。

$$\sigma_\Delta = \sqrt{\frac{\sum_{i=1}^{n}(\Delta_i - \overline{\Delta})^2}{n}} \tag{9.34}$$

式中：σ_Δ 为预见期内预报要素变幅的均方差；Δ_i 为预报要素在预见期内的变幅，$\Delta_i = y_{t+\Delta t} - y_t$；$\overline{\Delta}$ 为变幅的均值；n 为编制方案用的点据数。

预见期内最大变幅的许可误差采用变幅均方差 σ_Δ，变幅为零的许可误差采用 $0.3\sigma_\Delta$，其余变幅的许可误差按上述两值用直线内插法求出（图 9.18）。对于水位，许可误差以 1.0m 为上限，0.1m 为下限。对于流量，当计算出的许可误差小于测验误差时，以测验误差为下限。

预报洪峰出现时间的许可误差，采用以预报根据时间

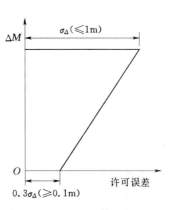

图 9.18 许可误差与变幅示意图

至实测洪峰出现时间间距的 30%，并以 3h 为下限。

（2）降雨径流预报。净雨深的许可误差采用实测值的 20%，许可误差大于 20mm 时，以 20mm 为上限；许可误差小于 3mm 时，以 3mm 为下限。

洪峰流量的许可误差取实测值的 20%，并以流量测验误差为下限。

洪峰流量出现时间的许可误差，取预报根据时间至实测峰现时间间距的 30%，并以 3h 或一个计算时段为下限。

9.5.2 预报方案的评定

1. 按确定性系数评定有效性

评定（检验）方案的有效性时按下列标准进行。

方案的有效性	甲等	乙等	丙等
d_y	＞0.90	0.70～0.90	0.5～0.69

2. 按许可误差评定合格率

预报方案合格率是评定（检验）中计算值与实测值之差不超过许可误差的次数（m）占全部次数（n）的百分率（$m/n \times 100$）。按其合格率可将预报方案划分为以下 3 个等级。

预报方案经评定达到上述甲、乙两个等级者，即可用于作业预报；达到丙等的方案用于参考性预报；丙等以下的方案不能用于作业预报，只能作参考性估报。

等级	甲等	乙等	丙等
合格率/%	≥85	70～84	60～69

9.5.3 作业预报的评定

作业预报按每次预报误差 σ 与允许误差 $\sigma_{许}$ 比值百分率（$\sigma/\sigma_{许} \times 100$）的大小，分以下 4 个等级，评定时按此标准进行。

预报误差（σ）/许可误差（$\sigma_{许}$）	≤25	25～50（含）	50～100（含）	＞100
作业预报等级	优	良	合格	不合格

9.6 水 文 预 报 新 技 术

新技术在水文预报中的应用，涉及范围比较广。根据目前国内外的情况，这里主要介绍一些信息技术在水文预报中的应用。

9.6.1 "3S" 技术应用

水文预报涉及降水、蒸发、入渗、地表径流、土壤、植被、地形、地貌、地质、水质、冰情、人类活动等诸多因素。有关这些因素的采集、处理和存储是水文预报的基础。

遥感（Remote Sensing，简称 RS）是一种由遥感平台（如卫星）、传感器、地面接收站和计算机遥感图像处理软件等不同部件组成的地表资源与环境信息获取系统，其特点是能够准确、快速地获取广大范围的地理信息，从而为资源与环境的动态监测提供基础数据，现在遥感技术已经成为获取水文基础数据（如：雨量、水位、流量、水质等）的一个重要手段。

全球定位系统（Global Position System，简称 GPS）是一种利用卫星进行空间定位的技术体系，其特点是能够方便准确地提供地面采样点的空间位置数据。目前，这种技术已经完全达到实用水平。

地理信息系统（Geographical Information System，简称 GIS）是一种由硬件、软件、数据和用户组成的，用以采集、存储、管理、分析和表达地理数据，满足人们特定需求，能够解决和回答用户一系列地学领域问题的计算机系统，它在水文预报中主要有下列作用：①数据的储存、维护和数据格式的转换、分析；②能对水文预报模型进行识别、检验、模拟和预报；③对预报结果的处理，如表格或图形输出。

上述 RS、GPS、GIS 技术通常称为"3S"技术。

9.6.2 分布式流域水文模型

自 20 世纪 70 年代以来，流域水文模型的研究才开始发展。如中国的新安江模型和陕北模型、美国的斯坦福（Standford）模型和日本的水箱（TANK）模型，这些都属于集总式概念性水文模型。这几个国内外著名的概念性模型虽然已广泛地应用于降雨径流预报中，但不能反映分散性输入和集中性输出的特点，即流域降水是分散地落在地面上，而各点产生的径流却流至同一出口断面。20 世纪 80 年代以来，随着计算机技术、GIS 和 RS 技术的发展，考虑水文变量空间变异性的分布式流域水文模型得到了重视。分布式流域水文模型是基于水动力学偏微分物理方程，依据物理学上质量、动量与能量守恒定律以及流域产、汇流的特性，导出描述地表径流和地下径流的偏微分方程组。这些方程组能表现径流在时空上的变化，也能处理随时空变化的降雨输入。

国际上比较常见的分布式流域水文模型含以下几种：

（1）TOPMODEL（Topography Based Hydrological Model）。它是以地形和土壤为基础的半分布式流域水文模型。其主要特征是数字地形模型的广泛适用以及水文模型与地理信息系统的结合应用，模型简单，优选参数少，充分利用了容易获得的地形资料，在水文预报流域得到了广泛的应用。

（2）SWMM（Storm Water Management Model）。它是一个功态的降雨－径流预报模型，可以预报城市降雨径流过程的各个方面，包括地面径流和排水系统中的水流、雨洪的调蓄处理过程。考虑到空间变异性，一般将对象区域划分成若干个子流域，根据各子流域的特性分别计算其径流过程，并通过流量演算方法将各子流域的出流组合起来。采用该模型能描述暴雨洪水径流的水量和水质。

9.6.3 水情自动测报系统

水情自动测报系统是采用现代科技对水文信息进行实时遥测、传送和处理的专门技术，是有效解决江河流域及水库水文预报的一种先进手段。它综合水文、电子、电信、传感器和计算机等多学科的有关最新成果，用于水文测量和计算。根据当时实测的水文信息对模型的结构、参数、状态变量、输入量或预报结果进行实时校正，这样使水文预报更符合客观实际，同时也提高了水情测报速度和水文预报精度。图 9.19 为以卫星传输数据信号的一种简易水情自动测报原理图。

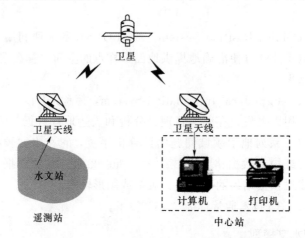

图 9.19 水情自动测报系统简易原理图

水文站通过传感器（如雨量、水位等传感器）把数据信号传给卫星，中心站再通过卫星进行数据接收、接收回来的数据输入计算机，并对这些数据进行整理、存储（写入数据库），然后从数据库中读取实时数据，根据率定好的水文模型进行计算，对预报成果实时校正，最后以图或表的形式发布水文预报。

复 习 思 考 题

9.1 水文预报方案与作业预报有何区别和联系？

9.2 在流域汇流方案制作时，应如何考虑流域上降雨情况的不均匀性问题？

9.3 利用相应水位法作预报方案，加入下游站同时水位作参数的目的是什么？这种方案如何制作？

9.4 已知某河段上、下游站洪水相应水位及洪峰传播时间相关图如图 9.20 所示。当已知该河段 6 月 13 日 15 时 10 分上游站洪峰水位为 145m 时，预报下游站出现的洪峰水位及时间。

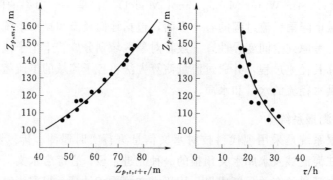

图 9.20 某河段上、下游站相应洪水水位及洪峰传播时间相关图

第 10 章　水库兴利调节及计算

学习目标和要点：本章主要介绍了水库兴利调节问题，重点内容为水库兴利调节及计算，主要掌握时历列表法和图解法。掌握水库相关特性、水量损失，了解兴利库容的作用分类以及其对环境的影响。

10.1　设计保证率和设计代表年

10.1.1　设计保证率及其选择

10.1.1.1　设计保证率的含义

水利水电部门的正常工作的保证程度称为工作保证率。工作保证率有不同的表示形式，一种是按照正常相对年数计算的"年保证率"，它是指多年期间正常工作年数占运行总年数的百分比，即

$$P = \frac{\text{正常工作年数}}{\text{运行总年数}} \times 100\% = \frac{\text{运行总年数} - \text{工作遭破坏年数}}{\text{运行总年数}} \times 100\% \qquad (10.1)$$

显然，这种表示保证率的方式是不够确切的，因不论破坏程度和历时如何，凡不能维持正常工作的年份，均同样计入破坏年数之中。

另一种工作保证率表示形式是按照正常工作相对历时计算的"历时保证率"，指多年期间正常工作历时（日、旬或月）占总历时的百分比，即

$$P' = \frac{\text{正常工作历时（日、旬或月）}}{\text{运行总历时（日、旬或月）}} \times 100\% \qquad (10.2)$$

年保证率与历时保证率之间的换算式为

$$P = \frac{1 - (1 - P')}{m} \times 100\% \qquad (10.3)$$

式中：m 为破坏年份的破坏历时与运行总历时之比，可近似按枯水年份供水期持续时间与全年时间的比值来确定。

采用哪种形式计算工作保证率，视用水特性、水库调节性能及设计要求等因素而定。蓄水式电站、灌溉用水等，一般可采用年保证率；径流式电站、航运用水和其他不进行径流调节的部门，其工作多按日计算，故多采用历时保证率。

枯水年虽对用水部门适当减少供水，但可通过挖掘潜力或采取其他措施补救，效益不一定会下降。例如，当水电站由于不利水文条件（水量或水头不足）使其正常工作遭到破坏时，特别是在破坏并不严重的情况下，常可通过动用电力系统内的空闲容量来维持系统的正常工作。这也说明电力系统工作保证率与水电站工作保证率并不完全是一回事，前者

大于或等于后者。

　　众所周知，河川径流过程每年不同，年际水量亦不相等，若要求遇特别枯水年份仍保证兴利部门的正常用水，往往需修建规模较大的水库工程和其他有关水利设施，这在技术上可能有困难，经济方面也不一定合理，因此，一般允许水库适当减少供水量。也就是说，要为拟建的水利水电工程选定一个合理的工作保证率，显然，该选定的工作保证率势必成为水利水电工程规划、设计时的重要依据，称设计保证率（$P_设$）。

10.1.1.2　设计保证率的选择

　　水利水电工程设计保证率的选择是一个复杂的技术经济问题。设计保证率选的太低，正常工作遭受破坏的几率将加大，破坏所带来的国民经济损失及其他不良后果加重；相反，设计保证率定的过高，虽可减轻破坏带来的损失，但工程投资和其他费用将增加，或者不得不减少工程的效益。可见，设计保证率理应通过技术经济计算，并考虑其他影响，综合分析确定。但由于破坏损失及其他后果涉及许多因素，情况复杂，并难以全部用货币价值准确表达，使计算非常困难，尚需继续深入研究。目前，水利水电工程设计保证率主要根据生产实践经验，参照规程推荐的数据，综合分析后确定。

　　1. 水电站设计保证率

　　水电站的设计保证率的取值关系到供电可靠性、水能资源利用程度及电站造价。一般情况下，水电站装机规模越大，系统中水电所占比重越大，系统中重要用户越多，正常工作遭到破坏时的损失越严重，常采用较高设计保证率。而对于河川径流变化剧烈和水库调节性能好的水电站，也多采用较高的设计保证率。此外，水电站设计保证率的取值还与电力系统用户组成和负荷特性，以及可能采取的弥补不足出力的措施等因素有关。

　　装机容量小于 25000kW 的小型水电站，设计保证率一般采用 65%～90%；以灌溉为主的农村小水电工程的设计保证率，常与灌溉设计保证率取同值；大、中型水电站的设计保证率可参考表 10.1 选值。

表 10.1　　　　　　　　　　　　　水 电 站 设 计 保 证 率　　　　　　　　　　　　　　　%

系统中水电站容量比重	25 以下	25～50	50 以上
水电站设计保证率	80～90	90～95	95～98

　　注　摘自 DL/T 5015—1996《水利水电工程动能设计规范》。

　　同一电力系统中，规模和作用相近的联合运行的几座水电站，可当做单一水电站选择统一的设计保证率。

　　2. 灌溉设计保证率

　　灌溉设计保证率指设计灌溉用水量的保证程度。通常根据灌区水、土资源情况，作物组成，气象与水文条件，水库调节性能，国家对当地农业生产的要求，以及地区工程建设和经济条件等因素分析确定。

　　一般来说，南方水源丰富地区的灌溉设计保证率比北方高；大型工程的比中、小型工程的高；自流灌溉的比提水灌溉的高；远期规划工程的比近期工程的高。设计时可根据具体条件，参照表 10.2 选值。

表 10.2 灌 溉 设 计 保 证 率

灌水方法	地区特点	作物种类	灌溉设计保证率/%
地面灌溉	干旱地区或水资源紧缺地区	以旱作为主	50～75
		以水稻为主	70～80
	半干旱、半湿润地区或水资源不稳定地区	以旱作为主	70～80
		以水稻为主	75～85
	干旱地区或水资源紧缺地区	以旱作为主	75～85
		以水稻为主	80～95
喷灌、微灌	各类地区	各类作物	85～95

注 摘自 GB 50288—99《灌溉与排水工程设计规范》。

3. 供水设计保证率

工业及城市民用供水若遭破坏将直接影响人民生活和造成生产上的严重损失，故采用较高的设计保证率，一般按年保证率取值的范围为 95%～99%，大城市和重要工矿区取较高值。对于由两个以上水源供水的城市和工矿企业，在确定可靠性时，常按以下原则考虑：任一水源停水时，其余水源除应满足消防和生产紧急用水外，要保证供应一定数量的生活用水。

4. 通航设计保证率

通航设计保证率一般指最低通航水位（水深）的保证程度，以计算时期内通航获得满足的历时百分率表示。最低通航水位是确定枯水期航道标准水深的起算水位。

通航设计保证率，一般根据航道等级结合其他因素综合分析比较并征求有关部门意见，报请审批部门确定，设计时可参照表 10.3 选值。

此外，过木河流上的水利水能计算中，首先要按式（10.3）将历时保证率换算成年保证率。再者，针对各用水部门设计保证率常不相同的情况，一般以其中主要部门的设计保证率为准，进行径流调节计算，凡设计保证率高于主要部门的用水部门，其需水应得到保证；而设计保证率较低的

表 10.3 通航设计保证率

航道等级	历时设计保证率/%
一级～二级	97～99
三级～四级	95～97
五级～六级	90～95

用水部门的用水量可适当缩减。另外，还要对年水量频率与各用水部门设计保证率相应年份，分别进行校核计算，取稍偏于安全方面的结果。必要时，可根据任务主次关系，适当调整各部门的用水要求或设计保证率。

10.1.1.3 设计标准、设计保证率与可靠度、风险度的关系

研究对象在规定条件下和规定时间内能完成规定功能的概率就是可靠度 S。可靠度是事件概率分布为已知条件下的不确定性。研究对象在规定条件下和规定时间内不能完成规定功能的概率为风险度 R。风险度是一些不利后果发生的可能性。可靠度和风险度是对立的，在数值上，两者之和应等于 1，即 $S+R=1$。

风险性是自然本身固有的，人们只能借助于一定的工程措施来减少它的影响，很难完

全避免。如一座水库，即使其防洪设计标准很高，因水文因素垮坝失事的风险依然潜在，更不论结构、地震等因素的其他失事。

在坝体安全设计中，一方面是估算坝址处洪水的可能变化以及垮坝的可能性；另一方面是选定安全设计洪水。而这些工作是以定量的风险评估为基础的。要求估算出垮坝的可能性以及在当前条件下和预期未来条件下垮坝所造成的后果。

在水库工程的设计和管理运用中，设计保证率也像防洪设计标准一样，由于水文变量的不确定性，如任何一年的年径流出现的大小、年内分配及其频率无法事先定义或确定；或因水文资料样本容量有限，使水文统计参数计算结果带来不确定性，从而导致工程设计和运用时，水库蓄不满，用水单位的正常需水得不到满足。由于供水不足、缺水，引起减产损失，造成供水的失效风险。保证率是可靠性的一种特殊的简化形式。设计保证率就是考虑到多年运行中这种供水失效风险，而事先规定的使正常供水得到满足的可靠程度。

10.1.2 设计代表期

在水利水电工程规划设计过程中，为了对多方案比较，需要进行大量的水利水能计算，根据长系列水文资料进行计算，当然可获得较精确的结果，但工作量较大。在实际工作中可采用简化方法，即从水文资料中选择若干典型年份或典型的多年径流系列作为设计代表期进行计算，其成果精度一般也能满足规划设计的要求。

10.1.2.1 设计代表年

在水利水电规划设计中，常选择有代表性的枯水年、中水年（也称平水年）和丰水年作为设计典型年，分别称为设计枯水年、设计中水年和设计丰水年。以设计枯水年的效益计算成果代表恰好满足设计保证率要求的工程兴利情况；设计中水年中等来水条件下的平均兴利情况；设计丰水年则代表多水条件下的兴利情况。据此，一般可由 $P_{设}$（设计保证率）、50%及（$1-P_{设}$）三种频率，在年水量频率曲线上分别确定设计枯水年、设计中水年、设计丰水年的年水量。至于水量年过程，对设计枯水年要考虑不利的年内分配；设计中水年、设计丰水年可分别采用多年平均和来水较丰水年份平均的年内分配。

各设计代表年的年径流整编要以调节年度为准，即由丰水期水库开始蓄水统计到次年再度蓄水前为止。径流式水电站的设计代表年的径流资料，要给出日平均流量过程线，也可直接绘制天然来水日平均流量频率曲线，供设计使用。

对于年调节水电站，满足设计保证率要求的关键在设计枯水年的供水期。因此，可根据水文资料和用水要求，划分各年一致的供水期，计算各年供水期天然水量并绘出供水期水量的频率曲线，由设计保证率即可在曲线上查出供水期水量保证值及相应的年份。这就是按枯水季水量选定设计枯水年的方法。

由于径流年内分配不稳定，各年供水期起讫时间不一致，采取统一的时间不够恰当，因此，可根据初定的调节库容，用式 $Q_{调}=\dfrac{W_{供}+V_{兴}}{T_{供}}$ 试算求出逐年供水期的调节流量，作出调节流量频率曲线，然后按设计保证率定出调节流量保证值及与它相应的年份，便可选出设计枯水年。这种按调节流量选定设计枯水年的方法综合考虑了来水和水库调节的影响，比较合理，但工作量较大。

10.1.2.2 年径流系列

多年调节水库的调节周期长达若干年，应选择包括多年的径流系列进行水利水能计算。设计多年径流系列是从长系列资料中选出的有代表性的短系列。

1. 设计枯水系列

对于多年调节，由于水文资料的限制，能获得的完整调节周期数是不多的，难以应用枯水系列频率分析法选择设计枯水系列。通常采用扣除允许破坏年数的方法加以确定，即先按下式计算设计保证率条件下正常工作允许破坏的年数 $T_破$：

$$T_破 = n - P_设(n+1) \tag{10.4}$$

式中：n 为水文系列总年数。

然后，在实测资料中选出最严重的连续枯水年组，并从该年组最末一年起逆时序扣除允许破坏年数 $T_破$，余下的即为所选的设计枯水系列。这时，尚需注意以下两点：①用设计枯水系列调节计算结果对其他枯水年组进行校核，若另有正常工作遭破坏的时段，则要从 $T_破$ 中扣除，得出新的允许破坏年数，并用它重新确定设计枯水系列；②有时需校核破坏年份供水量和电站出力能否满足最低要求，若不能满足，则水库应在允许破坏时段前预留部分蓄水量。

2. 设计中水系列

为探求水库运用的多年平均状况，一般取 10～15 年作为代表期，称设计中水系列，选择时要求：①系列连续径流资料至少要有一个以上完整的调节循环；②系列年径流均值应等于或接近于多年平均值；③系列应包括枯水年、中水年、丰水年，它们的比例关系与长系列大体相当，使设计中水系列的年径流变差系数 C_v 与长系列的相近。

当电力系统中有若干电站联合运行并进行补偿调节时，最好按长系列进行计算，或以补偿电站为主，选出统一的设计代表系列。

目前，随着计算机技术的发展，采用电算方法进行长系列水利水能计算，能很快得到成果。因此，可根据具体工程情况及各设计阶段对计算精度的要求，确定采用设计代表期或长系列进行数值计算。

10.2 水 库 特 性

在河流上拦河筑坝形成人工的水池用来进行径流的调节，这就是水库，在讨论水库兴利调节原理和计算方法之前，需要了解水库的有关特性。

10.2.1 水库面积特性

水库面积特性指水库水位与水面面积的关系曲线。库区内某一水位高程的等高线和坝轴线所包括的面积，即为该水位的水库水面面积。水面面积随水库水位的变化而改变的情况，取决于水库河谷平原形状。在 1/5000～1/50000 比例尺地形图上，采用求积仪法、方格法、网点法、图解法或光电扫描与电子计算机辅助设备，均可量算出不同水库水位的水库水面面积，从而绘成如图 10.1 所示的水库面积特性。绘图时，高程间距可取 1m、2m、5m。

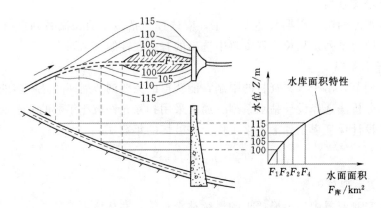

图 10.1　水库面积特性绘法示意图

　　显然，平原水库具有较平缓的水库面积特性曲线，表明增加坝高将迅速扩大淹没面积和加大水面蒸发量，故平原地区一般不宜建高坝。

10.2.2　水库容积特性

　　水库容积特性指水库水位与容积的关系曲线。它可直接由水库面积特性推算绘制。两相邻等高线间的水层容积 ΔV，可按简化式（10.5）或较精确式（10.6）计算：

$$\Delta V = \frac{\Delta Z}{2}(F_\text{下} + F_\text{上}) \tag{10.5}$$

$$\Delta V = \frac{\Delta Z}{3}(F_\text{下} + \sqrt{F_\text{下}\,F_\text{上}} + F_\text{上}) \tag{10.6}$$

式中：$F_\text{下}$、$F_\text{上}$ 为相邻两等高线各自包括的水库水面面积，如图 10.2 中的 F_1 和 F_2；ΔZ 为两等高线之间的高程差。

　　从库底 $Z_\text{底}$ 逐层向上累加，便可求得，每一水位 F 的水库容积 $V = \sum\limits_{Z_\text{底}}^{Z} \Delta V$，从而绘成水库容积特性（图 10.2）。

　　应该指出，上述水库水面是按水平面进行计算的。实际上仅当库中流速为零时，库水面才呈水平，故称上述计算所得库容为静库容。库中水面由坝址起沿程上溯呈回水曲线，越靠上游水面越上翘，直至进库端与天然水面相交为止。因此，每一坝前水位所对应的实际库容比净库容大（图 10.3）。特别是山谷水库出现较大洪水时，由于回水而附加的容积更大。一般情况下，按静库容进行径流调节计算，精度已能满足要求。

　　当需详细研究水库淹没、浸没等问题和梯级水库衔接情况时，应计及回水影响。对于多沙河流，

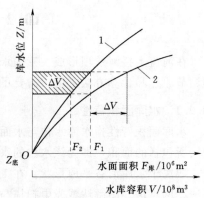

图 10.2　水库容积特性和面积特性图
1—水库面积特性；2—水库容积特性

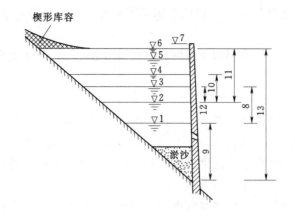

图 10.3　水库特征水位和特征库容示意图

1—死水位；2—防洪限制水位；3—正常蓄水位；4—防洪高水位；5—设计洪水位；

6—校核洪水位；7—坝顶高程；8—兴利库容；9—死库容；10—防洪库容；

11—调洪库容；12—重叠库容；13—总库容

应按相应设计水平年和最终稳定情况下的淤积量和淤积形态，修正库容特性曲线。

10.2.3　水库的特征水位和特征库容

水库工程为完成不同任务在不同时期和各种水文情况下，需控制达到或允许消落的各种库水位，统称特征水位。相应于水库特征水位以下或两特征水位之间的水库容积，称特征库容。确定水库特征水位和特征库容是水利水电工程规划、设计的主要任务之一。

图 10.3 标出了水库各特征水位和特征库容。

1. 死水位（$Z_死$）和死库容（$V_死$）

在正常运用的情况下，允许水库消落的最低水位称死水位。死水位以下的水库容积称死库容或垫底库容。死库容一般用于容纳水库泥沙、抬高坝前水位和库内水深。在正常运用中，死库容不参与径流调节，也不放空，只有在特殊情况下，如排洪、检修和战备需要等，才考虑泄放其中的蓄水。

2. 正常蓄水位（$Z_蓄$）和兴利库容（$V_兴$）

水库在正常运用情况下，为满足设计兴利要求而在开始供水时应蓄到的高水位，称正常蓄水位。又称正常高水位或设计兴利水位。它决定水库的规模、效益和调节方式，在很大程度上决定水工建筑物的尺寸、型式和水库淹没损失。当采用无闸门控制的泄洪建筑物时，它与泄洪堰顶高程齐平；当采用闸门控制的泄洪建筑物时，它是闸门关闭时允许长期维持的最高蓄水位，也是挡水建筑物稳定计算的主要依据。

正常蓄水位与死水位间的库容，称兴利库容或调节库容，用以调节径流，提高枯水时的供水量或水电站出力。

正常蓄水位与死水位的高程差，称水库消落深度或工作深度。

3. 防洪限制水位（$Z_限$）

水库在汛期允许兴利蓄水的上限水位，称防洪限制水位。它是水库汛期防洪运用时的起调水位。当汛期不同时段的洪水特性有明显差异时，可考虑分期采用不同的防洪限制水位。

防洪限制水位的拟定关系到水库防洪与兴利的结合问题，具体研究时要兼顾防洪与兴利两方面要求。

4. 防洪高水位（$Z_防$）和防洪库容（$V_洪$）

当遇下游防护对象的设计标准洪水时，水库为控制下泄流量而拦蓄洪水，这时在坝前（上游侧）达到的最高水位称防洪高水位。只有当水库承担下游防洪任务时，才需确定这一水位。此水位可采用相应下游防洪标准的各种典型洪水，按拟定的防洪调度方式，自防洪限制水位开始进行水库调洪计算求得。

防洪高水位和防洪限制水位之间的库容，称为防洪库容，用以拦蓄洪水，满足下游防护对象的防洪要求。当汛期各时段具有不同的防洪限制水位时，防洪库容指最低的防洪限制水位与防洪高水位之间的库容。

当防洪限制水位低于正常蓄水位时，防洪库容与兴利库容的重叠部分，称重叠库容或共用库容（$V_共$）。此库容在汛期腾空作为防洪库容或调洪库容的一部分，汛末充蓄，作为兴利库容的一部分，以增加供水期的保证供水量或水电站的保证出力。在水库设计中，根据水库及水文特性，有防洪库容和兴利库容完全重叠、部分重叠、不重叠（防洪限制水位与正常蓄水位处于同一高程）三种形式。在中国南方河流上修建的水库，多采用前两种形式，以达到防洪和兴利的最佳组合。图 10.3 所示为部分重叠的情况。

5. 设计洪水位（$Z_设洪$）和拦洪库容（$V_拦$）

水库遇大坝设计洪水时，在坝前达到的最高水位称设计洪水位。它是正常运用情况下允许达到的最高库水位，也是挡水建筑物稳定计算的主要依据。可采用相应大坝设计标准的各种典型洪水，也是挡水建筑物稳定计算的主要依据。可采用相应大坝设计标准的各种典型洪水，按拟定的调洪方式，自防洪限制水位开始进行调洪计算求得。防洪限制水位与设计洪水位之间的库容称拦洪库容（$V_拦$）。

6. 校核洪水位（$Z_设洪$）和调洪库容（$V_调洪$）

水库遇大坝校核洪水时，在坝前达到的最高水位称校核洪水位。它是水库非常运用情况下允许达到的临时性最高洪水位，是确定坝顶高程及进行大坝安全校核的主要依据。可采用相应大坝校核标准的各种典型洪水，按拟定的调洪方式，自防洪限制水位开始进行调洪计算求得。

校核洪水位与防洪限制水位之间的库容称为调洪库容，用以拦蓄洪水，确保大坝安全。当汛期各时段分别拟定不同的防洪限制水位时，这一库容指最低的防洪限制水位至校核洪水位之间的库容。

7. 总库容（$V_总$）和有效库容（$V_效$）

校核洪水位以下的全部库容称总库容，即 $V_总 = V_死 + V_兴 + V_调洪 - V_共$。总库容是表示水库工程规模的代表性指标，可作为划分水库等级、确保工程安全标准的重要依据。

校核洪水位与死水位之间的库容，称有效库容，即 $V_效 = V_总 - V_死 = V_兴 + V_调洪 - V_共$。

10.3 水库水量损失及对生态环境的影响

10.3.1 水库水量损失

水库蓄水后，改变了河流的天然状态和库内外水力关系，从而引起额外水量损失。水库水量损失主要包括蒸发损失和渗漏损失，在冰冻地区可能还有结冰损失。

10.3.1.1 蒸发损失

水库建成后，库区原有陆地变成了水面，原来的陆面蒸发也就变成了水面蒸发，由此而增加的蒸发量构成水库蒸发损失。各计算时段（月、年）的蒸发损失可按下式计算：

$$W_{蒸} = (h_{水} - h_{陆})(\overline{F}_{库} - f) \tag{10.7}$$

式中：$h_{水}$ 为计算时段内库区水面蒸发深度，m；$h_{陆}$ 为计算时段内库区陆面蒸发深度，m；$\overline{F}_{库}$ 为计算时段内平均水库水面面积，m；f 为原天然河道水面面积，m^2。

水面蒸发计算方法有经验公式法、水量平衡法、热量平衡法、紊动混合和交换理论法等4类。我国多采用第1类方法，即以库区及其附近地区蒸发皿观测的蒸发深度（面积加权平均值），乘以某一经验性折算系数（与蒸发皿面积、材料、安装方式及地区等有关）求得。

对陆面蒸发尚无成熟的计算方法，目前常采用多年平均降水和多年平均径流深之差，作为陆面蒸发的估算值，或从各地水文手册中的陆面蒸发量等值线图上直接查得。

蒸发与饱和水汽压差、风速、辐射及温度、气压、水质等有关，按月计算蒸发量较合理。当水库水面面积变化不大，或蒸发损失占年水量比重很小时，可计算年蒸发损失并平均分配给各月份。为留有余地，年调节水库采用最大年蒸发量，年内分配按多年平均情况考虑。多年调节水库采用多年平均年蒸发量。

水库蒸发损失在地区间差别很大。例如，在干旱地区建库，伴随坝高增加，水面扩大将引起蒸发损失的大幅度增加，有可能并不增加水库的有效供水量。

10.3.1.2 渗漏损失

水库蓄水后，水位抬高，水压增大，渗水面积加大，地下水情况也将发生变化，从而产生渗漏损失。渗漏损失可分3类：①通过坝身及水工建筑物止水不严实处（包括闸门、水轮机、通航建筑物等）的渗漏损失；②通过坝基及绕坝两翼的渗漏损失；③由坝底、库边流向较低渗水层的渗漏损失。近代修建的挡水建筑物，均采取了较可靠的防渗措施，在水利计算中通常只考虑第③类损失，根据水文地质条件，参照相似地区已建水库的实测资料推算，或按每年水库的平均蓄水面积渗漏损失的水层计或按水库平均蓄水量（年或月）的百分率计，其经验估算式如下：

$$W_{年渗} = k_1 \overline{F}_{库} \tag{10.8}$$

$$W_{渗} = k_2 W_{蓄} \tag{10.9}$$

式中：$W_{年渗}$ 为水库年渗漏损失，m^3；$W_{渗}$ 为计算时段内（年或月）水库渗漏损失，m^3；$\overline{F}_{库}$ 为水库年平均蓄水面积，m^2；$W_{蓄}$ 为计算时段内（年或月）水库蓄水量，m^3；k_1，k_2 为经验取值，可参阅表10.4。

表 10.4 渗漏计算经验数值表

水文地质条件	经验数值	
	k_1/m	$k_2/\%$
地址优良（库床无透水层）	$0\sim0.5$	$0\sim1.0$
地质中等	$0.5\sim1.0$	$1.0\sim1.5$
地质较差	$1.0\sim2.0$	$1.5\sim3.0$

实际上，水库运行若干年后，由于库床淤积、岩层裂隙逐渐被填塞等原因，渗漏损失会有所减小。对喀斯特溶洞发育的石灰岩地区的渗漏问题，应做专门研究，例如可在上游采用人工放淤的办法减少水库渗漏损失。

10.3.1.3　结冰损失

严寒地区的水库，冬季水面形成冰盖，其中部分冰层将因水库供水期间库水位的消落而滞留岸边，引起水库蓄水位的临时损失。这项损失一般不大，通常多按结冰期库水位变动范围内库面面积之差乘以 0.9 倍平均结冰厚度估算。

10.3.2　库区淹没、浸没

修建水库，特别是高坝大库，可调节径流，获得较大的防洪、兴利综合利用效益，但往往也会引起淹没和浸没问题。水库蓄水后，将会淹没土地、森林、村镇、交通、电力和通信设备及文物古迹，甚至城市建筑物等。由于库周地下水位抬高，水库附近收到浸没影响，使树木死亡，旱田作物受涝；耕地盐碱化；形成局部沼泽地，恶化卫生条件，滋生疟蚊；增加矿井积水，使原有工程建筑物的基础产生塌陷等，还会引起库周塌岸，毁坏农田和居民点，减小水库库容。

正常蓄水位以下库区为经常淹没区，影响所及均需改线、搬迁。正常蓄水位以下一定标准的洪水回水和风浪、冰塞壅水等淹没的地区为临时淹没区，或迁移或防护，要根据具体情况确定。对于特别稀遇洪水时才出现的淹没区和容易发生冰塞壅水的水域，要在正常蓄水位以上适当考虑风浪爬高和冰塞壅水对回水的影响。

淹没区、浸没影响区和库周影响区（水库蓄水后失去生产、生活条件，需采取措施的库边及孤岛上的居民点）里所有迁移对象都应按规定标准给予补偿，此补偿加上各种资源损失，统称淹没损失，计入水库总投资内。

处理水库淹没中的移民问题，往往十分棘手。在移民安置工作中，要正确处理国家、集体和个人的关系。充分利用当地自然资源，因地制宜地开拓多种途径。安置方式和出路有：①在库区附近调整行政单元，调剂土地和生产手段，就近安置；②远迁安置；③不论就近或远迁，均有成建制集中安置和按户分散安置的方式；④不论采用何种安置方式，都要广开生产门路。农村移民以农为主，农工商牧副渔各业并举；城镇居民原则上随城镇迁建安置。城镇迁建规划可照顾其近期发展。城乡移民安置后的生产和生活条件要不低于或略高于迁建以前。在少数民族地区，要尊重其风俗习惯。

移民安置补偿费用于移民的迁移安置，也用于安置区的经济补助，务必保证安置区原有居民利益不受损害。

根据国家经济改革方针。总结过去经验，近年提出开发性移民的方针，主要是把移民安置同安置区自然资源、人力资源的开发，有机地结合起来，采取多种途径为移民创造能不断发展生产和改善生活的条件，移民能在新环境安居乐业，使移民安置成为振兴当地经济的促进因素。实现这种设想，不单纯依靠工程建设单位安排的移民补偿投资，还要多渠道集资并建立移民资金。在工程建成后一定时期内，要对有困难的移民安置区在经济上继续予以扶持。

水库淹没损失是一项重要的技术经济指标。在人口稠密地区，不仅淹没损失很大，有时达工程总投资的 40%～50%，而且还会带来其他方面的影响，移民安置具有很强的政策性，因此，淹没、浸没问题，常常成为限制水库规模的主要因素之一。对于巨型和大型水库，可根据国民经济发展的需要，有计划地分期抬高蓄水位，以求减小近期淹没损失和迁移方面的困难。

10.3.3 水库淤积

河水中挟带的泥沙在库内沉积，称水库淤积。挟沙水流进入库区后，随着过水断面逐渐扩大，流速和挟沙能力沿程递减，泥沙由粗到细地沿程沉积于库底。水库淤积的分布和形态取决于入库水量、含沙量、泥沙组成、库区形态、水库调度和泄流建筑物性能等因素的影响。纵向淤积形态分为 3 类：①多沙河流上水位变幅较小的湖泊型水库，泥沙易于在库尾集中淤积形成类似于河口处的三角洲，并且随着淤积的发展，三角洲逐年向坝前靠近，如官厅水库、刘家峡水库等就属于三角洲淤积形态；②少沙河流上水位变幅较大的河道型水库，多形成沿库床比较均匀的带状淤积，如丰满水库就属于这种类型；③多沙河流上库容及壅水相对较小的中小型水库，洪水期间库内仍有一定流速，泥沙被挟带到坝前落淤，以后逐渐向上游方向发展，形成下大上小的锥体淤积，如巴家嘴水库就属于这种类型。

泥沙淤积对水库的运用会产生多方面影响：水库淤积（特别是三角洲淤积）常侵占调节库容，逐步减少综合利用效益；淤积末端上延，抬高回水位，增加水库淹没、浸没损失；变动回水易使宽浅河段主流摆动或移位，影响航运；坝前堆淤（特别是锥体淤积）将增加作用于水工建筑物上的泥沙压力，有碍船闸及取水口正常运行，使进入电站的水流中含沙量增加而加剧对过水建筑物和水轮机的磨损，影响建筑物和设备的效率和寿命；随着泥沙淤积，某些化学物质沉淀，将污染水质，并影响水生生物的生长；泥沙淤积，使下泄水流变清，引起下游河床被冲、变形，水位下降使下游取水困难，影响建筑物安全，并增大水轮机吸出高度，不利于水电站的可靠运行。这些问题都需妥善解决。

在水库工程的规划、设计中，为预测水库泥沙淤积过程、相对平衡状态和水库寿命所进行的分析、计算，称水库淤积计算。计算任务是探明水库淤积对防洪、发电、航运、引水及淹没等的影响，并为研究水库运行方式、确定泄洪排沙设施规模提供依据。水库淤积计算需要的基本资料有：①水文泥沙资料，包括入库流量、悬移质和推移质输沙量及颗粒级配、河床质级配及河道糙率；②库区纵、横断面或地形图，库区曲线；③水库调度运用资料，包括不同时期的坝前水位及出库流量过程；④工程资料，如水工建筑物布置，泄流排沙设施型式、尺寸及泄流曲线。水库淤积计算的基本方程为：水流连续方程、水流动量方程和泥沙连续方程。运用有限差分法，可计算淤积过程；用三角洲法可计算淤积量、淤积形态，并可分时段求得淤积过程。

在规划阶段，为探讨水库使用年限（寿命），可按某一平均的水、沙条件估算水库平均年淤积量和水库淤损情况。库容淤损法就是较常采用的一种经验估算方法，其主要计算式为

$$\beta_{拦沙} = \frac{V_{调}/\overline{W}_年}{0.012 + 0.0102 V_{调}/\overline{W}_年} \tag{10.10}$$

$$\overline{\alpha}_{淤损} = \frac{\overline{W}_淤}{V_{调}} = \beta_{拦沙} \frac{\overline{W}_沙}{V_{调}} \tag{10.11}$$

或

$$\overline{\alpha}_{淤积} = 0.0002 M_蚀^{0.95} \left(\frac{V_{调}}{F}\right)^{-0.8} \tag{10.12}$$

$$T = \frac{k V_{调}}{\overline{\alpha}_{淤积} V_{调}} = \frac{k}{\overline{\alpha}_{淤损}} \tag{10.13}$$

式中：$\beta_{拦沙}$ 为拦沙率，指年内拦在水库内的泥沙占该年入库泥沙的百分数，%；$\overline{W}_淤$ 为平均年淤积量，m^3；$\overline{W}_沙$ 为平均年入库泥沙量，m^3；$V_{调}$ 为水库调节库容，m^3，一般采用 $V_兴$；$\overline{W}_年$ 为平均年入库水量，m^3；$\overline{\alpha}_{淤损}$ 为库容平均淤损率，指水库每年因淤积而损失的库容占原有库容的百分比，采用多年平均情况，%；$M_蚀$ 为流域平均侵蚀模数，$[t/(km^2 \cdot a)]$；F 为流域面积，m^2；T 为水库淤至某种程度的年限，a；k 为水库淤积程度的系数，例如 $k = 0.6$ 指淤积掉的库容达原库容的 60%。

按照水库淤积的平衡趋向性规律，运用初期，拦沙率 $\beta_{拦沙}$ 较高（排沙较少），随着库容逐渐淤损，拦沙率将逐年减小（排沙逐年增加）。影响水库拦沙率高低的因素很多，据国内外数十座水库实测资料分析，以调节库容与平均水量之比（$V_{调}/\overline{W}_年$）对拦沙率的影响较为明显。这是因为 $V_{调}/\overline{W}_年$ 比值高表示水库具有较大的相对库容，调节程度高，汛期弃水少，拦沙率自然就高。

除水库调节程度对拦沙率起主要作用外，其他如泥沙颗粒粗细（粗沙情况拦沙率高）、泄流建筑物形式（表面泄洪比底孔泄洪时拦沙率高）及水库运用方式等因素也有影响。根据仅考虑调节程度影响的上述数十座水库的统计资料，计及其他影响因素的中等情况，给出平均的中值拦沙率近似式（10.10），注意式中 $\beta_{拦沙}$ 和 $V_{调}/\overline{W}_年$ 均用百分数（%）表示。且由于淤积使库容逐年减小，将影响水库调节能力，在计算时应按平均调节能力考虑，即式（10.10）中的 $V_{调}/\overline{W}_年$ 应取值为 $\frac{1}{2}\left(\frac{V_{调} + V_{调终}}{\overline{W}_年}\right)$。其中 $V_{调终}$ 指规定或假定的要求水库保留的最终库容，例如需计算水库淤积到库容为原库容的 60% 的年限时，其中 $V_{调终}$ 为 $0.4 V_{调}$。

估算水库平均年淤积量和使用年限的具体步骤为：①根据已知的调节库容 $V_{调}$ 和平均入库年水量 $\overline{W}_年$，由式（10.10）求拦沙率 $\beta_{拦沙}$；②将 $\beta_{拦沙}$、$V_{调}$ 及平均年入库泥沙量 $\overline{W}_沙$ 代入式（10.11），求出库容平均淤损率 $\overline{\alpha}_{淤损}$；③由库容平均淤损率定义知：$\overline{W}_淤 = \overline{\alpha}_{淤损} V_{调}$，据此可算出水库平均年淤积量 $\overline{W}_淤$；④根据预期的库容淤积程度，确定系数 k，由式（10.13）计算库容达到预期淤积程度的年限。

当入库水、沙量资料不落实，特别是对中、小型水库的规划，可采用较粗略的式（10.12）直接计算水库库容平均淤损率 $\overline{\alpha}_{淤损}$。

为防止、减轻水库淤积，要做好流域面上的水土保持工作，也可在来沙较多的支流上修建拦沙坝库。此外，采用"蓄清排浑"的运用方式，常能获得良好效果。水库在汛期降低水位运用，使大部分来沙淤在死库容内，或排出库外，或定期泄空冲刷，恢复淤积前库容；讯后则拦蓄清水，以发挥水库综合利用效益。这时，需设置较大的泄洪排沙底孔或隧洞，使水库在汛期能保持低水位运行。

10.3.4 水库死水位的确定

确定死水位应考虑的主要要求有以下几项。

1. 根据淤积要求确定死水位和死库容

在规划设计水库时，一般要求引水管下缘放在淤积水位以上 1m 左右，防止泥沙进入引水管，以保证引水设备和发电设备的安全运行，这个水深称为管底超高。而在引水管上缘，也要有 1 个 1～2m 以上的安全水深，保证引水时不进入空气，以免破坏水流状态，并准备在特殊枯水年份能用部分死库容水量，此安全水深也称为管顶安全超高。对北方河流，有时还要考虑冬季在水面上的冰层厚度。据上述，死水位 $Z_死$ 确定为

$$Z_死 = Z_淤 + 管底超高 + 引水管外径 + 管顶安全水深 \qquad (10.14)$$

根据 $Z_死$ 查 Z-V 曲线可确定死库容 $V_死$，如图 10.2 所示。

2. 根据灌溉要求确定死水位

以灌溉为主的水库，设计死水位主要决定灌区自流引水灌溉的要求，可根据灌区条件和工程造价（如部分地形较高的灌溉面积是否要提水灌溉）进行方案比较，在渠系设计工作中定出干渠渠道设计高程后，根据引水渠坡降和长度推求出进水口处的高程。依据输水结构的形式和尺寸进行水力计算，推求渠道设计流量所需要的最小水头 $H_最小$，再加上 1/2 引水管内径，即得相应的死水位。可用下式计算：

$$Z_死 = Z_渠 + iL + D_内/2 + H_最小 \qquad (10.15)$$

式中：$Z_渠$ 为渠道设计控制高程，m；i、L 为引水坡度和长度，m；$D_内$ 为引水管内径，m；$H_最小$ 为渠道设计流量的最小水头，m。

3. 根据水力发电要求确定死水位

灌溉结合发电的水库，死水位的选择要考虑保证水电站水轮机组需要的最低水头和最佳消落深度，以利于发出较多的电能（详见 12.7 节内容）。

4. 其他用水部门对死水位的要求

对于综合利用的水库，还需要考虑其他有关用水部门的要求，如水库有水产养殖任务时，要考虑养鱼对水量、水深和水面面积等的要求，要求水库死水选定在适当高程，以保证水库在枯水期末放水后仍有一定的水体供鱼类活动和生长；如需考虑库区航运，按船只吨位，以保证航运的最小水深来确定死水位；其他如库区的环境卫生等的要求也应统筹规划。

水库死水位是水库的设计参数之一，它不单纯是个技术问题，在规划设计阶段，也需适当做一些经济比较工作。对于中小型水库选择死水位的工作可以有所简化，主要根据各用水部门（包括淤积要求）对死水位的技术要求，拟定出死水位的可能范围，然后通过必要的综合分析论证，选定较合理的死水位。

10.3.5　水库对生态环境的影响

1. 对气候的影响

一般情况下，地区性气候状况受大气环流所控制，但修建水库后，原先的陆地变成了水体或湿地，使局部地表空气变得较湿润，对局部小气候会产生一定的影响，主要表现在对降雨、气温、风和雾气象因子的影响。

（1）对降雨量的影响。由于修建水库形成了大面积蓄水，在阳光辐射下，蒸发量增加引起降雨量有所增加。同时，水库低温效应的影响可以使降雨地区分布发生变化，一般库区蒸发量加大，空气变得湿润。一般来说，库区和邻近地区的降雨量有所减少，而一定距离的外围区降雨有所增加；地势高的迎风面降雨增加，而背风面降雨则减少。此外，降雨时间的分布也发生改变，对于南方水库，夏季水面温度低于气温，大气层稳定，大气对流减弱，降雨量减少；冬季水面较暖，大气对流作用增强，降雨量增加。

（2）对气温的影响。水库建成后，库区的下垫面由陆面变成水面。与空气间的能量交换方式和强度均发生变化，从而导致气温发生变化，年平均气温略有升高。

2. 对水文的影响

水库修建后，改变了下游河道的流量过程，从而对周围环境造成影响。水库不仅存蓄了汛期洪水，而且还截流了非汛期的基流，往往会使下游河道水位大幅度下降甚至断流，并引起周围地下水位下降，从而带来一系列的环境生态问题。以供水灌溉为主的水库，下游天然湖泊或池塘断绝水的来源而干涸；下游地区的地下水位下降；入海口因河水流量减少引起河口淤积，造成海水倒灌；因河流流量减少，使得河流自净能力降低，等等。以发电为主的水库，因在电力系统中担任峰荷，下泄流量的日变化幅度较大，致使下游河道水位变化较大，对航运、灌溉饮水位和养鱼等均有较大的影响。当水库下游河道水位大幅度下降以至断流时，势必造成水质的恶化。

3. 对水体的影响

河流中原本流动的水在水库里停滞后便会发生一些变化。首先是对航运的影响，比如过船闸需要时间，从而对上、下行航速会带来影响；水库水温有可能升高，水质可能变差，特别是水库的沟汊中容易发生水污染；水库蓄水后，随着水面的扩大，蒸发量的扩大，蒸发量的增加，水汽、水雾就会增多，等等。这些都是修坝后水体变化带来的影响。

4. 对鱼类和生物物种的影响

当前社会上极为关注的是大坝建设对洄游鱼类造成的影响。事实上，洄游鱼类由于种类不同，其生存的环境也各不相同，如鲟鱼，相当一部分是在日本北海道和我国乌苏里江、黑龙江、松花江等河、海之间洄游。世界各国在建坝时解决鱼类洄游问题通常采用两种方法：一种是采取建鱼梯、鱼道等工程措施；另一种是对洄游鱼类进行人工繁殖。我国长江葛洲坝工程建设中，解决中华鲟洄游问题就选择了人工繁殖的办法，事实证明是比较成功的。需要强调的是，在不同的地区、不同的河流息地的分割与侵占，都会造成原始生态系统的改变，威胁多样生物的生存，加剧了物种的灭绝。如贡嘎山南坡水坝的修建，将造成牛羚、马鹿等珍稀动物的高山湖滨栖息地活动地的丧失以及大面积珍稀树种原始林的淹毁。

5.对人群健康的影响

不少疾病如阿米巴痢疾、伤寒、疟疾、细菌性痢疾、霍乱、血吸虫病等直接或间接地都与水环境有关。如丹江口水库、新安江水库等建成后，原有陆地变成了湿地，利于蚊虫孳生，都曾流行过疟疾病。由于三峡水库介于两大血吸虫病流行区（四川成都平原和长江中下游平原）之间，建库后水面增大、流速减缓，因此对钉螺能否从上游到下游向库区迁移并在那儿孳生繁殖，都是需要重视的环境问题。

关注生态，是经济社会高度发展后人们思想认识的升华所产生的必然结果。水利水电建设不可避免地在一定程度上改变了自然面貌和生态环境，使已经形成的平衡状态受到干扰破坏。只要我们遵循"因势利导，因地制宜"的原则，合理规划，周全设计，精心施工，加强科学管理，大多负面影响都可以得到缓解。作为水利水电工作者，一项重要的任务就是保护生态，促进人与自然和谐相处。因此，必须运用现代科学技术，深入研究自然与生态的平衡机制，研究人类改变自然时对生态的近期和长远的影响。

10.4　兴利调节的作用及分类

10.4.1　兴利调节的作用

河川径流在一年之内或者在年际之间的丰枯变化都是很大的。河川径流的剧烈变化，给人类带来很多不利的后果：汛期大洪水容易造成灾害，枯水期水少，不能满足兴利部门用水需要。因此，无论是为了消除或减轻洪水灾害，还是为了满足兴利需要，都要求采取措施，对天然径流进行控制和调节。这种控制和调节天然径流的方法就叫径流调节。

径流调节，主要是指在河流上修建水库来控制和重新分配天然径流。当丰水期来水量多时，可将多余水量蓄存在水库里，待枯水季缺水时水库供出水量，以补天然来水量之不足。对河川径流的重新分配，不仅包括时间上的分配，也包括空间上的分配，如南水北调就是把长江的水引到华北。径流调节又分为兴利调节和洪水调节。为兴利而提高枯水径流的水量调节称为兴利调节；另一种是利用水库拦蓄洪水、削减洪峰流量，以消除或减轻下游洪涝灾害，这种径流调节称为洪水调节。利用水库调节径流，是河流综合治理和水资源综合开发利用的一个重要技术措施。通过有效的径流调节，才能更好地减轻洪水和干旱灾害，更有效地利用水资源，发挥河流水资源在国民经济建设中的重大作用。

还有，人类对于地面和地下径流的自然过程所进行的一切有意识地改造或干涉，如水利工程以及农业、林业的水土改良设施等，都起着调节径流的作用。

10.4.2　兴利调节的分类

如上所述，径流调节总体上分为两大类：兴利调节和洪水调节。因兴利调节来水与用水之间矛盾的具体表现形式并不相同，需要做进一步的划分，以便在调节计算中掌握其特点。

1.按调节周期划分

按调节周期分，即按水库一次蓄泄循环（兴利库容从库空到蓄满再到库空）的时间来分，包括无调节、日调节、周调节、年调节和多年调节等。

（1）日调节。在一昼夜内，河中天然流量一般几乎保持不变（只在洪水涨落时变化较大）而用户的需水要求往往变化较大。如图 10.4（a）所示，水平线 Q 表示河中天然流量，曲线 q 为负荷要求发电引用流量的过程线。对照来水和用水可知，在一昼夜里某些时段内来水有余（如图上横线所示），可蓄存在水库里；而在其他时段内来水不足（如图上竖线所示），水库放水补给。这种径流调节，水库中的水位在一昼夜内完成一个循环，即调节周期为 24h，叫日调节。

日调节的特点是将一天内均匀的来水按用水部门的日内需水过程进行调节，以满足用水的需要。日调节所需要的水库调节库容不大，一般小于枯水日来水量的一半。

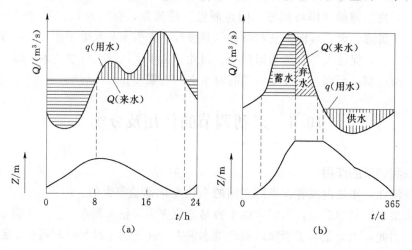

图 10.4　径流调节示意图

（a）日调节；（b）年调节

（2）周调节。在枯水季节里，河中天然流量在一周内的变化也是很小的，而用水部门由于假日休息，用水量减少，因此，可利用水库将周内假日的多余水量蓄存起来，在其他工作日去用。如周内休息日电力负荷较小，发电用水也少，这时可将多余水量存入水库，用于高负荷日发电。这种调节称周调节，它的调节周期为一周。它所需的调节库容不超过两天的来水量。周调节水库一般也同时进行日调节，这时水库水位除了一周内的涨落大循环外，还有日变化。

（3）年调节。在一年内，河中天然流量有明显的季节变化，洪水期流量很大，枯水期流量很小，一些用水部门如发电、航运、生活用水等年内需求比较均匀。因此，可利用水库将洪水期内的一部分（或全部）多余水量蓄起来，到枯水期放出以补充天然来水不足。这种对年内丰、枯季的径流进行重新分配的调节就称为年调节。它的调节周期为 1 年。

图 10.4（b）为年调节示意图。图中表明，只需一部分多余水量将水库蓄满（图中横线所示），其余的多余水量（斜线部分）为弃水，只能由溢洪道弃走。图中竖影线部分表示由水库放出的水量，以补足枯水季天然水量的不足，其总水量相当于水库的调节库容。

在年调节中，水库容积较小只能蓄存洪水期的一部分多余水量而产生弃水的调节叫不完全年调节。库容较大能将年内多余水量按用水需求重新分配而不发生弃水的调节叫完全年调节。但必须指出，这种划分是相对的，因为一个库容已定的水库，在某些枯水年份能进行完全年调节，而当遇到水量较丰的年份就只能进行不完全年调节。

年调节所需的水库容积相当大，一般当水库调节库容达到坝址处河流多年平均年水量的 25％～30％时，即可进行完全年调节。年调节水库一般都同时可进行周调节和日调节。

年调节是最常见的一种调节类型。

（4）多年调节。当水库容积很大，根据来水与用水条件，丰水年份蓄存的多余水量，并不是在该年内用完，而是用以补充枯水年份的水量不足，这种能进行年与年之间的水量重新分配的调节，叫做多年调节。这时水库往往要经过几个丰水年才能蓄满，所蓄水量分配在几个连续枯水年份里用完。因此，多年调节水库的调节周期长达若干年，而且不是一个常数。多年调节水库，同时也进行年调节、周调节和日调节。

某一水库属何种调节类型，可用水库库容系数 β 来初步判断。水库库容系数 β 为水库调节库容与多年平均年水量的比值，即 $\beta = \dfrac{V_n}{W_0}$。具体可参照下列经验参数：

1）$\beta < 2％～3％$ 属日调节。

2）$3％～5％ < \beta < 25％～30％$ 多属年调节。

3）$\beta \geqslant 30％～50％$ 多属多年调节。

2. 按两水库相对位置和调节方式划分

（1）补偿调节和缓冲调节。当水电站依靠远离在上游的水库来调节流量，且有区间入流，这时上游水库的放水不是直接按照用水要求泄放，而是按区间来水大小给予补偿，即水库放水加上区间来水恰好等于用水。这种调节方式叫做补偿调节。以水力发电为例，由于上游水库放水流到水电站的时间较长，补偿难以做到及时、准确，可在电站处建一水库进行修正，起到缓冲作用，称为缓冲调节。

（2）梯级调节。布置在同一条河流上，由上而下如阶梯的水库群，水库之间存在着水量的直接联系（对水电站来说有时还有水头的影响，称为水力联系），对其调节，称为梯级调节。其特点是上级水库的调节直接影响到下游各级水库的调节。在进行下级水库的调节计算时，必须考虑到流入下级水库的来水量由两部分组成：即经过上级水库调节和用水后而下泄的水量与上下两级水库建的区间来水量。梯级调节计算一般自上而下逐级进行。当上级调节性能好、下级水库调节性能差时，可考虑上级水库对下级水库进行补偿调节，以提高梯级总的调节水量。

（3）径流电力补偿调节。位于不同河流上但属同一电力系统联合供电的水电站群，可以根据它们各自调节性能的差别，通过电力联系来进行相互之间的径流补偿调节，使系统中水电站群的总保证出力和发电量最大。这种通过电力联系的补偿调节称为径流电力补偿调节。

（4）反调节。在河流的综合利用中，为合理解决各部门间的用水矛盾，例如发电厂与下游灌溉或航运在用水量的时间分配上均有矛盾：发电用水年内比较均匀，而灌溉则属季节性用水；发电进行日调节时，下泄流量和下游水位的剧烈变化对航运不利等，可在水电站下游建水库，对发电放水进行重新调节，以满足灌溉或航运用水量在时间分配上的需要。这种下游水库对上游水库放水的重新调节，就称为反调节或称为再调节。

10.5　兴利调节计算时历列表法

10.5.1　根据用水过程确定水库兴利库容

根据用水要求确定兴利库容是水库规划设计时的重要内容。由于用水要求为已知，根据天然径流资料（入库水量）不难定出水库补充放水的起止时间。逐时段进行水量平衡算出不足水量（个别时段可能有余水），再有分析地累加各时段的不足水量（注意扣除局部回蓄水量），便可得出该入库径流条件下为满足既定用水要求所需的兴利库容。显然，为满足同一用水过程对不同的天然径流资料求出的兴利库容值是不相同的。

按照对径流资料的不同取舍，水库兴利调节时历法可分为长系列法和代表年（期、系、列等）法。其中，长系列法是针对实测径流资料（年调节不少于 20～30 年，多年调节至少 30～50 年）算出所需兴利库容值，然后按由小到大顺序排列并计算、绘制兴利库容频率曲线。然后根据设计保证率即可在该库容频率曲线上定出欲求的水库兴利库容；代表年法是以设计代表年的径流代替长系列径流进行调节计算的简化方法，其精度取决于所选设计代表年的代表性好坏，而具体调节计算方法则与长系列法相同。

某一调节年度需要的兴利库容的大小，决定于该年来水过程和用水过程的配合情况，其值应等于该年需要水库供水的起止时间内的最大累积缺水量。

当水库运用情况（即蓄供水情况）比较简单时，根据余缺水量能较容易地判断确定兴利库容的大小。

水库运用分为一次运用情况和二次运用情况。一次运用情况即年内蓄、供水各一次。这种情况下，兴利库容等于供水期总缺水量，即 $V_兴 = V_2$。水库只要在蓄水期末蓄满 $V_兴$，就能保证供水期用水。二次运用情况即水库供水期间出现局部回蓄。这种情况下，可根据缺水量 V_2、V_4 和余水量 V_3 的大小来判断兴利库容。

以年调节水库为例，说明根据用水过程确定兴利库容的时历列表法中的代表年法。计算时段单位为月。

1. 一次运用情况

（1）不计水量损失的年调节计算。某坝址处的多年平均年径流量为 $1104.6 \times 10^6 \mathrm{m}^3$，多年平均流量为 $35 \mathrm{m}^3/\mathrm{s}$。设计枯水年的天然来水量过程及各部门综合用水过程分别计入表 10.5 第（2）、第（3）栏和第（4）、第（5）栏。径流资料均按调节年度给出，本例年调节水库的调节年度系由当年 7 月初到次年的 6 月末。其中 7—9 月为丰水期，10 月初到次年 6 月末为枯水期。

计算一般从供水期开始，数据列入表 10.5。10 月天然来水量为 $23.67 \times 10^6 \mathrm{m}^3$，兴利部门综合用水量为 $24.99 \times 10^6 \mathrm{m}^3$，用水量大于来水量，要求水库供水，10 月不足水量为 $1.32 \times 10^6 \mathrm{m}^3$，将该值填入表 10.5 中第（7）栏，即（7）=（5）-（3）。依次算出供水期各月不足水量。将 10 月到次年 6 月的 9 个月的不足水量累加起来，即求出设计枯水年供水期总不足水量为 $152.29 \times 10^6 \mathrm{m}^3$，填入第（7）栏合计项内。显然水库必须在丰水期存储 $152.29 \times 10^6 \mathrm{m}^3$ 水量，才能补足供水期天然来水之不足，故水库兴利库容使各部门用水得到满足的保证程度是与设计保证率一致的。

在丰水期，7月天然径流量为 $132.82 \times 10^6 \, \text{m}^3$，兴利部门综合用水量等于 $78.90 \times 10^6 \, \text{m}^3$，多余用水量为 $185.42 \times 10^6 \, \text{m}^3$，由于7月末在兴利库容中已蓄水量为 $53.92 \times 10^6 \, \text{m}^3$，只剩下 $98.37 \times 10^6 \, \text{m}^3$ 库容待蓄，故8月来水除将兴利库容 $V_\text{兴}$ 蓄满外，尚有弃水 $87.05 \times 10^6 \, \text{m}^3$，填入第（8）栏。9月来水量为 $65.75 \times 10^6 \, \text{m}^3$，这时 $V_\text{兴}$ 已蓄满，天然来水量虽大于兴利部门需水，但仍小于最大用水流量，为减少弃水，水库按天然来水供水。

表 10.5　　　　　　水库年调节时历列表法计算（未计水库水量损失）

时段 /月		天然来水		各部门综合用水		多余或不足水量		弃水		时段末兴利 库容蓄水量 /10^6m^3	出库 总流量 /(m³/s)
		流量 /(m³/s)	水量 /10^6m^3	流量 /(m³/s)	水量 /10^6m^3	多余 /10^6m^3	不足 /10^6m^3	流量 /(m³/s)	水量 /10^6m^3		
（1）		（2）	（3）	（4）	（5）	（6）=（3） －（5）	（7）=（5） －（3）	（8）	（9）	（10）	（11）
丰水期	7	50.5	132.82	30	78.9	53.92		0	0	53.92	30
	8	100.5	264.32	30	78.9	185.42		87.05	33.1	152.29	63.1
	9	25	65.75	25	65.75					152.29	25
枯水期	10	9	23.67	9.5	24.99		1.32			150.97	9.5
	11	7.5	19.73	9.5	24.99		5.26			145.71	9.5
	12	4	10.52	9.5	24.99		14.47			131.24	9.5
	1	2.6	6.84	9.5	24.99		18.15			113.09	9.5
	2	1	2.63	9.5	24.99		22.36			90.73	9.5
	3	10	26.3	15	39.45		13.15			77.58	15
	4	8	21.04	15	39.45		18.41			59.17	15
	5	4.5	11.84	15	39.45		27.61			31.56	15
	6	3	7.89	15	39.45		31.56			0	15
合计		225.6	593.38	192.5	506.3	239.34	152.29				
平均		18.8		16							

注　1. $\sum(3) - \sum(5) = \sum(8)$，可用以校核计算。

　　2. $\sum(6) - \sum(7) = \sum(8)$，可用以校核计算。

　　3. 9月原计划要求用水流量为 $20\text{m}^3/\text{s}$，由于库满，可按天然来水运行，提高水量利用率。

分别累计第（6）、第（7）两栏，并扣除弃水（逐月计算时以水库蓄水为正，供水为负），即得兴利库容内蓄水量变化情况，填入（10）栏。此算例表明，水库6月末放空至死水位，7月初开始蓄水，8月库水位升达正常蓄水位并没有弃水，9月维持满蓄，10月初水库开始供水直至次年6月末为止，这时兴利库容正好放空，准备迎蓄来年丰水期多余水量。水库兴利库容由空到满，又再放空，正好是一个调节年度。表 10.5 中第（11）栏[第（4）、第（9）两栏之和]给出了各时段出库总流量，它就是各时段下游可资应用的流量值，同时，由它确定下游水位。

图 10.5 绘出了水库蓄水年变化过程，图中标明水库死库容为 $50 \times 10^6 \, \text{m}^3$，兴利库容为 $152.29 \times 10^6 \, \text{m}^3$。已知坝址处多年平均年径流量 $\overline{W}_\text{年}$ 为 $1104.60 \times 10^6 \, \text{m}^3$，则库容系数为

$$\beta = V_{兴}/\overline{W}_{年} = 152.29 \times 10^6/1104.60 \times 10^6 \approx 13.8\%$$

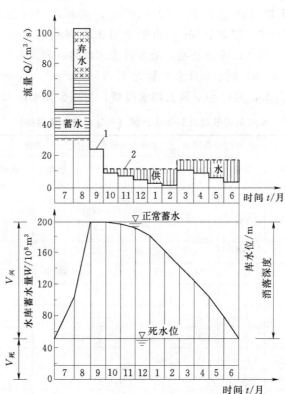

图 10.5　某水库径流年调节过程图

1—设计枯水年来水过程；2—综合用水过程

（2）考虑水量损失的年调节计算。此算例的各月损失水层深度见表 10.6。表中蒸发损失是根据当地水面蒸发资料和多年平均陆面蒸发等值线图求得。渗漏损失的数据是由库区水文地质调查报告提供的。

由于各月蒸发、渗漏损失与当月库水面面积有关。故计算时应先定出每月库水面面积。一种办法是先暂不计水量损失，进行如同表 10.5 相同的方法进行水量平衡，从而求出所需兴利库容。全部计算列入表 10.7 中。表中第（4）栏为时段末水库蓄水量，即前述表 10.5 第（10）栏加上死库容（本例为 $50 \times 10^6 \mathrm{m}^3$）。第（5）栏时段平均蓄水量即第（4）栏月初和月末蓄水量的平均值。第（6）栏时段内平均水面面积，由第（5）栏时段平均蓄水量即第（4）栏月初和月末蓄水量的平均值，第（6）栏时段内平均水面面积，由第（5）栏平均蓄水量即第（4）栏月初和月末蓄水量的平均值。第（6）栏时段内平均水面面积，由第（5）栏平均蓄水量在水库面积特性上查定。第（7）栏摘自表 2.6 第（4）行。第（8）栏等于（6）栏乘上（7）栏。第（9）栏指毛用水量，即计入水量损失后的用水量，第（9）栏等于第（3）栏加第（8）栏。而后逐时段进行水量平衡，将第（2）栏减第（9）栏的正值计入第（10）栏，负值计入第（11）栏。累计整个供水期不足水量，即求得所需兴利库容，本例 $V_{兴} = 168.20 \times 10^6 \mathrm{m}^3$，比不计水量损失情况增加 $15.91 \times 10^6 \mathrm{m}^3$，此增值恰等于供水期水量损失之和。应该指出，表 10.7 仍有近似值，这是由于计算水量损失时采用了不计水量损失时的水面面积值。为修正这种误差，可在第一次计算的基础上，按同法再算一次。

表 10.6　　　　　　　　　　　　某水库蒸发和渗漏损失深度　　　　　　　　　单位：mm

时段	(1)	1 月	2 月	3 月	4 月	5 月	6 月	7 月	8 月	9 月	10 月	11 月	12 月	全年
蒸发损失	(2)	15	30	80	110	150	150	130	115	90	75	35	20	1000
渗漏损失	(3)	60	60	60	60	60	60	60	60	60	60	60	60	720
总损失	(4)	75	90	140	170	210	210	190	175	150	135	95	80	1720

上述时历列表法计算也可由供水期末开始，采用逆时序进行逐月试算。年调节水库供水期末（本例为 6 月末）的水位应为死水位，这时，先假定月初水位，根据月末死水位及假定的月初水位算出该月平均水位，从而由水库面积特性查定相应的平均蓄水量及其相应水位，若此水位与假定的月初水位相符，说明原假定是正确的，否则重新假定，试算到相符为止。依次对供水期倒数第 2 个月（本例为 5 月）进行试算。逐项类推，便可求出供水期初的水位（即正常蓄水位），该水位和死水位之间的库容即为所求的兴利库容。

在中、小型水库的设计工作中，为简化计算，可按下述方法考虑水量损失：首先不计水量损失算出兴利库容，取此库容之半加上死库容，作为水库全年平均蓄水量，从水库特性曲线中查定相应的全年平均水位及平均水面面积，据此求出年损失水量，并平均分配在 12 个月。不计损失时的兴利库容加上供水期总损失水量，即为考虑水量损失后的兴利库容近似解。现仍沿用前述表 10.5 的算例，对应于全年蓄水量 $126.20 \times 10^6 \mathrm{m}^3$ 的水库水面面积为 $13.7 \times 10^6 \mathrm{m}^2$（见图 10.5），则年损失水量 $(1720 \times 13.7 \times 10^6)/1000 = 23.6 \times 10^6 (\mathrm{m}^3)$，每月损失水量约 $1.97 \times 10^6 \mathrm{m}^3$，供水期 9 个月总损失水量为 $17.7 \times 10^6 \mathrm{m}^3$。因此，计入水量后所需兴利库容为 $(152.29 + 17.70) \times 10^6 = 170 \times 10^6 (\mathrm{m}^3)$。

表 10.7　　　　　　　　　　　　计入水量损失的年调节列表计算

时段 /月	天然来水量 /$10^6 \mathrm{m}^3$	未计入水量损失情况				水量损失		计入水量损失情况				
		用水量 /$10^6 \mathrm{m}^3$	时段末水库蓄水量 /$10^6 \mathrm{m}^3$	时段平均蓄水量 /$10^6 \mathrm{m}^3$	时段内平均水面面积 /$10^6 \mathrm{m}^2$	损失水量深度 /m	水量损失值 /$10^6 \mathrm{m}^3$	毛用水量 /$10^6 \mathrm{m}^3$	多余水量 /$10^6 \mathrm{m}^3$	不足水量 /$10^6 \mathrm{m}^3$	时段末水库蓄水量 /$10^6 \mathrm{m}^3$	弃水量 /$10^6 \mathrm{m}^3$
(1)	(2)	(3)	(4)	(5)	(6)	(7)	(8)	(9)	(10)	(11)	(12)	(13)
丰水期			（时段初死库容）50.00								（时段初）50.00	
7	132.82	78.90	103.92	76.96	9.60	0.190	1.824	80.72	52.10		102.10	0
8	264.32	78.90	202.29	153.10	15.20	0.175	2.660	81.56	182.76		218.20	66.66
9	65.75	63.11	202.29	202.29	17.60	0.150	2.640	65.75			218.20	

续表

时段/月		天然来水量/$10^6 m^3$	未计入水量损失情况				水量损失		计入水量损失情况				
			用水量/$10^6 m^3$	时段末水库蓄水量/$10^6 m^3$	时段平均蓄水量/$10^6 m^3$	时段内平均水面面积/$10^6 m^2$	损失水量深度/m	水量损失值/$10^6 m^3$	毛用水量/$10^6 m^3$	多余水量/$10^6 m^3$	不足水量/$10^6 m^3$	时段末水库蓄水量/$10^6 m^3$	弃水量/$10^6 m^3$
(1)		(2)	(3)	(4)	(5)	(6)	(7)	(8)	(9)	(10)	(11)	(12)	(13)
枯水期	10	23.67	24.99	200.97	201.63	17.00	0.135	2.295	27.29		3.62	214.58	
	11	19.73	24.99	195.71	198.34	16.40	0.095	1.558	26.55		6.82	207.76	
	12	10.52	24.99	181.24	188.48	16.20	0.080	1.296	26.29		15.77	191.99	
	1	6.84	24.99	163.09	172.55	16.00	0.075	1.200	26.19		19.35	172.64	
	2	2.63	24.99	140.73	151.91	15.15	0.090	1.363	26.35		23.72	148.92	
	3	26.30	39.45	127.58	134.15	14.24	0.140	1.994	41.44		15.14	133.78	
	4	21.04	39.45	109.17	118.38	13.00	0.170	2.210	41.66		20.62	113.16	
	5	11.84	39.45	81.56	95.36	11.00	0.210	2.310	41.76		29.92	83.24	
	6	7.89	39.45	50.00	65.78	8.00	0.210	1.680	41.13		33.24	50.00	
												(死库容)	
合计		593.35	503.66					23.030	526.69	234.86	168.20		66.66

注　1. $\sum(2)-[\sum(3)-\sum(8)]=\sum(2)-\sum(9)=\sum(13)$，可用来校核所进行的计算。

2. $\sum(10)-\sum(11)=\sum(13)$，可用来校核计算。

3. 兴利库容 8 月蓄满，9 月可按天然流量运行，但有水量损失，故月用水量为 $63.11\times10^6 m^3$。

计算结果表明，简化法获值较大。一方面由于表 10.7 仅为一次近似计算，算值稍偏小；另一方面再简化计算中水量损失按年内均匀分配考虑，又使结果稍偏大，因为实际上冬季水量损失比夏季小些。

通过以上算例，可归纳出以下几点：

(1) 径流来水过程与用水过程差别愈大，则所需兴利库容愈大。

(2) 在一次充蓄条件下，累计整个供水期总不足水量和损失水量之和，即得兴利库容。任意改变供水期各月用水量，只要整个供水期总用水量不变，其不足水量是不会改变的，所求兴利库容也将保持不变，只是各月的库容水量有所变动而已。因此，为简化计算，可用供水期各月用水量的均值代替各月实际用水量，即假定整个供水期为均匀供水。称这种径流调节计算为等流量调节。

(3) 上述算例中，供水期总调节水量为 $(5\times24.99+4\times39.45)\times10^6=281.75\times10^6$ (m^3)，除以供水期秒数可得相应调节流量为 $11.9 m^3/s$。通常将设计枯水年供水期调节流量（多年调节时为设计枯水系列调节流量）与多年平均流量的比值称为调节系数 α，用以度量径流调节的程度。上述算例的 $\alpha=Q_调/\overline{Q}=11.9/35.0=0.34$。

2. 二次运用情况

二次运用情况分以下两种情况：

1) 如果余水量 V_3 同时小于缺水量 V_2 和 V_4 [图 10.6 (a)]，则水库供水期间的最大累积缺水量为其总缺水量 $V_2+V_4-V_3$，该值即为 $V_兴$ 值。

2）如果 V_3 不同时小于 V_2 和 V_4，则取 V_2 和 V_4 两个缺水量中的较大者作为 $V_兴$。如图 10.6（b）中，$V_4>V_3>V_2$，最大累积缺水量为 V_4（其值大于总缺水量 $V_2+V_4-V_3$），为保证该年供水不破坏，应取 $V_兴=V_4$。

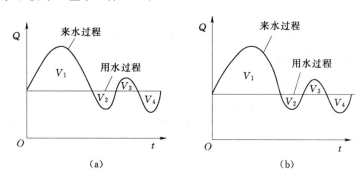

图 10.6　水库二次运用

（a）余水量 V_3 同时小于缺水量 V_2 和 V_4；（b）V_3 不同时小于 V_2 和 V_4

对更复杂的水库运用情况，用上述方法判断 $V_兴$ 比较困难，可用如下方法确定 $V_兴$：从年度末库容时刻起，逆时序逐时段累计缺水量值，即遇缺水加，遇余水减，出现负值时按零计，最后取累积缺水量的最大值作为 $V_兴$。

水库蓄泄过程的推求应按拟定的水库蓄泄水方式进行。灌溉水库规划设计时，常假定水库按如下简单方式进行操作：遇余水则蓄，蓄满 $V_兴$ 仍有余水则弃，遇缺水则供。因此，推求水库蓄泄过程时，以兴利库容作为水库蓄水的上限控制值，从调节年度初库容时刻开始，顺时序逐时段进行水量平衡计算，遇余水加，遇缺水减，直到年度末水库放空，由此求得各时段初（末）水库的蓄水量和各时段弃水量。计算中采用的时段水量平衡方程为

$$W_来-W_用-W_弃=V_末-V_初 \qquad (10.16)$$

式中：$V_初$、$V_末$ 为时段初、末水库蓄水量。

（1）不考虑水量损失的年调节计算。已知某水库某调节年度来水和用水过程如表 10.8，试用列表法进行年调节计算，确定该年所需兴利库容和水库的蓄泄过程。

本例以月为计算时段，计算过程如下：

1）计算各月余、缺水量：根据表 10.8 中第（2）、第（3）栏所列各月来、用水量，计算各月来用水量差。差值为正即为余水量，填入第（4）栏；差值为负即为缺水量，填入第（5）栏。

2）确定兴利库容：根据第（4）、第（5）的余、缺水量进行判断可知，本例属于水库二次运用的第一种情况，即 V_3 小于 V_2 和 V_4，故 $V_兴=V_2+V_4-V_3=2810+4750-2030=5530$（万 m^3）。

3）推求水库蓄水量变化过程和弃水过程：计算从 4 月初开始，此刻库空，水库蓄水量（不包括死库容的水量）为零。按遇余则蓄，蓄满则弃，余缺则供的操作方式，4 月的余水全部蓄于库中；5 月的余水除蓄满 $V_兴$ 外，尚余 2090 万 m^3，作为弃水；6 月初水库

已满，故 6 月的余水全部作为弃水；7 月、8 月缺水，水库按缺水量供水，蓄水量减少；9 月、10 月有余水回蓄；11 月到次年 3 月水库供水，蓄水量逐月减少，到 3 月底水库放空。

4) 计算完毕应进行校核，以防计算错误。校核方法是检查全年总水量是否平衡。按水量平衡原理应有 $\sum W_{来} - \sum W_{用} = \sum W_{余} - \sum W_{缺} = \sum W_{弃}$。本例中，经校核总水量平衡，说明计算无错。

(2) 考虑水量损失的年调节计算。上例计算中，没有考虑水库的水量损失，计算结果比较粗糙，这种处理一般只能用于水库初步规划阶段。在水库设计阶段，特别是对水量损失较大的水库，兴利调节计算中必须计入水量损失。

表 10.8　　　　　　　　　某水库年调节计算表（不计损失）　　　　　单位：万 m³

时间	来水量 $W_{来}$	用水量 $W_{用}$	$W_{来} - W_{用}$		水库蓄水量 V	弃水量 $W_{弃}$	说明
			余水（＋）	缺水（－）			
(1)	(2)	(3)	(4)	(5)	(6)	(7)	(8)
1969 年 4 月	6320	1550	4770		0		库空，蓄水，蓄满后弃水
1969 年 5 月	4400	1550	2850		4770	2090	
1969 年 6 月	2750	1240	1510		5530	1510	
1969 年 7 月	1410	2410			5530		供水
1969 年 8 月	870	2680			4530		
1969 年 9 月	3860	2100	1760		2720		蓄水
1969 年 10 月	2100	1830	270		4480		
1969 年 11 月	660	1830		1170	4750		供水库空
1969 年 12 月	480	1600		1120	3580		
1970 年 1 月	670	1600		930	2460		
1970 年 2 月	380	1600		1220	1530		
1970 年 3 月	1290	1600		310	310		
合计	25190	25190	11160	7560	0	3600	
校核			25190－21590＝11160－7560＝3600				

注　表中第 (6) 栏水库蓄水量中不包括死库容中的水量。

【例 10.1】　某水库某调节年度来、用水资料同上例题，月渗漏系数取 $k = 1\%$，各月蒸发损失深见表 10.9 第 (7) 栏。水库死库容 $V_{死} = 1200 \times 10^4 \text{m}^3$，要求考虑水量损失确定兴利库容。

解：计算过程如下：

1) 不计损失的列表计算：见上例题。将表 10.8 中第 (6) 栏各月末蓄水量加上死库容后移至表 10.9 计算损失量：(8)＝(6)×(7)×0.1，其中 0.1 为单位换算系数。(9)＝0.01×(5)，其中 0.01 为月渗漏系数 k。(10)＝(8)＋(9)。

2) 计入损失的列表计算：将损失量加到用水量之中得毛用水量，即 (11)＝(3)＋(10)。根据第（2）栏、第（11）栏计算余、缺水量，列于第（12）栏、第（13）栏。经判断，按水库二次运用的第一种情况确定计入损失的 $V_兴=6070\times10^4\mathrm{m}^3$。该值比不计损失的 $V_兴$（$5530\times10^4\mathrm{m}^3$）大 $540\times10^4\mathrm{m}^3$，这部分增加的库容值等于整个供水期7月至次年3月的总损失水量。

中小型水库规划设计中，有时采用如下简便的方法粗估水量损失和确定兴利库容：先不考虑损失求得 $V_兴$，并以 $\left(V_死+\dfrac{1}{2}V_兴\right)$ 作为供水期的水库平均蓄水量 $\overline{V}_供$，由 $\overline{V}_供$ 及相应的平均水面面积 $\overline{A}_供$ 计算供水期总损失量 $W_{损供}$，该值加上不计损失的 $V_兴$ 即为计入损失的兴利库容。

如上例中，不计损失的 $V_兴=5530\times10^4\mathrm{m}^3$，$V_死=1200\times10^4\mathrm{m}^3$，则

$$\overline{V}_供=1200\times10^4+\frac{1}{2}\times5530\times10^4=3965\times10^4（\mathrm{m}^3）。以\overline{V}_供查 Z\text{-}V 和 Z\text{-}A 曲线得$$

$\overline{A}_供=4.61\mathrm{km}^2$。供水期7月至次年3月的损失水量为

$$W_{蒸供}=(71+69+54+37+25+17+15+15+23)\times4.61\times1000=150\times10^4（\mathrm{m}^3）$$

$$W_{渗供}=0.01\times3965\times10^4\times9=357\times10^4（\mathrm{m}^3）$$

$$W_{损供}=W_{蒸损}+W_{渗供}=150\times10^4+357\times10^4=507\times10^4（\mathrm{m}^3）$$

因此，计入损失的兴利库容为

$$V'_兴=V_兴+W_{损供}=5530\times10^4+507\times10^4=6037\times10^4（\mathrm{m}^3）$$

10.5.2 根据兴利库容确定调节流量

具有一定调节库容的水库，能将天然枯水径流提高到什么程度，也是水库规划设计中经常碰到的问题。例如在多方案比较时常需推求各方案在供水期能获得的可用水量（调节流量 $Q_调$），进而分析每个方案的效益，为方案比较提供依据；对于选定方案则需进一步进行较为精确的计算，以便求出最终效益指标。

这时，由于调节流量为未知值，不能直接认定蓄水期和供水期。只能先假定若干调节流量方案，对每个方案采用上述方法求出各自需要的兴利库容，并一一对应地点绘成 $Q_调\text{-}V_兴$ 曲线查定所求的调节流量 $Q_调$（图10.7）。

对于年调节水库，也可直接用下式计算：

$$Q_调=(W_{设供}-W_{损供}+V_兴)/T_供 \tag{10.17}$$

式中：$W_{设供}$ 为设计枯水年供水期来水总量，m^3；$W_{损供}$ 为设计枯水年供水期水量损失，m^3；$T_供$ 为设计枯水年供水期历时，s。

应用式（10.17）时要注意以下两个问题。

（1）水库调节性能问题。首先应判明水库确属年调节，如前所述，一般库容系数（3%～5%）$<\beta<$（25%～30%）时为年调节水库，$\beta\geqslant$（30%～50%）为多年调节，这些经验数据可作为初步判定水库调节性能的参考。通常还以对设计枯水年按等流量进行完全

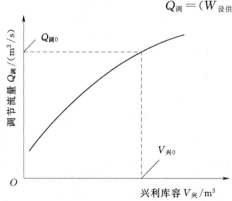

图10.7 调节流量与兴利库容关系曲线图

表 10.9

某水库年调节计算表（计入损失）

月份 (1)	来水量 $W_来$ /10^4m³ (2)	用水量 $W_用$ /10^4m³ (3)	蓄水量 V /10^4m³ (4)	平均蓄水量 $\bar V$ /10^4m³ (5)	平均水面面积 $\bar A$ /km² (6)	蒸发损失水深 $E_损$ /mm (7)	蒸发损失量 $W_蒸$ /10^4m³ (8)	渗漏损失量 $W_漏$ /10^4m³ (9)	总损失量 $W_损$ /10^4m³ (10)	毛用水量 $W_{毛用}$ /10^4m³ (11)	余水量 /10^4m³ (12)	缺水量 /10^4m³ (13)	蓄水量 V /10^4m³ (14)	弃水量 $W_弃$ /10^4m³ (15)
			(死库容) 1200										(死库容) 1200	
4	6320	1550	5970	3585	4.43	30	13	36	49	1599	4721		5921	1414
5	4400	1550	6730	6350	5.54	41	23	64	87	1637	2763		7270	1417
6	2750	1240	6730	6730	5.69	45	26	67	93	1333	1417		7270	
7	1410	2410	5730	6230	5.49	71	39	62	101	2511		1101	6169	
8	870	2680	3920	4825	4.93	69	34	48	82	2762		1892	4277	
9	3860	2100	5680	4800	4.92	54	27	48	75	2175	1685		5962	
10	2100	1830	5950	5815	5.33	37	20	58	78	1908	192		6154	
11	660	1830	4780	5365	5.15	25	13	54	67	1897		1237	4917	
12	480	1600	3660	4220	4.69	17	8	42	50	1650		1170	3747	
1	670	1600	2730	3195	4.28	15	6	32	38	1638		968	2779	
2	380	1600	1510	2120	3.85	15	6	21	27	1627		1247	1532	
3	1290	1600	1355	1355	3.54	23	8	14	22	1622		332		2731
合计	25190	21590					223	546	769	22359	10778	7947		2731
校核														

$\Sigma(2)-\Sigma(3)-\Sigma(10)-\Sigma(15)=25190-21590-769-2831=0$

年调节所需兴利库容 $V_完$ 为界限,当实际兴利库容大于 $V_完$ 时,水库可进行多年调节,否则为年调节。显然,令各月用水量均等于设计枯水年平均月水量,对设计枯水年进行时历列表计算,即能求出 $V_完$ 值。按其含义,$V_完$ 也可直接用下式计算:

$$V_完 = \overline{Q}_{设年} T_枯 - W_{设枯} \tag{10.18}$$

式中:$\overline{Q}_{设年}$ 为设计枯水年平均天然流量,m^3/s;$W_{设枯}$ 为设计枯水年枯水期来水总量,m^3;$T_枯$ 为设计枯水年枯水期历时,s。

(2)划定蓄、供水期的问题。应用式(10.17)计算供水期调节流量时,需正确划分蓄、供水期。前面已经提到,径流调节供水期指天然来水小于用水,需由水库放水补充的时期。水库在调节年度内一次充蓄、一次供水的情况下,供水期开始时刻应是天然流量开始小于调节流量之时,而终止时刻则应是天然流量开始大于调节流量时。可见,供水期长短是相对的,调节流量愈大,要求供水的时间愈长。但在此处,调节流量是未知值,故不能很快地定出供水期,通常需试算,先假定供水期,待求出调节流量后进行核对,如不正确则重新假定后再算。

10.5.3 根据既定兴利库容和水库操作方案推求水库运用过程

所谓推求水库运用过程,主要内容为确定库水位、下泄量和弃水等的时历过程,并进而计算、核定工程的工作保证率。在既定库容条件下,水库运用过程与水库操作方式有关,水库操作方式可分为定流量和定出力两种类型。

1. 定流量操作

这种水库操作方式的特点是设想各时段调节流量为已知值。当各时段调节流量相等时,称等流量操作。

水库对于灌溉、给水和航运等部门的供水,多根据需水过程按定流量操作。在初步计算时也可简化为等流量操作。这时,可分时段直接进行水量平衡,推求出水库运用过程。[表 10.5 第(9)栏、第(10)栏、第(11)栏,表 10.7 第(12)栏、第(13)栏以及图 10.5]。显然,对于既定兴利库容和操作方案来讲,入库径流不同,水库运用过程亦不同。以年调节水库为例,若供水期由正蓄水位开始推算,当遇特枯年份,库水位很快消落到死水位,后一段时间只能靠天然径流供水,用水部门的正常工作将遭破坏。而且,在该种年份的丰水期,兴利库容也可能蓄不满,则供水期缺水情况就更加严重。相反,在丰水年份,供水期库水位不必降到死水位便能保证兴利部门的正常用水,而在丰水期则水库可能提前蓄满并有弃水。显而易见,针对长水文系列进行径流调节计算,即可统计得出工程正常工作的保证程度。而对于设计代表期(日、年、系列)进行定流量操作计算,便得出具有相应特定含义的水库运用过程。

2. 定出力操作

为满足用电要求,水电站调节水量要与负荷变化相适应,这时,水库应按定出力操作。

定出力操作又有两种方式。第一种是供水期以 $V_兴$ 满蓄为起算点,蓄水期以 $V_兴$ 放空为起算点,分别顺时序算到各自的期末。其计算结果表明水电站按定出力运行水库在各种来水情况下的蓄、放水过程。类似于定流量操作,针对长水文系列进行定出力顺时序计算,可统计得出水电站正常工作的保证程度;第二种是供水期以期末 $V_兴$ 放空为起算点,

蓄水期以期末 $V_兴$ 满蓄为起算点，分别逆时序计算到各自的期初。其计算结果表明水电站按定出力运行且保证 $V_兴$ 在供水期末正好放空、蓄水期末正好蓄满，各种来水年份各时段水库必须具有的蓄水量。

由于水电站出力与流量和水头两个因素有关，而流量和水头彼此又有影响，定出力调节常采用逐次逼近的试算法。表 10.10 给出顺时序一个时段的试算数例。如上所述，计算总是从水库某一特定蓄水情况（蓄满或库空）开始，即第（11）栏起算数据为确定值。表中第（4）栏指电站按第（2）栏定出力运行时段水量平衡，求得水库蓄水量变化并定出时段平均库水位 $\overline{Z}_上$［第（16）栏］。根据假定的发电流量并计算时段内通过其他途径泄往下游的流量，查出同时段下游平均水位 $\overline{Z}_下$，填入第（17）栏。同时段上、下游平均水位差即为该时段水电站的平均水头 $\overline{H}$，填入第（18）栏。将第（4）栏的假设流量值和第（18）栏的水头值代入公式 $N'=AQ_电\overline{H}$（本算例出力系数 A 取值 8.0），求得出力值并填入第（19）栏。比较第（2）栏的 N 值和第（19）栏的 N' 值，若两者相等，表示假设的 $Q_电$ 无误，否则另行假定重算，直至 N' 和 N 相符为止。本算例第一次试算 $N'=16.0×10^3\text{kW}$，与要求出力 $N=15.0×10^3\text{kW}$ 不符，而第二次试算求得 $N'=15.09×10^3\text{kW}$，与要求值很接近。算完一个时段后继续下个时段的试算，直至期末。在计算过程中，上时段末水库蓄水量就是下个时段初的水库蓄水量。

根据列表计算结果，即可点绘出水库蓄水量或库水位［表 10.10 中第（12）栏或第（16）栏］过程线、兴利用水［表 10.10 中第（4）栏、第（5）栏］过程线和弃水流量［表 10.10 第（13）栏］过程线等。

表 10.10　　　　　　　　　　定出力操作水库调节计算（顺时序）

时间（月）		(1)	某月		
水电站月平均出力 $N/10^3\text{kW}$		(2)	15		
月平均天然流量 $\overline{Q}_天$/（m³/s）		(3)	30		
水电站引用流量 $Q_电$/（m³/s）		(4)	40	（假定）	37.5
其他部门用水流量/（m³/s）		(5)	0		0
水库水量损失 $\sum Q_损$/（m³/s）		(6)	0		0
入库存入或放出的流量 ΔQ /（m³/s）	多余流量	(7)			
	不足流量	(8)	10		75
入库存入或放出的水量 $\Delta\overline{W}$ /10^6m³	多余水量	(9)			
	不足水量	(10)	26.3		19.7
时段初水库蓄水量 $W_初/10^6$m³		(11)	126.0	126.0	106.3
时段末水库蓄水量 $W_末/10^6$m³		(12)	99.7	106.3	
弃水量 $W_弃/10^6$m³		(13)	0	0	
时段初上游水位 $Z_初$/m		(14)	201	201	199.4
时段末上游水位 $Z_末$/m		(15)	199	199.4	
上游平均水位 $\overline{Z}_上$/m		(16)	200	200.2	
下游平均水位 $\overline{Z}_下$/m		(17)	150.0	149.9	
平均水头 $\overline{H}$/m		(18)	50.0	50.3	
校核出力值 $N'/10^3\text{kW}$		(19)	16.0	15.09	

注　1. 已知正常蓄水位为 201.0m，相应的库容为 $126×10^6$m³。

　　2. 出力计算公式 $N=AQ_电\overline{H}=8Q_电\overline{H}$。

定出力逆时序计算仍可按表 10.10 格式进行。这时，由于起算点控制条件不同，供水期初库水位不一定是正常蓄水位，蓄水期初兴利库容也不一定正好放空。针对若干典型天然径流进行定出力逆时序操作，绘出水库蓄水量（或库水位）变化曲线组，它是制作水库调度图的重要依据之一。

10.6 兴利调节计算时历图解法

时历图解法（简称图解法）常用于年调节和多年调节水库的兴利调节计算中，此法解算速度快，特别是对于多方案比较的情况，优点更为明显。

10.6.1 水量累积曲线和水量差积曲线

图解法是利用水量累积曲线或水量差积曲线进行计算的。因此，在讨论图解法之前，先介绍此两条曲线的绘制及特性。

1. 水量累积曲线

图解法的计算原理与列表法相同，都是以水量平衡为原则，则通过天然来水量和兴利部门用水（可计入水量损失）之间的对比求得供需平衡。

来水或用水随时间变化的关系可用流量过程线表示，也可用水量累积曲线表示。这两种曲线均以时间为横坐标，如图 10.8 所示。在流量过程线上，纵坐标表示相应时刻的流量值，而水量累积曲线上纵坐标则表示从计算起始时刻 t_0（坐标原点）到相应时刻 t 之间的总水量，则水量累积曲线是流量过程线的积分曲线，而流量过程线则是水量累积曲线的一次导数线，表示两者关系的数学式为

$$W = \int_{t_0}^{t} Q \mathrm{d}t \tag{10.19}$$

$$Q = \mathrm{d}W/\mathrm{d}t \tag{10.20}$$

在绘制累积曲线时，为简化计算，可采用近似求积法，即将流量过程线历时分成若干时段 Δt，求各时段平均流量 $\overline{Q}$，并用它代替时段内变化的流量 [图 10.8 （b）]，则式（10.19）可改写为

$$W = \sum \Delta W = \sum_{t_0}^{t} \overline{Q} \Delta t \tag{10.21}$$

Δt 的长短可视天然流量变化情况、计算精度要求及调节周期长短而定，在长周期调节计算中，一般采用 1 个月、半个月或 10d。

显然，针对流量过程资料即能绘出水量累积曲线，计算步骤见表 10.11。计算时段取 1 个月（即 $\Delta t = 2.63 \times 10^6 \mathrm{s}$），表中第（5）栏就是从某年 7 月初起，逐月累计来水量增值 ΔW 而得出各月末的累积水量值。若以月份 [表中第（1）栏] 为横坐标，各月末相应的第（5）栏 $\sum \Delta W$ 值为纵坐标，便可绘出水量累积曲线 [图 10.8 （d）]。

为了便于计算和绘图，常以 [（m³/s）·月] 为水量的计算单位。其含义是 1m³/s 的流量历时 1 个月的水量，即

$$1[(\mathrm{m^3/s}) \cdot 月] = 1(\mathrm{m^3/s}) \times 2.63 \times 10^6(\mathrm{s}) = 2.63 \times 10^6(\mathrm{m^3})$$

表 10.11 中的第（4）栏和第（6）栏就是以 [（m³/s）·月] 为单位的各月水量增值 ΔW

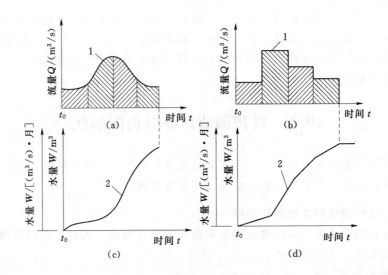

图 10.8　流量过程线和水量累计曲线图

(a) 实测流量过程线；(b) 近似求积法流量过程线；(c) 实测水量累积曲线；

(d) 近似求积法水量累积曲线

1—流量过程线；2—水量累积曲线

和水量累积值 W。按表中第（1）栏和第（6）栏对应数据点绘成的水量累积曲线，其纵坐标即以 $[(m^3/s) \cdot 月]$ 为单位。

表 10.11　　　　　　　　　　　水量累积曲线计算表

时间		月平均流量	水量增值 ΔW		水量累积值 $W = \sum \Delta W$	
年	月		$10^6 m^3$	$(m^3/s) \cdot 月$	$10^6 m^3$	$(m^3/s) \cdot 月$
(1)	(2)	(3)	(4)	(5)	(6)	(7)
					0(月初)	0(月初)
	7	Q_7	$Q_7 \times 2.63$	Q_7	$Q_7 \times 2.63$	Q_7
	8	Q_8	$Q_8 \times 2.63$	Q_8	$(Q_7+Q_8) \times 2.63$	Q_7+Q_8
某年	9	Q_9	$Q_9 \times 2.63$	Q_9	$(Q_7+Q_8+Q_9) \times 2.63$	$Q_7+Q_8+Q_9$
	10	Q_{10}	$Q_{10} \times 2.63$	Q_{10}	$(Q_7+Q_8+Q_9+Q_{10}) \times 2.63$	$Q_7+Q_8+Q_9+Q_{10}$
	⋮	⋮	⋮	⋮	⋮	⋮

归纳起来，水量累积曲线的主要特性是：

水量累积曲线的主要性质是：

（1）水量累积曲线是一条随时间不断上升的曲线。

（2）曲线上任意两点 A、B 的纵坐标差 ΔW_{AB} 表示 $t_A \sim t_B$ 期间（即 Δt_{AB}）的水量（见图 10.9）。

（3）连接曲线上任意两点 A、B 形成割线 AB，该割线的斜率正好表示 Δt_{AB} 时段内的平均流量。

（4）曲线上任意一点的切线斜率代表该时刻的瞬时流量（A 点）。

2. 水量差积曲线

由于水量累积曲线是一条随时间不断上升的曲线，当计算历时较长时，图形将在纵向有大幅度延伸，使绘制和使用均不方便，若改用很小的水量比尺，又会大大降低图解精度。同时，由于受到有效数字或值域的限制，水量累积曲线也不便于采用计算机实现，因此在工程设计中常用水量差积曲线（简称差积曲线）代替水量累积曲线。

将每个时段的流量值减去一任意常流量（用 Q_0 表示，通常取接近于平均流量的整数值）后求各时段差量 $Q(t) - Q_0$ 的累积值，以水量 W 即 $\sum\limits_{i=1}^{t}[Q(i) - Q_0]\Delta t$ 为纵坐标，以时间 t 为横坐标，绘制差积曲线，如图 10.10 所示。

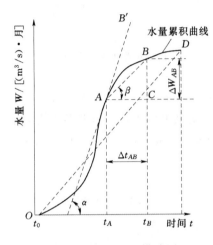

图 10.9 水量累积曲线图 　　　　　　　图 10.10 水量差积曲线图

水量差积曲线的主要性质如下：

（1）水量差积曲线有升有降，$Q(t) > Q_0$ 时，曲线上升；$Q(t) < Q_0$ 时，曲线下降。当 Q_0 等于或接近于绘图历时的平均流量时，曲线将围绕横轴上下摆动。

（2）差积曲线上任意两点纵坐标之差值等于这两点对应时段的水量与 Q_0 在同时段内水量之差。在图 10.10 中取 A、B 两点，则两点的纵坐标之差：

$$W_{AB} = W(t_B) - W(t_A) = \sum_{0}^{t_B}[Q(t) - Q_0]\Delta t - \sum_{0}^{t_A}[Q(t) - Q_0]\Delta t = \sum_{t_A}^{t_B}Q(t)\Delta t - \sum_{t_A}^{t_B}Q_0\Delta t$$

$$(10.22)$$

（3）差积曲线上任意两点 A、B 形成割线 AB 的斜率为该两点之间的平均流量与 Q_0 的差值。

（4）性质（2）和（3）在曲线平移时保持不变。

3. 计算步骤

（1）利用差积曲线求水库兴利库容的步骤。

1）分别作来水和用水（需水）的差积曲线，如图 10.11 所示。

2）平移用水差积曲线与来水差积曲线外切于 M 点，根据差积曲线的性质，该点左边来水差积曲线的斜率大于需水差积曲线的斜率，是余水期；而右边刚好相反，属亏水期，

M 点是蓄水期末，供水期初，为余水期与亏水期的分界点，如图 10.11 所示。

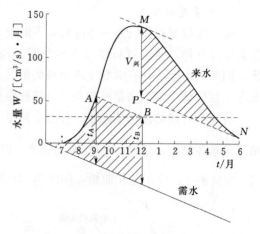

3）平移用水差积曲线与来水差积曲线在 M 点的右下方切于 N 点，根据差积曲线的性质，N 点是供水期末，蓄水期初，为亏水期和余水期的分界点。则这两条平行线的垂线截距即为兴利库容。图 10.11 中阴影部分为水库按照早蓄方案蓄水时的蓄水过程。

当常流量 Q_0 取为用水（可以是变动用水）时，差积曲线的形状如图 10.12 所示，此时用水差积曲线就为水平线。当水库为一次运用时，兴利库容就为年末谷点与年内峰点的纵标之差；当水库为两次运用时，先按

图 10.11　用差积曲线求兴利库容

照差积曲线求兴利库容的一般步骤，计算出库容 V_1，如果右下切点为年内所有谷点的最低点，则当年兴利库容 $V_兴 = V_1$；如果年内有比右下切点更低的谷点，则以此谷点为右下切点，回溯求左上切点，得出库容 V_2，则当年兴利库容 $V_兴 = \max\{V_1, V_2\}$。用差积曲线求兴利库容如图 10.12 所示。

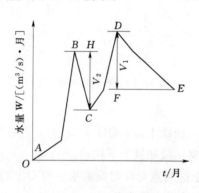

图 10.12　用差积曲线求兴利库容
（Q_0 取为用水时）

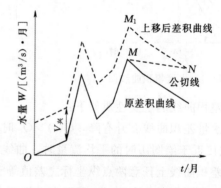

图 10.13　用差积曲线求调节流量

（2）由兴利库容求调节流量的计算步骤。

1）绘制来水差积曲线（Q_0 取接近于平均流量的整数值），如图 10.13 所示。

2）将来水差积曲线向上或向下平移兴利库容 $V_兴$ 相应的差，如图 10.13 所示。

3）作两条差积曲线的公切线（左边与下线相切，右边与上线相切），若有多条公切线，则选斜率最小的。图 10.13 的公切线为 MN，其斜率为 k_{MN}。

4）调节流量 $Q_调 = k_{MN} + Q_0$。

10.6.2　根据用水要求确定兴利库容的图解法

解决这类图解的途径是在来水水量差积曲线坐标系统中，绘制用水水量差积曲线，按水量平衡原理对来水和用水进行比较、计算。

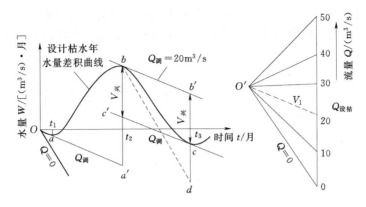

图 10.14　确定年调节水库兴利库容图解法（代表年法）

1. 确定年调节水库兴利库容的图解法（不计水量损失）

当采用代表年法时，首先根据设计保证率选定设计枯水年，然后针对设计枯水年进行图解，其步骤为：

（1）绘制设计枯水年水量差积曲线及流量比尺（图 10.14）。

（2）在流量比尺上定出已知调节流量的方向线（$Q_调$ 射线），绘出平行于 $Q_调$ 射线并与天然水量差积曲线相切的平行线组。

（3）供水期（bc 段）上、下切线间的纵距，按水量比尺量取，即等于所求的水库兴利库容 $V_兴$。

图 10.14 中给出的例子为：当 $Q_调=20m^3/s$ 时，年调节水库兴利库容 $V_兴=b'cm_w=bcm_w[(m^3/s) \cdot 月]$。它的正确性是不难证明的，作图方法本身确定了图 10.14 中 a 点（t_1 时刻）、b 点（t_2 时刻）和 c 点（t_3 时刻）处天然流量均等于调节流量 $Q_调$。而在 b 点前和 c 点后天然流量均大于调节流量，不需水库补充供水，b 点后和 c 点前的 $t_2 \sim t_3$ 期间，天然流量小于调节流量，为水库供水期。过 b 点作平行于零流量线（$Q=0$ 射线）的辅助线 bd，由差积曲线特性可知：纵距 cd 按水量比尺等于供水期天然来水量。同时，在坐标系统中，bb' 也是一条流量为 $Q_调$ 的水量差积曲线，即水库出流量差积曲线，则 $b'dm_w[(m^3/s) \cdot 月]$ 为供水期总需水量。水库兴利库容应等于供水期总需水量与同期天然来水量之差，即 $V_兴=(b'd-cd)m_w=b'cm_w=bc'm_w[(m^3/s) \cdot 月]$。

十分明显，上切线 bb' 和天然来水量差积曲线间的纵距表示各时段需由水库补充的水量，而切线 bb' 和 cc' 间纵距为兴利库容 $V_兴$，它减去水库供水量即为水库蓄水量（条件使供水期初兴利库容蓄满）。因此，天然水量差积曲线与下切线 cc' 之间的纵距表示供水期水库蓄水量变化过程。例如 t_2 时 $V_兴$ 蓄满，为供水期起始时刻，t_3 时 $V_兴$ 放空。

应该注意，图中 aa' 和 bb' 虽也是与 $Q_调$ 射线同斜率且切于天然水量差积曲线的两条平行线，但其间纵距 ba' 却不表示水库必备的兴利库容。这是因为 $t_1 \sim t_2$ 为水库蓄水期，故 ba' 表示多余水量而并非不足水量。因此采用调节流量平行切线法确定兴利库容时，首先应正确地定出供水期，要注意供水期内水库局部回蓄问题，不要把局部回蓄当做供水期结束；然后遵循由上切线（在供水期初）顺时序计量到相邻下切线（在供水期末）的规则。

以上系等流量调节情况。实际上，对于变动的用水流量也可按整个供水期需用流量的平均值进行等流量调节，这对确定兴利库容并无影响。但是，当要求确定枯水期水库蓄水量变化过程时，则变动的用水流量不能按等流量处理。这时，水库出流量差积曲线不再是一条直线。

当采用径流调节长系列时历法时，首先针对长系列实测径流资料，用与上述代表期法相同的步骤和方法进行图解，求出各年所需的兴利库容。再按由大到小顺序排列，计算、绘制兴利库容经验频率曲线。最后，根据设计保证率 $P_设$ 由兴利库容频率曲线查定所求的兴利库容 ［图 10.15（a）］。

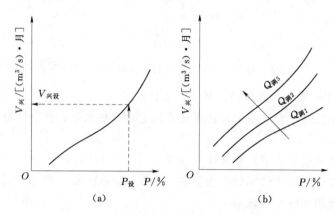

图 10.15　年调节水库兴利库容频率曲线图
(a) $Q_调$ 为常数；(b) $Q_调$ 为参数

显然，改变 $Q_调$ 将得出不同的 $V_兴$。针对每一个 $Q_调$ 方案进行长系列时历图解，将求得各自特定的兴利库容经验频率曲线，如图 10.15（b）所示。

2. 确定多年调节水库兴利库容的图解法（不计水量损失）

利用水量差积曲线求解多年调节兴利库容的图解法，比时历列表法更加简明，在具有长期实测径流资料（30～50 年以上）的条件下，是水库工程规划设计中常用的方法。

针对设计枯水系列进行多年调节的图解方法，与上述年调节代表期法相似，其步骤为：

（1）绘制设计枯水系列水量差积曲线及其流量比尺。

（2）按照公式 $T_破 = n - P_设(n+1)$ 计算在设计保证率条件下的允许破坏年数。图10.16 示例具有 30 年水文资料，即 $n = 30$，若 $P_设 = 94\%$，则 $T_破 = 30 - 0.94 \times 31 \approx 1$（年）。

（3）选出最严重的连续枯水年系列，并自此系列末期扣除 $T_破$，以划定设计枯水系列。如图 10.16 所示，由于 $T_破 = 1$ 年，在最严重枯水系列里找出允许被破坏的年份为1961—1962 年，则 1955—1961 年即为设计枯水系列。

（4）根据需要与可能，确定在正常工作遭破坏年份的最低用水流量 $Q_破$，$Q_破 < Q_调$。

（5）在最严重枯水系列末期（最后一年）作天然水量差积曲线的切线，使其斜率等于$Q_破$（图中 ss'）。差积曲线与切线 ss' 间纵距表示正常工作遭破坏年份水库蓄水量变化情况，如图 10.16 中竖阴影线表示，其中 $gs'm_w$[(m³/s)·月] 表示应在破坏年份前一年枯水期末预留的蓄水量（只有这样才能保证破坏年份内能按照 $Q_破$ 放水），从而得出特定的 s' 点位置。

（6）自点 s' 作斜率等于 $Q_调$ 的线段 $s's''$。同时在设计枯水系列起始时刻作差积曲线的切线 hh'，其斜率也等于 $Q_调$，切点为 h。$s's''$ 与 hh' 间的纵距便表示该多年调节水库应具备的兴利库容，即 $V_兴 = hs''m_w[(m^3/s)\cdot 月]$。

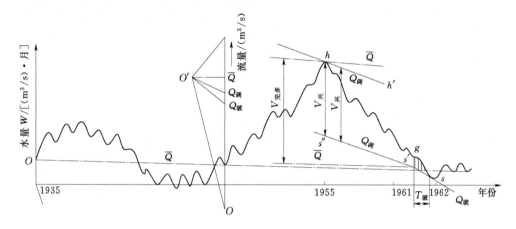

图 10.16 确定多年调节水库兴利库容调节图解法（代表年法）

（7）当长系列水文资料中有两个以上的严重枯水年系列而难于确定设计枯水系列时，则应按上述步骤分别对各枯水年系列进行图解，取所需兴利库容中的最大值，以策安全。

显然，多年调节的调节周期和兴利库容值均随调节流量的改变而改变。多年调节水库调节流量的变动范围为：大于设计枯水年进行等流量完全年调节时的调节流量（即 $\overline{Q}_{设枯}$），小于整个水文系列的平均流量 $\overline{Q}$。在图 10.16 中用点划线示出确定完全多年调节（按设计保证率）兴利库容 $V_{完多}$ 的图解方法。

也可对长系列水文资料，运用推调节流量平行切线的方法，求出各种年份和年组所需的兴利库容，而后对各兴利库容值进行频率计算，按设计保证率确定必需的兴利库容。在图 10.17 中仅取 10 年为例，说明确定多年调节兴利库容的长系列径流调节时历图解方法。首先绘出与天然水量差积曲线相切，斜率等于调节流量 $Q_调$ 的许多平行切线。画该平行切线组的规则是：凡天然水量差积曲线各年低谷处的切线都绘出来，而各年峰部的切线，只有不与前一年差积曲线相交的才有效，若相交则不必绘出（图 10.17 中第 3 年、第 4 年、第 5 年及第 10 年）。然后将每年天然来水量与调节水量比较。不难看出，在第 1 年、第 2 年、第 6 年、第 7 年、第 8 年、第 9 年等 6 个年度里，当年水量即能满足兴利要求，确定兴利库容的图解法与年调节时相同。如图 10.17 所示，由上、下 $Q_调$ 切线间纵距定出各年所需兴利库容为 V_1、V_2、V_6、V_7、V_8 及 V_9。对于年平均流量小于 $Q_调$ 的枯水年份，如第 3 年、第 4 年、第 5 年、第 10 年等，各年丰水期水库蓄水量均较少（如图 10.17 中阴影线所示），必须连同它前面的丰水年份进行跨年度调节，才有可能满足兴利要求。例如第 10 年连同前面来水较丰的第 9 年，两年总来水量超过两倍要求的用水量，即 $\overline{Q}_{10} + \overline{Q}_9 > 2Q_调$。这一点可由图中第 10 年末 $Q_调$ 切线延长线与差积曲线交点 a 落在第 9 年丰水期来说明。于是，可把该两年看成一个调节周期，仍用绘制调节流量平行切线法，求得该调节周期的必需兴利库容 V_{10}。再看第 3 年，也是来水不足，且与前一年组合在一块的来水总量仍小于两倍需水量，必须再与更前 1 年组合。第 1 年、第 2 年和第 3 年 3 年总来水量已超过 3 倍调节水量，即 $\overline{Q}_1 + \overline{Q}_2 + \overline{Q}_3 > 3Q_{调}$。对这样 3 年为 1 个周期的调节，也可用平行切线法求出必需的兴利库容 V_3 来。同理，对于第 4 年和第 5 年，则分别应由 4 年和 5 年组成调节周期进行调节，这样才能满足用水要求，由图解确定其兴利库容分别为 V_4 和 V_5。由图 10.17（a）可见，在该 10 年水文系列中，从第 2 年至第 5 年连续出现 4 个枯水年，它们成为枯水年系列。显然，枯水年系列在多年调节计算中起着重要的作用。

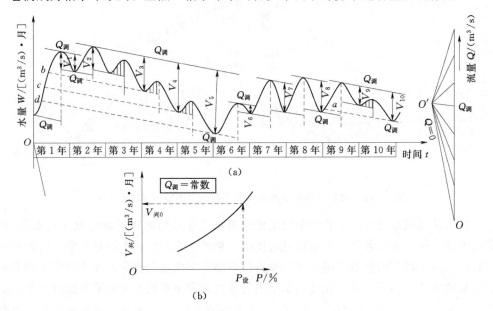

图 10.17　确定多年调节水库兴利库容的图解法（长系列法）

（a）多年调节兴利库容；（b）多年调节兴利库容频率曲线

在求出各种年份和年组所需的兴利库容 V_1、V_2、V_3、…、V_{10} 之后，按由小到大顺序排列，计算各兴利库容值的频率，并绘制兴利库容频率曲线，根据 $P_{设}$ 便可在该曲线上查定所需多年调节水库的兴利库容 $V_兴$ ［图 10.17（b）］。

3. 计入水库水量损失确定兴利库容的图解法

图解法对水库水量损失的考虑，与时历列表法的思路和方法基本相同。常将计算期（年调节指供水期；多年调节指枯水系列）分为若干时段，由不计损失时的蓄水情况初定各时段的水量损失值。以供水终止时刻放空兴利库容为控制，逆时序操作并逐步逼近地求出较精确的解答。

为简化计算，常采用计入水量损失的近似方法。即根据不计水量损失求得的兴利库容定出水库在计算期的平均蓄水量和平均水面面积，从而求出计算期总水量损失并折算成损失流量。用既定的调节流量加上损失流量得出毛调节流量，再根据毛调节流量在天然水量差积曲线上进行图解，便可求出计入水库水量损失后的兴利库容近似解。

10.6.3　根据兴利库容确定调节流量的图解法

如同前述，采用时历列表法解决这类问题需进行试算，而图解法可直接给出答案。

1. 确定年调节水库调节流量的图解法

当采用代表期法时，针对设计枯水年进行图解的步骤为：

（1）在设计枯水年水量差积曲线下方绘制与之平行的满库线，两者间纵距等于已知的兴利库容 $V_兴$（图 10.18）。

（2）绘制枯水期天然水量差积曲线和满库线的公切线 ab。

（3）根据公切线的方向，在流量比尺上定出相应的流量值，它就是已知兴利库容所能获得的符合设计保证率要求的调节流量。切点 a 和 b 分别定出按等流量调节时水库供水期的起讫日期。

（4）当计入水库水量损失时，先求平均损失流量，从上面求出的调节流量中扣除损失流量，即得净调节流量（有一定近似性）。

在设计保证率一定时，调节流量值将随兴利库容的增减而增减；当改变 $P_设$ 时，只需分别对各个 $P_设$ 相应的设计枯水年，用同样的方法进行图解，便可绘出一组以 $P_设$ 为参数的兴利库容与调节流量的关系曲线（图 10.19）。

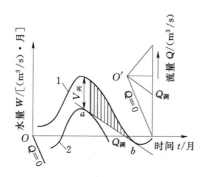
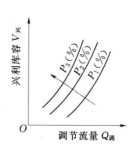

图 10.18　确定调节流量的图解法
（代表年法）
1—设计枯水年水量差积曲线；
2—满库线

图 10.19　$P_设$ 为参数的 $V_兴$-
$Q_调$ 曲线组

可按上述步骤对长径流系列进行图解（即长系列法），求出各种来水年份的调节流量（$V_兴$＝常数）。将这些调节流量值按大小顺序排列，进行频率计算并绘制调节流量频率曲线。根据规定的 $P_设$，便可在该频率曲线上查定所求的调节流量值，如图 10.20（a）所示。对若干兴利库容方案，用相同方法进行图解，就能绘出一组调节流量频率曲线，如图 10.20（b）所示。

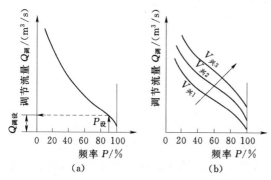

图 10.20　年调节水库调节流量频率曲线图
（a）$V_兴$ 为常数；（b）$V_兴$ 为参数

2. 确定多年调节水库调节流量的图解法

图 10.21 中给出从长水文系列中选出的最枯枯水年组。若使枯水年组中各年均正常工作，则将由天然水量差积曲

227

线和满库线的公切线 ss'' 方向确定调节流量 $Q'_{调}$。实际上，根据水文系列的年限和设计保证率，可算出正常工作允许破坏年数，据此在图中确定 s' 点位置。自 s' 点作满库线的切线 $s's''$，可按其方向在流量比尺上定出调节流量 $Q_{调}$。

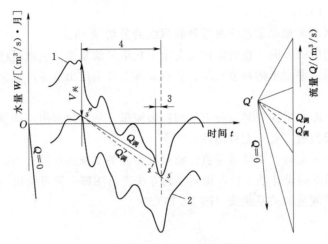

图 10.21　确定多年调节水库调节流量的图解法（代表期法）

1—天然水量差积曲线；2—满库线；3—允许破坏的时间；4—最枯枯水年组

这类图解也可对长系列水文资料进行计算，如图 10.21 所示。表示用水情况的调节水量差积曲线，基本上由天然水量差积曲线和满库线的公切线组成。但应注意，该调节水量差积曲线不应超越天然水量差积曲线和满库线的范围。例如图 10.21 中 T 时期内就不能再拘泥于公切线的做法，而应改为两种不同调节流量的用水方式（即 $Q_{调7}$ 和 $Q_{调8}$）。

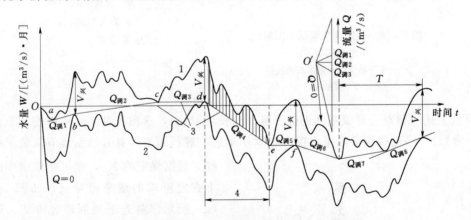

图 10.22　确定多年调节水库调节流量的图解法（长系列法）

1—天然水量差积曲线；2—满库线；3—调节方案；4—最枯枯水年组

以上这种作图方法所得调节方案，就好似一根细线绷紧在天然水量差积曲线与满库线之间的各控制点上（要尽量使调节流量均衡些），所以又被形象地称为"绷线法"。

根据图解结果便可绘制调节流量的频率曲线，然后按 $P_{设}$ 即可查定相应的调节流量 [图 10.20 (a)]。

综合上述讨论，可将 $V_{兴}$、$Q_{调}$ 和 $P_{设}$ 三者的关系归纳为以下几点：

（1）$V_兴$ 一定时，$P_设$ 越高，可能获得的供水期 $Q_调$ 越小，反之则大（图 10.20）。

（2）$Q_调$ 一定时，要求的 $P_设$ 越高，所需的 $V_兴$ 也越大，反之则小［图 10.15 和图 10.17（b）］。

（3）$P_设$ 一定时，$V_兴$ 越大，供水期 $Q_调$ 也越大（图 10.19）。

显然，若将图 10.15、图 10.19 和图 10.20 上的关系曲线绘在一起，则构成 $V_兴$、$Q_调$ 和 $P_设$ 三者的综合关系图。这种图在规划设计阶段，特别是对多方案的分析比较，应用起来很方便。

10.6.4 根据水库兴利库容和操作方案，推求水库运用过程

利用水库调节径流时，在丰水期或丰水系列应尽可能地加大用水量，使弃水减至最少。对于灌溉用水，由于丰水期雨量较充沛，需用水量有限。而对于水力发电来讲，充分利用丰水期多余水量增加季节性电能，是十分重要的。因此，在保证蓄水期末蓄满兴利库容的前提下，在水电站最大过水能力（用 Q_T 表示）的限度内，丰水期径流调节的一般准则是充分利用天然来水量。在枯水期，借助于兴利库容的蓄水量，合理操作水库，以便有效地提高枯水径流，满足各兴利部门的要求。

下面以年调节水电站为例，介绍确定水库运用过程的图解方法。

1. 等流量调节时的水库运用过程

为了便于确定水库蓄水过程，特别是具体确定兴利库容蓄满的时刻，先在天然水量差积曲线下绘制满库线。若水库在供水期按等流量操作，则作天然水量差积曲线和满库线的公切线［图 10.23（a_1）上的 cc' 线］，它的斜率即表示供水期水库可能提供的调节流量 $Q_{调1}$。在丰水期，则作天然水量差积曲线的切线 aa' 和 $a''m$，使它们的斜率在流量比尺上对应于水电站的最大过流能力 Q_T。切线 aa' 与满库线交于 a' 点（t_2 时刻），说明水库到 t_2 时刻恰好蓄满。$a''m$ 线与天然水量差积曲线切于 m 点（t_3 时刻）。显然，t_3 时刻即天然来水流量 $Q_天$ 大于和小于 Q_T 的分界点，这就定出了丰水期的放水情况。总起来讲是：在 $t_1 \sim t_2$ 期间，放水流量为 Q_T，因为 $Q_天 > Q_T$，故水库不断蓄水，到 t_2 时刻将 $V_兴$ 蓄满；$t_2 \sim t_3$ 期间，$Q_天$ 仍大于 Q_T，天然流量中大于 Q_T 的那一部分流量被弃往下游，总弃水量等于 $qpm_w[(m^3/s) \cdot 月]$；$t_3 \sim t_4$ 期间，$Q_天 < Q_T$，但仍大于 $Q_{调1}$，水电站按天然来水流量运行，$V_兴$ 保持蓄满，以利提高枯水流量。而 $t_4 \sim t_5$ 期间，水库供水，水电站用水流量等于 $Q_{调1}$，至 t_5 时刻，水库水位降到死水位。

综上所述，$aa'qc'c$ 就是该年内水库放水水量差积曲线。任何时刻兴利库容内的蓄水量将由天然水量差积曲线与放水水量差积曲线间的纵距表示。根据各时段库内蓄水量，可绘出库内蓄水量变化过程。借助于水库容积特性，可将不同时刻的水库蓄水量换算成相应的库水位，从而绘成库水位变化过程线［图 10.23（c_1）］。在图 10.23（b_1）中，根据水库操作方案，给出水库蓄水、供水、不蓄不供及弃水等情况。整个图 10.23 清晰地表示出水库全年运用过程。

显然，天然来水不同，则水库运用过程也不相同。实际工作中常选择若干代表年份进行计算，以期较全面地反映实际情况。图 10.23（a_2）中所示年份的特点是来水较均匀，丰水期以 Q_T 运行，$V_兴$ 可保证蓄满而并无弃水，供水期具有较大的 $Q_{调2}$。图 10.23（a_3）

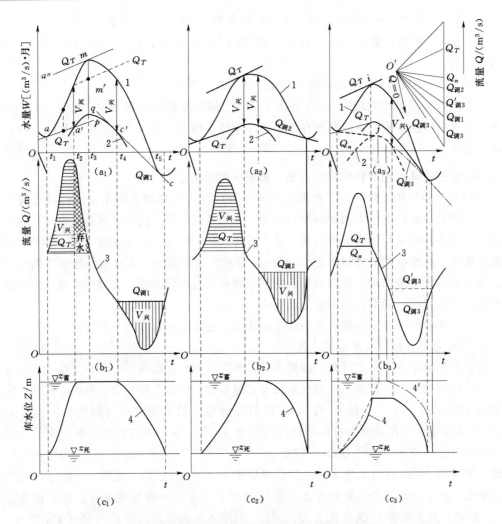

图 10.23　年调节水库运用过程图解（等流量调节）

1—天然水量差积曲线；2—满库线；3—天然流量过程线；4—库水位变化过程线

所示年份为枯水年，丰水期若仍以 Q_T 发电，则 $V_兴$ 不能蓄满，其最大蓄水量为 ijm_w [$(m^3/s)\cdot 月$]，枯水期可用水量较少，调节流量仅为 $Q_{调3}$。为了在这年内能蓄满 $V_兴$ 以提高供水期调节流量，则在丰水期应降低用水，其用水流量值 Q_n 由天然水量差积曲线与满库线的公切线方向确定［在图 10.23 （a_3）中，以虚线表示］，显然 $Q_n<Q_T$。由于 $V_兴$ 蓄满，使供水期能获得较大的调节流量 $Q'_{调3}$（即 $Q'_{调3}>Q_{调3}$）。

通常用水量利用系数 $K_{利用}$ 表示天然径流的利用程度，即

$$K_{利用}=\frac{利用水量}{全年总水量}=\frac{全年总水量-弃水量}{全年总水量}\times 100\% \tag{10.23}$$

对于无弃水年份，$K_{利用}=100\%$。对于综合利用水库，放水时间应同时考虑若干兴利部门的要求，大多属于变流量调节。如图 10.25 所示，为满足下游航运要求，通航期间（$t_1\sim t_2$）水库放水流量不能小于 $Q_航$。这时，供水期水库的操作方式就由前述按公切线斜率作等流量调节改变为折线 $c'c''c$ 放水方案。其中 $c'c''$ 线段斜率代表 $Q_航$ 并与满库线相切与

c'，而全年的放水水量差积曲线为 $aa'qc'c''c$。这样，就满足了整个通航期的要求。当然，实际综合利用水库的操作方式可能远比图 10.24 中给出的例子复杂，但图解的方法并无原则区别。

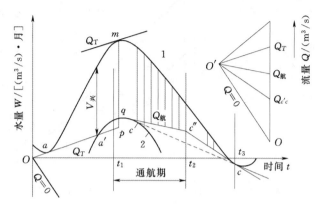

图 10.24　变流量调节图
1—设计枯水年水量差积曲线；2—满库线

2. 定出力调节时的水库运用过程

采用时历列表试算的方法，不难求出定出力条件下的水库运用过程（表 10.10），而利用水量差积曲线进行这类课题的试算也是很方便的。在图 10.24 中给出定出力逆时序试算图解的例子。若需进行顺时序计算，方法基本相同，但要改变起算点，即供水期以开始供水时刻为起算时间，该时刻水库兴利库容为满蓄；而蓄水期则以水库开始蓄水的时刻为起算时间，该时刻兴利库容放空。

在图 10.25 的逆时序作图试算中，先假设供水期最末月份（图中为 5 月）的调节流量 Q_5，并按其相应斜率作天然水量差积曲线的切线（切点为 S_0）。该月里水库平均蓄水量 $\overline{W}_5$ 即可由图查定，从而根据水库容积特性得出上游月平均水位，并求得水电站月平均水头 $\overline{H}_5$。再按公式 $\overline{N}=AQ_5\overline{H}_5$（kW）计算该月平均出力。如果算出的 $\overline{N}$ 值与已知的 5 月固定出力值相等，则表示假设的 Q_5 无误，否则，另行假设调节流量值再算，直到符合为止。5 月调节流量经试算确定后，则 4 月底（即 5 月初）水库蓄水量便可在图中固定下来，也就是说放水量差积曲线 4 月底的位置可以确定（图中 S_1 点）。依次类推，即能求出整个供水期的放水量差积曲线，如图中折线 $S_0S_1S_2S_3S_4S_5S_6S_7$。

蓄水期的定出力逆时序调节计算时以蓄水期末兴利库容蓄满为前提的。如图 10.25 所示，由蓄水期末（即 10 月底）的 a_0 点开始，采用与供水期相同的作图试算方法，即可依次确定 a_1、a_2、a_3、a_4、a_5 诸点，从而绘出蓄水期放水量差积曲线，如图中折线 $a_0a_1a_2a_3a_4a_5$。显然，图中天然水量差积曲线与全年放水量差积曲线间的纵距，表示水库中蓄水量的变化过程，据此可作出库水位变化过程线 [图 10.25 (b)]。

关于时历法的特点和适用情况，可归纳为以下几点：

（1）概念直观，方法简便。

（2）计算结果直接提供水库各种调节要素（如供水量、蓄水量、库水位、弃水量、损失水量等）的全部过程。

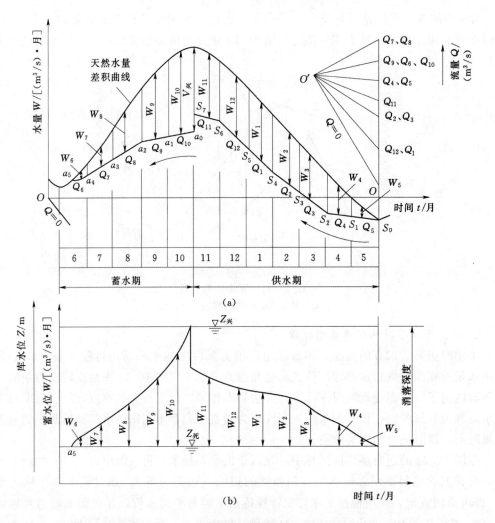

图 10.25　定出力调节图解示意图（逆势序试算）

(a) 水量变化过程线；(b) 库水位

（3）要求具备较长和有一定代表性的径流系列及其他如水库特性资料。

（4）列表法和图解法又都可分为长系列法和代表期法，其中长系列法适用于对计算精度要求较高的情况。

（5）适用于用水量随来水情况、水库工作特性及用户要求而变化的调节计算，特别是水能计算、水库灌溉调节计算以及综合利用水库调节计算，对于这类复杂情况的计算，采用时历列表法尤为方便。

（6）对固定供水方式和多方案比较时的兴利调节，多采用图解法。

第 11 章　水库防洪计算与调度

学习目标和要点： 在河流上修建水库，通过兴利调节计算，可以把枯水年或枯水年组的径流重新分配，以满足各用水部门的需水要求。了解天然河流水资源存在着利弊两重性，设计或运用水库时，既要考虑兴利问题，又应注意防洪问题。明白水库防洪任务一是修建泄洪建筑物，保护水库不受到洪水溢顶造成大坝失事；二是设置防洪库容，蓄纳洪水或阻滞洪水，减轻下游地区的洪水威胁，以保证下游防护区的安全。学习本章重点掌握水库防洪计算一般是在兴利计算的基础上，合理地定出泄洪设备参数和选择有关防洪参数，诸如防洪库容、设计洪水位、校核洪水位以及坝高等。

11.1　水库的调洪作用及防洪措施

11.1.1　防洪设计标准

水工建筑物的设计标准取决于建筑物的等级，并分为正常运用和非常运用两种情况。防洪设计标准拟定后，就可据此选定相应的设计洪水，以作为调洪计算的依据。

在制定防洪设计标准时，若水库承担下游防洪任务，除了要考虑保证水工建筑物自身安全的防洪标准外，还要考虑下游防护对象，例如被保护的城镇、工矿区或农田等的防洪标准。当这种标准的洪水发生时，通过下游河道的最大泄量，不超过河道的允许泄量或控制水位。防护对象的防洪标准，应按防护对象的重要性，历史洪水灾害情况、工程的防洪能力以及政治经济影响等因素，经过分析论证后拟定。根据《水利动能设计规范》和《水利水电枢纽工程等级划分及设计标准》，水库本身设计标准见表 11.1。下游防护对象的防洪标准见表 11.2。

表 11.1　　　　　　　　　　　　**水 库 本 身 设 计 标 准**

库容/亿 m³	10 以上	10～1	1～0.1	0.1～0.001
规模	大（1）型	大（2）型	中型	小型
设计重现期/年	2000～500	500～100	100～50	50～20
校核重现期/年	10000～5000	5000～1000	1000～500	500～200

表 11.2　　　　　　　　　　　　**下游防护对象的防洪标准**

防　护　对　象			防　洪　标　准	
城镇	工矿区	农田面积/万亩	重现期/年	频率/%
特别重要城市	特别重要工矿区	>500	>100	<1
重要城市	重要工矿区	100～500	50～100	2～1
中等城市	中等工矿区	30～100	20～50	5～2
一般城市	一般工矿区	<30	10～20	10～5

一般水工建筑物防洪标准要高于防护对象的防洪标准，因为一旦大坝失事，造成水体突然泄放，其后果甚为严重；有时当防洪对象的防洪任务非常重要时，两者也可能相等。

11.1.2　洪水的特点及防洪措施

1. 洪水的特点

洪水一般是指河、湖、海所含水体上涨，超过常规水位的水流现象。

天然河道中，某些年份由于水文气象的不利影响，使汛期（或其他季节）河中流量超过河槽的宣泄能力而泛滥两岸，即形成所谓的洪灾。洪水有以下几个特性：

（1）形状、大小、持续时间的多变性。

（2）是一种不稳定流运动。

（3）可以是单峰或多峰、有固定出现日期或无固定出现日期。

2. 防洪措施

国内外已逐渐采取的工程措施和非工程措施相结合抵御洪水的办法比较有效。

这些措施，有些是面上的，例如水土保持、植树造林、坡地改梯田、修建谷坊塘堰等，从径流和泥沙的策源地予以控制，减少坡面冲刷和进入河槽的泥沙量，既利于防洪，又利于农业增产；有些是线上的，例如沿河修堤、疏浚河道、裁弯取直，以加大江河的泄洪能力；还有些是点上的，例如在河流的某些控制点上修建水库、开辟分洪蓄洪垦殖区或利用湖泊滞洪等。

作为总体的防洪规划，应在全面分析流域情况的基础上，以某种防洪措施为主，点、线、面结合，全面规划，综合治理。一般而言，三类措施中，修建骨干水库枢纽工程，既兴利又除害、既蓄水又防洪，运用灵活，容易见效，所以常是防洪中考虑的重要措施。

11.1.3　水库的调洪作用

设计水库时，为使水工建筑物和下游防护地区能抵御规定的洪水，要求水库有防洪设施，即设置一定的防洪库容和泄洪建筑物，使洪水经过调节后，安全通过大坝，还要求下泄流量不超过防护河段的允许泄量，以保证下游防护对象的安全。河道的允许泄量是指防护河段允许通过而不发生泛滥的最大流量。

泄洪建筑物的类型有溢洪道、溢流堰、泄水孔和泄水隧洞等主要形式。溢洪道又分为无闸溢洪道和有闸溢洪道。不同型式的泄洪建筑物，调节入库洪水之后，下泄的流量过程线是不相同的，说明它们的调洪作用也不相同。

无闸溢洪道常称作开敞式溢洪道，当库水位超过溢洪道的堰顶高程时，即自行泄流。假设某次洪水来临时，库水位正好与堰顶齐平，此时，水库即开始溢洪如图 11.1 中的 A 点所示。在溢洪初期，溢洪道堰顶水头较小，其下泄流量小于同一时刻的入库流量，因此入库水量部分滞存堰顶之上的水库容积中，余水不断地蓄于水库中。随着水库蓄水量增加，水位相应升高，下泄流量也随着增大，甚至溢洪道的泄流能力与同一时刻的入库流量相等，如图 11.1 中的 B 点所示，水库出现最大的蓄水量及相应的最大下泄流量 q_m。B 点以后，入库流量小于同一时刻的下泄流量，于是水库水位和下泄流量也随之逐渐减小，直至水位消落至堰顶高程为止。图 11.1 中泄流过程线与入库洪水过程线间阴影部分的面积相当于水库的防洪库容。由于水库只能延滞和调节洪水，不能控制洪水和与兴利库容结合，故防洪库容用 $V_调$ 表示。

有闸溢洪道的调洪，由于闸门操作方式不同，增加了调洪演算的复杂性。这里介绍一种一般的情况，借此说明有闸溢洪道的调洪作用。

设有闸门溢洪道的闸门顶高程一般和正常蓄水位齐平，而溢洪道的堰顶高程低于汛前水位。假定下游防洪标准的入库洪水来临时，由于溢流堰顶已具有一定的水头，这时如启闸泄洪其泄流能力可能超过初期的入库流量。为了保证兴利的要求，不允许泄出汛前水位以下的蓄水量。因此在 t_0 ［图11.2（b）］以前应人为地控制闸门的开度，使下泄流量等于入库流量，如图11.2（b）的 ab 段所示。到 t_0 以后，入库流量开始大于闸门全部开启的泄流能力，这时为使水库有效地泄洪，应将闸门完全打开，水库逐渐蓄水，泄量也随之增大，

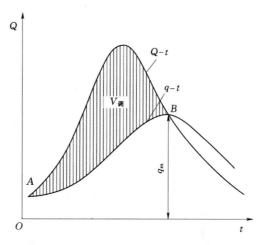

图 11.1 无闸溢洪道泄流过程示意图

如图中的 bc 段所示。到 t_1 时刻，水库下泄能力开始大过下游河道的允许泄量 $q_允$，不能继续敞开泄流，这时应徐徐关小闸门，按 $q=q_允$ 下泄，以保证下游防护对象的安全。图中阴影面积就是水库为保证下游防洪安全所必须设置的防洪库容 $V_防$，与之相应的库水位称作防洪高水位，以 $Z_防$ 表示 ［图11.2（a）］。为明确起见，当入库洪水为大坝设计标准洪水时，水库达到的最高水位为设计洪水位，相应的防洪库容用 $V_设$ 表示。

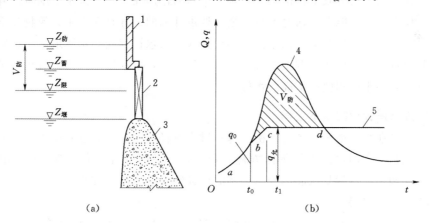

图 11.2 有闸溢洪道泄流过程示意图
（a）闸前水位；（b）入库出库流量过程线
1—胸墙；2—闸门；3—溢洪道；4—入库流量过程线 $Q-t$
（相当于下游防洪标准的）；5—出库流量过程线 $q-t$

深水式泄洪洞设于一定水深处，其水流状态属于有压出流。在开始泄洪时，泄洪洞已有较大的作用水头，此时闸门全开时的泄洪能力为 q_0，由 $t_0 \sim t_1$ 时刻，必须控制闸门使其

下泄流量恰等于入库流量，如图 11.3 中 OA 时段所示。至 t_1 以后，入库流量开始超过底孔闸门全部打开时的泄流能力，这时应将闸门全开，随着水库蓄量的增加，下泄流量亦逐渐增大，泄量至 B 点时，达到最大值 q_m。

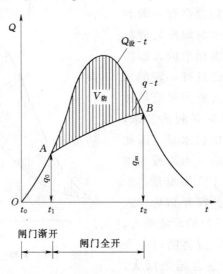

图 11.3 泄洪洞泄洪过程示意图

11.2 水库调洪计算的原理和方法

水库是控制洪水的有效工程措施，其调节洪水的作用在于拦蓄洪水，削减洪峰，延长泄洪时间，使下泄流量能安全通过下游河道。调洪计算的任务是在水工建筑物或下游防护对象的防洪标准一定的情况下，根据已知的设计入库洪水过程线、水库地形特性资料、拟定的泄洪建筑物型式的尺寸、调洪方式，通过调洪计算，推求出水库出流过程、最大下泄流量、防洪库容和水库相应的最高洪水位。

11.2.1 水库调洪计算的基本方程

水库调洪是在水量平衡和动力平衡（即圣维南方程组的连续方程和运动方程）的支配下进行的。水量平衡用水库水量平衡方程表示，动力平衡可由水库蓄泄方程（或蓄泄曲线）来表示。调洪计算就是从起调开始，逐时段连续求解这两个方程。

1. 水库水量平衡方程

在某一时段内，入库水量减去出库水量，应等于该时段内水库增加或减少的蓄水量。水量平衡方程为

$$\frac{Q_1+Q_2}{2}\Delta t-\frac{q_1+q_2}{2}\Delta t=V_2-V_1 \tag{11.1}$$

式中：Q_1、Q_2 为时段 Δt 始、末的入库流量，m^3/s；q_1、q_2 为时段 Δt 始、末的出库流量，m^3/s；V_1、V_2 为时段 Δt 始、末的水库蓄水量，m^3；Δt 为计算时段，s，其长短的选择，应以能较准确地反映洪水过程线的形状为原则。陡涨陡落的，Δt 取短些；反之，取长些。

2. 水库蓄泄方程或水库蓄泄曲线

水库通过溢洪道泄洪，其泄流量大小，在溢洪道型式、尺寸一定的情况下，取决于堰顶水头 H，即 $q = f(H)$。对于无闸或闸门全开的表面式溢洪道，下泄流量可按堰流公式计算；深水式泄洪孔的下泄流量可按有压管流公式计算。当水库内水面坡降较小，可视为静水面时，其泄流水头 H 只是库中蓄水量 V 的函数，即 $H = f(V)$，故下泄流量 q 成为蓄水量 V 的函数，即

$$q = f(H) \tag{11.2}$$

或

$$q = f(V) \tag{11.3}$$

式（11.3）是假设库水面为水平时的水库泄流方程或称 $q = f(V)$ 曲线。该曲线由静库容曲线和泄流计算公式综合而成。

对于狭长的河川式水库，在通过洪水流量时，由于回水的影响，水面常呈现明显的坡降。在这种情况下，按静库容曲线进行调洪计算常带来较大的误差，因此为了满足成果精度的要求，必须采用动库容进行调洪计算。

11.2.2 考虑静库容的调洪计算方法

按静库容曲线进行调洪计算时，系假设水库水面为水平，采用下泄流量与蓄水量的关系 $q = f(V)$ 求解。常用的方法有列表试算法和图解分析法。对于小型水利工程或工程初步设计方案比较阶段，可采用简化计算方法，例如简化三角形法。

1. 列表试算法

此法用列表试算来联立求解水量平衡方程和动力方程，以求得水库的下泄流量过程线，其计算步骤如下：

1）根据库区地形资料，绘制水库水位容积关系曲线 $Z - V$，并根据既定的泄洪建筑物的型式和尺寸，由相应的水力学出流计算公式求得 $q - V$ 曲线。

2）从第一时段开始调洪，由起调水位（即汛前水位）查 $Z - V$ 及 $q - V$ 关系曲线得到水量平衡方程中的 V_1 和 q_1；由入库洪水过程线 $Q(t)$ 查得 Q_1、Q_2；然后假设一个 q_2 值，根据水量平衡方程算得相应的 V_2 值，由 V_2 在 $q - V$ 曲线上查得 q_2，若两者相等，q_2 即为所求。否则，应重设 q_2，重复上述计算过程，直到两者相等为止。

3）将上时段末的 q_2、V_2 值作为下一时段的起始条件，重复上述试算过程，最后即可得出水库下泄流量过程线 $q(t)$。

4）将入库洪水 $Q(t)$ 和计算的 $q(t)$ 两条曲线点绘在一张图上，若计算的最大下泄流量 q_m 正好是两线的交点，说明计算的 q_m 是正确的。否则，计算的 q_m 有误差，应改变时段 Δt 重新进行试算，直至计算的 q_m 正好是两线的交点为止。

5）由 q_m 查 $q - V$ 曲线，得最高洪水位时的总库容 V_m，从中减去堰顶以下的库容，得到调洪库容 $V_{调}$。由 V_m 查 $Z - V$ 曲线，得最高洪水位 $Z_{洪}$。显然，当入库洪水为设计标准的洪水时，求得的 q_m、$V_{调}$、$Z_{洪}$ 即为设计标准的最大泄流量 $q_{m,设}$、设计防洪库容 $V_{设}$ 和设计洪水位 $Z_{设}$。同理，当入库洪水为校核标准的洪水时，求得的 q_m、$V_{调}$、$Z_{洪}$ 即为 $q_{m,校}$、$V_{校}$ 和 $Z_{校}$。

【例 11.1】 某水库泄洪建筑物为无闸溢洪道，其堰顶高程与正常蓄水位齐平为

116m，堰顶宽 $B=45m$，堰流系数 $m_1=1.6$。该水库设有小型水电站，汛期按水轮机过水能力 $Q_电=10m^3/s$ 引水发电。水库库容曲线和设计洪水过程线数值分别列于表 11.3 和表 11.4 中。求水库下泄流量过程线 $q(t)$。

表 11.3　　　　　　　　　　　水 库 水 位 容 积 关 系

库水位/m	75	80	85	90	95	100	105	115	125	135
库容/$10^6 m^3$	0.5	4.0	10.0	23.0	45.0	77.5	119	234	401	610

表 11.4　　　　　　　　　　　设 计 洪 水 过 程 线

时间/h	0	12	24	36	48	60	72	84	96
流量/(m^3/s)	10	140	710	279	131	65	32	15	10

解： 取计算时段 $\Delta t=12h$。假定洪水到来时，水位刚好保持在溢洪道堰顶，即起调水位为 116m。

(1) 绘制 $Z-V$ 曲线，按表 11.3 所给数据，绘制库容曲线 $Z-V$，如图 11.4 所示。

(2) 列表计算 $q-V$ 曲线，在堰顶高程 116m 之上，假设不同库水位 Z [列于表 11.5 第 (1) 栏]，用它们分别减去堰顶高程 116m，得第 (2) 栏所示的堰顶水头 H，代入堰流公式：

$$q_堰 = m_1 B H^{3/2} = 1.6 \times 45 H^{3/2} = 72 H^{3/2} \tag{11.4}$$

从而算出各 H 相应的溢洪道泄流能力，加上发电流量 $10m^3/s$，得 Z 值相应的水库泄流能力 $q=q_溢+q_电$ 列于第 (3) 栏。再由第 (1) 栏的 Z 值查图 11.4 中的 $Z-V$ 曲线，得 Z 值相应的库容 V，见表 11.5 第 (4) 栏。

表 11.5　　　　　　　　　　某水库 $q-V$ 关系计算表

库水位/m	(1)	116	118	120	122	124	126
堰顶水头 H/m	(2)	0	2	4	6	8	10
泄流能力 $q/(m^3/s)$	(3)	10	214	586	1068	1638	2280
库容 $V/10^6 m^3$	(4)	247	276	307	340	378	423

(3) 绘制 $q-V$ 曲线，由表 11.5 中第 (3) 栏、第 (4) 栏对应值，绘制该水库的蓄泄曲线 $q-V$ (见图 11.4)。

(4) 推求下泄流量过程线 $q(t)$，按表 11.6 的格式逐时段进行试算。对于第一时段，按起始条件 $V_1=247\times10^6 m^3$、$q_1=10m^3/s$ 和已知值 $Q_1=10m^3/s$、$Q_2=140m^3/s$ 求 V_2、q_2。假设 $q_2=30m^3/s$，由式 (11.1) 得

$$V_2 = \frac{10+140}{2} \times 12 \times 3600 - \frac{10+30}{2} \times 12 \times 3600 + 247 \times 10^6 = 249.38 \times 10^6 (m^3)$$

依此查图 11.4 中的 $q-V$ 曲线，得 $q_2=20m^3/s$，与原假设不符，故需重设 q_2 进行计算。再假设 $q_2=20m^3/s$，由式 (11.1) 得：

$$V_2 = \frac{10+140}{2} \times 12 \times 3600 - \frac{10+20}{2} \times 12 \times 3600 + 247 \times 10^6 = 249.59 \times 10^6 (m^3)$$

再依此查 q-V 曲线，得 $q_2 = 20\text{m}^3/\text{s}$，与假设相符，故 $q_2 = 20\text{m}^3/\text{s}$ 和 $V_2 = 249.59 \times 10^6\text{m}^3$ 即为所求。分别填入表 11.6 中该时段末的第（6）栏、第（9）栏。

表 11.6　　　　　　　　　　某水库调洪计算表（列表试算法）

时间 t /h	时段 Δt /h	Q /(m³/s)	$\dfrac{Q_1+Q_2}{2}$ /(m³/s)	$\dfrac{Q_1+Q_2}{2}\Delta t$ /10⁶m³	q /(m³/s)	$\dfrac{q_1+q_2}{2}$ /(m³/s)	$\dfrac{q_1+q_2}{2}\Delta t$ /10⁶m³	V /10⁶m³	Z/m
(1)	(2)	(3)	(4)	(5)	(6)	(7)	(8)	(9)	(10)
0		10			10			247.00	116.0
12	12	140	75	3.24	20	15	0.65	249.59	116.2
24	12	710	425	18.36	105	625	2.70	265.26	117.2
36	12	279	494.5	21.36	240	1725	7.45	269.18	118.2
38	2	250	264.5	1.90	250	245	1.76	279.32	118.2
48	10	131	190.5	6.86	230	240	8.64	277.54	118.1
...		...	...	...	...		...	...	...

以第一时段所求的 V_2、q_2 作为第二时段初的 V_1、q_1，重复第一时段的试算过程，可求得第二时段的 $V_2 = 265.26 \times 10^6\text{m}^3$、$q_2 = 105\text{m}^3/\text{s}$。如此继续试算下去，即得表 11.6 第（6）栏所示的下泄流量过程 $q(t)$。

（5）计算最大下泄流量 q_m，按每时段 $\Delta t = 12\text{h}$，取表 11.6 中第（1）、第（3）、第（6）栏的 t、Q、q 值，绘出如图 11.5 的 $Q(t)$ 和 $q(t)$（退水段为虚线）过程线。可见以 $\Delta t = 12\text{h}$ 逐时段试算求得的 $q_m = 240\text{m}^3/\text{s}$ 不是正好落在 $Q(t)$ 线上，而是偏在它的下方，正确的 q_m 值应比 $240\text{m}^3/\text{s}$ 大一些，出现时间稍晚一些，为此，可根据二曲线相交的趋势，设 $q_m = q_2 = 250\text{m}^3/\text{s}$，在图 11.5 上查得 $\Delta t = 2\text{h}$，该时段初的 $V_1 = 269.18 \times 10^6\text{m}^3$，$q_1 = 240\text{m}^3/\text{s}$，$Q_1 = 279\text{m}^3/\text{s}$ 代入式（11.1）得

$$V_2 = \left(\frac{279+250}{2} - \frac{240+250}{2}\right) \times 2 \times 3600 + 279.18 \times 10^6 = 279.32 \times 10^6\,(\text{m}^3)$$

依此在图 11.4 的 q-V 线上查得 $q_2 = 250\text{m}^3/\text{s}$ 与假设的 q_2（即 q_m）相符。故 $q_m = 250\text{m}^3/\text{s}$ 即为所求，其出现时间在第 38h。

以后仍采用与第（4）步同样的方法，对 38～48h 时段进行试算，求得第 48h 的 $q = 230\text{m}^3/\text{s}$，图 11.5 中 36～48h 用实线绘出的 $q(t)$，代表该时段正确的下泄流量过程。

（6）推求设计防洪库容 $V_{设}$ 和设计洪水位 $Z_{设}$，按 $q_m = 250\text{m}^3/\text{s}$ 从图 11.4 的 q-V 线上查得相应的总库容 $V_m = 279.32 \times 10^6\text{m}^3$，减去堰顶高程以下的库容即得 $V_{设} = 32.32 \times 10^6\text{m}^3$；由 V_m 值从图 11.4 的 Z-V 线上查得 $Z_{设} = 118.21\text{m}$。

2. 图解分析法（又称半图解法）

上述列表试算法概念清楚，但试算工作量较大。为了减少计算工作量，不少学者提出了许多其他计算方法，例如图解分析法（又称半图解法）、图解法、概化图形法等，它们的基本原理都是相同的，只是在计算技巧上，或者公式形式上有所改换而已。本文介绍波达波夫的图解分析法，便于读者了解该类方法的性质，应用时可以根据具体情况加以采用

及改换。

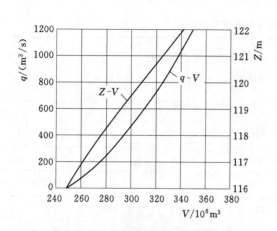

图 11.4　某水库库容曲线 $Z - V$ 及
蓄泄曲线 $q - V$ 图

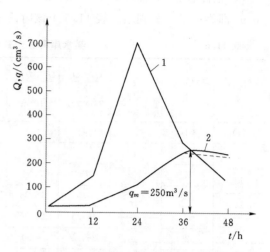

图 11.5　某水库设计洪水过程线
及下泄流量过程线

1—设计洪水过程线 $Q(t)$；2—下泄流量过程线 $q(t)$

若将式（11.1）整理移项，可写为

$$\frac{V_2}{\Delta t} + \frac{q_2}{2} = Q_{cp} + \frac{V_1}{\Delta t} - \frac{q_1}{2} \tag{11.5}$$

由式（11.3）可知，V_1 及 V_2 均分别为 q_1 及 q_2 的函数，可写出以下两个函数式：

$$\varphi(q) = \frac{V}{\Delta t} - \frac{q}{2} \tag{11.6}$$

和

$$f(q) = \frac{V}{\Delta t} + \frac{q}{2} \tag{11.7}$$

Q_{cp} 为时段 Δt 内已知的入库平均流量，因此，只要计算出式（11.5）右端的数值，就可以利用左端的函数关系确定 q_2，连续计算下去就可以得到每一时刻的下泄流量。

在计算前可先根据既定的泄洪建筑物的型式和尺寸、库容曲线及计算时段 Δt，绘出与上述式（11.6）、式（11.7）两个函数式相应的辅助曲线（图 11.6）。

在作好上述辅助曲线后，即可按下列步骤进行图解计算。

1）根据第一时段初出库流量 q_1 在图 11.6 纵坐标轴上截取 A 点，使 $OA = q_1$。

2）过 A 点作一平行于水平轴的直线 AC，该线与 $q - \left(\dfrac{V}{\Delta t} - \dfrac{q}{2}\right)$ 曲线交于 B 点，在直线上由 B 向右边量取 $BC = Q_{cp}$。

3）过 C 点作一平行于纵坐标轴的直线与 $q - \left(\dfrac{V}{\Delta t} + \dfrac{q}{2}\right)$ 曲线交于 D 点，过 D 点引一平行于水平轴的直线与纵坐标轴交于 E 点，则 $OE = q_2$，即为所求的时段末下泄流量。

上述图解计算的正确性，可证明如下：

$$AB = \frac{V_1}{\Delta t} - \frac{q_1}{2}$$

$$BC = Q_{cp}$$

$$ED = \frac{V_2}{\Delta t} + \frac{q_2}{2}$$

由图可见，$ED = AB + BC$，将上述各项右端数值代入，得

$$\frac{V_2}{\Delta t} + \frac{q_2}{2} = Q_{cp} + \frac{V_1}{\Delta t} - \frac{q_1}{2}$$

证明上述图解计算结果与式（11.1）相符。

对下一时段的计算，则可将上一时段求得的 q_2 作为其计算的起始条件 q_1，并用上述同样的方法进行图解计算，求得时段末的出库流量。如此类推，最后求得水库的下泄流量过程线 $q(t)$。

【例 11.2】 利用 [例 11.1] 的条件和资料，按图解分析法求水库的下泄流量过程线及防洪库容。

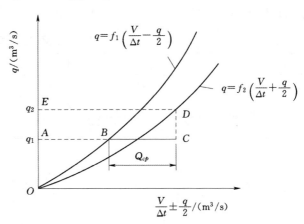

图 11.6 图解分析法辅助曲线图

解：（1）绘制 $q - \frac{V}{\Delta t} \pm \frac{q}{2}$ 辅助曲线，利用水库已有的资料，列表计算 $\frac{V}{\Delta t} \pm \frac{q}{2}$ 数值（表 11.7）。根据表 11.7 数据，点绘出 $q - \frac{V}{\Delta t} \pm \frac{q}{2}$ 关系曲线（图 11.6）。

表 11.7　　$Q - \frac{V}{\Delta t} \pm \frac{q}{2}$ 关系曲线计算表　（$\Delta t = 12h$）

Z /m	H /m	V /$10^6 m^3$	$\frac{V}{\Delta t}$ /$(10^3 m^3/s)$	q /(m^3/s)	$\frac{1}{2}q$ /(m^3/s)	$\frac{V}{\Delta t} + \frac{1}{2}q$ /$(10^3 m^3/s)$	$\frac{V}{\Delta t} - \frac{1}{2}q$ /$(10^3 m^3/s)$
116	0	247	5.72	10	5	5.725	5.715
117	1	262	6.06	82	41	6.101	6.019
118	2	276	6.39	214	107	6.497	6.283
119	3	291	6.74	384	192	6.932	6.548
120	4	307	7.11	586	293	7.403	6.817
121	5	322	7.45	816	408	7.858	7.042
122	6	340	7.87	1068	534	8.404	7.336
124	8	378	8.75	1638	819	9.569	7.931
126	10	423	9.79	2280	1140	10.93	8.65

（2）推求 $q(t)$ 及 q_m 调洪的起始条件同 [例 11.1]，取计算时段 $\Delta t = 12h$。对于第一

个时段，已知 $Q_1=10\mathrm{m^3/s}$，$Q_2=140\mathrm{m^3/s}$，$Q_{cp}=75\mathrm{m^3/s}$，$q_1=10\mathrm{m^3/s}$，用在纵坐标上量得 A 点，过 A 引水平线与 $q-\left(\dfrac{V}{\Delta t}-\dfrac{q}{2}\right)$ 曲线交于 B 点；在 AB 延长线上量取 $BC=Q_{cp}=75\mathrm{m^3/s}$；过 C 点引一垂线与 $q-\left(\dfrac{V}{\Delta t}+\dfrac{q}{2}\right)$ 曲线交于 D_0 该点的纵坐标即为 $q_2=20\mathrm{m^3/s}$。

将第一时段 q_2 作为第二时段 q_1，用上述相同的方法计算，即可求得第二时段 q_2，其余时段同理类推。最后求得 $q(t)$ 见表 11.8。

表 11.8　　　　　　　　　　　调 洪 计 算 成 果 表

时间/h	0	12	24	36	48	60	72	84	96	108
$Q/(\mathrm{m^3/s})$	10	140	710	279	131	65	32	15	10	10
$Q_{cp}/(\mathrm{m^3/s})$		75	425	495	205	98	49	24	13	10
$q/(\mathrm{m^3/s})$	10	20	105	235	225	175	130	100	75	65

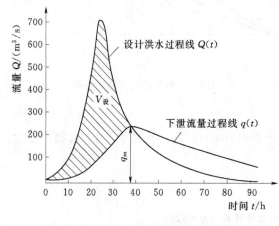

图 11.7　下游泄流过程线

按表 11.8 中的计算成果绘出 $Q(t)$ 线和 $q(t)$ 线（图 11.7）。$q(t)$ 线的峰值 q_m 按趋势绘于 $Q(t)$ 线的退水段上，并量得 $q_m=250\mathrm{m^3/s}$。从该图可求得相应 $V_{设}=30.5\times10^6\mathrm{m^3}$。

3. 图解法

上述图解分析法比较简单明了，可以避免试算工作的繁琐，但不能在图上直接绘出下泄流量过程线，而且根据数字在图上量取 Q_{cp}，容易出错，因此也有人采用其他图解法。这里介绍一种较常用的图解法。

若将式（11.1）改写如下：

$$(Q_{cp}-q_1)\Delta t+\left(V_1+\frac{q_1}{2}\Delta t\right)=\left(V_2+\frac{q_2}{2}\Delta t\right) \qquad (11.8)$$

由此可见，等式左端第二项与等式右端的函数形式是相同的，即

$$(Q_{cp}-q_1)\Delta t+f(q_1)=f(q_2) \qquad (11.9)$$

上式中左端是已知的，右端是未知的，只要利用 $f(q)$ 辅助曲线，按此函数关系即可确定 q_2。

在图解计算之前，先绘出如图 11.8 的有关曲线。图中第一象限为入库洪水过程线，第二象限为利用式（11.9）点绘的 $f(q)$ 曲线及 $Q\Delta t$ 直线。然后，按以下步骤作图：

（1）第一时刻 t_1 开始，从 q_1 处向左作水平线，交 $f(q)$ 曲线于 A 点。

（2）过 A 点作 $Q\Delta t$ 直线的平行线，并由 $Q(t)$ 线第一时段中的 Q_{cp} 处向左作水平线，交上述平行线于 B 点。

（3）过 B 点作垂线，交 $f(q)$ 于 C 点。

（4）由 C 点向右作水平线与 t_2 时刻垂线相交即为 q_2。

其余时段同理类推，即可在第一象限内点绘出下泄过程线 $q(t)$。

作图的正确性，可证明如下：

$$BD = (Q_{cp} - q_1)$$

$$AD = BD \cdot \mathrm{ctg}\varphi = (Q_{cp} - q_1)\Delta t$$

$$DE = AD + AE = (Q_{cp} - q_1)\Delta t + f(q_1)$$

$$DE = CF$$

$$(Q_{cp} - q_1)\Delta t + f(q_1) = f(q_2)$$

与式（11.1）一致，证毕。

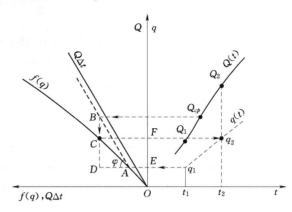

图 11.8　调洪计算图解法

11.2.3　考虑动库容的调洪计算方法

上面所介绍的调洪计算方法，是以静库容曲线为基础进行的，即把水库的水面看做水平状态。这对于湖泊型水库是适合的，不仅算法简便，且能满足计算精度的要求。但对峡谷型水库，当通过大洪水流量时，由于回水的影响，水库表面呈现出明显的水面坡降，在这种情况下，若仍用静库容曲线进行调洪计算常带来较大的误差。因此，为了满足成果精度的要求，必须采用动库容曲线进行调洪计算。

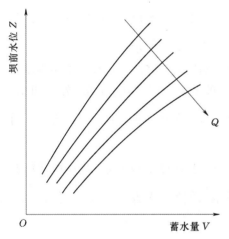

图 11.9　$V = f(Z, Q)$ 关系曲线图

水库回水曲线形状或是动库容的大小主要决定于坝前水位高低和入库流量的大小。因此，在绘制水库动库容曲线时，首先设不同的坝前水位和入库流量，用水力学推求水面曲线的方法，求出相应于某一入库流量和坝前水位的库区回水曲线，并根据该回水曲线算出入库断面至坝址的蓄水量。经过对一系列入库流量和坝前水位的计算后，便可绘制出水库蓄水容积与入库流量和坝前水位的关系曲线 $V = f(Z, Q)$ 此即水库动库容曲线，如图 11.9 所示。

考虑动库容的调洪计算，其原理和方法基本上与按静库容计算相同，不同之处在于库容曲线的差别。因此，无论选用哪一种方法，就是把用静库容曲线制作的 q-V 线，改绘成用动库容曲线制作的以 Q 为参数的 q-Q-V 线，下面用一种图解分析法说明考虑动库容的调洪计算方法。

将式（11.1）改写如下：

$$Q_1 + Q_2 - 2q_1 + \left(\frac{2V_1}{\Delta t} + q_1\right) = \left(\frac{2V_2}{\Delta t} + q_2\right) \tag{11.10}$$

可以看出，采用方程 $q = f\left(\dfrac{2V}{\Delta t} + q, Q\right)$ 可以求解上式。为此，可绘制水库调洪计算的辅助曲线：

$$q=f\left(\frac{2V}{\Delta t}+q,Q\right) \tag{11.11}$$

表 11.9　　　　　$q=f\left(\frac{2V}{\Delta t}+q,\ Q\right)$ 辅助曲线计算表

坝前水位 Z /m	入库流量 Q /(m³/s)	动库容 V /m³	计算水头 H /m	下泄流量 q /(m³/s)	$\frac{2V}{\Delta t}$ /(m³/s)	$\frac{2V}{\Delta t}+q$ /(m³/s)
(1)	(2)	(3)	(4)	(5)	(6)	(7)

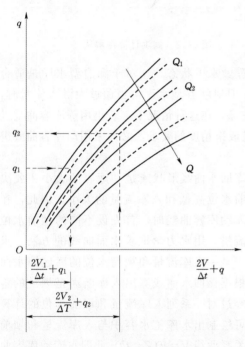

图 11.10　动库容曲线调洪计算图解分析法

绘制方法见表 11.9。表中第（1）、第（2）、第（3）栏数据可由前面介绍的动库容曲线查得。第（4）栏 H 为泄洪建筑物的计算水头，可由坝前水位 Z 及既定泄洪建筑物堰顶高程（或孔口中心高程）关系求得。然后用泄洪建筑物下泄流量计算公式求得下泄流量 q，填入第（5）栏，从而可算出第（6）栏和第（7）栏数值。最后用第（2）、第（5）、第（7）栏的对应数据，点绘出 $q=f\left(\frac{2V}{\Delta t}+q,\ Q\right)$ 关系曲线，如图 11.10 所示。

做出辅助曲线之后，可按如下步骤求解：

1）对于第一时段，q_1、Q_1 为已知条件，可用 q_1、Q_1 数值查图 11.10 得 $\left(\frac{2V}{\Delta t}+q_1\right)$ 的数值。

2）将已知 Q_1、Q_2、q_1 以及由 1）查出 $\left(\frac{2V_1}{\Delta t}+q_1\right)$ 的值代入式（11.10）左边，即可求得 $\left(\frac{2V_2}{\Delta t}+q_1\right)$ 的数值。

3）用 Q_2、$\left(\frac{2V_2}{\Delta t}+q_2\right)$ 查图 11.10 得 q_2，即为所求。

对已求得的 q_2 可作为下一时段的起始下泄流量 q_1，重复第一时段的解算过程，逐时段计算即可求得水库下泄流量过程线 $q(t)$ 及相应的防洪库容 $V_{防}$。

11.3　水库的防洪计算

11.3.1　概述

第二节水库调洪计算的原理和方法讲述了在既定的泄洪建筑物型式和尺寸的情况

下，如何利用水量平衡方程和动力方程，由水库入流过程，通过调节作用算出水库下泄流量过程及防洪库容。本节介绍的水库防洪计算（又称水库防洪水利计算）则是叙述如何选择泄洪建筑物型式和尺寸，确定与防洪有关的水库参数（汛前水位、防洪高水位、设计洪水位和校核洪水位）、总库容及坝高。此外，还包括防洪效益估算及水库防洪调度方面的问题。

如前所述，泄洪建筑物的类型有溢洪道、溢流堰、泄水孔和泄水隧洞等主要形式。溢洪道又可分为无闸门控制和有闸门控制两类。对于无闸门溢洪道，水库的泄流方式属于自由溢流；对于有闸门控制的溢洪道和泄水底孔，其泄流方式可进行人为的控制。在防洪计算时，通常初步拟定泄流方式，并根据洪水特性、水库安全、闸门启闭设备，以及技术经济条件等综合考虑加以论证确定。泄洪建筑物型式的选择必须综合考虑水利枢纽的地形条件、地质条件、水工建筑物的型式、综合利用要求及利用预报泄洪的可能性等条件，最终选定时必须进行技术经济比较论证。

由于无闸溢洪道和有闸溢洪道的泄流方式不同，承担的防洪任务也有区别。因此，本节分别就这两类溢洪道的不同特点，进行水库防洪计算的论述。

11.3.2　无闸溢洪道水库的防洪计算

无闸门控制的泄洪建筑物，其溢洪道堰顶高程一般与正常蓄水位重合。水库汛前水位，一般年份可能低于正常蓄水位，但考虑到汛前洪水有连续出现的可能，即后期大洪水来临之前，可能已出现过洪水，并已使水库水位蓄至正常蓄水位。因此，设计计算时为安全起见，取汛前水位与正常蓄水位齐平。

不设闸门的水库，一般属于小型水库，控制流域面积较小，库容不大，难以负担下游防洪任务。因此，一般来说水库下游没有防洪要求。

1. 拟定方案

已知水库下游没有防洪要求，泄流方式、堰顶高程和汛前水位都已确定，根据水库、坝址附近地形、地质条件和洪水情况，拟定几种可能的溢洪道宽度 B，用库容曲线及泄流公式绘制下泄流量与库容的关系曲线 $q=f(V)$ 或 $q=f(V, Q)$ 组成若干个不同溢洪道宽度 B 的方案。

2. 调洪计算

针对各个不同溢洪道宽度 B 的方案，用已知的入库洪水过程线，分别按 11.2 节讲述的调洪计算方法，进行调洪计算，并将计算成果点绘成 $B-q_m$ 及 $B-V$ 关系曲线（图 11.11）。同时，按水工建筑物设计规范，确定各方案相应坝顶高程。

3. 选定方案

对各个方案进行投资费用计算，包括大坝投资、上游淹没损失及泄洪建筑物投资费用。前两项费用随 B 的增大而减少，用 u_1 表示该两项费用之和；后一项费用随 B 的增大而增大，用 u_2 表示其费用。计算结果可点绘成 u_1-B 及 u_2-B 关系曲线（图 11.12）。

最后按投资费用最小的原则，选定泄洪建筑物堰顶宽度 B。但是，在下游无防洪任务而不计入下游防洪费用的情况下，可能总投资费用不出现极小值。在这种情况下，堰顶宽度 B 的合理确定应作综合分析比较，多方论证。

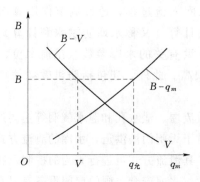

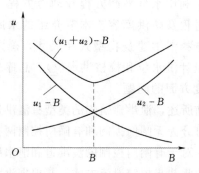

图 11.11　$B-q_m$ 及 $B-V$ 关系曲线图　　　　图 11.12　各方案投资费用关系图

11.3.3　有闸溢洪道水库的防洪计算

溢洪道上设置闸门，尽管增加泄洪设施的投资和操作管理工作，但可以比较灵活地按需要控制泄流量和时间，这将给大中型水库的防洪效果和枢纽的综合利用带来很大好处。有闸门控制的泄洪建筑物，技术上有可能使防洪库容与兴利库容结合使用，提高综合利用效益，并有控制泄洪的能力，能承担下游的防洪任务。此外，还便于考虑洪水预报，提前预泄腾空库容。

为了保证兴利蓄水的要求，闸门顶高程 $Z_门$ 不能低于正常蓄水位，一般与正常蓄水位齐平；为了使兴利与防洪相结合，可能时，防洪限制水位 $Z_限$ 应小于正常蓄水位，大于堰顶高程 $Z_堰$（图 11.13）。

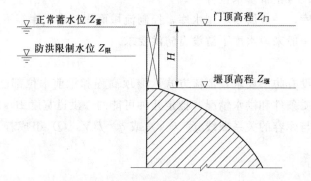

图 11.13　有闸溢洪道的各种水位及高程

有闸溢洪道水库的防洪计算特点是泄流方式属于控制泄流，决定了在防洪计算上与无闸溢洪道的基本区别。

1. 拟定方案

组成有闸溢洪道水库防洪计算的参数很多，除溢洪道宽度 B 之外，还应包括堰顶高程 $Z_堰$、闸门顶高程 $Z_门$、防洪限制水位 $Z_限$ 以及水库下游河道允许泄量 $q_允$。如前所述，一般情况下，闸门顶高程与正常蓄水位齐平，而堰顶高程在水工设计时可以定出，水库下游河道允许泄量由下游防洪任务定出，需要分析研究的是防洪限制水位。因此，在拟定若干个不同溢洪道宽度 B 的方案时，还需确定防洪限制水位。

防洪限制水位 $Z_限$ 是汛期来到之前，水库允许经常维持的上限水位。对于设计条件，它是调洪的起始水位。该水位反映了兴利库容与防洪库容结合的程度，当防洪限制水位等于正常蓄水位时，表示两者不结合，多数属于无闸门控制的情况。从防洪的要求出发，防洪限制水位定得愈低（低于正常蓄水位），就会有愈多的兴利库容兼作防洪，一举两得；从兴利用水要求出发，防洪限制水位不能太低，应使汛后回蓄更有保证，为了充分发挥水库的效益，应该把防洪库容与兴利库容尽可能地结合起来。因此，防洪限制水位要根据泄洪建筑物的控制条件、洪水特性和防洪要求等确定。

2. 拟定泄流方式

由于有闸溢洪道水库的泄流方式属于控制泄流，因此，调洪计算时，应先根据水库下游防洪、非常泄洪和是否有可靠的洪水预报等情况拟定泄流方式。泄流方式不同，所造成的调洪作用也不尽一致。

设溢洪道宽为某一数值 B，溢洪道堰顶高程和调洪起始水位 $Z_限$ 已定，下游安全泄量 $q_允$ 为已知，当洪水上涨时，库水位在调洪起始水位，此时闸门前已具有一定的水头，如果打开闸门，则具有较大的泄洪能力。在无预报的情况下，应控制泄洪，逐渐开启闸门使下泄流量与入库流量相等，如图 11.14 的 ab 段所示。b 点以后，入库流量开始大于闸门全部开启时的下泄流量。这时为使水库有效泄洪，应将闸门全部打开，形成自由泄流，如图 11.14 中 bc 段所示。当下泄流量达到 $q_允$ 时，水库水位仍在继续上涨，为了使下泄流量不超过 $q_允$，

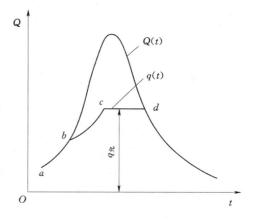

图 11.14 有闸门控制的水库调洪示意图

必须将闸门逐渐关闭，形成固定泄流方式，如图 11.14 中 cd 段所示。整个泄流过程为 $abcd$ 线段，相应的防洪库容为设计洪水过程线与 $abcd$ 线所包围的面积。

当溢流堰宽度 B 有若干个方案时，可用上述方法绘出 $B-V_防$ 关系曲线，从而根据水库地形、溢洪道地形条件，并通过经济计算，确定最优的一组 B 和 $V_防$。

上述方法是设想水工建筑物设计洪水标准与下游防护对象设计洪水标准相同的情况。在实际工程设计中，两种设计洪水标准不会完全相同，一般是建筑物的设计洪水标准高于下游防护对象的设计标准。在这种情况下，水库调洪任务应首先满足下游防护对象的安全要求，即根据防护对象的设计洪水，使上游水库调洪后的下泄流量不超过 $q_允$，并得相应的防洪库容 $V_{洪1}$（图 11.15）和相应防洪高水位。然后用水工建筑物的设计洪水进行调洪计算，在水库蓄水达到 $V_{洪1}$ 之前，水库按 $q_允$ 下泄；当水库蓄水达到 $V_{洪1}$ 时，说明这次洪水的大小已超过下游设计洪水标准，下游防洪要求不能满足，但应保证水工建筑物的安全，把闸门全部打开，形成自由溢流，至 e 点泄洪流量达到最大值，所增加的防洪库容为 $V_{洪2}$（图 11.16）。水库的防洪库容 $V_防=V_{洪1}+V_{洪2}$，它是水库既考虑下游防洪要求又考虑水工建筑物安全所需要的总防洪库容。这种水库防洪的分级调节方法，能在一定程度上实现大水大放，小水小放，有利于洪水调节。

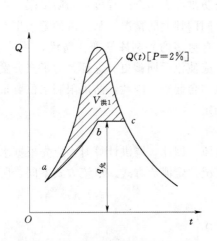

图 11.15　按下游防护对象设计洪水
调洪示意图

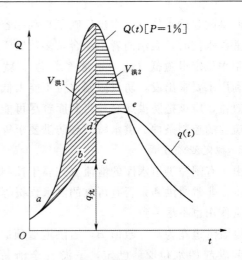

图 11.16　按水工建筑物设计洪水
调洪示意图

3. 调洪计算

针对拟定的各个不同溢洪道宽度 B 的方案和选定的防洪限制水位、泄流方式，以及已知的入库洪水过程线和下游河道允许泄量 $q_允$，用列表法按 11.2 节介绍的调洪计算方法进行调洪计算，求得下泄流量过程线和相应的防洪库容。有了防洪库容，就可求得相应的设计洪水位。同样，可求得校核库容及相应的校核洪水位。

4. 方案比较和选择

有闸溢洪道尺寸和水库有关参数的方案比较和选择与前述无闸溢洪道的情况基本相同。

11.3.4　具有非常泄洪设施水库的防洪计算

1. 非常泄洪设施

有的水库校核洪水比设计洪水大得多，尤其当校核洪水采用可能最大洪水时，两者相差悬殊。如只设有正常泄洪建筑物，必将增加工程造价。因此，为了安全又不致使造价过高，若条件许可，应尽量修建位置适当、工程比较简易的非常泄洪建筑物，帮助正常泄洪设置宣泄比设计洪水大得多的洪水。

2. 非常泄洪设施的启用标准

非常泄洪设施属于一种临时的、特殊的防洪设施，应规定在某一种条件下启用，故有一个启用标准问题。目前，多以某一库水位作为启用标准，这个水位称为启用水位（$Z_启$）。启用标准较高，虽能减少下游洪水灾害，但会使建筑物规模增大，上游淹没损失增加；启用标准过低，建筑物规模小、造价低，但下游遭受洪水灾害机会增多，损失亦大。因此非常泄洪设施的启用标准必须通过综合技术经济论证来决定。

3. 调洪计算

针对已选定的非常溢洪道宽度、启用水位、校核标准（或可能最大洪水）的入库洪水过程，按无闸溢洪道的自由溢流，采用 11.2 节所介绍的方法进行调洪计算，求得非常泄洪情况下的泄流过程线、最大下泄流量，在校核洪水标准下所需要的防洪库容，以及校核洪水位和坝顶高程。

必须指出，计算时应使用合成泄流曲线 $Z-q$ 及相应的蓄泄曲线，即启用水位的泄流量应包括正常溢洪道的泄流量和非常溢洪道的泄流量。

通过调洪计算成果，可以看出，当溢洪道宽度不变时，如果降低启用水位，溢洪道将提早泄洪，增大下泄流量和减小所需的防洪库容。在启用条件相同的情况下，非常泄洪设施的尺寸越大泄洪能力也越大，所需的防洪库容也越小。因此，可根据上述的相互关系，以及地区的实际情况，对方案进行优选。

11.3.5 洪水预报在水库防洪计算中的应用

在以上各种防洪计算中，都没有考虑到洪水预报对泄洪建筑物尺寸及水库参数选定的影响。因此，当水库出现设计洪水时，设想水库水位已蓄至防洪限制水位，这时只能用防洪限制水位以上的库容来拦蓄洪水。但是在短期洪水预报已具有一定水平的条件下，可预先从兴利库容中适当泄出一部分水量，腾空部分库容以拦蓄洪水，从而减少专设的防洪库容，降低水工建筑物造价。目前有的水库已在运行时采用了洪水预报调度，取得了成效。但是，洪水预报常常有不同程度的误差，如果不考虑预报误差，将有可能招致腾空库容不能回蓄，影响兴利的效益。因此，在水库设计阶段，是否要考虑洪水预报尚无统一的意见。若不考虑预报，则可视为一种偏安全的做法。

至于如何考虑洪水预报的防洪计算问题，可根据预报方案，提前一个预见期来考虑水库的泄流方式。设洪水预报预见期为 t_1，不考虑预报误差，可按预先腾空库容的方法进行调洪。具体做法如图 11.17 所示，水库的下泄流量提前按预见期 t_1 的预报入库流量泄放，直至预报入库流量达到下游河道的允许安全泄量 $q_允$ 为止。此后则控制泄洪，使水库泄量维持在 $q_允$。考虑预报泄流过程如图 11.17 中的 abce 线段所示。

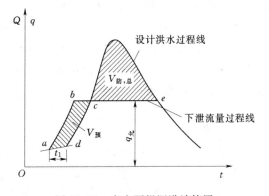

图 11.17 考虑预报调洪计算图

由图 11.17 可见，图中曲线 abcd 所包围的面积即为根据预报预泄腾空的库容，用 $V_预$ 表示。当不考虑预报时，水库将按 adce 下泄，这时水库所应蓄的洪水总量为 $V_{防,总}$，在没有预泄的情况下，这部分水量显然应由专设的防洪库容来蓄纳；在考虑预报后，由于事先腾空 $V_预$，因此可将必须蓄纳的洪水总量 $V_{防,总}$ 的一部分蓄在 $V_预$ 中，从而可减少专设的防洪库容。

11.4 水库的防洪调度

对于以防洪为主的水库，在水库调度中当然应首先考虑防洪的需要，对于以兴利为主结合防洪的水库，要考虑防洪的特殊性。《中华人民共和国水法》中明确规定，"开发利用水资源应当服从防洪的总体安排"，故对这类水库，所规定的防洪库容在汛期调度运用时应严格服从防洪的要求，决不能因水库是兴利为主而任意侵占防洪库容。

应该承认，防洪和兴利在库容利用上的矛盾是客观存在的。就防洪来讲，要求水库在汛期预留充足的库容，以备拦蓄可能发生的某种频率的洪水，保证下游的防洪及大坝的安全。就兴利来讲，总希望汛初就能开始蓄水，保证汛末能蓄满兴利库容，以补充枯水期的不足水量。但是，只要认真掌握径流的变化规律，通过合理的水库调度是可以消除和缓和矛盾的。

11.4.1　防洪库容和兴利库容有可能结合的情况

对位于雨型河流上的水库，如历年洪水涨落平稳，洪水起止日期稳定，丰枯季节界限分明，河川径流变化规律易于掌握，那么防洪库容和兴利库容就有可能部分结合甚至完全结合。

根据水库的调节能力和洪水特性，防洪调度线的绘制可分为以下 3 种情况。

1. 防洪库容和兴利库容完全结合，汛期防洪库容为常数

对于这种情况，可根据设计洪水可能出现的最迟日期 t_k，在兴利调度图上的基本调度线上定出 b 点 [图 11.18 (a)]，该点相应水位即为汛期防洪限制水位。由它与设计洪水位（与正常蓄水位重合）即可确定拦洪库容值。根据该库容值和设计洪水过程线，经调洪演算得出水库蓄水量变化过程线（对一定的溢洪道方案），然后将该线移到水库兴利调度图上，使其起点与上基本调度线上的 b 点相合，由此得出 abc 线以上的区域 F 即为防洪限制区，C 点相应的时间为汛期开始时间。在整个汛期内，水库蓄水量一超过此线，水库即应以安全下泄量或闸门全开进行泄洪。为便于掌握，可对下游防洪标准相应的洪水过程线和下游安全泄量，从汛期防洪限制水位开始进行调洪演算，推算出防洪高水位。在实际进行中遇到洪峰，先以下游安全泄量放水，到水库中水位超过防洪高水位时，则将闸门全开进行泄洪，以确保大坝安全。

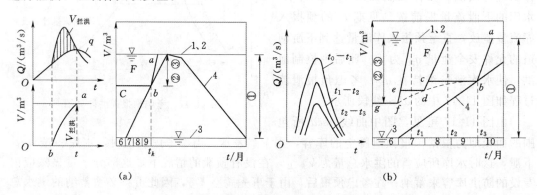

图 11.18　防洪库容与兴利库容完全结合情况下防洪调度线的绘制
(a) 防洪库容为常数；(b) 防洪库容随时间变化
1—正常蓄水位；2—设计洪水位；3—死水位；4—上基本调度线；
①—兴利库容；②—拦洪库容；③—共用库容

2. 防洪库容和兴利库容完全结合，但汛期防洪库容随时间变化

这种情况就是分期洪水防洪调度问题。如果河流的洪水规律性较强，汛期越到后期洪量越小，那么为了汛末能蓄存更多的水来兴利，可以采取分段抬高汛期防洪限制水位的方法来绘制防洪调度线。首先从分析本流域形成大洪水的天气系统的运行规律入手，找出一般的、普遍的大致时限，从偏于安全的角度划分为几期，分期不宜过多，时段划分不宜过短。分期及时段划分方法按照 SL 104—95《水利工程水利计算规范》中规定的"对于洪水具有明显季节性变化规律的水库，经研究论证，汛期可分期调度运用"及"分期应符合气象成因和雨、洪季节变化规律，不宜过多，一般前后两期不超过三期为宜"。另外，还可以从统计上了解洪水在汛期出现的规律，如点绘洪峰出现时间分布图，统计各个时段内洪峰出现次数、洪峰平均流量和平均洪水总量等，以探求其变化规律。

本书选用了一个分 3 段的实例，3 段的洪水过程线如图 11.18（b）所示。做防洪调度线时，先对最后一段［图 11.18（b）中的 $t_2 \sim t_3$ 段］进行计算，调度线的具体做法同前，然后决定第二段（$t_1 \sim t_2$）的拦洪库容，这时要在 t_2 时刻从设计洪水位逆时序进行计算，推算出该段的防洪限制水位。用相同的方法对第一段（$t_0 \sim t_1$）进行计算，推求出该段的 $Z_{汛限}$。连接 $abdfg$ 线，即为防洪调度线。

应该说明的是，影响洪水的因素很多，即使在洪水特性相当稳定的河流上，用任何一种设计洪水过程线很难在时间上形式上包含未来洪水可能发生的各种情况。因此，为可靠起见，应按同样方法求出若干条防洪蓄水限制线，然后取其下包线作为防洪调度线。

3. 防洪库容和兴利库容部分结合的情况

在这种情况下，防洪调度线 bc 的绘法与情况 1 相同。如果情况 1 中的设计洪水过程线变大或者它保持不变而下泄流量值减小（图 11.19），则水库蓄水量变化过程线 ba'，将其移到水库调度图上的 b 点处时，a' 点超出 $Z_{蓄}$ 而移到 $Z_{设洪}$ 的位置，这时只有部分库容是共用库容（图 11.19 中的③），专用拦洪库容（图 11.19 中的④）就是因此情况 1 降低下泄流量而增加的拦洪库容 $\Delta V_{拦洪}$。

上面讨论的情况，防洪与兴利库容都有某种程度的结合。在生产实践中两者能不能结合以及能结合多少，不是人们主观愿望决定的，而是应该根据实际情况，拟定若干比较方案，经技术经济评价和综合分析后确定。这些情况下的调度图都是以 $Z_{汛限}$（一个或几个）和 $Z_{蓄}$ 的连线组成整个汛期防洪调度的下限边界控制线，以 $Z_{校洪}$ 作为其上限边界控制线（左右范围内汛期的时间控制），上、下控制线之间为防洪调度区。

通常，防洪和兴利的调度图是绘制在一起的，称为水库调度全图。当汛期库水位高于或等于 $Z_{汛限}$ 时，水库按防洪调度规则运用，否则按兴利调度规则运用。

11.4.2 防洪库容和兴利库容完全不结合的情况

如果汛期洪水猛涨猛落，洪水起讫日期变化无常，没有明显规律可循，则不得不采用防洪库容和兴利库容完全分开的方法。从防洪安全要求出发，应按洪水最迟来临情况预留防洪库容。这时，水库正常蓄水位即是防洪限制水位，作为防洪下限边界控制线。

对设计洪水过程线根据拟定的调度规则进行调洪演算，就可以得出设计洪水位（对应于一定的溢洪道方案）。

应该说明的是即使从洪水特性来看，防洪库容和兴利库容难以结合，但如做好水库调度工作，仍可实现部分结合。例如，兴利部门在汛前加大用水就可腾出部分库容，或者在大洪水来临前加大泄水量就可预留出部分库容。由此可见实现防洪预报调度就可促使防洪与兴利的结合。这种措施的效果是显著的，但如使用不当也可能带来危害。因此，使用时必须十分

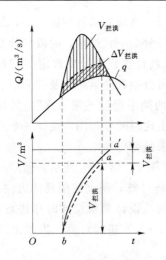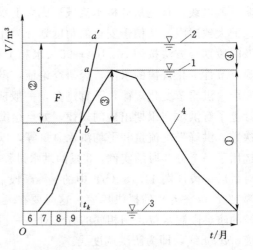

图 11.19　防洪库容与兴利库容部分结合情况下防洪调度线的绘制

1—正常蓄水位；2—设计洪水位；3—死水位；4—上基本调度线；

①—兴利库容；②—拦洪库容；③—共用库容；④—专用拦洪库容

谨慎。最好由水库管理单位与科研单位、高等院校合作进行专门研究，提出从实际出发的、切实可行的水库调度方案，并经上级主管部门审查批准后付诸实施。我国有些水库管理单位已有这方面的经验教训可供借鉴。应该指出，这里常遇到复杂的风险决策问题。

复 习 思 考 题

11.1　无闸溢洪道水库的防洪计算与有闸的相比，各有何特点？

11.2　水库调洪计算的任务是什么？在规划设计阶段和运行管理阶段有什么不同？

11.3　绘图说明当溢洪道宽度相同时，溢洪道有闸和无闸两种情况水库调洪作用的区别？

11.4　绘制水库兴利调度图为什么要进行逆时序调节计算？

11.5　某地区建有一座水库，其泄洪建筑为无闸溢洪道，堰顶高程为 65m，堰顶宽 B 为 30m，堰流系数 $m_1 = 1.6$。该水库设有小型水电站，汛期按水轮机过水能力 $Q_电 = 6 \mathrm{m^3/s}$ 引水发电。水库库容曲线和设计洪水过程线见表 11.10 和表 11.11。通过调洪计算求水库下泄流量过程线 $q(t)$。取计算时段 $\Delta t = 12 \mathrm{h}$。

表 11.10　　　　　　　　　　　　水库水位容积关系表

库水位 Z/m	40	45	50	55	60	65	70	75	80
库容 V/$10^6 \mathrm{m^3}$	0	3.0	7.0	13.0	22.0	43.0	63.0	76	96

表 11.11　　　　　　　　　　　　设 计 洪 水 过 程 线

时间 t/h	0	12	24	36	48	60	72	84	96	108
流量 Q/$(\mathrm{m^3/s})$	0	102	396	204	130	80	45	30	10	0

第 12 章 水 能 计 算

学习目标和要点：本章主要介绍水能计算问题，水电站是水能利用的主要工程措施，确定其工程规模是水能规划设计的一项主要任务。因此，在掌握水能计算基本方法的基础上，结合电力系统的特点与要求，以及水电站的工作特点和运行方式，综合比较、分析确定水电站的主要参数是本章要介绍的主要内容。

12.1 水能计算的基本知识

12.1.1 水能计算的目的和任务

水能计算的目的主要在于确定水电站的工作情况（如出力、发电量及其变化情况），是选择水电站的主要参数（如水库正常蓄水位、死水位和水电站装机容量等）及其在电力系统中的运行方式等的重要手段，其中计算水电站的出力与发电量是水能计算的主要内容。所谓水电站的出力，是指发电机组的出线端送出的功率，一般以千瓦（kW）作为计算单位；水电站发电量则为水电站出力与相应时间的乘积，一般以千瓦·时（kW·h）作为计算单位。在进行水能计算时，除考虑水资源综合利用各部门在各个时期所需的流量和水库水位变化等情况外，尚须考虑水电站的水头以及水轮发电机组效率等的变化情况。关于水电站的出力 N 可用下列公式（12.1）计算：

$$N = 9.81\eta QH = AQH \tag{12.1}$$

式中：Q 为通过水电站水轮机的流量，m^3/s；H 为水电站的净水头，为水电站上下游水位之差减去各种水头损失，m；η 为水电站效率，小于 1，等于水轮机效率 $\eta_{机}$、发电机效率 $\eta_{电}$ 及机组转动效率 $\eta_{传}$ 的乘积。在初步估算时，可根据水电站规模的大小采用下列近似计算公式：

$$\left.\begin{array}{l}\text{大型水电站}(N > 25 \text{ 万 kW})，N = 8.5QH \\ \text{中型水电站}(N = 2.5 \text{ 万} \sim 25 \text{ 万 kW})，N = (8 \sim 8.5)QH \\ \text{小型水电站}(N < 2.5 \text{ 万 kW})，N = (6.0 \sim 8.0)QH\end{array}\right\} \tag{12.2}$$

水电站在不同时刻 t 的出力，常因电力系统负荷的变化，国民经济各部门用水量的变化或天然来水流量的变化而不断变动着。因此，水电站在 $t_1 \sim t_2$ 时间内的发电量可采用积分形式：

$$E = \int_{t_1}^{t_2} N\mathrm{d}t \tag{12.3}$$

但在实际计算中，考虑积分形式的复杂性，常用下式计算水电站的发电量：

$$E = \sum_{t_1}^{t_2} \overline{N}\Delta t \tag{12.4}$$

式中：$\overline{N}$ 为水电站在某一时段 Δt 内的平均出力，即 $\overline{N}=9.81\eta\overline{Q}\,\overline{H}$（kW），$\overline{Q}$ 为该时段的平均发电流量（kW），$\overline{H}$ 为相应的平均水头。计算时段 Δt 可以取常数，对于无调节或日调节水电站，Δt 可以取为 1d，即 $\Delta t=24\text{h}$；对于季调节或年调节水库，Δt 可以取为 10d 或 1 个月，即 $\Delta t=243\text{h}$ 或 730h；对于多年调节水库，Δt 可以取为 1 个月甚至更长，即 $\Delta t\geqslant720\text{h}$，计算时段长短，主要根据水电站出力变化情况及计算精度要求而定。

在规划设计阶段，为了选择水电站及水库的主要参数而进行水能计算时，需假设若干个水库正常蓄水位方案，算出各个方案的水电站出力、发电量等动能指标，以便结合国民经济各部门的要求，进行技术经济分析，从中选出最有利的方案。

在运行阶段，由于水电站及水库的主要参数（如正常蓄水位及水电站的装机容量等）均为已定，进行水能计算时就要根据当时实际入库的天然来水流量、国民经济各部门的用水要求以及电力系统负荷等情况，计算水电站在各个时段的出力和发电量，以便确定电力系统中各电站的最有利运行方式。

水能计算的目的和用途虽然不尽相同，但计算方法并无区别，可以采用列表法、图解法或电算法等。列表法概念清晰，应用广泛，尤其适合于有复杂综合利用任务的水库的水能计算。当方案较多、时间序列较长时，则宜采用图解法或电算法。因图解法计算精度较差，工作量亦不小，从发展方向看，则应逐渐应用计算机进行水能计算。当编制好计算程序后，即使方案很多，时间序列很长，均可迅速获得精确的计算结果。但是列表法是各种计算方法的基础，为便于说明起见，举例如下。

【例 12.1】 某水电站的正常蓄水位高程为 180m，某年各月平均的天然来水流量 $Q_\text{天}$、各种流量损失 $Q_\text{损}$、下游各部门用水流量 $Q_\text{用}$ 和发电需要流量 $Q_\text{电}$，分别见表 12.3 第（2）行~第（5）行。此外，水库水位与库容的关系，见表 12.1；水库下游水位与流量的关系，见表 12.2 试求水电站各月平均出力及发电量。

表 12.1 水库水位与库容的关系

水库水位 /m	168	170	172	174	176	178	180
库容 /亿 m³	3.71	6.34	9.14	12.20	15.83	19.92	25.20

表 12.2 水电站下游水位与流量的关系

流量 /(m³/s)	130	140	150	160	170	180
下游水位 /m	115028	116.22	117.00	117.55	118.06	118.50

解： 全部计算见表 12.3 所列，其中：

第（1）行为计算时段 t，以月为计算时段，汛期中如来水流量变化很大，应以旬或日为计算时段；

第（2）行月平均来水流量 $Q_\text{天}$，本算例中 9 月已进入水库供水期；

第（3）行为各种流量损失 $Q_损$（其中包括水库水面蒸发和库区渗漏损失）以及上游灌溉引水和船闸用水等项；

第（4）行为下游各部门的用水流量 $Q_用$，如不超过发电流量 $Q_电$，则下游用水要求可充分得到满足；如超过发电流量，则应根据各部门在各时期的主次关系进行调整，有时水电站的发电流量尚须服从下游各部门的用水要求；

第（5）行为水电站发电时需从水库引用的流量；

第（6）行、第（7）行为水库供水和蓄水流量，及（6）＝（2）－（3）－（5），负值表示水库供水，正值表示水库蓄水；

第（8）行为水库供水量，即 $\Delta W=\Delta Qt$。如在 9 月，$\Delta W=(-55)\times30.4\times24\times3600=-1.445$（亿 m^3）负值表示水库供水量。如为正值，表示蓄水量可填入第（9）栏；

表 12.3　　　　　　　水电站出力及发电量计算

时段 t/月	(1)	9	10	11	12
天然来水流量 $Q_天$/(m^3/s)	(2)	115	85	70	62
各种损失流量和船闸用水等 $Q_损+Q_船$/(m^3/s)	(3)	20	12	10	9
下游综合利用需要流量 $Q_用$/(m^3/s)	(4)	100	92	125	60
发电需要流量 $Q_电$/(m^3/s)	(5)	150	150	154	159
水库供水流量 $-\Delta Q$/(m^3/s)	(6)	-55	-77	-94	-106
水库蓄水流量 $+\Delta Q$/(m^3/s)	(7)	—	—	—	—
水库供水量 $-\Delta W$/亿 m^3	(8)	-1.445	-2.023	-2.469	-2.784
水库蓄水量 $+\Delta W$/亿 m^3	(9)	—	—	—	—
弃水量 $W_弃$/亿 m^3	(10)	0	0	0	0
时段初水库存水量 $V_初$/亿 m^3	(11)	25.200	23.755	21.732	19.263
时段末水库存水量 $V_末$/亿 m^3	(12)	23.755	21.732	19.263	18.479
时段初上游水位 $Z_初$/m	(13)	180.00	179.56	178.78	177.72
时段末上游水位 $Z_末$/m	(14)	179.56	178.78	171.72	176.32
月平均上游水位 $\overline{Z}_上$/m	(15)	179.78	179.17	178.25	177.02
月平均下游水位 $\overline{Z}_下$/m	(16)	117.00	117.00	117.25	117.50
水电站平均水头 $\overline{H}$/m	(17)	62.78	62.17	61.00	59.52
水电站效率 $\eta_水$	(18)	0.85	0.85	0.85	0.85
月平均出力 $\overline{N}_水$/万 kW	(19)	7.85	7.78	7.83	7.89
月发电量 $E_水$/万 kW·h	(20)	5731	5679	5716	5760

第（10）行为汛期水库蓄到 $Z_蓄$ 后的弃水量；

第（11）行为时段初的水库蓄水量，本例题在汛期末（8月底）水库蓄到正常蓄水位 180.00m，其相应蓄水量为 25.20 亿 m^3；

第（12）行为时段末水库蓄水量，即 $V_末=V_初-\Delta W$；

第（13）行为相应于时段初水库蓄水量的水位；

第（14）行为相应于时段末水库蓄水量的水位，它亦为下一个时段初的水库水位；

第（15）行为月平均上游库水位，一般可采用 $\overline{Z}_{上}=(Z_{初}+Z_{末})/2$，否则应采用相应于库容平均值 $\overline{V}$ 的水位；

第（16）行为月平均下游水位 $\overline{Z}_{下}$，可根据水电站下游水库流量关系曲线求得，见表 12.2；

第（17）行为水电站的平均水头 $\overline{H}$，即 $\overline{H}=\overline{Z}_{上}-\overline{Z}_{下}$（m）；

第（18）行为水电站效率，假设 $\eta_{水}=0.85$；

第（19）行即为所求的水电站月平均出力 $\overline{N}_{水}$，$\overline{N}_{水}=9.81\eta\overline{Q}\,\overline{H}$（kW）；

第（20）行即为所求的水电站月发电量 $E_{水}$，$E_{水}=730\overline{N}_{水}$（kW·h）。

12.1.2　水能计算的方法

水电站的出力和发电量是多变的，需要从中选择若干个特征值作为衡量其动能效益的主要指标。水电站的主要动能指标有两个，即保证出力 $N_{保}$ 和多年平均年发电量 $\overline{E_{年}}$。现分述如下。

1. 水电站保证出力计算

所谓水电站出力，是指水电站在长期工作中符合水电站设计保证率要求的枯水期（供水期）内的平均出力。保证出力在规划设计阶段是确定水电站装机容量的重要依据，也是水电站在运行阶段的一项重要效益指标。

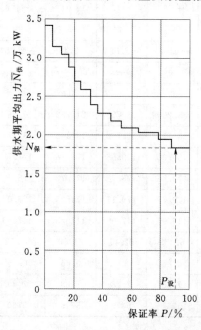

图 12.1　供水期平均出力保证率曲线图

（1）年调节水电站保证出力计算。对于年调节水电站，在计算保证出力时，应利用各年水文资料，在已知或假定的水库正常蓄水位和死水位的条件下，通过兴利调节和水能计算，求出每年供水期的平均出力，然后将这些平均出力值按其大小次序排列，绘制其保证率曲线，如图 12.1 所示。该曲线中相应于设计保证率 $P_{设}$ 的供水期平均出力值，即作为年调节水电站的保证出力 $N_{保}$。

由于年调节水电站能否保证正常供电主要取决于枯水期，所以在规划设计阶段进行大量方案比较时，为了节省计算工作量，也可以用相应设计保证率的典型枯水期的平均出力，作为年调节水电站的保证出力。在实际水文系列中，往往可能遇到有一些枯水年份的水量虽然十分接近，但因年内水量分配不同，因而其枯水期平均出力相差较大。因此当水库以发电为主时，水电站保证出力是指符合水电站设计保证率要求的枯水年供水期的平均出力。

（2）无调节和日调节水电站保证出力计算。计算原理与上述年调节水电站保证出力的计算相似，但须采用历时（日）保证率公式进行统计，可根据实测日平均流量值及其相应水头，算出各日平均出力值，然后按其大小次序排列，绘制其保证率曲线，相应于设计保证率的日平均出力，即为所求的保证出力值 $N_{保}$。

（3）多年调节水电站保证出力计算。计算方法与上述年调节水电站保证出力的计算基本相同，可对实测长系列水文资料进行兴利调节与水能计算来求得。简化计算时，可采用设计枯水系列的平均出力作为保证出力值 $N_保$。

2. 水电站多年平均年发电量估算

多年平均年发电量是指水电站在多年工作时期内，平均每年所能生产的电能量。它反映水电站的多年平均动能效益，也是水电站一个重要的动能指标。在规划设计阶段，当比较方案较多时，只要不影响方案的比较结果，常采用比较简化的方法，现分述于下。

（1）设计中水年法。根据一个设计中水年，即可大致定出水电站的多年平均年发电量。其计算步骤如下：

1）选择设计中水年，要求该年的年径流量及其年内分配均接近于多年平均情况。

2）列出所选设计中水年各月（或旬、日）的净来水流量。

3）根据国民经济各部门的用水要求，列出各月（或旬、日）的用水流量。

4）对于年调节水电站，可按月进行径流调节计算，对于季调节或日调节、无调节水电站，可按旬（日）进行径流调节计算，求出相应各时段的平均水头 $\overline{H}$ 及其平均出力 $\overline{N}$。如某些时段的平均出力大于水电站的装机容量时，即以该装机容量值作为平均出力值。

5）将各时段的平均出力 $\overline{N_i}$ 乘以时段的小时数 t，即得各时段的发电量 E_i。设 n 为平均出力低于装机容量 $N_装$ 的时段数，m 为平均出力等于或高于装机容量 $N_装$ 的时段数，则水电站的多年平均年发电量 $\overline{E_年}$ 可用下式估算：

$$\overline{E_年} = E_中 = t\left(\sum_{i=1}^{n} \overline{N_i} + mN_装\right) \tag{12.5}$$

式中：m 与 n 的和为全年时段数，当以月为时段单位，即 $m+n=12$，$t=730\text{h}$；当以日为时段单位，则 $m+n=365$，$t=24\text{h}$。

（2）3 个代表年法。当设计中水年法不够满意时，可选择 3 个代表年，即枯水年、中水年、丰水年作为设计代表年。设已知水电站的兴利库容，则按上述步骤分别进行径流调节计算，求出这 3 个代表年的年发电量，其平均值即为水电站的多年平均年发电量 $\overline{E_年}$，即

$$\overline{E_年} = \frac{1}{3}(E_枯 + E_中 + E_丰) \tag{12.6}$$

式中：$E_枯$ 为设计枯水年的年发电量；$E_中$ 为设计中水年的年发电量；$E_丰$ 为设计丰水年的年发电量。

如设计枯水年的保证率 $P=90\%$，则设计丰水年的保证率为 $1-P=10\%$。此外，要求上述 3 个代表年的平均径流量，相当于多年平均值，各个代表年的径流年内分配情况，要符合各自典型年的特点。

必要时也可以选择枯水年、中枯水年、中水年、中丰水年和丰水年共 5 个代表年，根据这些代表年估算多年平均年发电量。

（3）设计平水系列法。在求多年调节水电站的多年平均年发电量时，不宜采用一个中水年或几个典型代表年，而应采用设计平水系列年。所谓设计平水系列年，系指某一水文年段（一般由十几年的水文系列组成），其平均径流量约等于全部水文系列的多年平均值，

其径流分布符合一般水文规律。对该系列进行径流调节，求出各年的发电量，其平均值即为多年平均年发电量。

（4）全部水文系列法。无论何种调节性能的水电站，当水库正常蓄水位、死水位及装机容量等都经过方案比较和综合分析确定后，为了精确地求得水电站在长期运行中的多年平均年发电量，有必要按照水库调度图进行调节计算，对全部水文系列逐年计算发电量，最后求出其多年平均值。全部水文系列年法适用于初步设计阶段，计算工作量较大，但可采用电子计算机来求算。当径流调节、水能计算等各种计算程序标准化后，对几十年甚至更长的水文资料，均可在很短时间内迅速运算，精确求出多年平均年发电量。

12.2 电力系统的负荷及容量组成

12.2.1 电站用户及其用电特性

由各类发电站、电力用户、输配电线路（电网）和升、降压等电气设备组成的整体，称电力系统。在电力系统中，各类电站联合供电，可充分发挥各电站的优点，相互补充，故可大大改善各电站的工作条件，提高系统的供电质量，使电力供应更加安全，可靠和经济。

电力生产的一个显著特点是电能这种产品难以储存，电的发、送、耗是同时进行的。在任何时期内要求电力系统供应的电力，称为电力系统负荷（简称负荷）。电力系统各类电站所发的电量，除小部分在输、配电过程中损耗及用于电站的厂用电外，主要用于满足电力用户负荷需求。因此，系统中各电站的发电量和出力过程必须同系统负荷变化过程相适应。在规划设计、运行管理电站时，必须了解电力用户的用电过程，负荷特性，并通过分析、计算编制系统的电力负荷图。

电力系统中的用电户种类繁多，数量很大，通常按其生产特点和重要性可分为 4 类。

（1）工业用电。工业用电主要消耗于工矿企业的各种电动设备、电炉、电化装置和工厂照明等方面。工业用电主要特点是用电量大，年内用电过程较均匀，供电保证率要求高，日内用电变化视企业的生产班制而定，并有瞬间剧烈负荷变动。

（2）农业用电。农业用电主要消耗于电力排灌、乡办企业、农副产品加工、畜牧业及农村生活照明等方面。电力排灌是主要的用电户，用电具有明显的季节性。在用电季节内，负荷相对稳定，但在其他时期，日负荷变动较大。

（3）交通运输用电。交通运输主要消耗于电气化铁道运输。铁道电气化是我国今后铁路运输的发展方向。电气化铁道在 1 年内和 1 日内用电均匀，只有在列车开动时，在列车短时间内加速时会产生负荷剧烈变动。电气火车的耗电量，取决于列车的货运量和铁路的坡度。

（4）市政用电。市政用电主要用于城市交通、给排水、照明及生活和家用电器等方面。用电特点是年内和日内变化都较大。以照明来说，夏天用电比冬天少，白天用电比夜里少，平时用电比节假日少，并且与地理位置有关。随着城市的发展、人口的逐年增加，人民生活水平不断提高，市政用电将不断增大。

12.2.2 电力负荷图

电力系统中的用电过程在年内和日内均随时间发生变化，这种变化过程可用负荷容量与时程关系曲线图表示，称之为电力负荷图。电力负荷在1昼夜24h内的变化过程线，称为日负荷图；在1年内的变化过程图称为年负荷图。不同电力系统或同一系统在不同时期，负荷图形状虽然不同，但都具有周期性的变化规律。现将日负荷图和年负荷图的变化特性及设计负荷水平年分述如下。

1. 日负荷图

日负荷变化通常会出现两次"峰"和"谷"，如图12.2（日负荷图）所示。日负荷图有3个特征值：日最大负荷 P''、日平均负荷 $\overline{P}$ 和日最小负荷 P'。其中日平均负荷值需按式（12.7）计算，即

$$\overline{P} = \frac{\sum\limits_{i=1}^{24} P_i}{24} = \frac{E_d}{24} \qquad (12.7)$$

式中：E_d 为1昼夜内系统所耗费的电能，即日用电量，kW，相当于日负荷曲线下所包括的面积。

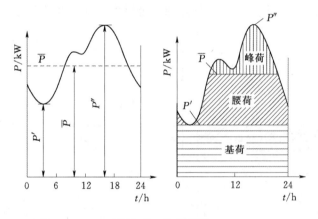

图 12.2 日负荷图

日最大负荷表明用户对发电容量的要求，若该日各电站发电容量不能满足，则电力系统将因容量不足而造成正常工作状态的破坏。日平均负荷实际上表征着日需电量，如果各电站发不足需要的日发电量，则将因电量不足而造成系统限电。实用中常将日负荷图绘成以小时计的阶梯状图。

日负荷的3个特征值将日负荷图划分为3个区域：日最小负荷 P' 水平线以下部分称基荷，这部分负荷在1天24h内都不变；日平均负荷 $\overline{P}$ 水平线以上部分称峰荷，它是不断变化的；峰荷与基荷之间的部分称腰荷，这部分负荷1日内在一段时间变动，在另一段时间不变。

为了反映负荷特性，并对不同形状的日负荷图进行比较，常采用以下3个特征指数。

（1）基荷指数 α。$\alpha = P'/\overline{P}$，α 值越大，基荷所占负荷图的比重越大，系统用电越稳定。

(2) 日最小负荷率 β。$\beta = P'/P''$，β 值越小，负荷图中峰谷负荷的差别越大。

(3) 日平均负荷率 γ。$\gamma = \overline{P}/P''$，$\gamma$ 值越大，日负荷变化越小。

上述 3 个指标越大，日负荷变化越均匀，发电设备和受电设备的利用率越高。我国较大的电力系统，一般 γ 为 $0.8 \sim 0.88$，β 值为 $0.65 \sim 0.75$。

在规划设计中还常采用典型日负荷图（曲线），即电力系统中最具代表意义的 1 天 24h 的负荷变化情况。其对系统的运行方式、电力电量平衡、水电站的装机容量、季节性电能利用等影响很大。典型日一般选最大负荷日，也可以选最大峰谷差日，还可以根据各地区情况选不同季节的某一代表日（春、夏、秋、冬）。

为了便于计算日负荷图上某一负荷位置的相应电量，常绘制日负荷的出力值（为纵坐标）与相应的电量值（为横坐标）的关系曲线，称日电能累积曲线或日负荷分析曲线。其绘制方法为：将日负荷的纵坐标划分若干小段 ΔP_1、ΔP_2、…；分别计算各段间的面积，即电量 ΔE_1、ΔE_2、…；然后将 ΔP 与 ΔE 自下而上依次累加得到对应的坐标 (P_1, E_1)、(P_2, E_2)、…。点绘坐标，则得如图 12.3 所示的日负荷分析曲线。

日负荷分析曲线有以下特点：在 P' 以下，负荷无变化，故 OA 为一直线；在 P' 以上，负荷变化，故 AB 呈上凹曲线段，越向上越陡；延长 OA 直线，与 B 点垂线 CB 相交于 D 点，则 D 点的纵坐标就是 $\overline{P}$ 值，因为 D 点的横坐标为一日的电量 E_d。

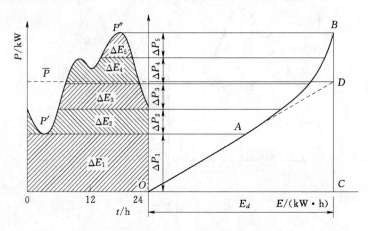

图 12.3　日负荷分析曲线

2. 年负荷图

年负荷图表示 1 年内负荷的变化过程，通常用日负荷特征值的年内变化来表示。年负荷图的纵坐标为负荷（kW），横坐标为时间，常以月为单位，绘成阶梯状。年负荷图一般有两种。

(1) 年最大负荷图。指日最大负荷 P'' 的年变化曲线，如图 12.4（a）所示。该图反映系统负荷对各电站 1 年内各日的最大出力要求，亦即各电站装机容量的总和至少应等于系统的最大负荷 P''_s。1 年内，随着电力需求的增长，年末最大负荷要比年初的大，这种考虑年内负荷增长的曲线，称动态负荷图；为简化计算，一般不考虑年内负荷增长，则相应的负荷曲线称静态负荷图。在北方地区，冬季负荷最高，夏季则降低 $10\% \sim 20\%$；南方地区则恰好相反。

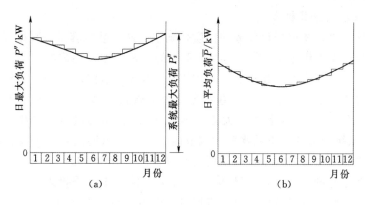

图 12.4　年负荷图

(a) 年最大负荷图；(b) 年平均负荷图

（2）年平均负荷图。指日平均负荷$\overline{P}$的年变化曲线，如图 12.4（b）所示。年平均负荷图反映系统对各电站平均出力的要求，该曲线下所包围的面积为系统的年需电量，也是系统内各电站年发电量的总和。

3. 设计负荷水平年

电力系统的负荷，随着国民经济的发展逐年增长，因此规划设计电站时，必须考虑远景电力系统负荷的发展水平，与此负荷发展水平相适应的年份，称为电站的设计负荷水平年，该年的用电要求称为设计负荷水平。设计负荷水平年的负荷图是水电站设计的依据，在编制该负荷图时，首先要确定供电范围。电力系统的供电范围是逐年扩大的，供电范围扩大将有利于水电站装机容量的增大，可多发季节性电能，增大水电站群径流电力补偿效益，更充分地利用水能资源。因此，水电站的供电范围，应根据地区能源资源、电力系统的发展规划、水电站的规模及其在电力系统中的作用等，通过技术经济论证予以确定。其次是选择设计负荷水平年，如选得过近，则据此选择的水电站规模可能偏小，水能资源得不到充分利用；反之，选的过远，则确定的水电站规模可能偏大，势必造成资金积压。所以，设计负荷水平年的选择也应通过技术经济论证。

根据我国情况，大多参照原电力工业部颁布的 DL 5015—1996《水利水电工程动能设计规范》第 6.0.7 条选择设计水平年。DL 5015—1996 规定："水电站的设计水平年，应根据电力系统的能源资源、水火电比重与设计水电站具体情况论证确定，可采用第一台机组投入后的 5～10 年。也可经过逐年电力、电量平衡，通过经济比较，在选择装机容量的同时一并选择。"实际上要确切预测设计水平年的负荷情况有一定的困难。DL 5015—1996 又规定："设计水平年的负荷水平，可考虑一定的变化范围。"

12.2.3　电力系统的容量组成

电力系统由各类电站组成，如水电站、火电站、核电站、抽水蓄能电站、潮汐电站、风力发电站和地热发电站等，各电站每台机组都有一个额定容量，称之为发电机的铭牌出力。电站的装机容量 N_{In} 是指该电站的所有机组铭牌出力之和。电力系统的装机容量便是系统内所有电站装机容量的总和。电力系统和各电站的装机容量，通常按其任务性质和运行状态进行划分。

1. 按任务性质划分装机容量

在规划设计阶段，要按担负任务的性质，确定电站的装机容量。直接分担系统最大负荷的容量，称为最大工作容量 $N''_\text{工}$。为保证系统的正常工作，还需有另一部分容量，如当系统运行时，由于负荷跳动（超过 P''_s）、机组发生事故、检修停机等需要补充容量，这部分容量分别称为负荷备用容量 $N_\text{负备}$、事故备用容量 $N_\text{事备}$ 和检修备用容量 $N_\text{检备}$，统称为备用容量 $N_\text{备}$。保证系统正常工作的最大工作容量 $N''_\text{工}$ 和备用容量 $N_\text{备}$ 之和，称为必需容量 $N_\text{必}$。此外，当系统中某些水电站水库的调节能力不大、汛期内常产生较多的弃水时，则可在必需容量之外增加部分容量，以便利用弃水生产季节性电量，以节省火电站的燃料耗费，多装的这部分容量称为重复容量 $N_\text{重}$。由于它只能在丰水季投入，枯水季因水量不足不能参加工作，因而并不能减少火电装机容量，即不能替代火电容量，它是超出必需容量之外的重复容量。而火电站和其他类似的电站，由于无需装重复容量，故其装机容量就等于它所分担的必需容量。

综上所述，从设计的观点看，电力系统的装机容量为

$$N_\text{装} = N_\text{必} + N_\text{重} = N''_\text{工} + N_\text{备} + N_\text{重} = N''_\text{工} + N_\text{负备} N_\text{事备} + N_\text{检备} + N_\text{重} \tag{12.8}$$

2. 按运行状态划分装机容量

运行时，系统和电站的装机容量已定，但并不是任何时刻全部装机容量均处在发电状态。这是因为系统最大负荷 P''_s 在年内的时间并不长，此外备用容量和重复容量也并不能经常同时利用。因此，不同时间系统和电站的容量必然处在不同的状态，很难以设计的观点再区分，这时可按运行状态划分容量。当某一时期由于机组发生事故或停机检修、火电站因缺乏燃料、水电站因水量和水头不足等原因，而使部分容量不能利用，这部分容量称为受阻容量 $N_\text{阻}$。系统中除受阻容量外，所有容量称为可用容量 $N_\text{用}$。可用容量 $N_\text{用}$ 按其所处的状态又可分为正在工作的工作容量 $N_\text{工}$ 和并未投入工作的待用容量两部分。待用容量处在备用状态的，称为备用容量 $N_\text{备}$，其余的处在空闲状态，称为空闲容量 $N_\text{空}$。总之，在运行观点看，系统和电站的装机容量可划分为

$$N_\text{装} = N_\text{用} + N_\text{阻} = N_\text{工} + N_\text{备} + N_\text{空} + N_\text{阻} \tag{12.9}$$

应当指出，上述各种状态的容量大小是随时间和条件而变化的，它们可以在不同的电站和不同的机组上互相转换，不一定固定。应尽量避免受阻容量发生，尽可能地减少空闲容量，以提高容量和设备的利用程度。

12.3 电力系统中各类电站的工作特性

目前，在我国的电力系统中，主要是火电站与水电站及少数的其他电站联合工作。为了使各类电站能合理地分担电力系统负荷，需要对水电站、火电站及其他类型电站的工作特性有所了解。

12.3.1 水电站的工作特性

（1）水电站的工作情况随河川径流的变化而变化，其出力和发电量在丰、枯年份或不同季节差别较大，虽然可利用水库调节径流，也只能在一定程度上减少变化幅度。如遇丰水年，季节性电量过大，难以利用；特殊枯水年，则发不出保证出力和电量，致使正常供

电遭受破坏，因此，水电站正常工作只能达到一定的保证程度（设计保证率）。有综合利用要求的水电站，发电将受到各部门用水要求的制约；低水头径流式电站在汛期也可能因水头不足使容量受阻；具有调节水库的中高水头电站，在库水位较低时，也可能使水电站出力不足。所以，水电站工作情况的变化是很复杂的。

（2）水能是廉价清洁的再生能源，水力发电不需要燃料费，故发电成本较低，只有火电的 $1/10 \sim 1/5$；同时，水能不产生污染，有利于环境保护。所以，在电力系统运行中，应尽可能多发水电（特别是丰水季节），少发火电，以节省系统的燃料消耗，降低运行费用。

（3）水电站机组操作运用灵活、启闭迅速，从停机状态到满负荷运行仅需 $1 \sim 2min$。因此，水电站能在负荷多变的条件下有效地运行，保证系统的周波稳定，宜于承担系统的调峰、调频、备用等任务。

12.3.2 火电站的工作特性

1. 火电站的类型

火电站的主要设备有锅炉、汽轮机和发电机等，燃料主要是煤、石油、天然气，以烧煤最普遍。火电站按功用可分为：纯发电的采用凝汽式汽轮机的火电站，称为凝汽式火电站；发电兼供热的采用背压式汽轮机（或抽汽式汽轮机）的火电站，称为供热式火电站。凝汽式火电站，由锅炉供给的蒸汽，通过汽轮机做功后的废气进入冷凝器结成水，再供锅炉循环使用。供热式水电站，蒸汽通过背压式汽轮机做功后，还有一定的蒸汽压力和温度，全部送给用热单位，因此，发电取决于供热负荷要求，出力受到限制。如采用抽取式汽轮机，只从汽轮机中间抽蒸汽供热，当不需供热时，则与凝汽式火电站工作过程相同。火电站按汽轮机进口处的蒸汽压力和温度等参数的大小又可分为低温低压火电站、中温中压火电站和高温高压火电站。

2. 火电站的工作特性

（1）火电站工作时，不像水电站那样受天然来水的限制，只要备足燃料，发电就有保证。但凝汽式火电站有"技术最小出力"限制，只能发出不小于 70% 左右的额定出力；背压供热式火电站的出力必须按供热要求确定。

（2）火电成本远比水电高。因为火电需要大量的一次能源——煤作为燃料，运行费用高。

（3）火电站工作有"惰性"，启动比水电站费时，加荷比较缓慢，机组从启动到满负荷运行约需经 $2 \sim 3h$。火电出力在额定容量的 $85\% \sim 90\%$ 时，效率最高，单位煤耗最小。因此，火电宜于承担基荷，以节约煤耗。

12.3.3 风力发电站的工作特性

风能是取之不尽、用之不竭、洁净无污染的可再生新能源。

人类利用风能的历史比较久远。早在公元前数世纪，我国人民就开始利用风力提水、灌溉、汲取海水晒盐和驱动帆船等。在国外，约公元前 200 年，波斯人也开始利用垂直风车碾米。10 世纪，伊斯兰人利用风车提水，到了 11 世纪风车广泛应用在中东地区，13 世纪风车传到欧洲，14 世纪风车成为欧洲不可缺少的原动机。1891 年，丹麦建造了世界上第一座风力发电站，经过 100 多年的发展，风力发电也取得巨大进步。随着现代技术的广泛应用，特别是近 5 年，在世界上形成了风力发电热潮，其增长速度居全球其他能源发电之首。

风能发电的基本原理是，通过风力机把风能转化为机械能，再由风力机拖动发电机将机械能转化为电能。风力发电运行方式主要有离网型和并网型两种。离网型是把风力发电机组输出的电能经蓄电池蓄能，再供给用户。并网型是将风力发电机组发出的电力直接输送到电网上。

风力发电站的工作特性有以下几点：

（1）工作不连续。风力发电受风速影响较大，有季节性，一般在 4～25m/s 左右的风速才能发电；当风速大于 25m/s 时，一般不能发电。我国有许多优良风场，有效风速的多年平均时间在 3000～8000h。

（2）发电成本高。风电单机容量小，一般在 600～1500kW，大型机组也只有 6MW。单位千瓦投资一般均高于水电或火电，进口机组在 12000 元/kW 以上，机组国产化是降低成本的主要途径。

（3）给电网运行带来困难。由于风电不能持续工作，其出力过程与用电高峰不一致，给电网负荷分配带来一定困难，因此需要有调节的电站，如与水电联合运行才能使电网运行安全可靠。此外，应注意风机运转带来的噪声，以及一座座风塔耸立对环境的影响等问题。

值得一提的是，风电作为清洁可再生能源，已越来越受到各国政府的重视，得到了快速发展。我国已规划建设甘肃河西走廊、苏北沿海和内蒙古 3 个千万瓦级大风场，建设"风电三峡"。但风力电站工作受自然条件影响较大，宜于担任基荷。

12.3.4 核电站及其他电站简介

核电站是利用核反应堆所产生的热能，使水变成高温高压的蒸汽，推动汽轮发电机组生产电能。核电站的特点，是需要持续不断地以额定出力工作，所以在电力系统中总是承担基荷。由于核反应堆的造价昂贵、质量标准和安全措施要求高、设备复杂，因此其单位装机造价比火电贵 30%～50%，但 $1kgU^{235}$ 可相当 2460t 煤，其运行费用比较便宜。自 1956 年世界上建成第一座核电站以来，发展很迅速。国际原子能机构 2007 年统计表明，全世界正在运行的核电站达 435 座之多，发电量约占世界总发电量的 16%。现行核电站是用核裂变发电，而核聚变仅用于氢弹，预计 21 世纪 20 年代将有突破用核聚变发电，由于氢能源丰富，届时核发电将广泛造福人类。

燃汽轮机电站是石油或天然气作燃料的电站。它是利用燃气推动汽轮机组发电。电站设备简单、体积小、投资省。燃气易于控制调节，启闭快、运行可靠，宜于承担系统的备用容量、尖峰负荷，及应急供电。但燃料费贵、年运行费高、发电成本高。

除上述电站外，还有抽水蓄能电站、潮汐电站以及地热电站等。

综上所述，现代电力系统一般由各种电站组成，联合工作可取长补短。水电站调节灵活，适宜于担任系统的调峰、调频、调相和事故备用等任务；其年运行费较低，因此，应尽量多发水电。火电站年运行费高、有最小技术出力等限制，为了取得高热效率，火电站应担任基荷，但当系统缺调峰容量时、中温中压火电可适当调峰。核电站年运行费用比火电虽低，但要求持续地以额定出力工作，故只能担负基荷。抽水蓄能电站是水电站的特殊型式，具有显著的调峰填谷作用，与核电或火电配合运用，将大大改善系统的工作条件。燃汽轮机电站宜于承担系统尖峰负荷或应急供电。潮汐、风力和地热电站等，只适于担任基荷，补充电力系统的电量不足。

12.4 水电站在电力系统中的运行方式

水电站在电力系统负荷图上的工作位置，称为水电站运行方式。研究水电站运行方式，在规划设计阶段，是为合理选择水电站装机容量等参数提供依据；在管理运行阶段，是为了使系统供电可靠，为制定经济运行或优化调度方案奠定基础。水电站运行方式，应根据电力系统各种电站的动力的运行特性，利用系统工程和经济分析，进行技术经济比较才能科学合理地确定，这是一项复杂的研究课题。一般来说，水电站因其水库的调节性能不同，以及年内天然来水流量的不断变化，年内不同时期的运行方式也不断调整，以使水能资源得到充分利用，同时电力系统煤耗最低。根据水电站及电力系统长期实践经验，现将不同调节性能的水电站在年内不同时期的运行方式阐述如下。

12.4.1 无调节水电站的运行方式

无调节水电站只能按天然径流发电，为了充分利用水能，它应在全年担负系统基荷工作，只有当天然径流所产生的出力大于系统最小负荷时，电站应担任一部分腰荷。具体位置由无调节水电站的日水流出力决定，超过装机容量部分为弃水出力。

12.4.2 日调节水电站的运行方式

日调节水电站能对当日的天然水流能量进行分配，可以承担变动负荷。在不发生弃水和无其他限制条件的情况下，日调节水电站可尽量担任系统的峰荷，使火电站担任尽可能均匀的负荷，以降低单位煤耗量。随着天然来水的增多，其工

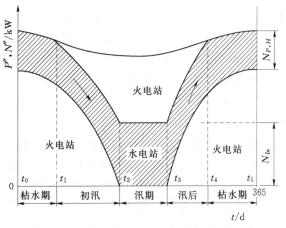

图 12.5 日调节水电站枯水年运行方式

作位置应从峰荷逐渐地转移到基荷，以充分利用装机、减少弃水，节约火电耗煤量。根据不同来水年份和季节，日调节水电站的工作位置也应相应调整。

（1）在设计枯水年，水电站在枯水期的工作位置是以最大工作容量担任系统的峰荷，如图 12.5 中 $t_0 \sim t_1$ 与 $t_4 \sim t_5$ 时期。当洪水期开始后，天然来水逐渐增加，日调节水电站的工作位置应逐渐下降到利用全部装机在腰荷与基荷工作，如 $t_1 \sim t_2$ 时期。在洪水期 $t_2 \sim t_3$ 内来水很大，水电站应以全部装机在基荷工作，尽量减少弃水。t_3 以后，汛期已过，来

水量逐渐减小，水电站的工作位置逐渐上移到 t_4，担任系统的腰荷与部分峰荷。从 t_4 起又开始为枯水季，水电站又担任系统的峰荷。

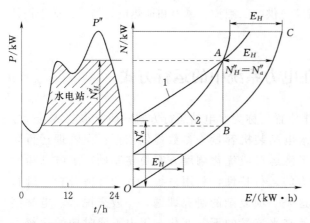

图 12.6　日调节水电站工作位置的确定
1—N 辅助曲线；2—E 辅助曲线

如何确定 $t_1 \sim t_2$ 与 $t_3 \sim t_4$ 时期内日调节水电站在系统负荷图上的工作位置呢？在此时期内某日的水流能量，大于电站的可用容量在峰荷位置相应的电量，而小于在基荷位置相应的电量，则必然在峰荷与基荷之间找到适合的工作位置，既能充分利用该日的水流能量，又能充分发挥其可用容量的作用。该某日的水流能量为 E_H 和可用容量为 N_a''，可用图 12.6 定水电站的工作位置。在日负荷图上作日负荷分析曲线 OC，将 OC 线沿垂直方向上移一个距离为 N_a''，得以辅助曲线 1，再将 OC 线沿水平方向左移一个距离为 E_H，得另一辅助曲线 2，由两辅助曲线的交点 A 可定出水电站工作位置的上限，而由 A 点的垂线与分析曲线 OC 的交点 B 可定其下限，这样就求得水电站在日负荷图上的工作位置（图 12.6 阴影部分）。

水电站在这个位置上工作，其可用容量全部发挥作用，日水流能量也全部得到利用。如果将其工作位置上移，则因 N_a'' 的限制，E_H 不能充分利用造成弃水；如果下移，则因 E_H 的限制，N_a'' 不能全部发挥作用。由此可以看出，当 E_H 一定时，N_a'' 越大，位置越高，更能承担尖峰负荷；当 N_a'' 一定时，E_H 越大，位置越低；而当水流出力等于装机的丰水日时，水电站就该转入基荷位置工作。

（2）在丰水年份，天然来水较多，即使在枯水期，日调节水电站也要承担负荷图中的峰荷与部分腰荷。在初汛后期，可能已有弃水，日调节水电站就应以全部装机容量担任基荷。在讯后的初期，来水可能仍较多，如继续有弃水，日调节水电站就应以全部装机容量担任基荷。在讯后的初期，来水可能仍较多，如继续有弃水，此时水电站仍应担任基荷，直到进入枯水期后，水电站的工作位置便可恢复到腰荷，并逐渐上升到峰荷位置。

（3）日调节水电站与无调节水电站相比具有许多显著的优点：可适应负荷变化要求，承担调峰、调频和备用，提高供电质量；改善火电机组工作条件，使其出力比较均匀，减少单位煤耗；在保证电量一定时，担任调峰可增大水电站的工作容量，节省火电装机；增大水电站装机容量，在丰水季可增发季节电能，减少火电总煤耗量等；日调节所需库容不大。所以，只要有可能，就应尽量为水电站进行日调节创造条件。

但是，水电站进行日调节时，由于负荷迅速变化，引起水电站工作流量的急剧变化，会造成上、下游特别是下游河道水位和流速的剧烈变化，将带来不良后果。如日调节使平均水头比无调节时减小，损失一部分电能。对高水头水电站，电能损失不大，一般可忽略不计；如系低水头水电站，则损失可能较大，需加以考虑。其次，当河道经常通航时，河中水位和流速急剧变化，使航运受到严重影响，甚至在某一段时间必须停航。此外，当下游有灌溉或给水渠道进水口，剧烈的水位波动会干扰渠道进口，使控制引用流量发生困难。因此，进行日调节时，应设法满足综合利用各部门的要求。解决上述矛盾的措施是：适当限制水电站的日调节，在水电站下游修建反调节水库以减小流量、水位和流速的波动幅度。

12.4.3　年调节水电站的运行方式

年调节水电站一般多属不完全年调节，在 1 年内水库调节过程一般可划分为供水期、蓄水期、弃水期和不蓄不供等几个时期，如图 12.7 所示。

1. 设计枯水年的运行方式

（1）供水期。如不受综合利用其他部门用水的影响，水电站按保证出力在峰荷位置工作，担任尽可能大的工作容量，以减少火电装机，并使火电站担任尽可能均匀的负荷。如图 12.7 中 10 月至次年 3 月。如有其他部门的用水要求时，则发电用水将随之而变，其在负荷图上的工作位置也将随具体情况而定。

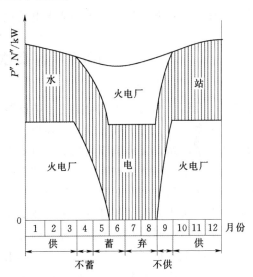

图 12.7　调节水电站设计枯水年运行方式

（2）不蓄期。天然来水逐渐增大，为避免水库过早蓄水使以后可能发生大量弃水，可在保证水库蓄满的条件下尽量利用天然来水量多发电。由于不完全年调节水库容积小，易于蓄满，故蓄水期开始时，不急于蓄水（不蓄期），水电站以天然水流能量在腰荷工作。如图 12.7 中的 4 月。

（3）蓄水期。天然来水继续增大，水库开始蓄水，当水库蓄水至相当程度，则水电站的出力可加大，工作位置随着下移，到后期以其全部装机容量在基荷工作。如图 12.7 中 5—6 月。

（4）弃水期。此时水库已蓄满，水电站应按全部装机容量在基荷工作，当天然来水量超过了水电站最大过水能力时，弃水就无法避免，超过的水量为弃水量。

（5）不供期。此时水库保持库满，天然来水流量逐渐减小到小于水电站最大过水能力，而仍大于发保证出力所需的调节流量，故水库不供水，水电站按天然流量发电。随着天然流量的逐渐减小，其工作位置由基荷转向腰荷，最后到峰荷位置与供水期衔接。如图 12.7 中的 9 月。

2. 丰水年的运行方式

丰水年天然来水量较多，即使在供水期内，水电站可能引用的流量仍大于保证出力所需的调节流量，水电站可担任峰荷和部分腰荷，以充分利用水能，并避免到洪水期增加弃水。进入洪水期后，来水量更大，蓄水期较短，水库很快蓄满，水电站迅速转至基荷位置工作。到弃水期，水电站以全部装机容量在基荷位置工作，弃水量可能还很大。

12.4.4 多年调节水电站的运行方式

多年调节水库库容很大，水库要经过若干个丰水年的蓄水期才能蓄满，又要经过几个连续枯水年的供水期才能放空。所以，在一般年份内水库只有供水期和蓄水期，水库水位在正常蓄水位与死水位之间变化。因此，多年调节水电站在一般年份总是按保证出力，在电力系统负荷图上全年担任峰荷。但是为了火电站机组检修，在洪水期水电站需适当增加出力以减小火电站的出力。

多年调节水库在蓄满后，若仍继续出现丰水年份，为了防止产生弃水，其工作位置要适当下移，运行方式类似于年调节水电站在丰水年的运行方式。

12.5 各类水电站水能计算

12.5.1 无调节和日调节水电站的水能计算

如果水电站上游没有水库或库容很小，不能对天然来水过程进行调节，则该水电站称为无调节水电站。无日调节池的引水道式水电站、无调节库容的河川径流式水电站以及某些多沙河流上水库被淤积不能再进行调节的水电站均属于无调节水电站。无调节水电站由于没有水库的调节因而工作方式最为简单，在任何时候的出力均取决于河道中当时的天然流量和电站水头，而且各时段的出力彼此无关。

如果水电站能够利用水库（或日调节池）的调节库容使天然来水在 1 昼夜 24h 内重新分配，即把低谷负荷时多余的水量蓄积起来，供高峰负荷时用，这样的水电站，称为日调节水电站。日调节水电站能充分利用一天的来水量，又能适应负荷变化的需要，其每天的发电量或日平均出力只取决于当日的来水，完成日调节所需要的库容并不是很大，因此，在可能的条件下，都应争取修建成日调节水电站。

1. 保证出力的计算

计算水电站出力的基本公式包括流量和水头两个主要因素。无调节水电站主要靠天然流量来发电，若上游有其他需水部门取水，则应将这部分流量从天然来水中扣除。当天然流量大于水电站所有机组的最大过水能力时，才受到机组的限制，此时按最大工作能力工作并有弃水产生。还可能出现出力暂时超过系统负荷的需要而被迫弃水。

水头的确定也比较简单。因上游水位为已知的正常蓄水位，基本上保持不变，只有在遇到泄洪时才会出现相应的水位超高，故一般采用水库或压力前池的正常水位作为上游水位。下游水位则与下泄流量有关，可从下游水位流量关系曲线中查得。水头损失可根据水电站的总体布置和建筑物的规划设计用水力学中的公式估算。

无调节水电站的计算时段取"日"，水电站的保证出力是指相应于设计保证率的那一个日的水流平均出力，它是水电站的主要动能指标之一。无调节水电站的设计保证率常用按相对历时计算的历时保证率 $P_{历时}$ 表示。根据径流资料情况和对计算精度的要求，无调节水电站保证出力的计算方法采用长系列法、代表年法。

（1）长系列法。当水电站取水断面处的径流系列较长，且具有较好的代表性时，可采用长系列法。用该方法计算的结果精度较高。该法首先根据已有的水文系列，取日（或旬）为计算时段，逐日计算水电站的日平均出力，然后将日平均出力按大小排列，按常用的经验频率公式计算日平均出力的频率（或保证率），然后绘制日平均出力频率曲线，并有已选定的设计保证率在曲线上查得保证出力。

按照以上步骤进行计算，工作量很大。为了简化计算，可由大到小将日平均流量分组，并统计其出现日数和累积出现日数，再按分组流量的平均值来计算出力和推求保证出力。出力按下列公式计算：

$$N = A Q_电 H_净 \qquad (12.10)$$

式中：$Q_电$ 为发电日平均流量，m^3/s，等于分组日平均流量减去其他综合利用部门自水库引走的流量和水库（或渠道）的损失流量；$H_净$ 为净水头，m，等于上下游水位差扣除水头损失，即 $H_净 = Z_上 - Z_下 - \Delta H$。

（2）代表年法。为了简化计算，一般可选设计代表年进行计算。在规划及初步设计阶段，一般选 3 个设计代表年来进行计算，即设计枯水年、设计平水年和设计丰水年。水能计算时通常按照年水量或按枯水期水量来选择设计代表年。

1）按年水量选择。按年水量选择设计代表年，应该根据当地水文测量站的历年径流资料，计算并绘制年水量（水利年的）频率曲线 $W_年 - P$，再按照水电站的设计保证率 $P_设$ 在 $W_年 - P$ 曲线上查得 W_P，在径流系列中找出年径流与 W_P 相接近的一年，将它作为设计枯水年。同样，按 $P_平 = 50\%$ 及 $P_丰 = 100\% - P_平$ 选设计平水年和设计丰水年。并要求 3 个设计代表年的平均年水量、平均洪水期水量及平均枯水期水量分别与其多年平均值接近。

按年水量选择设计代表年的最大缺点是没有到径流年内分配的特性。因为年水量符合设计保证率的枯水年份，其枯水期水量确有可能出现偏大或偏小的情况。若用这样的枯水年去求水电站的保证出力，必然会得到偏大或偏小的结果。因此，只有在径流年内分配较稳定的河流，才以年水量为主来选择设计代表年。

2）按枯水期水量选择。按枯水期水量选择设计代表年，应先计算并绘制枯水期水量频率曲线 $W_枯 - P$，然后根据 $P_设$、$P_平$ 及 $P_丰$ 在 $W_枯 - P$ 曲线上选出与之相对应的年份作为设计枯水年、设计平水年和设计丰水年，并要求这 3 个设计代表年的平均年水量也要与多年平均年水量相接近。对于径流年内分配不稳定的河流，宜以枯水期水量为主来选择设计代表年。

用设计代表年法计算无调节水电站的保证出力时，可将这 3 个设计代表年的日平均流量统一进行分组，并通过其各组流量出现日数和累积出现日数，然后按与长系列法相同的步骤来计算保证出力。

日调节水电站保证出力的计算与无调节水电站的计算方法基本一样，计算时段也取"日"，差别仅在于上游水位的计算方法有些不同。无调节水电站的上游水位通常都保持在正常蓄水位不变，而日调节水电站在进行调节时其上游水位则在正常蓄水位与死水位之间有小幅度的变化，一昼夜内完成一个调节循环。在计算时通常用死库容加上日调节库容的一半查库容曲线得出的水位作为上游平均水位。日调节水库的死水位，可根据水轮机允许的最小工作水头和水库淤积要求等条件来确定。水轮机适用的工作水头范围，已有制造厂予以规定。如果事先已考虑这种要求初步选定机型，则可根据该水轮机的最小工作水头，再结合考虑泥沙淤积高度来确定水库的死水位。下游水位也因日调节而在日内有较大的变化，计算时可取平均值，并由日平均流量查稳定的下游水位流量关系线得之。

对于具有日调节水库的高水头水电站，如混合式或具有日调节池的引水式水电站，死水位的确定主要是考虑泥沙淤积条件。因为这种水电站的水头，通常不会低于水轮机的最小工作水头。

2. 多年平均发电量的计算

水电站的年发电量的多年平均值，称为多年平均年发电量。无调节水电站的多年平均年发电量，可利用已绘出的日平均出力历时曲线求得（图 12.8）。曲线以下与纵横坐标之间所包围的面积，即为天然水流的多年平均年发电量。如水电站的装机容量为 $N_{装,1}$，多年平均年发电量等于面积 $abco$，即 $\overline{E}_{年,1}$。ab 线以上的面积虽然表示天然水量可以利用的电能，但由于装机的限制，只好放弃。如电站的装机容量增加 ΔN_1，即装机容量增大到 $N_{装,2} = N_{装,1} + \Delta N_1$，则多年平均发电量等于面积 $deco$，即 $\overline{E}_{年,2} = \overline{E}_{年,1} + \Delta \overline{E}_1$。

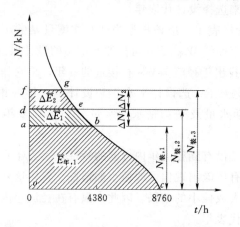 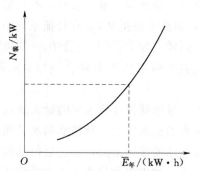

图 12.8　日平均出力历时曲线图　　　　图 12.9　$N_{装}$-$\overline{E}_{年}$ 关系曲线图

由此可见，多年平均年发电量随装机容量的不同而变化。可假定若干个装机容量方案。从图上算出相应的多年平均年发电量，再绘制成 $N_{装}$-$\overline{E}_{年}$ 关系曲线（图 12.9），待装机容量确定后，即可在 $N_{装}$-$\overline{E}_{年}$ 关系曲线上查得水电站的多年平均年发电量 $\overline{E}_{年}$。

在完全缺乏水文资料的情况下，可用下式粗估水电站的多年平均年发电量 $\overline{E}_{年}$。

$$\overline{E}_{年} = A\alpha \overline{Q} H_{净} \times 8760 \quad (\text{kW} \cdot \text{h}) \tag{12.11}$$

式中：α 为径流利用系数，表示发电量与天然来水量的比值，可参考邻近相似水电站的径流利用情况选定；$\overline{Q}$ 为多年平均流量。

日调节水电站的多年平均年发电量的计算与无调节水电站的计算方法相同。

12.5.2　年调节和多年调节水电站的水能计算

在一年内，能够将丰水期多余的水量蓄存在水库中，到枯水期放出来发电，以提高枯水期的发电流量，满足用电部门的需要，即对天然径流过程在一年内进行重新分配的水电站，称之为年调节水电站。

本节所讲的年调节水电站水能计算是在正常蓄水位和死水位已经选定的情况下进

行的。

1. 年调节水电站保证出力的计算

以发电为主的年调节水库在一个调节年度内，一般分为蓄水期、弃水期、供水期和不蓄不供期（称天然流量工作期）等几个时期。其中供水期引用流量最小，电站出力也少。年调节水电站某年能否保证正常工作，关键取决于供水期，只要供水期电站的出力和发电量能满足系统正常用电需求，则水电站全年工作就有保证。或者反过来说，只要供水期遭到破坏（因来沙受到调节库容的限制）其他时期即使水电站出力很大，也不能改变这一年一定遭破坏的局面。因此，年调节水电站的保证出力是指相应于设计保证率的那一个供水期的平均出力，与此保证出力相应的供水期发电量就是保证电量。这里，设计保证率采用年保证率。

在年调节水库正常蓄水位和死水位一定的情况下，年调节水电站保证出力的计算方法，通常采用长系列法或代表年法。

（1）长系列法。长系列法是利用坝址断面处已有的全部径流资料系列，通过径流调节算出每年供水期的平均出力，然后将这些出力按大小排列，进行频率计算，绘出年供水期平均出力的频率曲线，则该曲线上相应于设计保证率的年供水期平均出力，就是年调节水电站的保证出力。

除了上述计算方法外，也可以在求出各年供水期的调节流量以后，将调节流量按大小顺序排列，计算其相应频率，绘出调节流量频率曲线。由选定的设计保证率在该曲线上可查得保证调节流量 $Q_{调P}$（或称设计调节流量）。为简化计算，也可用年调节水库平均蓄水库容（$V_死 + 1/2V_蓄$）查库容曲线，得到供水期的平均水库水位，减去相应于 $Q_{调P}$ 的电站尾水位及水头损失，得到供水期的平均水头 H_P，然后按公式 $N_P = AQ_{调P}H_P$ 计算水电站的保证出力。

（2）代表年法。由于年调节水电站能否保证正常供电主要取决于枯水期，所以在规划设计阶段进行大量方案比较时，为了节省计算工作量，也可以用相应设计保证率的典型枯水期的平均出力，作为年调节水电站的保证出力。在实际水文系列中，往往可能遇到有一些枯水年份的水量虽然十分接近，但因年内水量分配不同，因而其枯水期平均出力相差较大，因而当水库以发电为主时，水电站的保证出力是指符合水电站设计保证出力要求的枯水年供水期的平均出力。

对于小型水电站来说，一般是按设计保证率选一个枯水代表年，算出该年的供水期平均出力，用该值作为调节水电站的保证出力。在用此法时，目前多用等流量法进行调节计算，亦即先求出供水期的平均调节流量 Q_P，按此流量求出各月出力，再以各月出力的平均值作为年调节水电站的保证出力。

供水期的发电用水为水库兴利库容的蓄水量加上供水期天然来水量并扣除水量损失和从库区引走的水量，即

$$Q_P = \frac{W_供 + V_兴 - W_损 - W_引}{T_供} \tag{12.12}$$

式中：Q_P 为水电站枯水代表年供水期的调节流量，m^3/s；$W_供$ 为供水期天然来水量，m^3；$V_兴$ 为水库兴利库容，m^3；$W_损$ 为水量损失，m^3；$W_引$ 为从库容引走的水量，m^3；

$T_{供}$ 为供水期历时，s。

若不考虑水量损失且库区无引水，则上式可简化为

$$Q_P = \frac{W_{供} + V_{兴}}{T_{供}} \tag{12.13}$$

必须注意，供水期是指天然流量小于调节流量的时期。在求出天然流量之前，须先假定供水期，按式（12.12）或式（12.13）通过试算求 Q_P，直到计算出的 Q_P 都大于假定的供水期的天然来水为止。一般试算 1～2 次即可确定。

为简化计算，也可求出 Q_P 后，只计算水电站在供水期的平均年水头 H_P，用公式 $N_P = AQ_P H_P$ 直接计算年调节水电站的保证出力。

2. 多年调节水电站保证出力的计算

当水电站水库进行多年调节时，其调节周期长达好几年，使得水电站能在供水段的连续枯水年组内得到相同的平均出力和年发电量。如果遇到特别枯的连续枯水年段（组）时，以全部调节库容供水仍发不足要求的出力或电量的话，水电站将引起一次破坏。所以多年调节水电站的临界期应取为由若干连续枯水年份组成的枯水年段；符合设计保证率要求的那一个枯水年段的平均出力才是其保证出力。

多年调节水电站保证出力的计算方法与上述年调节水电站的保证出力的计算方法基本相同。可对实测长系列水文资源进行兴利调节与水能计算求得。

简化计算时，一般是在全部水文资料系列中选取一个枯水代表年组。当水库蓄满后出现的枯水年组作为枯水代表年组，当不考虑从库区引水和忽略水库水量损失时，调节流量的计算公式为

$$Q_{调} = \frac{W_{供} + V_{兴}}{T_{供}} \tag{12.14}$$

式中：$T_{供}$ 为枯水代表年组的供水期历时，s；$W_{供}$ 为枯水代表年组的供水期的天然来水，m^3；$V_{兴}$ 为多年调节水库的兴利库容，m^3。

求出枯水代表年组的供水期的平均库容 $\overline{V}_{供} = V_{死} + \frac{1}{2} V_{兴}$，及其相应的供水期平均库水位，同时，根据 $Q_{调}$ 查下游水位流量关系曲线求出供水期下游平均水位，从而可求的平均发电水头 $\overline{H}_{供}$，进而可得水电站供水期的平均出力 $N = AQ_{调}\overline{H}_{供}$。该出力 N 的相应频率为 $P = \frac{n}{n+1} \times 100\%$（其中 n 为水文系列的总年数）。在一般情况下，此频率常大于水电站的设计保证率，则可让枯水代表年组的最末一年（或几年）遭受破坏，求出新的 $T_{供}$ 和 $W_{供}$ 及相应的 $Q_{调}$，若 $Q_{调}$ 的频率与设计保证率符合，则所求枯水年组供水期的平均出力即为保证出力。

3. 年调节水电站多年平均年发电量的计算

在规划设计阶段，当比较方案较多时，只要不影响方案的比较结果，常采用比较简化的方法，如平水年法、三个代表年法，有条件时，也可用长系列法。

（1）平水年法。选择一个平水年法作为设计代表年法，即可大致定出水电站的多年平均发电量。其计算步骤如下：

1）选择一个平水年作为设计代表年，要求该年的年径流量及其年内分配均接近于多

年平均情况。

2）列出所选设计平水年各月的净来水流量。

3）根据国民经济各用水部门的要求，列出各月的用水流量。

4）对于年调节水电站，按月径流进行调节计算，求出各月的平均水头 $\overline{H}$ 及其平均出力 $\overline{N}$。如某些月份的平均出力大于水电站的装机容量时，即以该装机容量值作为平均出力值。

5）将各月的平均出力 $\overline{N}_i$ 乘以一个月的小时数 t，即可得到各月的发电量 E_i。设 n 为平均出力低于装机容量 $N_{装}$ 的月份数，m 为平均出力等于或高于装机容量 $N_{装}$ 的月份数，则该设计代表年份的发电量 $E_平$ 为

$$E_平 = t\left(\sum_{i=1}^{n}\overline{N}_i + mN_{装}\right) \tag{12.15}$$

式中：m 与 n 的和为全年时段数，以月为时段单位时，$m+n=12$，$t=730$ 为每个月的小时数，每月按 $365/12=30.4\text{d}$ 计。

水电站的多年平均发电量 $\overline{E}_年$ 即为该设计代表年份的发电量，即

$$\overline{E}_年 = E_平 \tag{12.16}$$

（2）三个代表年法。选择丰水年、平水年、枯水年三个代表年，要求三个代表年的平均径流量接近于多年平均值，各个代表年的径流年内分配情况要符合各自典型年的特点。如设计枯水年的设计保证率 $P=80\%$，则设计丰水年的设计保证率为 $(1-P)=20\%$。

对每个代表年进行等流量调节的水能计算，求出三个代表年的发电量，然后加以平均，即得到多年平均年发电量。丰水年、平水年、枯水年三个代表年每一年的发电量按式（12.15）计算，则多年平均年发电量为

$$\overline{E}_年 = \frac{1}{3}(E_枯 + E_平 + E_丰) \tag{12.17}$$

式中：$E_枯$ 为设计枯水年的年发电量，kW；$E_平$ 为设计平水年的年发电量，kW；$E_丰$ 为设计丰水年的年发电量，kW。

必要时，也可以选择枯水年、中枯水年、中水年、中丰水年和丰水年 5 个代表年，根据这些代表年估算多年平均发电量。

（3）长系列法。长系列法计算多年平均年发电量是对全部水文资料逐年逐月进行水能计算，然后计算各年的发电量。各年发电量的平均值，即为多年平均年发电量，即

$$\overline{E}_年 = \frac{1}{n}\sum_{1}^{n}E_年 \tag{12.18}$$

式中：$\sum_{1}^{n}E_年$ 为系列各年发电量之和，$\text{kW}\cdot\text{h}$；n 为系列的年数。

长系列法计算工作量虽大，但由于电子计算机得到普遍的应用，当径流调节、水能计算等各种计算程序标准化后，对几十年甚至更长的水文资料系列，均可在很短的时间内迅速运算，并比较精确的求出多年平均年发电量。

4. 多年调节水电站多年平均年发电量的计算

在求多年调节水电站的多年平均发电量时，不宜采用一个平水年或几个典型代表年，

而应采用设计水平年系列，即选用某一连续水文年组（一般由十几年的水文系列组成）代表长系列。要求该连续水文年组的平均径流量约等于全部水文系列的多年平均值，其径流分布符合一般水文规律。选择设计水平年系列时应该满足以下条件：

（1）设计水文年系列内应包括丰水年、平水年、枯水年三种水量的年份。

（2）设计水文系列的年径流均值和 C_v 应与多年系列的均值和 C_v 基本相等。

（3）设计水文年系列内水库要完成一次以上的调节周期，即水库至少要蓄满一次和放空一次。

长系列法同样可以用于多年调节水电站多年平均发电量的计算。

12.6 水电站装机容量的选择

水电站装机容量是指水电站所有机组额定容量的总和，它是水电站的主要参数之一。装机容量的大小直接影响到水电站的规模和动能效益、水能资源的利用程度以及水电站的投资和设备的合理使用，它的选择是一个比较复杂的动能经济问题。水电站装机容量由最大工作容量、备用容量和重复容量三部分组成。

12.6.1 水电站最大工作容量的确定

1. 确定原则

水电站的工作容量是指直接承担设计水平年系统负荷的那部分容量。由于系统负荷在一年内是变化的，系统的最大工作容量就等于系统的年最大负荷，是由各类电站共同承担的。所以，水电站所分担的满足系统年最大负荷的容量，称为水电站最大工作容量。设电力系统的最大负荷 P_s'' 为一定值，水电站最大工作容量的确定，应从电力系统的可靠性和经济性要求出发，在水电站、火电站之间正确划分各自承担的系统最大负荷的工作容量。根据系统容量的平衡条件，设计水平年水电站的最大工作容量 $N_{\rm T}''$ 为

$$N_{\rm T}'' = P_s'' - \sum N_T \tag{12.19}$$

式中：$\sum N_T$ 为系统已建的和拟建的其他电站的最大工作容量之和。

根据电能平衡要求，在任何时段内，水电站应提供的保证电量 E_{fm} 为系统要求的电量 E_s 与 $\sum E_T$ 之差，即

$$E_{fm} = E_s - \sum E_T \tag{12.20}$$

式中：$\sum E_T$ 为已建和拟建火电站等所发保证电量之和。

从可靠性方面要求，水电站能承担多大的工作容量，要有相应的能量保证，即满足式 (12.19)。而当水库电站的正常蓄水位与死水位确定后，电站的保证电量为某一固定值。这样，按符合水电站保证率要求的保证电量控制所确定的水电站最大工作容量，就体现了电力系统工作的可靠性要求。

从经济性方面考虑，增大水电站的最大工作容量，由式 (12.18)，可以相应减少新建火电站的工作容量。当坝式水电站在系统负荷图上的工作位置，同时要满足可靠性要求，可以发现在不同位置，水电站的最大工作容量是不同的。即担任峰荷、腰荷时的最大工作容量要大于基荷时的最大工作容量。而增加水电站的工作容量，并不需要增加水工部分的投资，只需增加与发电直接相关的机电设备及厂房等投资。根据我国目前的电源结构，常

把火电站作为水电站的替代电站。因此，水电站所增加的补充千瓦投资，常比替代火电站的单位千瓦投资少的多，至于年运行费，火电站比水电站就更大的多。由此看来，增加水电站的工作容量以替代火电站的工作容量，在技术上是可行的，在经济上总是有利的。所以，应让水电站尽可能在峰荷区工作，多装工作容量，这样不但可提高汛期水量利用率，而且可节约火电站的总煤耗量，显然这是符合电力系统经济性要求的。

综上所述，水电站最大工作容量的确定原则是，在尽可能满足综合利用要求的条件下，以保证电量作为控制，使水电站的工作容量尽可能大。但应指出，此原则对引水式电站不一定适合，特别是有长引水道的水电站，其补充千瓦投资不一定比火电站的小。在确定最大工作容量时，应进行水电站、火电站之间的经济比较。

2. 无调节水电站最大工作容量的确定

无调节水电站任何时刻的出力，均取决于天然流量的大小，为了充分利用无调节水电站的发电量，电站只能在日负荷图的基荷部位工作。所以，无调节水电站的最大工作容量 N''_H 即等于按设计保证率求出的保证出力 N_{fm}，即

$$N''_H = N_{fm} \tag{12.21}$$

3. 日调节水电站最大工作容量的确定

由于日调节水电站可将日平均出力调节成担任峰荷部位的变化出力，从而增大水电站的工作容量。因此，其最大工作容量须根据前述的原则予以确定。具体方法分述如下。

选择电力系统设计水平年的冬季最大典型日负荷图；绘出其日负荷分析曲线；利用该曲线在峰荷部位根据保证出力控制的保证电量 $24N_{fm}$，可定出日调节水电站的工作位置和最大工作容量 $N''_{\text{工,水}}$，如图 12.10 所示。可以看出，日调节水电站的 $N''_{\text{工,水}}$ 比具有相同的 N_{fm} 的无调节电站的最大工作容量大得多，可更多地节省火电装机，使整个系统获得显著的动能经济效益。

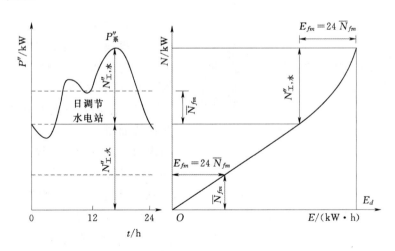

图 12.10 日调节水电站 $N''_{\text{工,水}}$ 的确定

当日调节水电站下游有综合用水要求时（如航运需一昼夜间均匀通航流量），则应把其保证出力划分为两部分：一部分受综合用水限制；另一部分可随意调节。然后分别按无调节和日调节水电站确定出相应两部分的最大工作容量，水电站总工作容量为上述两部分

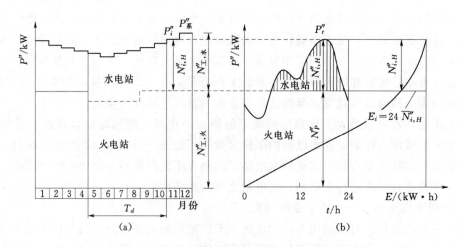

图 12.11　求 $N''_{\text{工},\text{水}}$ 时的系统年电力电量平衡图

(a) 系统电力平衡；(b) 典型日负荷图的电力电量平衡

之和。有综合用水要求，水电站最大工作容量相应减少。

4. 年调节水电站最大工作容量的确定

年调节水电站最大工作容量的确定，应以前述原则为依据。由于其保证电量的控制时段是整个洪水期，所以，要在年负荷图上通过电力电量平衡来确定。具体方法步骤分述如下。

(1) 在设计水平年电力系统年最大负荷图 12.11 (a) 上，以水平线划分水电站、火电站在洪水期的工作位置。用水平线划分可满足式 (12.18)，若用斜线划分，则水电站、火电站的最大工作容量之和将大于系统最大负荷，不满足式 (12.18)，也不符合经济要求。

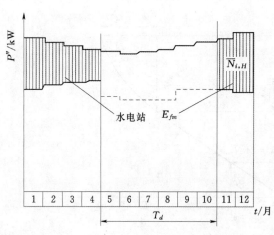

图 12.12　电力系统年电量平衡图

(2) 在图 12.11 (a) 上划水平线后，可得到水电站供水期各月应担负的峰荷出力值 $N''_{i,H}$，例如 12 月为 $N''_{12,H}=N''_{\text{工},\text{水}}$，11 月为 $N''_{11,H}$ 等。

(3) 绘制各月典型日负荷图及其分析曲线如图 12.11 (b) 所示，由该月峰荷出力 $N''_{i,H}$ 在分析曲线上求得水电站应担负的日电量 E_i，则该日平均出力也就是该月水电站的平均出力，为 $\overline{N}_{i,H}=E_i/24$。将各月的 $\overline{N}_{i,H}$ 画在年平均负荷图上，得系统年电量平衡图 (图 12.12)，也称保证出力图。图中竖影线部分所表示的面积即为水电站供水期应承担的发电量 $E_供$，或 $E_供 = 730\sum N_{i,H}$ $(i \in T_d)$。

(4) 比较所计算出的 $E_供$ 是否等于水电站的 E_{fm}，若相等，则所作水平线即为有能量保证的电力负荷划分线，所定出的 $N''_{\text{工,水}}$ 即为所求的水电站最大工作容量值。若不相等，则需修改水平线的位置，重复上述步骤，知道符合为止。但这样工作量很大，一般常用简化方法，如下一步说明。

（5）常用的简化方法是作辅助曲线的办法。即通过划水平线 1、2、3 等，假设若干个 $N''_{\text{工,水}}$ 方案，对每一 $N''_{\text{工,水}}$ 方案都执行上述步骤（1）～（3），计算出各方案水电站可承担的 $E_{供}$ 值，然后由各个假设的水电站最大工作容量与求出的供水期电量之间的关系，作 $N''_{\text{工,水}}$-$E_{供}$ 辅助线，如图 12.13 所示。根据水电站已定的供水期保证电量 E_{fm}，在辅助线上即可求出最大工作容量 $N''_{\text{工,水}}$ 及其相应的工作位置。

应该说明，供水期以外月份水电站的工作方式，应根据充分利用水能资源、减少弃水的原则进行研究。

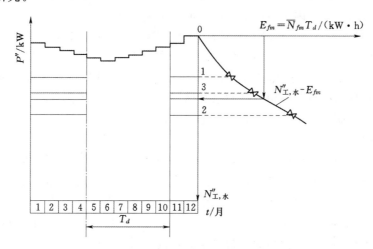

图 12.13　确定水电站工作容量的辅助线 $N''_{\text{工,水}}$-E_{fm}

5. 多年调节水电站最大工作容量的确定

确定多年调节水电站最大工作容量的原则和方法，与年调节水电站类似，只是需要计算设计枯水年组的平均出力 N_{fm} 和年保证电量 $E_{fm}=8760N_{fm}$，然后按水电站全年都担任峰荷工作，进行全年的系统电力电量平衡，即可确定水电站的最大工作容量。

应该指出，当缺乏远景负荷资料时，不能采用上述系统电力电量平衡法确定水电站的最大工作容量。这时可用简略的公式估算法，具体方法可参阅有关资料和文献。

12.6.2　电力系统备用容量的确定

为了使电力系统的正常工作不遭受破坏，系统中各个电站容量的总和至少不得小于系统的最大负荷。但是，根据系统最大负荷所确定的各电站工作容量，并不能保证电力系统供电有足够的可靠性，其原因如下：

（1）在任何时刻不能准确地预测电力系统将会出现的瞬时最大峰荷。

（2）系统中的发电设备难免会发生事故，并难于预测。由于是事故停机，系统工作容量减少，负荷需求就不可能得到保证，故需要事故备用容量。

（3）很难使所有的机组都能在一年或两年之内得到计划停机检修的机会。

由上所述，电力系统中各电站的总容量值，除了满足分担系统最大负荷的要求外，还要附加一部分容量以保证系统供电的可靠性，这部分容量称为系统的备用容量。备用容量可分为负荷备用容量、事故备用容量和检修备用容量。应分别予以确定 3 种备用容量，并由满足一定条件的电站承担。

1. 负荷备用容量

实际上电力系统的负荷是不断变动的，特别是当系统内有大型轧钢机、电气机车等用户时，它们常出现冲击负荷，称为突荷，使负荷时高时低地围绕负荷曲线跳动。当负荷超过系统计划最大负荷时，仅有最大工作容量就不够了。为此，需要装置一部分负荷备用容量来承担这种短时的突荷，才不致因系统容量不足而使周波降低到小于规定的数值，影响供电质量。负荷备用容量的多少与系统用户的性质和组成有关，"跳动"用户的比重大，其值应大。根据水利动能规范，系统的负荷备用容量可采用系统最大负荷 P''_s 的 2%～5%。一般无需额外备用电量，因负荷跳动时正时负，能量可以互补。

电力系统的负荷备用容量，在一般情况下，宜装在调节性能较好、靠近负荷中心的大型蓄水式水电站上。但在大型电力系统中，负荷备用容量值很大，规范规定，当 P''_s 不小于 1000MW 且输电距离较远时，应由两个或更多的水电站和凝汽式火电站分担负荷备用容量。通常把担任系统负荷备用容量的电站称为调频电站。在实际运行中，负荷备用容量可在不同调频电站间互相转移，但必须由正在运转的机组承担。

2. 事故备用容量

电力系统中任何一个电站发生事故，则机组不能投入工作，为了保证系统正常工作，尚需装置一部分备用容量。这部分在系统发生事故的原因很复杂，造成的损失难以估算，到目前为止，尚无确定事故备用容量的严格算法。因此，在实际设计中，一般根据运行经验确定事故备用容量。DL 5015—1996 规定：系统事故备用容量采用系统最大负荷的 10%左右，但不得小于系统内最大一台机组的容量。

事故备用容量一般应分设在几个电站上，不宜太集中，且可随时快速投入工作。如火电站的事故备用容量应处在热备用状态，水电站应处在停机待用状态。系统事故备用容量在水电站、火电站之间分配时，应根据各电站的特点、工作容量比重、系统负荷的分布等因素分析确定。一般在调节性能较好的蓄水式水电站上多分配些事故备用容量是有利的，初步决定时，可按水电站、火电站最大工作容量的比例来分配。水电站事故备用容量必须有备用水量，应在水库内预留所承担事故备用容量在基荷连续运行 3～10d 的备用水量，当此水量占水库有效库容的 5%以上时，则应考虑留出备用库容。

3. 检修备用容量

系统中各电站上所有机组都要有计划地定期检修（大修），以减小发生事故的可能性和延长机组的寿命。每台机组的大修时间，平均每年火电站约需 45d，水电站约需 30d。机组检修应尽可能安排在系统负荷图较低部位，利用水电站多发电、火电站容量有空闲的时间，水电站机组检修则安排在枯水季。当利用系统容量空闲部位（检修面积）不能使全部机组轮流检修一遍时，则需装置检修备用容量，否则可不予设置。

12.6.3 水电站重复容量的确定

1. 概述

对于无调节及调节性能较差的水电站，在丰水季节将大量弃水，为了充分利用水能资源，减少弃水，多发季节性电能，只有加大水电站装机容量。这部分在必需容量以外加大的容量，在枯水期内由于天然来水少，不能当做系统的工作容量以替代火电站的容量，因而被称之为重复容量。它在系统中的作用，主要是增发季节性电能，以节省火电站燃料。

水电站在投入运行后，随着系统负荷结构调整、水电站来水条件改变等运行情况的变化，有可能使重复容量部分或全部转为工作容量，相应的电能转变为保证电量。例如，农业用电有大的增长，特别是排灌用电出现在夏秋季，同水电站发季节电能的时候很接近，那么部分季节电能转变为保证电能；由于上游梯级水库的修建，可对径流进行补偿调节，提高了水电站群的保证出力，这样也可使部分重复容量转为工作容量。季节性电能的转化和利用，可以提高系统供电的质量和可靠性，不但节约煤炭，而且可提供急需的电力，应予重视。

在设计中，如果重复容量设置得过大，造成资金积压和浪费；设置得小，不能充分利用水能资源。因此，必须通过动能经济计算，才能确定合理的重复容量。

2. 水电站重复容量的动能经济计算方法

水电站设置重复容量，就要增大投资，其投资的增加，只能通过增发季节性电能节省火电的煤耗予以抵偿。加大重复容量，弃水量逐渐减少，因而季节性电能的增加，并不是与重复容量的增加呈线性递增关系。当重复容量增加到一定程度，季节性电能增加速率反而下降，如再增加重复容量，就不经济了。因此，合理确定重复容量，必须进行投资和效益之间的经济计算和分析。

设水电站增加重复容量 ΔN_H，平均每年工作时间为 h_d（h），重复容量补充千瓦投资和年运行费率分别为 k_H、a，则所增加的投资为 $\Delta K = k_H \Delta N_H$，增加的年运行费为 $\Delta U_H = a \Delta K_H$，相应增加的年季节电量为 $\Delta E_H = \Delta N_H h_d$，所节省火电站煤耗费用为 $\Delta B = 1.05 \Delta E_H bs$［1.05 为折算系数，$b$ 为单位燃耗 kg/(kW·h)，s 为燃料价格元/kg］。重复容量经济寿命为 n 年（取 $n = 25$），投资的效益系数 r_0，则设置补充千瓦重复容量的经济条件为

$$\Delta K_H \leqslant \frac{\Delta B - \Delta U_H}{1 + r_0} + \frac{\Delta B - \Delta U_H}{(1 + r_0)^2} + \cdots + \frac{\Delta B - \Delta U_H}{(1 + r_0)^n}$$

将相应各项代入上式并简化得

$$h_d \geqslant \frac{k_H \left[\dfrac{r_0(1 + r_0)^n}{(1 + r_0)^n - 1} + a \right]}{1.05bs} \tag{12.22}$$

式（12.22）为装设重复容量的经济判别式，即只要装置的重复容量的年工作小时数不少于 h_d，则总是经济有利的，故 h_d 也称重复容量的经济年利用小时数。

3. 确定重复容量的计算步骤

水电站重复容量计算步骤如下：

（1）求水电站弃水出力过程线。在水流出力计算的基础上，用初定的水电站必需容量 $N_{必}$ 对历年水流出力过程线切头，则超过 $N_{必}$ 部分的水流出力过程线就是历年弃水出力过程线，如图 12.14 所示。

（2）取 m 个弃水出力值 $N_{S,i}$（$i = 1, 2, \cdots, m$），计算各弃水出力值相应的历年总持

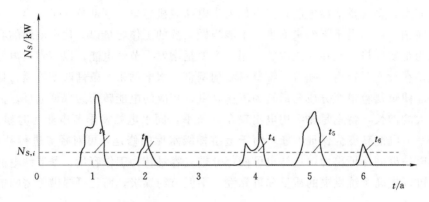

图 12.14 弃水出力过程线

续时间和多年平均年持续时间。如图 12.14 中的 $N_{s,i}$ 总持续时间 $\sum\limits_{i=1}^{n} t_i = t_1 + t_2 + \cdots + t_n$，

n 为计算年数，则多年平均年持续时间为 $h_{s,i} = \sum\limits_{i=1}^{n} t_i / n$。

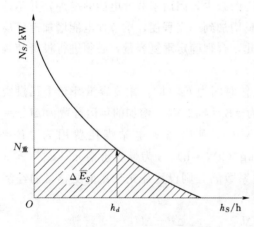

图 12.15 弃水出力持续曲线图

（3）由计算的 $N_{s,i}$ 与 $h_{s,i}$ 对应值，点绘弃水出力持续曲线 $N_s - h_s$，如图 12.15 所示。当简化计算时，弃水出力持续曲线也可以在水流出力持续曲线上，用 $N_\text{必}$ 切头，上面部分即是。

（4）按经济年利用小时数 h_d，在图 12.15 上查出 $N_\text{重}$。由式（12.22）算出的 h_d，在图 12.15 上查出 $N_\text{重}$ 及所增发的多年平均季节性电能 $\Delta \overline{E}_s$。若 $h_d > h_a$，则表明不应装置重复容量。

12.6.4 水电站装机容量选择

按前述方法分别确定出各部分容量，则水电站装机容量的初定值为

$$N_\text{装} = N''_\text{工} + N_\text{备} + N_\text{重}$$ (12.23)

据此即可进行机组的初步选择，初定适合的机组机型、台数、单机容量等。然后进行设计枯水年电力系统的容量平衡，以检查所选的装机容量及其机组在较不利的水文条件下，能否担任系统负荷的工作容量及备用容量等方面的任务，使系统供电得到保证。为了解一般水文条件下的运行情况，还要进行中水年的容量平衡，对低水头电站，还需作出丰水年的容量平衡，以检查机组出力受阻情况。进行电力系统容量平衡时，在保证安全供电的条件下，要尽可能使空闲容量最少、总装机容量最小，以达到可靠和经济的原则。通过容量平衡图，可确定出所需的水电站装机容量，再进一步进行合理性分析，最后通过动能经济比较，更精确地选择机组，当机组、台数、单机容量等均选定后，水电站装机容量才可最终确定。

装机容量合理性分析，可以从以下几个方面进行：

（1）装机容量年利用小时数 h_y。装机容量年利用小时数是指多年平均年发电量对装机容量的折算值，即

$$h_y = \frac{\overline{E}}{N_{In}} \tag{12.24}$$

其中，$h_y/8760$ 称为设备利用率。h_y 的大小反映设备的利用程度，是判别装机容量大小是否合适的一个指标。由于影响 h_y 的因素众多，很难统一规定各种电站的统一指标。一般说来，地区水力资源少，水电比重小，电力系统大，负荷尖峰高，水电站调节性能好，调峰任务重，则 h_y 较高。根据经验，一般无调节水电站 h_y 达 $5000\sim7000h$；日调节水电站 h_y 为 $4000\sim5500h$；年调节水电站为 $3000\sim4500h$；多年调节水电站为 $2500\sim3500h$。由此可见，条件不同、调节类型不同，h_y 的差别很大，用式（12.24）求装机容量时很粗略的。

（2）径流利用系数 η。径流利用系数是指多年平均的年利用水量与年径流量的比值，即

$$\eta = \frac{\overline{W}_0 - \overline{W}_S}{\overline{W}_0} \times 100\% \tag{12.25}$$

式中：$\overline{W}_0$ 为坝址处河流的多年平均年径流量；$\overline{W}_S$ 为年弃水量的多年平均值。

径流系数 η 通过径流调节和水能计算得出，它与水库调节性能和水电站装机有关，反映了水力资源的利用程度。对调节性能差的水电站，因可设置重复容量，加大了装机，从而可提高 η 值。如果 η 值很低，表明水力资源利用程度很差，应查明原因，是否装机定得偏小。

（3）水电站过水能力的协调。水电站过水能力是指设计水头下全部装机工作时通过的流量。当设计水电站属河流梯级开发之一时，梯级水电站之间的过水能力必须协调，这也是装机容量选得是否合理的检验因素之一。一般下级电站过水能力比上级略大，若区间来水比取水（如灌溉）小，则情况相反。同时要考虑电站过水能力与下游综合利用是否协调等情况。

（4）考虑其他因素，如水电站在设计水平年内，负荷结构、综合利用及电站联合运用的变化，对装机进行灵敏度分析，以探求装机选择是否合理及稳定程度。

值得说明的是，在前面介绍水电站装机容量选择的方法步骤时，曾假定电力系统内只有一个有调节的水电站，而实际情况要复杂得多。当系统中有多个具有调节能力的水电站时，可按上述方法把水电站群作为一个电站考虑，求出总装机容量后，再进行合理分配，才能确定个电站的装机容量。

12.7 水电站水库正常蓄水位和死水位的选择

装机容量、正常蓄水位和死水位是水电站水能规划设计的三个主要参数。它们之间相互影响，装机容量在正常蓄水位和死水位已定的情况下才能确定，而正常蓄水位和死水位的选择又必须考虑装机容量。因此，这三个主要参数的选择，是由粗到细的过程，需经过多轮计算、比较才能最终确定。

12.7.1 正常蓄水位的选择

水库的正常蓄水位是水电站主要参数中最重要也是影响最大的一个参数，它决定着水电站工程的规模和投资。一方面，正常蓄水位的高低直接影响坝高，决定着建筑工程量和投入的人力、物力和资金，以及水库淹没损失与伴随的国民经济损失等；另一方面，正常蓄水位的高低又决定着水库的大小和调节能力，水电站的水头、出力和发电量，以及防洪、灌溉、给水、航运、养鱼、环保、旅游等综合利用效益。因此，正常蓄水位的选择，必须从政治、技术、经济等因素进行全面综合分析，经过多方案比较论证，才能合理确定。

1. 正常蓄水位与动能经济指标的关系

水库正常蓄水位增高，可增加水库容积，提高水库调节能力，有利于防洪、发电、灌溉、航运等，但同时也会带来淹没损失等不利的影响。因此，抬高正常蓄水位有利有弊，可由水电站动能经济指标的变化反映出来。

（1）从动能指标看，当抬高正常蓄水位时，水电站动能指标（保证出力和年发电量）的绝对值也随之增大，但其增长率却越来越小。这是因为，随着正常蓄水位的抬高，水库调节能力越来越大，水量利用也越来越充分，当水位达到一定高程后，如再增加水位，往往水头增加的多而调节流量增加很少，因而，动能指标的增量也随之递减。也就是说，水电站的出力和发电量，替代火电的出力和发电量的增量效益越来越小。

（2）从经济指标看，占水电站工程总投资很大一部分的是大坝的投资 K_D，它与坝高 H_D 的关系一般为 $K_D = aH_D^b$，其中 a、b 为系数，b 一般大于 2。可以看出，随着正常蓄水位的抬高，大坝的工程量和投资随坝高的高次方增加，其他投资和年运行费用等都是递增趋势，而库区的淹没、浸没损失和库区移民也相应增加。

2. 正常蓄水位选择的方法和步骤

上述关系表明，正常蓄水位的抬高必有其经济上的极限值。鉴于此，正常蓄水位选择的方法是：分析研究正常蓄水位的可能变动范围，拟定若干个比较方案，分别确定各方案的水利动能效益和经济指标，通过技术经济分析，进行比较和综合论证，来选取最有利的正常蓄水位。选择正常蓄水位的具体方法步骤如下。

（1）正常蓄水位上、下限值的选定及方案拟定。限制正常蓄水位上限值的因素有：库区淹没、浸没造成的损失情况，坝址及库区的地形地质条件，水量利用程度和水量损失情况，河流梯级开发方案，其他条件还包括劳动力、建筑材料和设备供应、施工期限和施工条件等。选取下限值考虑的因素有：发电和其他综合利用部门的最低要求，水库泥沙淤积等。在上、下限值选定后，若在该范围内无特殊变化，则可按等间距选取 4～6 个正常蓄水位作为比较方案。

（2）拟定水库的消落深度。一般采用较简化的方法拟定各方案的水库消落深度 h_n。根据经验，坝式年调节水电站的 $h_n = (20\% \sim 30\%) H_{max}$；多年调节水电站 $h_n = (30\% \sim 40\%) H_{max}$；混合式水电站 $h_n = 40\% H_{max}$。其中 H_{max} 为坝所集中的最大水头。

（3）对各方案可采用较简化的方法进行径流调节和水能计算，求出各方案水电站的保证出力、多年平均发电量、装机容量等动能指标，并求出各方案之间动能指标的差值。

（4）计算各方案的工程量、劳动力、建筑材料及各种设备所需的投资和年运行费。

（5）计算各方案的淹没和浸没的实物指标及其补偿费用。

（6）进行水利动能经济计算，对各方案进行动能经济比较，从中选出最有利的正常蓄水位方案。

12.7.2　死水位的选择

对一定的正常蓄水位下，随着死水位的降低，调节库容 V_n 加大，利用水量增加，但平均水头却减小。因此，并不是死水位越低，动能指标越大，必然存在一个有利的消落深度 h_n（或称工作深度）或死水位，使水电站动能指标，保证出力和多年平均年发电量最大。下面以年调节水电站在设计枯水年的工作情况为例进行说明。在该年由库满到放空的整个洪水期内，水电站的平均出力 N_d 由两部分组成：一部分是水库放出蓄水量所发出力，称水库出力 N_v；另一部分是天然径流所发出力，称不蓄出力 N_I。则水电站保证出力 N_{fm} 可通过下式进行简化计算：

$$N_{fm}=9.1\eta\overline{H}Q_P=9.81\eta\overline{H}(Q_I+Q_V)=N_I+N_V \tag{12.26}$$

其中
$$Q_V=V_n/T_d$$

式中：$\overline{H}$ 为供水期平均发电水头；Q_I 为供水期天然流量平均值；Q_V 为供水期水库供出流量平均值。

对水库出力 N_v 而言，消落深度 h_n 越大，兴利库容 V_n 越大，相应的 Q_V 越大，虽然供水期平均水头 $\overline{H}$ 减小，但其减小影响总是小于 Q_V 增加的影响，所以水库出力 N_v 随 h_n 的降低而增大。对不蓄出力而言，情况恰好相反，由于天然流量平均值 Q_I 是一定的，因而 h_n 减小，$\overline{H}$ 减小，N_I 越来越小。如图 12.16 中的 N_{fm} 线所示。

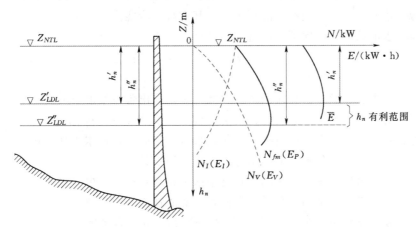

图 12.16　水库消落深度与水电站动能指标关系曲线图

同理，对设计中水年进行水能调节计算，假定数个消落深度 h_n 可求得相应的多年平均发电量 $\overline{E}$，点绘 h_n 与 $\overline{E}$ 关系，则得图 12.16 中的 $\overline{E}$ 线。

从图 12.16 可看出，由保证出力定出的最优工作深度为 h_n''，称为水库极限工作深度；而由多年平均发电量最大定出的最优工作深度为 h_n'，称为水库常年工作深度。一般 h_n'' 比 h_n' 要大，这是因为，年发电量中包括出洪水期以外的蓄水期、平水期等的发电量，这些时期的天然来水量较大，不蓄出力或电能也较大，要求水库的工作深度尽量小些，才能获得更大的发电量。而不蓄电能占年发电量的比重较大，因此与年发电量最大值相应的 h'_n 一定比保证出力最大相应的 h''_n 小。同理可知，中水年发电量最大值相应的工作深度应比枯水年小。

1. 对水库死水位的其他要求

由上述可知，与保证出力最大相应的工作深度一般都比较大，但可能影响综合利用等其他方面的要求，简述如下。

（1）考虑综合利用，当灌溉从水库取水时，其高程对死水位有一定要求，死水位过低将减少灌溉面积；当水库上游航运、阀运、渔业、卫生、旅游等对死水位有要求时，死水位均不能过低，如航运要求最小航深具备一定的高程，渔业要求水域面积不能低于一定的值等。

（2）水轮机运行要求。要求水库工作深度不宜过大，以减小水头的变幅，使水轮机尽可能在高效率区运行；若水位过低、水头过小时，机组效率将迅速下降，可能影响机组安全运行，同时机组受阻容量过大，可能使水电站的水头预想出力达不到保证要求。因而，机组运行条件可能是确定水库工作深度的决定性因素之一。

（3）泥沙要求。河中泥沙进入水库，一部分淤在死库容内，若死库容留的过小，可能很快被淤满，影响水电站进水口的正常工作和水库的使用寿命。另外，在寒冷地区，还要考虑死库容内结冰所引起的问题。

2. 选择死水位的方法和步骤

以发电为主的水库，确定死水位时，应考虑水电站动能指标、机组的运行条件、综合利用要求以及随下游各梯级水库的影响等。然后拟定几个可行方案，进行水利动能经济计算和综合分析比较，选出比较有利的死水位。其方法、步骤大致如下：

（1）根据水电站的设计保证率，选择设计枯水年或枯水系列。

（2）在选定的正常蓄水位情况下，根据各方面要求，拟定若干个死水位方案，求出相应的兴利库容和水库工作深度。

（3）对各死水位方案进行径流调节及水能计算，求出各方案的 N_{fm} 及 $\overline{E}$。

（4）用电力电量平衡法计算各方案的必需容量：$N_必 = N''_工 + N_备$。

（5）计算各方案的水工和机电投资与年运行费；然后，根据水工建筑物与机电设备的不同经济寿命，求出不同死水位方案水电站的年费用 NF_1。

（6）对不同死水位方案，为了同等程度地满足系统对电力、电量的要求，应计算各方案代替电站的补充必需容量和电量，并求出各方案的补充年费用 NF_2。

（7）根据系统年费用 $NF = NF_1 + NF_2$ 最小准则，并综合考虑各方面的要求，确定满意合理的死水位方案。

12.7.3　水电站主要参数选择的程序简介

装机容量、正常蓄水位和死水位是水电站的主要参数，主要在初步设计阶段进行选择。初设阶段的主要任务是选定坝轴线，坝型及水电站的主要参数，即要求确定水电站工程规模、投资、工期和效益等指标。对所选取得主要参数，必须经论证是符合党的方针政策的、技术上是可行的、经济上是合理的。

在水电站主要参数选择之前，必须对河流规划及河段的梯级开发方案，结合本设计任务进行深入的研究；同时收集、补充并审查水文、地质、地形、淹没及其他基本资料；然后调查各部门对水库的综合利用要求，了解当地政府对水库淹没及移民规划的意见以及有关部门的国民经济发展计划。

水电站三个主要参数的选择互相关联，互相影响。因此其选择的程序往往是先粗后细，反复进行，不断修改，最后才能合理确定，具体步骤大致如下：

（1）初拟若干个正常蓄水位方案，初估各方案的消落深度及相应的兴利库容，按正常蓄水位选择的步骤，对各方案进行水利动能经济计算比较，并进行综合分析，初选合理的正常蓄水位方案。

（2）对初选的正常蓄水位方案，初拟几个死水位方案，对每一个方案，按死水位选择的步骤进行计算、比较、分析，初选合理的死水位方案。

（3）对初选的正常蓄水位与死水位方案，进行径流调节、水能计算，用电力电量平衡确定水电站最大工作容量，分析、计算备用容量、重复容量，并初步确定装机容量。

（4）至此，第一轮计算结束。第二轮计算以第一轮初选结果为依据，再按前述三个步骤进行进一步的计算、比较、分析，选出合理的参数。如此循环，不断改进、逼近、经过几轮计算，最终将选出比较精确合理的参数。

（5）对最终所选参数，需要进行敏感性分析，评价其稳定程度。同时，还要进行财务计算分析，以便说明所选参数在财务上实现的可能性。

水电站规划设计中选择参数的工作十分繁杂，计算工作量巨大，过去设计工作由手工完成，耗费人力、物力、财力，费时而设计质量难于提高。计算机及其高新技术的普遍应用，是水能规划设计师的一次革命，设计者普遍采用计算机完成径流调节、水能计算、电力电量平衡分析及经济分析计算等。

附表 1

皮尔逊-Ⅲ型曲线的离均系数 Φ 值表

C_s ＼ P/%	0.001	0.01	0.1	0.2	0.333	0.5	1	2	3	5	10	20	25	30	40	50	60	70	75	80	85	90	95	97	99	99.9	100
0.0	4.26	3.72	3.09	2.88	2.71	2.58	2.33	2.05	1.88	1.64	1.28	0.84	0.67	0.52	0.25	0.00	-0.25	-0.52	-0.67	-0.84	-1.04	-1.28	-1.64	-1.88	-2.33	-3.09	-∞
0.1	4.56	3.94	3.23	3.00	2.82	2.67	2.40	2.11	1.92	1.67	1.29	0.84	0.66	0.51	0.24	-0.02	-0.27	-0.53	-0.68	-0.85	-1.04	-1.27	-1.62	-1.84	-2.25	-2.95	-20.00
0.2	4.86	4.16	3.38	3.12	2.92	2.76	2.47	2.16	1.96	1.70	1.30	0.83	0.65	0.50	0.22	-0.03	-0.28	-0.55	-0.69	-0.85	-1.03	-1.26	-1.59	-1.79	-2.18	-2.81	-10.00
0.3	5.16	4.38	3.52	3.24	3.03	2.86	2.54	2.21	2.00	1.73	1.31	0.82	0.64	0.48	0.20	-0.05	-0.30	-0.56	-0.70	-0.85	-1.03	-1.24	-1.55	-1.75	-2.10	-2.67	-6.67
0.4	5.47	4.61	3.67	3.36	3.14	2.95	2.62	2.26	2.04	1.75	1.32	0.82	0.64	0.47	0.19	-0.07	-0.31	-0.57	-0.71	-0.85	-1.03	-1.23	-1.52	-1.70	-2.03	-2.54	-5.00
0.5	5.78	4.83	3.81	3.48	3.25	3.04	2.68	2.31	2.08	1.77	1.32	0.81	0.62	0.46	0.17	-0.08	-0.33	-0.58	-0.71	-0.85	-1.02	-1.22	-1.49	-1.66	-1.96	-2.40	-4.00
0.6	6.09	5.05	3.96	3.60	3.35	3.13	2.75	2.35	2.12	1.80	1.33	0.80	0.61	0.44	0.16	-0.10	-0.34	-0.59	-0.72	-0.85	-1.02	-1.20	-1.45	-1.61	-1.88	-2.27	-3.33
0.7	6.40	5.28	4.10	3.72	3.45	3.22	2.82	2.40	2.15	1.82	1.33	0.79	0.59	0.43	0.14	-0.12	-0.36	-0.60	-0.72	-0.85	-1.01	-1.18	-1.42	-1.57	-1.81	-2.14	-2.86
0.8	6.71	5.50	4.24	3.85	3.55	3.31	2.89	2.45	2.18	1.84	1.34	0.78	0.58	0.41	0.12	-0.13	-0.37	-0.60	-0.73	-0.85	-1.00	-1.17	-1.38	-1.52	-1.74	-2.02	-2.50
0.9	7.02	5.73	4.39	3.97	3.65	3.40	2.96	2.50	2.22	1.86	1.34	0.77	0.57	0.40	0.11	-0.15	-0.38	-0.61	-0.73	-0.85	-0.99	-1.15	-1.35	-1.47	-1.66	-1.90	-2.22
1.0	7.33	5.96	4.53	4.09	3.76	3.49	3.02	2.54	2.25	1.88	1.34	0.76	0.55	0.38	0.09	-0.16	-0.39	-0.62	-0.73	-0.85	-0.98	-1.13	-1.32	-1.42	-1.59	-1.79	-2.00
1.1	7.65	6.18	4.67	4.20	3.86	3.58	3.09	2.58	2.28	1.89	1.34	0.74	0.54	0.36	0.07	-0.18	-0.41	-0.62	-0.74	-0.85	-0.97	-1.10	-1.28	-1.38	-1.52	-1.68	-1.82
1.2	7.97	6.41	4.81	4.32	3.95	3.66	3.15	2.62	2.31	1.91	1.34	0.73	0.52	0.35	0.05	-0.19	-0.42	-0.63	-0.74	-0.84	-0.96	-1.08	-1.24	-1.33	-1.45	-1.58	-1.67
1.3	8.29	6.64	4.95	4.44	4.05	3.74	3.21	2.67	2.34	1.92	1.34	0.72	0.51	0.33	0.04	-0.21	-0.43	-0.63	-0.74	-0.84	-0.95	-1.06	-1.20	-1.28	-1.38	-1.48	-1.54
1.4	8.61	6.87	5.09	4.56	4.15	3.83	3.27	2.71	2.37	1.94	1.33	0.71	0.49	0.31	0.02	-0.22	-0.44	-0.64	-0.73	-0.83	-0.93	-1.04	-1.17	-1.23	-1.32	-1.39	-1.43
1.5	8.93	7.09	5.23	4.68	4.24	3.91	3.33	2.74	2.39	1.95	1.33	0.69	0.47	0.30	0.00	-0.24	-0.45	-0.64	-0.73	-0.82	-0.92	-1.02	-1.13	-1.19	-1.26	-1.31	-1.33
1.6	9.25	7.31	5.37	4.80	4.34	3.99	3.39	2.78	2.42	1.96	1.33	0.68	0.46	0.28	-0.02	-0.25	-0.46	-0.64	-0.73	-0.81	-0.90	-0.99	-1.10	-1.14	-1.20	-1.24	-1.25
1.7	9.57	7.54	5.50	4.91	4.43	4.07	3.44	2.82	2.44	1.97	1.32	0.66	0.44	0.26	-0.03	-0.27	-0.47	-0.64	-0.72	-0.81	-0.89	-0.97	-1.06	-1.10	-1.14	-1.17	-1.18
1.8	9.89	7.76	5.64	5.01	4.52	4.15	3.50	2.85	2.46	1.98	1.32	0.64	0.42	0.24	-0.05	-0.28	-0.48	-0.64	-0.72	-0.80	-0.87	-0.94	-1.02	-1.06	-1.09	-1.11	-1.11

附表1 皮尔逊-Ⅲ型曲线的离均系数 Φ 值表

C_s \ $P/\%$	0.001	0.01	0.1	0.2	0.333	0.5	1	2	3	5	10	20	25	30	40	50	60	70	75	80	85	90	95	97	99	99.9	100
1.9	10.20	7.98	5.77	5.12	4.61	4.23	3.55	2.88	2.49	1.99	1.31	0.63	0.40	0.22	−0.07	−0.29	−0.48	−0.64	−0.72	−0.79	−0.85	−0.92	−0.98	−1.01	−1.04	−1.05	−1.05
2.0	10.51	8.21	5.91	5.22	4.70	4.30	3.60	2.91	2.51	2.00	1.30	0.61	0.39	0.20	−0.08	−0.31	−0.19	−0.64	−0.71	−0.78	−0.84	−0.895	−0.949	−0.970	−0.989	−0.999	−1.000
2.1	10.83	8.43	6.04	5.33	4.79	4.37	3.66	2.93	2.53	2.00	1.29	1.59	0.37	0.19	−0.10	−0.32	−0.49	−0.64	−0.71	−0.76	−0.82	−0.869	−0.914	−0.935	−0.945	−0.952	−0.952
2.2	11.14	8.65	6.17	5.43	4.88	4.44	3.71	2.96	2.55	2.00	1.28	0.57	0.35	0.17	−0.11	−0.33	−0.50	−0.64	−0.70	−0.75	−0.80	−0.844	−0.879	−0.900	−0.905	−0.909	−0.909
2.3	11.45	8.87	6.30	5.53	4.97	4.51	3.76	2.99	2.56	2.00	1.27	0.55	0.33	0.15	−0.13	−0.34	−0.50	−0.64	−0.69	−0.74	−0.78	−0.820	−0.849	−0.865	−0.867	−0.870	−0.870
2.4	11.76	9.08	6.42	5.63	5.05	4.58	3.81	3.02	2.57	2.01	1.26	0.54	0.31	0.13	−0.15	−0.35	−0.51	−0.63	−0.68	−0.72	−0.77	−0.795	−0.820	−0.830	−0.831	−0.833	−0.833
2.5	12.07	9.30	6.55	5.73	5.13	4.65	3.85	3.04	2.59	2.01	1.25	0.52	0.29	0.11	−0.16	−0.36	−0.51	−0.63	−0.67	−0.71	−0.75	−0.772	−0.791	−0.800	−0.800	−0.800	−0.800
2.6	12.38	9.51	6.67	5.82	5.20	4.72	3.89	3.06	2.60	2.01	1.23	0.50	0.27	0.09	−0.17	−0.37	−0.51	−0.62	−0.66	−0.70	−0.73	−0.748	−0.764	−0.769	−0.769	−0.769	−0.769
2.7	12.69	9.72	6.79	5.92	5.28	4.78	3.93	3.09	2.61	2.01	1.22	0.48	0.25	0.08	−0.18	−0.37	−0.51	−0.61	−0.65	−0.68	−0.71	−0.726	−0.736	−0.740	−0.740	−0.741	−0.741
2.8	13.00	9.93	6.91	6.01	5.36	4.84	3.97	3.11	2.62	2.01	1.21	0.46	0.23	0.06	−0.20	−0.38	−0.51	−0.61	−0.64	−0.67	−0.69	−0.702	−0.710	−0.714	−0.714	−0.714	−0.714
2.9	13.31	10.14	7.03	6.10	5.44	4.90	4.01	3.13	2.63	2.01	1.20	0.44	0.21	0.04	−0.21	−0.39	−0.51	−0.60	−0.63	−0.66	−0.67	−0.680	−0.687	−0.690	−0.690	−0.690	−0.690
3.0	13.61	10.35	7.15	6.20	5.51	4.96	4.05	3.15	2.64	2.00	1.18	0.42	0.19	0.03	−0.23	−0.39	−0.51	−0.59	−0.62	−0.64	−0.65	−0.658	−0.665	−0.667	−0.667	−0.667	−0.667
3.1	13.92	10.56	7.26	6.30	5.59	5.02	4.08	3.17	2.64	2.00	1.16	0.40	0.17	0.01	−0.24	−0.40	−0.51	−0.58	−0.60	−0.62	−0.63	−0.639	−0.644	−0.645	−0.645	−0.645	−0.645
3.2	14.22	10.77	7.38	6.39	5.66	5.08	4.12	3.19	2.65	2.00	1.14	0.38	0.15	−0.01	−0.25	−0.40	−0.51	−0.57	−0.59	−0.61	−0.62	−0.621	−0.625	−0.625	−0.625	−0.625	−0.625
3.3	14.52	10.97	7.49	6.48	5.74	5.14	4.15	3.21	2.65	1.99	1.12	0.36	0.14	−0.02	−0.26	−0.40	−0.50	−0.56	−0.58	−0.59	−0.60	−0.604	−0.606	−0.606	−0.606	−0.606	−0.606
3.4	14.81	11.17	7.60	6.56	5.80	5.20	4.18	3.22	2.65	1.98	1.11	0.34	0.12	−0.04	−0.27	−0.41	−0.50	−0.55	−0.57	−0.58	−0.58	−0.587	−0.588	−0.588	−0.588	−0.588	−0.588
3.5	15.11	11.37	7.72	6.65	5.86	5.25	4.22	3.23	2.66	1.97	1.09	0.32	0.10	−0.06	−0.28	−0.41	−0.50	−0.54	−0.55	−0.56	−0.56	−0.570	−0.571	−0.571	−0.571	−0.571	−0.571
3.6	15.41	11.57	7.83	6.73	5.93	5.30	4.25	3.24	2.66	1.96	1.08	0.30	0.09	−0.07	−0.29	−0.41	−0.49	−0.53	−0.54	−0.55	−0.552	−0.555	−0.556	−0.556	−0.556	−0.556	−0.556
3.7	15.70	11.77	7.94	6.81	5.99	5.35	4.28	3.25	2.66	1.95	1.06	0.28	0.07	−0.09	−0.29	−0.42	−0.48	−0.52	−0.53	−0.535	−0.537	−0.540	−0.541	−0.541	−0.541	−0.541	−0.541
3.8	16.00	11.97	8.05	6.89	6.05	5.40	4.31	3.26	2.66	1.94	1.04	0.26	0.06	−0.10	−0.30	−0.42	−0.48	−0.51	−0.52	−0.522	−0.524	−0.525	−0.526	−0.526	−0.526	−0.526	−0.526
3.9	16.29	12.16	8.15	6.97	6.11	5.45	4.34	3.27	2.60	1.93	1.02	0.24	0.04	−0.11	−0.30	−0.41	−0.47	−0.50	−0.506	−0.510	−0.511	−0.512	−0.513	−0.513	−0.513	−0.513	−0.513
4.0	16.58	12.36	8.25	7.05	6.18	5.50	4.37	3.27	2.60	1.92	1.00	0.23	0.02	−0.13	−0.31	−0.41	−0.46	−0.49	−0.495	−0.498	−0.499	−0.500	−0.500	−0.500	−0.500	−0.500	−0.500
4.1	16.87	12.55	8.35	7.13	6.24	5.54	4.39	3.28	2.66	1.91	0.98	0.21	0.00	−0.14	−0.32	−0.41	−0.46	−0.48	−0.484	−0.486	−0.487	−0.488	−0.488	−0.488	−0.488	−0.488	−0.488

续表

C_s \\ $P/\%$	0.001	0.01	0.1	0.2	0.333	0.5	1	2	3	5	10	20	25	30	40	50	60	70	75	80	85	90	95	97	99	99.9	100
4.2	17.16	12.74	8.45	7.21	6.30	5.59	4.41	3.29	2.65	1.90	0.96	0.19	-0.02	-0.15	-0.33	-0.41	-0.45	-0.47	-0.473	-0.475	-0.475	-0.476	-0.476	-0.476	-0.476	-0.476	-0.476
4.3	17.44	12.93	8.55	7.29	6.36	5.63	4.44	3.29	2.65	1.88	0.94	0.17	-0.03	-0.16	-0.33	-0.41	-0.44	-0.46	-0.462	-0.464	-0.464	-0.465	-0.465	-0.465	-0.465	-0.465	-0.465
4.4	17.72	13.12	8.65	7.36	6.41	5.68	4.46	3.30	2.65	1.87	0.92	0.16	-0.04	-0.17	-0.33	-0.40	-0.44	-0.45	-0.453	-0.454	-0.454	-0.455	-0.455	-0.455	-0.455	-0.455	-0.455
4.5	18.01	13.30	8.75	7.43	6.46	5.72	4.48	3.30	2.64	1.85	0.90	0.14	-0.05	-0.18	-0.33	-0.40	-0.44	-0.44	-0.444	-0.444	-0.444	-0.444	-0.444	-0.444	-0.444	-0.444	-0.444
4.6	18.29	13.49	8.85	7.50	6.52	5.76	4.50	3.30	2.63	1.84	0.88	0.13	-0.06	-0.18	-0.33	-0.40	-0.43	-0.43	-0.435	-0.435	-0.435	-0.435	-0.435	-0.435	-0.435	-0.435	-0.435
4.7	18.57	13.67	8.95	7.56	6.57	5.80	4.52	3.30	2.62	1.82	0.86	0.11	-0.07	-0.19	-0.33	-0.39	-0.42	-0.42	-0.426	-0.426	-0.426	-0.426	-0.426	-0.426	-0.426	-0.426	-0.426
4.8	18.85	13.85	9.04	7.63	6.63	5.84	4.54	3.30	2.61	1.80	0.84	0.09	-0.08	-0.20	-0.33	-0.39	-0.41	-0.41	-0.417	-0.417	-0.417	-0.417	-0.417	-0.417	-0.417	-0.417	-0.417
4.9	19.13	14.04	9.13	7.70	6.68	5.88	4.55	3.30	2.60	1.78	0.82	0.08	-0.10	-0.21	-0.33	-0.38	-0.40	-0.40	-0.408	-0.408	-0.408	-0.408	-0.408	-0.408	-0.408	-0.408	-0.408
5.0	19.41	14.22	9.22	7.77	6.73	5.92	4.57	3.30	2.60	1.77	0.80	0.06	-0.11	-0.22	-0.33	-0.379	-0.395	-0.399	-0.400	-0.400	-0.400	-0.400	-0.400	-0.400	-0.400	-0.400	-0.400
5.1	19.68	14.40	9.31	7.84	6.78	5.95	4.58	3.30	2.59	1.75	0.78	0.05	-0.12	-0.22	-0.32	-0.374	-0.387	-0.391	-0.392	-0.392	-0.392	-0.392	-0.392	-0.392	-0.392	-0.392	-0.392
5.2	19.95	14.57	9.40	7.90	6.83	5.99	4.59	3.30	2.58	1.73	0.76	0.03	-0.13	-0.22	-0.32	-0.369	-0.380	-0.384	-0.385	-0.385	-0.385	-0.385	-0.385	-0.385	-0.385	-0.385	-0.385
5.3	20.22	14.75	9.49	7.96	6.87	6.02	4.60	3.30	2.57	1.72	0.74	0.02	-0.14	-0.23	-0.32	-0.363	-0.373	-0.376	-0.377	-0.377	-0.377	-0.377	-0.377	-0.377	-0.377	-0.377	-0.377
5.4	20.46	14.92	9.57	8.02	6.91	6.05	4.62	3.29	2.56	1.70	0.72	0.00	-0.14	-0.23	-0.32	-0.358	-0.366	-0.369	-0.370	-0.370	-0.370	-0.370	-0.370	-0.370	-0.370	-0.370	-0.370
5.5	20.76	15.10	9.66	8.08	6.96	6.08	4.63	3.28	2.55	1.68	0.70	-0.01	-0.15	-0.24	-0.32	-0.353	-0.360	-0.363	-0.364	-0.364	-0.364	-0.364	-0.364	-0.364	-0.364	-0.364	-0.364
5.6	21.03	15.27	9.74	8.14	7.00	6.11	4.64	3.28	2.53	1.66	0.67	-0.03	-0.16	-0.24	-0.32	-0.349	-0.355	-0.356	-0.357	-0.357	-0.357	-0.357	-0.357	-0.357	-0.357	-0.357	-0.357
5.7	21.31	15.45	9.82	8.21	7.04	6.14	4.65	3.27	2.52	1.65	0.65	-0.04	-0.17	-0.25	-0.32	-0.344	-0.349	-0.350	-0.351	-0.351	-0.351	-0.351	-0.351	-0.351	-0.351	-0.351	-0.351
5.8	21.58	15.62	9.91	8.27	7.08	6.17	4.67	3.27	2.51	1.63	0.63	-0.05	-0.18	-0.25	-0.32	-0.339	-0.344	-0.345	-0.345	-0.345	-0.345	-0.345	-0.345	-0.345	-0.345	-0.345	-0.345
5.9	21.84	15.78	9.99	8.32	7.12	6.20	4.68	3.26	2.49	1.61	0.61	-0.06	-0.18	-0.25	-0.31	-0.334	-0.338	-0.339	-0.339	-0.339	-0.339	-0.339	-0.339	-0.339	-0.339	-0.339	-0.339
6.0	22.10	15.94	10.07	8.38	7.15	6.23	4.68	3.25	2.48	1.59	0.59	-0.07	-0.19	-0.26	-0.31	-0.329	-0.333	-0.333	-0.333	-0.333	-0.333	-0.333	-0.333	-0.333	-0.333	-0.333	-0.333
6.1	22.37	16.11	10.15	8.43	7.19	6.26	4.69	3.24	2.46	1.57	0.57	-0.08	-0.19	-0.26	-0.31	-0.325	-0.328	-0.328	-0.328	-0.328	-0.328	-0.328	-0.328	-0.328	-0.328	-0.328	-0.328
6.2	22.63	16.28	10.22	8.49	7.23	6.28	4.70	3.23	2.45	1.55	0.55	-0.09	-0.20	-0.26	-0.30	-0.320	-0.322	-0.323	-0.323	-0.323	-0.323	-0.323	-0.323	-0.323	-0.323	-0.323	-0.323
6.3	22.89	16.45	10.30	8.54	7.26	6.30	4.70	3.22	2.43	1.53	0.53	-0.10	-0.20	-0.26	-0.30	-0.315	-0.317	-0.317	-0.317	-0.317	-0.317	-0.317	-0.317	-0.317	-0.317	-0.317	-0.317
6.4	23.15	16.61	10.38	8.60	7.30	6.32	4.71	3.21	2.41	1.51	0.51	-0.11	-0.21	-0.26	-0.30	-0.311	-0.313	-0.313	-0.313	-0.313	-0.313	-0.313	-0.313	-0.313	-0.313	-0.313	-0.313

附表 2

瞬时单位线 S 曲线查用表（一）

t/K \ n	1.0	1.1	1.2	1.3	1.4	1.5	1.6	1.7	1.8	1.9	2.0	2.1	2.2	2.3	2.4	2.5	2.6	2.7	2.8	2.9	3.0
0	0	0	0	0	0	0	0	0	0	0	0	0	0	0	0	0	0	0	0	0	0
0.1	0.095	0.072	0.054	0.041	0.030	0.022	0.017	0.012	0.009	0.007	0.005	0.003	0.002	0.002	0.001	0.001	0.001	0	0	0	0
0.2	0.181	0.147	0.118	0.095	0.075	0.060	0.047	0.036	0.029	0.022	0.018	0.014	0.011	0.008	0.006	0.004	0.003	0.002	0.002	0.001	0.001
0.3	0.259	0.218	0.182	0.152	0.126	0.104	0.086	0.069	0.057	0.045	0.037	0.030	0.024	0.019	0.015	0.012	0.010	0.007	0.006	0.005	0.004
0.4	0.330	0.285	0.244	0.209	0.178	0.150	0.127	0.107	0.089	0.074	0.061	0.051	0.042	0.034	0.028	0.023	0.019	0.015	0.012	0.010	0.008
0.5	0.393	0.346	0.305	0.266	0.230	0.198	0.171	0.146	0.126	0.106	0.090	0.076	0.065	0.054	0.045	0.037	0.031	0.025	0.022	0.018	0.014
0.6	0.451	0.403	0.360	0.318	0.281	0.237	0.216	0.188	0.164	0.142	0.122	0.104	0.090	0.076	0.065	0.055	0.046	0.039	0.033	0.028	0.023
0.7	0.503	0.456	0.411	0.369	0.331	0.294	0.261	0.231	0.200	0.178	0.156	0.136	0.117	0.101	0.088	0.075	0.065	0.056	0.044	0.039	0.034
0.8	0.551	0.505	0.461	0.418	0.378	0.340	0.306	0.273	0.243	0.216	0.191	0.169	0.149	0.130	0.113	0.098	0.086	0.074	0.064	0.056	0.047
0.9	0.593	0.549	0.505	0.464	0.423	0.385	0.349	0.315	0.285	0.255	0.228	0.202	0.180	0.160	0.141	0.124	0.109	0.096	0.084	0.073	0.063
1.0	0.632	0.589	0.547	0.506	0.466	0.428	0.392	0.356	0.324	0.293	0.264	0.238	0.213	0.190	0.170	0.151	0.134	0.118	0.104	0.092	0.080
1.1	0.667	0.626	0.585	0.545	0.506	0.468	0.431	0.396	0.360	0.331	0.301	0.273	0.247	0.222	0.200	0.179	0.160	0.143	0.127	0.113	0.100
1.2	0.699	0.660	0.621	0.582	0.544	0.506	0.470	0.436	0.400	0.368	0.337	0.308	0.281	0.255	0.231	0.219	0.188	0.169	0.151	0.135	0.121
1.3	0.728	0.691	0.654	0.616	0.579	0.543	0.506	0.471	0.447	0.405	0.373	0.343	0.315	0.288	0.262	0.239	0.216	0.196	0.171	0.159	0.143
1.4	0.753	0.719	0.684	0.648	0.612	0.577	0.541	0.507	0.473	0.440	0.408	0.378	0.348	0.321	0.294	0.269	0.246	0.224	0.203	0.184	0.167
1.5	0.777	0.744	0.711	0.677	0.643	0.608	0.574	0.540	0.507	0.474	0.442	0.411	0.382	0.353	0.326	0.300	0.275	0.252	0.231	0.210	0.191
1.6	0.798	0.768	0.736	0.704	0.671	0.638	0.605	0.572	0.539	0.507	0.475	0.444	0.414	0.385	0.357	0.331	0.305	0.281	0.258	0.237	0.217
1.7	0.817	0.789	0.759	0.729	0.698	0.666	0.634	0.602	0.570	0.538	0.507	0.476	0.446	0.417	0.389	0.361	0.335	0.310	0.287	0.264	0.243
1.8	0.835	0.808	0.781	0.752	0.722	0.692	0.661	0.630	0.599	0.568	0.537	0.507	0.477	0.448	0.419	0.392	0.365	0.330	0.315	0.292	0.269
1.9	0.850	0.826	0.800	0.773	0.745	0.716	0.687	0.657	0.627	0.596	0.566	0.536	0.507	0.478	0.449	0.421	0.395	0.368	0.343	0.319	0.296
2.0	0.865	0.842	0.818	0.792	0.766	0.739	0.710	0.682	0.653	0.623	0.594	0.565	0.536	0.507	0.478	0.451	0.423	0.397	0.372	0.347	0.323

续表

n \ t/K	1.0	1.1	1.2	1.3	1.4	1.5	1.6	1.7	1.8	1.9	2.0	2.1	2.2	2.3	2.4	2.5	2.6	2.7	2.8	2.9	3.0
2.1	0.878	0.856	0.834	0.810	0.785	0.759	0.733	0.706	0.679	0.649	0.620	0.592	0.565	0.535	0.507	0.479	0.452	0.425	0.400	0.375	0.350
2.2	0.890	0.870	0.849	0.826	0.803	0.778	0.753	0.727	0.700	0.673	0.645	0.618	0.590	0.562	0.534	0.507	0.480	0.454	0.427	0.402	0.377
2.3	0.900	0.882	0.862	0.841	0.819	0.796	0.772	0.748	0.722	0.696	0.669	0.642	0.615	0.588	0.560	0.533	0.507	0.480	0.454	0.429	0.404
2.4	0.909	0.895	0.875	0.855	0.835	0.813	0.790	0.767	0.742	0.717	0.692	0.665	0.639	0.613	0.586	0.559	0.533	0.507	0.481	0.455	0.430
2.5	0.918	0.902	0.866	0.868	0.849	0.828	0.807	0.784	0.761	0.737	0.713	0.688	0.662	0.636	0.610	0.584	0.558	0.532	0.506	0.481	0.456
2.6	0.926	0.912	0.896	0.879	0.861	0.842	0.822	0.801	0.779	0.756	0.733	0.708	0.684	0.659	0.634	0.608	0.582	0.557	0.532	0.506	0.482
2.7	0.933	0.920	0.905	0.890	0.873	0.855	0.836	0.816	0.796	0.774	0.751	0.728	0.704	0.680	0.656	0.631	0.606	0.581	0.556	0.531	0.506
2.8	0.939	0.928	0.914	0.899	0.884	0.867	0.849	0.831	0.811	0.790	0.769	0.747	0.724	0.701	0.677	0.653	0.629	0.604	0.579	0.555	0.531
2.9	0.945	0.934	0.922	0.908	0.894	0.878	0.862	0.844	0.825	0.806	0.785	0.764	0.742	0.720	0.697	0.674	0.650	0.626	0.602	0.578	0.554
3.0	0.950	0.940	0.929	0.916	0.903	0.888	0.873	0.856	0.839	0.820	0.801	0.781	0.760	0.738	0.716	0.694	0.671	0.648	0.624	0.600	0.577
3.1	0.955	0.946	0.935	0.924	0.911	0.898	0.883	0.868	0.851	0.834	0.815	0.796	0.776	0.756	0.734	0.713	0.691	0.668	0.645	0.622	0.599
3.2	0.959	0.951	0.941	0.930	0.919	0.906	0.893	0.878	0.863	0.846	0.829	0.811	0.792	0.772	0.752	0.731	0.709	0.688	0.665	0.643	0.620
3.3	0.963	0.955	0.946	0.936	0.926	0.914	0.902	0.888	0.873	0.858	0.841	0.824	0.806	0.787	0.768	0.748	0.727	0.706	0.685	0.663	0.641
3.4	0.967	0.959	0.951	0.942	0.932	0.921	0.910	0.897	0.883	0.869	0.853	0.837	0.820	0.802	0.783	0.764	0.744	0.724	0.703	0.682	0.660
3.5	0.970	0.963	0.956	0.947	0.938	0.928	0.917	0.905	0.892	0.879	0.864	0.849	0.832	0.815	0.798	0.779	0.760	0.741	0.721	0.700	0.679
3.6	0.973	0.967	0.960	0.952	0.944	0.934	0.924	0.913	0.901	0.888	0.874	0.860	0.844	0.828	0.811	0.794	0.776	0.757	0.738	0.718	0.697
3.7	0.975	0.970	0.963	0.956	0.948	0.940	0.930	0.920	0.909	0.897	0.884	0.870	0.856	0.840	0.824	0.807	0.790	0.772	0.753	0.734	0.715
3.8	0.978	0.973	0.967	0.960	0.953	0.945	0.936	0.926	0.916	0.905	0.893	0.880	0.866	0.851	0.836	0.820	0.804	0.786	0.768	0.750	0.731
3.9	0.980	0.975	0.970	0.964	0.957	0.950	0.941	0.932	0.923	0.912	0.901	0.889	0.876	0.862	0.848	0.834	0.817	0.800	0.783	0.765	0.747
4.0	0.982	0.977	0.973	0.967	0.961	0.954	0.946	0.938	0.929	0.919	0.908	0.897	0.885	0.872	0.858	0.844	0.829	0.813	0.796	0.779	0.762
4.2	0.985	0.981	0.977	0.973	0.967	0.962	0.955	0.948	0.940	0.931	0.922	0.912	0.901	0.890	0.877	0.864	0.851	0.837	0.822	0.806	0.790
4.4	0.988	0.985	0.981	0.977	0.973	0.968	0.962	0.956	0.949	0.942	0.934	0.925	0.915	0.905	0.894	0.883	0.870	0.857	0.844	0.830	0.815

续表

n＼t/K	1.0	1.1	1.2	1.3	1.4	1.5	1.6	1.7	1.8	1.9	2.0	2.1	2.2	2.3	2.4	2.5	2.6	2.7	2.8	2.9	3.0
4.6	0.990	0.987	0.985	0.981	0.975	0.973	0.968	0.963	0.957	0.951	0.944	0.936	0.928	0.919	0.909	0.899	0.888	0.876	0.864	0.851	0.837
4.8	0.992	0.990	0.987	0.985	0.981	0.978	0.974	0.969	0.964	0.958	0.952	0.946	0.938	0.930	0.922	0.913	0.903	0.895	0.881	0.870	0.857
5.0	0.993	0.992	0.990	0.987	0.984	0.981	0.978	0.974	0.970	0.965	0.960	0.954	0.947	0.940	0.933	0.925	0.916	0.907	0.897	0.886	0.875
5.5	0.996	0.995	0.994	0.992	0.990	0.988	0.986	0.983	0.980	0.977	0.973	0.969	0.965	0.960	0.955	0.949	0.942	0.935	0.928	0.920	0.912
6.0	0.998	0.997	0.996	0.995	0.994	0.993	0.991	0.989	0.987	0.985	0.983	0.980	0.977	0.973	0.969	0.965	0.961	0.956	0.950	0.944	0.938
7.0	0.999	0.999	0.998	0.998	0.998	0.997	0.996	0.996	0.995	0.994	0.993	0.991	0.990	0.988	0.986	0.984	0.982	0.980	0.977	0.974	0.970
8.0			0.999	0.999	0.999	0.999	0.999	0.998	0.998	0.997	0.997	0.996	0.996	0.995	0.994	0.993	0.992	0.991	0.989	0.988	0.986
9.0							0.999	0.999	0.999	0.999	0.999	0.999	0.998	0.998	0.997	0.997	0.997	0.996	0.995	0.995	0.994

(三)

n＼t/K	3.0	3.1	3.2	3.3	3.4	3.5	3.6	3.7	3.8	3.9	4.0	4.1	4.2	4.3	4.4	4.5	4.6	4.7	4.8	4.9	5.0
0.5	0.014	0.012	0.010	0.008	0.006	0.005	0.004	0.003	0.003	0.002	0.002	0.001	0.001	0.001	0.001	0.001	0	0	0	0	0
1.0	0.080	0.070	0.061	0.053	0.046	0.040	0.035	0.030	0.026	0.022	0.019	0.016	0.014	0.012	0.010	0.009	0.007	0.006	0.005	0.004	0.004
1.1	0.100	0.088	0.077	0.068	0.060	0.052	0.045	0.040	0.034	0.030	0.026	0.022	0.019	0.016	0.014	0.012	0.010	0.009	0.008	0.006	0.005
1.2	0.121	0.107	0.095	0.084	0.074	0.066	0.058	0.051	0.044	0.039	0.034	0.029	0.026	0.022	0.019	0.017	0.014	0.012	0.011	0.009	0.008
1.3	0.143	0.128	0.114	0.102	0.091	0.081	0.071	0.063	0.056	0.049	0.043	0.038	0.033	0.029	0.025	0.022	0.019	0.017	0.014	0.012	0.011
1.4	0.167	0.150	0.135	0.121	0.109	0.097	0.087	0.077	0.069	0.061	0.054	0.047	0.042	0.037	0.032	0.028	0.025	0.022	0.019	0.016	0.014
1.5	0.191	0.173	0.157	0.142	0.128	0.115	0.103	0.092	0.083	0.074	0.066	0.058	0.052	0.046	0.040	0.036	0.031	0.028	0.024	0.021	0.019
1.6	0.217	0.198	0.180	0.164	0.148	0.134	0.121	0.109	0.098	0.088	0.079	0.070	0.063	0.056	0.050	0.044	0.039	0.035	0.031	0.027	0.024
1.7	0.243	0.223	0.204	0.186	0.170	0.154	0.140	0.127	0.115	0.103	0.093	0.084	0.075	0.067	0.060	0.054	0.048	0.043	0.038	0.033	0.030

续表

t/K \ n	3.0	3.1	3.2	3.3	3.4	3.5	3.6	3.7	3.8	3.9	4.0	4.1	4.2	4.3	4.4	4.5	4.6	4.7	4.8	4.9	5.0
1.8	0.269	0.248	0.228	0.210	0.192	0.175	0.160	0.146	0.132	0.120	0.109	0.098	0.089	0.080	0.072	0.064	0.058	0.051	0.046	0.041	0.036
1.9	0.296	0.274	0.253	0.234	0.215	0.197	0.181	0.166	0.151	0.138	0.125	0.114	0.103	0.090	0.084	0.076	0.068	0.061	0.055	0.049	0.044
2.0	0.323	0.301	0.279	0.258	0.239	0.220	0.203	0.186	0.171	0.156	0.143	0.130	0.119	0.108	0.098	0.089	0.080	0.072	0.065	0.059	0.053
2.1	0.350	0.327	0.305	0.283	0.263	0.244	0.225	0.208	0.191	0.176	0.161	0.148	0.135	0.123	0.112	0.102	0.093	0.084	0.076	0.069	0.062
2.2	0.377	0.354	0.331	0.309	0.287	0.267	0.248	0.230	0.212	0.196	0.181	0.166	0.153	0.140	0.128	0.117	0.107	0.097	0.088	0.080	0.072
2.3	0.404	0.380	0.356	0.334	0.312	0.291	0.271	0.252	0.234	0.217	0.201	0.185	0.171	0.157	0.144	0.132	0.121	0.111	0.101	0.092	0.084
2.4	0.430	0.406	0.382	0.359	0.337	0.316	0.295	0.275	0.256	0.238	0.221	0.205	0.190	0.175	0.161	0.149	0.137	0.125	0.115	0.105	0.096
2.5	0.456	0.432	0.408	0.385	0.362	0.340	0.319	0.299	0.279	0.260	0.242	0.225	0.209	0.194	0.179	0.166	0.153	0.141	0.129	0.119	0.109
2.6	0.482	0.457	0.433	0.410	0.387	0.364	0.343	0.322	0.302	0.283	0.264	0.246	0.229	0.213	0.198	0.183	0.170	0.157	0.145	0.133	0.123
2.7	0.506	0.482	0.458	0.434	0.411	0.389	0.367	0.346	0.325	0.305	0.286	0.268	0.250	0.233	0.217	0.202	0.187	0.174	0.161	0.149	0.137
2.8	0.531	0.506	0.482	0.459	0.436	0.413	0.391	0.369	0.348	0.328	0.308	0.289	0.271	0.253	0.237	0.221	0.206	0.191	0.178	0.165	0.152
2.9	0.554	0.530	0.506	0.483	0.460	0.437	0.414	0.392	0.371	0.350	0.330	0.311	0.292	0.274	0.257	0.240	0.224	0.209	0.195	0.181	0.168
3.0	0.577	0.553	0.530	0.506	0.483	0.460	0.438	0.416	0.294	0.373	0.353	0.333	0.314	0.295	0.277	0.260	0.244	0.228	0.213	0.198	0.185
3.1	0.599	0.576	0.552	0.529	0.506	0.483	0.461	0.439	0.417	0.396	0.375	0.355	0.335	0.316	0.298	0.280	0.263	0.246	0.231	0.216	0.202
3.2	0.620	0.603	0.574	0.552	0.528	0.506	0.484	0.462	0.440	0.418	0.397	0.377	0.357	0.338	0.319	0.301	0.283	0.266	0.250	0.234	0.219
3.3	0.641	0.618	0.596	0.573	0.551	0.528	0.506	0.484	0.462	0.441	0.420	0.399	0.379	0.359	0.340	0.321	0.304	0.286	0.269	0.253	0.237
3.4	0.660	0.638	0.616	0.594	0.572	0.550	0.528	0.506	0.484	0.463	0.442	0.421	0.400	0.380	0.361	0.342	0.324	0.306	0.289	0.272	0.256
3.5	0.679	0.658	0.636	0.615	0.593	0.571	0.549	0.528	0.506	0.485	0.462	0.442	0.422	0.404	0.382	0.363	0.344	0.326	0.308	0.291	0.275
3.6	0.697	0.677	0.656	0.634	0.613	0.592	0.570	0.549	0.527	0.506	0.484	0.464	0.443	0.423	0.403	0.384	0.365	0.346	0.328	0.311	0.293
3.7	0.715	0.695	0.674	0.653	0.633	0.612	0.590	0.569	0.548	0.527	0.506	0.485	0.464	0.444	0.424	0.404	0.385	0.366	0.348	0.330	0.313
3.8	0.731	0.712	0.692	0.672	0.651	0.631	0.610	0.589	0.568	0.547	0.527	0.506	0.485	0.465	0.445	0.425	0.406	0.387	0.368	0.350	0.332

t/K \ n	3.0	3.1	3.2	3.3	3.4	3.5	3.6	3.7	3.8	3.9	4.0	4.1	4.2	4.3	4.4	4.5	4.6	4.7	4.8	4.9	5.0
3.9	0.747	0.728	0.709	0.689	0.670	0.649	0.629	0.609	0.588	0.567	0.548	0.526	0.506	0.485	0.465	0.446	0.426	0.407	0.388	0.370	0.352
4.0	0.762	0.744	0.725	0.706	0.687	0.667	0.647	0.627	0.607	0.587	0.567	0.546	0.526	0.506	0.486	0.466	0.446	0.427	0.403	0.389	0.371
4.2	0.790	0.773	0.756	0.738	0.720	0.701	0.682	0.663	0.644	0.624	0.605	0.585	0.565	0.545	0.525	0.506	0.486	0.467	0.448	0.429	0.410
4.4	0.815	0.799	0.783	0.767	0.750	0.733	0.715	0.697	0.678	0.660	0.641	0.621	0.602	0.582	0.563	0.544	0.525	0.506	0.486	0.468	0.449
4.6	0.837	0.823	0.809	0.793	0.778	0.761	0.745	0.728	0.710	0.692	0.674	0.656	0.637	0.619	0.600	0.581	0.562	0.543	0.524	0.505	0.487
4.8	0.857	0.845	0.831	0.817	0.803	0.788	0.772	0.756	0.740	0.723	0.706	0.688	0.671	0.653	0.634	0.616	0.598	0.579	0.560	0.542	0.524
5.0	0.875	0.864	0.851	0.838	0.825	0.811	0.797	0.782	0.767	0.751	0.735	0.718	0.702	0.683	0.667	0.650	0.632	0.614	0.596	0.578	0.560
5.2	0.891	0.881	0.870	0.858	0.846	0.833	0.820	0.806	0.792	0.777	0.762	0.746	0.731	0.714	0.689	0.681	0.664	0.647	0.629	0.612	0.594
5.4	0.905	0.896	0.886	0.875	0.864	0.852	0.840	0.828	0.814	0.801	0.787	0.772	0.757	0.742	0.726	0.710	0.694	0.678	0.661	0.644	0.627
5.6	0.918	0.909	0.900	0.891	0.880	0.870	0.859	0.847	0.835	0.822	0.809	0.796	0.782	0.768	0.753	0.738	0.722	0.707	0.691	0.674	0.658
5.8	0.928	0.921	0.913	0.904	0.895	0.885	0.875	0.865	0.854	0.842	0.830	0.818	0.805	0.791	0.777	0.763	0.749	0.734	0.719	0.703	0.687
6.0	0.938	0.930	0.924	0.916	0.908	0.899	0.890	0.881	0.870	0.860	0.849	0.837	0.825	0.813	0.800	0.787	0.773	0.759	0.745	0.730	0.715
6.5	0.957	0.952	0.947	0.941	0.935	0.927	0.921	0.913	0.905	0.897	0.888	0.879	0.869	0.859	0.843	0.837	0.826	0.814	0.802	0.789	0.776
7.0	0.970	0.967	0.963	0.958	0.954	0.949	0.943	0.938	0.932	0.925	0.918	0.911	0.903	0.895	0.887	0.878	0.868	0.859	0.848	0.838	0.827
7.5	0.980	0.977	0.974	0.971	0.968	0.964	0.960	0.956	0.951	0.946	0.941	0.935	0.929	0.923	0.916	0.911	0.902	0.894	0.886	0.877	0.868
8.0	0.986	0.984	0.982	0.980	0.978	0.975	0.972	0.969	0.965	0.962	0.958	0.953	0.949	0.944	0.939	0.933	0.927	0.921	0.915	0.908	0.900
9.0	0.994	0.993	0.991	0.990	0.989	0.988	0.986	0.985	0.983	0.981	0.979	0.976	0.974	0.971	0.968	0.965	0.961	0.958	0.954	0.950	0.945
10.0	0.997	0.997	0.996	0.996	0.995	0.994	0.994	0.993	0.992	0.991	0.990	0.988	0.987	0.985	0.984	0.982	0.980	0.978	0.976	0.973	0.971
11.0	0.999	0.999	0.998	0.998	0.998	0.997	0.997	0.997	0.996	0.996	0.995	0.994	0.994	0.993	0.992	0.991	0.990	0.989	0.988	0.986	0.985
12.0			0.999	0.999	0.999	0.999	0.999	0.998	0.998	0.998	0.998	0.997	0.997	0.997	0.996	0.996	0.995	0.994	0.993	0.993	0.992

（三）

t/K \ n	5.0	5.1	5.2	5.3	5.4	5.5	5.6	5.7	5.8	5.9	6.0	6.1	6.2	6.3	6.4	6.5	6.6	6.7	6.8	6.9	7.0
0	0	0	0	0	0	0	0	0	0	0	0	0	0	0	0	0	0	0	0	0	0
0.5	0	0	0	0	0	0	0	0	0	0	0	0	0	0	0	0	0	0	0	0	0
1.0	0.004	0.003	0.003	0.002	0.002	0.002	0.001	0.001	0.001	0.001	0.001	0	0	0	0	0	0	0	0	0	0
1.5	0.019	0.016	0.014	0.012	0.011	0.009	0.008	0.007	0.006	0.005	0.004	0.004	0.003	0.003	0.002	0.002	0.002	0.001	0.001	0.001	0.001
2.0	0.053	0.047	0.042	0.038	0.034	0.030	0.027	0.024	0.021	0.019	0.017	0.015	0.013	0.011	0.010	0.009	0.008	0.007	0.006	0.005	0.004
2.5	0.109	0.100	0.091	0.083	0.076	0.069	0.063	0.057	0.051	0.047	0.042	0.038	0.034	0.031	0.028	0.025	0.022	0.020	0.018	0.016	0.014
3.0	0.185	0.172	0.160	0.148	0.137	0.127	0.117	0.108	0.099	0.091	0.084	0.077	0.071	0.065	0.059	0.054	0.049	0.045	0.041	0.037	0.034
3.2	0.219	0.205	0.192	0.179	0.166	0.155	0.144	0.133	0.123	0.114	0.105	0.098	0.090	0.083	0.076	0.070	0.064	0.059	0.053	0.049	0.045
3.4	0.256	0.240	0.226	0.211	0.198	0.185	0.173	0.161	0.150	0.139	0.129	0.120	0.111	0.103	0.095	0.088	0.081	0.075	0.069	0.063	0.058
3.6	0.294	0.277	0.261	0.246	0.231	0.217	0.204	0.191	0.179	0.167	0.156	0.146	0.135	0.126	0.117	0.109	0.100	0.093	0.086	0.080	0.073
3.8	0.332	0.315	0.298	0.282	0.266	0.251	0.237	0.223	0.210	0.197	0.184	0.173	0.162	0.151	0.141	0.132	0.122	0.114	0.106	0.098	0.091
4.0	0.371	0.353	0.336	0.319	0.303	0.287	0.271	0.256	0.242	0.228	0.215	0.202	0.190	0.178	0.167	0.157	0.146	0.137	0.128	0.119	0.111
4.1	0.391	0.373	0.355	0.338	0.321	0.305	0.289	0.274	0.259	0.244	0.231	0.218	0.205	0.193	0.181	0.170	0.159	0.149	0.139	0.130	0.121
4.2	0.410	0.392	0.374	0.357	0.340	0.323	0.307	0.291	0.276	0.261	0.247	0.233	0.220	0.208	0.195	0.184	0.172	0.162	0.151	0.142	0.133
4.3	0.430	0.411	0.393	0.375	0.358	0.341	0.325	0.309	0.293	0.278	0.263	0.249	0.236	0.223	0.210	0.198	0.186	0.175	0.164	0.154	0.144
4.4	0.449	0.430	0.412	0.394	0.377	0.360	0.343	0.327	0.311	0.295	0.280	0.266	0.251	0.238	0.225	0.212	0.200	0.189	0.177	0.167	0.156
4.5	0.468	0.449	0.431	0.413	0.395	0.378	0.361	0.345	0.328	0.312	0.297	0.282	0.268	0.254	0.240	0.227	0.215	0.203	0.191	0.180	0.169
4.6	0.487	0.469	0.450	0.432	0.414	0.397	0.379	0.363	0.346	0.330	0.314	0.299	0.284	0.270	0.256	0.243	0.229	0.217	0.205	0.193	0.182
4.7	0.505	0.487	0.469	0.451	0.433	0.415	0.398	0.381	0.364	0.348	0.332	0.316	0.301	0.286	0.272	0.258	0.244	0.232	0.219	0.207	0.195
4.8	0.524	0.505	0.487	0.469	0.451	0.433	0.416	0.399	0.382	0.365	0.349	0.333	0.318	0.303	0.288	0.274	0.260	0.247	0.234	0.221	0.209
4.9	0.542	0.524	0.505	0.487	0.469	0.452	0.434	0.417	0.400	0.383	0.366	0.350	0.335	0.320	0.304	0.290	0.276	0.262	0.249	0.236	0.223
5.0	0.560	0.541	0.523	0.505	0.487	0.470	0.452	0.435	0.418	0.401	0.384	0.368	0.352	0.336	0.321	0.306	0.292	0.278	0.264	0.251	0.238

续表

t/K ＼ n	5.0	5.1	5.2	5.3	5.4	5.5	5.6	5.7	5.8	5.9	6.0	6.1	6.2	6.3	6.4	6.5	6.6	6.7	6.8	6.9	7.0
5.1	0.577	0.559	0.541	0.523	0.505	0.488	0.470	0.453	0.435	0.418	0.402	0.385	0.369	0.353	0.338	0.323	0.308	0.294	0.279	0.266	0.253
5.2	0.594	0.576	0.558	0.541	0.523	0.505	0.488	0.470	0.453	0.436	0.419	0.403	0.386	0.370	0.354	0.339	0.324	0.310	0.295	0.281	0.268
5.3	0.610	0.593	0.575	0.558	0.540	0.523	0.505	0.488	0.471	0.453	0.437	0.420	0.403	0.387	0.371	0.356	0.340	0.326	0.311	0.297	0.283
5.4	0.627	0.609	0.592	0.575	0.557	0.540	0.522	0.505	0.488	0.471	0.454	0.437	0.421	0.404	0.388	0.373	0.357	0.342	0.327	0.313	0.298
5.5	0.642	0.626	0.608	0.591	0.574	0.557	0.539	0.522	0.505	0.488	0.471	0.454	0.438	0.421	0.405	0.389	0.374	0.358	0.343	0.328	0.314
5.6	0.658	0.641	0.624	0.607	0.590	0.573	0.556	0.539	0.522	0.505	0.488	0.471	0.455	0.438	0.422	0.406	0.390	0.375	0.359	0.345	0.330
5.7	0.673	0.656	0.640	0.623	0.606	0.590	0.573	0.556	0.539	0.522	0.505	0.488	0.472	0.455	0.439	0.423	0.407	0.391	0.376	0.361	0.346
5.8	0.687	0.671	0.655	0.639	0.622	0.606	0.589	0.572	0.555	0.538	0.522	0.505	0.488	0.472	0.456	0.439	0.423	0.408	0.392	0.377	0.362
5.9	0.701	0.686	0.670	0.654	0.638	0.621	0.605	0.588	0.571	0.555	0.538	0.522	0.505	0.489	0.472	0.456	0.440	0.424	0.408	0.393	0.378
6.0	0.715	0.700	0.684	0.668	0.652	0.636	0.620	0.604	0.587	0.571	0.554	0.538	0.521	0.505	0.489	0.472	0.456	0.440	0.425	0.409	0.394
6.2	0.741	0.726	0.712	0.696	0.681	0.666	0.650	0.634	0.618	0.602	0.586	0.570	0.553	0.537	0.521	0.505	0.489	0.473	0.457	0.441	0.426
6.4	0.765	0.751	0.737	0.723	0.708	0.693	0.678	0.663	0.648	0.632	0.616	0.600	0.585	0.568	0.553	0.537	0.512	0.505	0.489	0.473	0.458
6.6	0.787	0.774	0.761	0.748	0.734	0.720	0.705	0.690	0.676	0.661	0.645	0.630	0.614	0.597	0.583	0.568	0.552	0.536	0.520	0.505	0.489
6.8	0.808	0.796	0.783	0.771	0.758	0.744	0.730	0.716	0.702	0.688	0.673	0.658	0.643	0.628	0.613	0.597	0.582	0.566	0.551	0.536	0.520
7.0	0.827	0.816	0.804	0.792	0.780	0.767	0.754	0.741	0.727	0.713	0.699	0.685	0.671	0.656	0.641	0.626	0.611	0.596	0.581	0.556	0.550
7.2	0.844	0.834	0.823	0.812	0.800	0.788	0.776	0.764	0.751	0.738	0.724	0.710	0.679	0.682	0.668	0.654	0.639	0.624	0.610	0.595	0.580
7.4	0.860	0.851	0.841	0.830	0.819	0.808	0.797	0.785	0.773	0.760	0.747	0.734	0.721	0.708	0.694	0.680	0.666	0.652	0.637	0.623	0.608
7.6	0.875	0.866	0.857	0.845	0.837	0.826	0.816	0.805	0.793	0.781	0.769	0.757	0.744	0.732	0.718	0.705	0.691	0.678	0.664	0.650	0.635
7.8	0.888	0.880	0.871	0.862	0.853	0.843	0.833	0.823	0.812	0.801	0.790	0.778	0.766	0.754	0.741	0.729	0.716	0.702	0.689	0.675	0.662
8.0	0.900	0.893	0.885	0.877	0.868	0.859	0.850	0.840	0.830	0.819	0.809	0.798	0.786	0.755	0.763	0.751	0.738	0.725	0.713	0.700	0.687
8.5	0.926	0.920	0.913	0.907	0.899	0.892	0.884	0.876	0.868	0.859	0.850	0.841	0.831	0.821	0.811	0.800	0.790	0.778	0.767	0.755	0.744
9.0	0.945	0.940	0.935	0.930	0.924	0.918	0.912	0.906	0.899	0.892	0.884	0.876	0.869	0.860	0.851	0.842	0.833	0.823	0.814	0.804	0.793

t/K \ n	5.0	5.1	5.2	5.3	5.4	5.5	5.6	5.7	5.8	5.9	6.0	6.1	6.2	6.3	6.4	6.5	6.6	6.7	6.8	6.9	7.0
9.5	0.960	0.956	0.952	0.948	0.943	0.938	0.933	0.928	0.923	0.917	0.911	0.905	0.898	0.891	0.884	0.877	0.869	0.861	0.853	0.844	0.835
10.0	0.971	0.968	0.965	0.962	0.958	0.955	0.951	0.946	0.942	0.938	0.933	0.928	0.922	0.917	0.911	0.905	0.898	0.892	0.885	0.877	0.870
11.0	0.985	0.983	0.982	0.979	0.978	0.975	0.973	0.971	0.968	0.965	0.962	0.959	0.956	0.952	0.949	0.945	0.940	0.936	0.931	0.926	0.921
12.0	0.992	0.992	0.991	0.990	0.988	0.981	0.986	0.985	0.983	0.981	0.980	0.978	0.976	0.974	0.971	0.969	0.966	0.963	0.961	0.957	0.954
13.0	0.996	0.995	0.995	0.995	0.994	0.993	0.993	0.992	0.991	0.990	0.989	0.988	0.987	0.986	0.984	0.983	0.981	0.980	0.978	0.976	0.974
14.0	0.998	0.998	0.998	0.997	0.997	0.997	0.996	0.996	0.996	0.995	0.994	0.994	0.993	0.993	0.992	0.991	0.990	0.989	0.988	0.987	0.986
15.0	0.999	0.999	0.999	0.999	0.999	0.998	0.998	0.998	0.998	0.997	0.997	0.997	0.997	0.996	0.996	0.995	0.995	0.994	0.994	0.993	0.992

附表 3　1000hPa 地面到指定高度（高出地面米数）间饱和假绝热大气中的可降水量与 1000hPa 露点函数关系表

1000hPa 温度/℃

高度/m	0	1	2	3	4	5	6	7	8	9	10	11	12	13	14	15	16	17	18	19	20	21	22	23	24	25	26	27	28	29	30
200	1	1	1	1	1	1	1	2	2	2	2	2	2	2	2	2	3	3	3	3	3	4	4	4	4	4	5	5	5	6	6
400	1	2	2	2	2	3	3	3	3	3	4	4	4	4	5	5	5	5	6	6	6	7	7	8	8	9	9	10	10	11	12
600	2	3	3	3	3	4	4	4	5	5	5	6	6	6	7	7	7	8	8	9	10	10	11	11	12	13	14	15	15	16	17
800	3	3	3	4	4	4	5	5	6	6	7	7	8	8	9	9	10	10	11	12	13	13	14	15	16	17	18	19	20	21	22
1000	3	4	4	4	5	5	6	6	7	7	8	9	9	10	10	11	12	13	13	14	15	16	17	18	20	21	22	23	25	26	28
1200	4	4	5	5	6	6	7	8	8	9	9	10	11	11	12	13	14	15	16	17	18	19	20	21	23	24	26	27	29	31	32
1400	4	5	6	6	7	7	8	8	9	10	10	11	12	13	14	15	16	17	18	19	20	22	23	24	26	28	29	31	33	35	37
1600	5	6	6	6	7	7	9	9	10	11	11	12	13	14	15	17	18	19	20	21	23	24	25	27	29	31	32	35	37	39	41
1800	5	6	7	7	8	8	9	10	11	12	12	13	14	15	17	18	19	20	22	23	25	26	28	30	32	34	36	39	41	43	46
2000	6	7	7	7	9	9	10	11	11	12	13	14	16	17	18	19	21	22	24	25	27	29	31	33	35	37	39	42	44	47	50
2200	6	7	8	8	9	10	10	11	12	13	14	15	16	18	19	20	22	24	25	27	29	31	33	35	37	40	42	45	48	51	54
2400	7	8	8	9	9	10	11	12	13	14	15	16	17	19	20	22	23	25	27	29	31	33	35	37	40	43	45	48	51	54	57

附表3 1000hPa地面到指定高度（高出地面米数）间饱和假绝热大气中的可降水量与1000hPa露点函数关系表

续表

高度/m	\ 1000hPa温度/℃ 0	1	2	3	4	5	6	7	8	9	10	11	12	13	14	15	16	17	18	19	20	21	22	23	24	25	26	27	28	29	30
2600	7	8	8	9	10	11	11	12	13	14	16	17	18	20	21	23	24	26	28	30	32	35	37	40	42	45	48	51	55	58	61
2800	8	8	9	9	10	11	12	13	14	15	16	18	19	21	22	24	26	27	30	32	34	36	39	42	45	48	51	54	58	61	65
3000	8	8	9	10	10	11	12	13	14	15	17	18	20	21	23	25	27	29	31	33	35	38	41	44	47	50	53	57	61	64	68
3200	8	8	9	10	11	12	13	14	15	16	17	19	20	22	24	26	27	30	32	34	37	40	42	45	49	52	56	59	63	67	71
3400	8	8	9	10	11	12	13	14	15	16	18	19	21	23	24	26	28	31	33	36	38	41	44	47	51	54	58	62	66	70	74
3600	8	9	9	10	11	12	13	14	15	16	19	20	21	23	25	27	29	32	34	37	39	42	45	49	52	56	60	64	68	73	77
3800	8	9	10	10	11	12	13	14	16	17	19	20	22	24	26	28	29	32	35	38	41	44	47	50	54	58	62	66	70	75	80
4000	8	9	10	11	11	12	14	15	16	17	19	21	22	24	26	28	30	33	36	39	42	45	48	52	56	60	64	68	73	78	83
4200	8	9	10	11	12	13	14	15	16	18	19	21	22	25	27	29	31	34	37	40	43	46	49	53	57	61	66	70	75	80	85
4400	8	9	10	11	12	13	14	15	16	18	20	21	23	25	27	29	31	34	37	40	44	47	51	54	58	63	67	72	77	82	87
4600	8	9	10	11	12	13	14	15	16	18	20	22	23	26	28	30	32	35	38	41	44	48	52	56	60	64	69	74	79	84	90
4800	8	9	10	11	12	13	14	15	17	18	20	22	24	26	28	30	32	36	39	42	45	49	53	57	61	65	70	75	81	86	92
5000	8	9	10	11	12	13	14	16	17	19	20	22	24	26	28	31	33	36	39	42	46	50	54	58	62	67	72	77	82	88	94
5200	8	9	10	11	12	13	14	16	17	19	20	22	24	26	28	31	33	37	40	43	47	50	54	59	63	68	73	78	84	90	96
5400	8	9	10	11	12	13	14	16	17	19	20	22	24	26	28	31	34	37	40	44	47	51	55	60	64	69	74	80	86	92	98
5600	8	9	10	11	12	13	14	16	17	19	21	22	24	27	29	32	34	38	41	44	48	52	56	60	65	70	76	81	87	93	100
5800	8	9	10	11	12	13	14	16	17	19	21	22	24	27	29	32	35	38	41	45	48	52	57	61	66	71	77	82	88	95	101
6000	8	9	10	11	12	13	14	16	17	19	21	22	24	27	29	32	35	38	42	45	49	53	57	62	67	72	78	84	90	96	103
6200	8	9	10	11	12	13	15	16	17	19	21	23	25	27	30	32	35	38	42	45	49	54	58	63	68	73	79	85	91	98	104
6400	8	9	10	11	12	13	15	16	17	19	21	23	25	27	30	32	35	38	42	46	50	54	58	63	68	74	80	86	92	99	106
6600	8	9	10	11	12	13	15	16	18	19	21	23	25	27	30	33	36	39	42	46	50	54	59	64	69	74	80	87	93	100	107
6800	8	9	10	11	12	13	15	16	18	19	21	23	25	27	30	33	36	39	42	46	50	55	60	65	70	75	81	87	94	101	108

1000hPa 温度/℃

高度/m	0	1	2	3	4	5	6	7	8	9	10	11	12	13	14	15	16	17	18	19	20	21	22	23	24	25	26	27	28	29	30
7000	8	9	10	11	12	13	15	16	18	19	21	23	25	27	30	33	36	39	43	46	51	55	60	65	70	76	82	88	95	102	110
7200	8	9	10	11	12	14	15	16	18	19	21	23	25	28	30	33	36	39	43	47	51	55	60	65	71	76	82	89	96	103	111
7400	8	9	10	11	12	14	15	16	18	19	21	23	25	28	30	33	36	39	43	47	51	56	61	66	71	77	83	90	97	104	112
7600	8	9	10	11	12	14	15	16	18	19	21	23	25	28	30	33	36	39	43	47	51	56	61	66	72	77	83	90	98	105	113
7800	8	9	10	11	12	14	15	16	18	19	21	23	25	28	30	33	36	39	43	47	51	56	61	66	72	78	84	91	98	106	114
8000	8	9	10	11	12	14	15	16	18	19	21	23	26	28	30	33	36	39	43	47	52	56	61	66	72	78	85	92	99	107	115
8200	8	9	10	11	12	14	15	16	18	19	21	23	26	28	30	33	36	40	43	47	52	57	62	67	73	78	85	92	100	108	115
8400	8	9	10	11	12	14	15	16	18	19	21	23	26	28	30	33	36	40	43	47	52	57	62	67	73	79	85	92	100	108	116
8600	8	9	10	11	12	14	15	16	18	19	21	23	26	28	30	33	36	40	43	47	52	57	62	68	73	79	86	93	101	109	117
8800	8	9	10	11	12	14	15	16	18	19	21	23	26	28	31	33	36	40	44	47	52	57	62	68	73	79	86	93	101	109	118
9000	8	9	10	11	12	14	15	16	18	19	21	23	26	28	31	33	36	40	44	48	52	57	62	68	74	80	86	94	102	110	118
9200	8	9	10	11	12	14	15	16	18	19	21	23	26	28	31	33	36	40	44	48	52	57	62	68	74	80	87	94	102	110	119
9400						14	15	16	18	19	21	23	26	28	31	33	36	40	44	48	52	57	62	68	74	80	87	94	102	110	119
9600						14	15	16	18	19	21	23	26	28	31	33	36	40	44	48	52	57	63	68	74	80	87	94	102	111	120
9800						14	15	16	18	19	21	23	26	28	31	33	36	40	44	48	52	57	63	68	74	80	87	94	103	111	120
10000						14	15	16	18	19	21	23	26	28	31	33	37	40	44	48	52	57	63	68	74	80	87	94	103	112	121
11000																33	37	40	44	48	52	57	63	68	74	80	88	95	104	113	122
12000																	37	40	44	48	52	57	63	68	74	80	88	95	105	114	123
13000																					52	57	63	68	74	81	88	96	105	114	124
14000																						57	63	68	74	81	88	96	105	115	124
15000																								68	74	81	88	97	106	115	124
16000																										81	88	97	106	115	124
17000																											89	97	106	115	124

参　考　文　献

［1］ 詹道江，叶守泽．工程水文学［M］．3版．北京：中国水利水电出版社，2000．

［2］ 周之豪，沈曾源．水利水能规划［M］．2版．北京：中国水利水电出版社，1997．

［3］ 任树梅．工程水文学与水利计算基础［M］．2版．北京：中国农业大学出版社，2008．

［4］ 黄强．水能利用［M］．4版．北京：中国水利水电出版社，2009．

［5］ 何俊任．水资源规划及利用［M］．北京：中国水利水电出版社，2006．

［6］ 畅建霞．水资源规划及利用［M］．郑州：黄河水利出版社，2010．

［7］ 刘光文．水文分析与计算［M］．北京：水利电力出版社，1989．

［8］ 周忠远，舒大兴．水文信息采集与处理［M］．南京：河海大学出版社，2005．

［9］ SL 21—2006　降雨量观测范围［S］．北京：中国水利水电出版社，2006．

［10］ 魏永霞，王丽学．工程水文学［M］．北京：中国水利水电出版社，2005．

［11］ 耿鸿江．工程水文基础［M］．北京：中国水利水电出版社，2003．

［12］ 叶秉如．水利计算及水资源规划［M］．北京：中国水利水电出版社，1995．

［13］ 朱伯俊．水利水电规划［M］．北京：水利电力出版社，1992．

［14］ 崔振才．水资源与水文分析计算［M］．北京：中国水利水电出版社，2004．

［15］ C. T. Haan. Statistical Method in Hydrology. Ames：The Iowa State University Press，1977．

［16］ R. C. Kazmann. Modern Hydrology. New York：Harper and Row publishers，1965．

［17］ GB 50179—93　河流流量测验规范［S］．北京：中国计划出版社，1994．

［18］ GBJ 138—90　水位观测标准［S］．北京：中国计划出版社，1991．

［19］ SL 59—93　河流冰情观测规范［S］．北京：中国水利水电出版社，1994．

［20］ SL 76—94　小水电水能设计规范［S］．北京：中国水利水电出版社，1994．

［21］ SL 77—94　小型水利发电站水文计算规范［S］．北京：中国水利水电出版社，1994．

［22］ SL 224—98　水库洪水调度考评规定［S］．北京：中国水利水电出版社，1999．

［23］ SL 278—2002　水利水电工程水文计算规范［S］．北京：中国水利水电出版社，2002．